“十二五”国家重点图书出版规划
物联网工程专业系列教材

物联网通信技术

吕慧 徐武平 牛晓光 编著
黄传河 审校

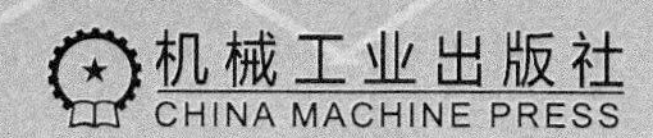

图书在版编目（CIP）数据

物联网通信技术 / 吕慧，徐武平，牛晓光编著 . —北京：机械工业出版社，2016.3（2023.11 重印）

（物联网工程专业系列教材）

ISBN 978-7-111-52805-0

I. 物…　II. ①吕…　②徐…　③牛…　III. ①互联网络 – 应用 – 高等学校 – 教材　②智能技术 – 应用 – 高等学校 – 教材　IV. ① TP393.4　② TP18

中国版本图书馆 CIP 数据核字（2016）第 020364 号

本书以物联网通信技术为主线，讲解物联网的概念、物联网中的无线通信技术和网络技术。全书共 9 章，主要内容包括：通信的基础知识；无线通信的基本技术；蓝牙、ZigBee、超宽频、射频识别技术和 NFC 等近距离无线通信技术；无线局域网和无线城域网中远距离无线通信技术；移动通信网络的结构和 GSM、CDMA、3G 以及 4G 技术；电信网的结构、语音编码技术、复用结构以及多网融合技术；自组织网络的概念、体系结构、关键技术、链路自适应技术和抗衰老、抗干扰技术；无线传感器网络的概念、体系结构和关键技术，以及异构网络的协同通信技术。

本书内容翔实，结构清晰，既可作为高等学校物联网工程专业以及信息、通信、电子、计算机、工程管理等专业本科生的教材，也可作为从事物联网研究的专业技术人员、管理人员的参考书。

出版发行：机械工业出版社（北京市西城区百万庄大街 22 号　邮政编码：100037）

责任编辑：曲　熠	责任校对：董纪丽
印　　刷：固安县铭成印刷有限公司	版　　次：2023 年 11 月第 1 版第 12 次印刷
开　　本：185mm × 260mm　1/16	印　　张：22
书　　号：ISBN 978-7-111-52805-0	定　　价：49.00 元

客服电话：（010）88361066　68326294

前　言

随着信息技术的快速发展和各种感知技术的广泛应用，互联网上部署的传感器类型和种类越来越多，这些传感器通过各种有线或无线网与互联网相连，并使用多种异构网络协议与互联网进行融合与通信，不仅仅是计算机之间，人与人、人与物、物与物之间更加广泛的互联逐步成为现实。1998 年，在美国统一代码委员会（uniform code council，UCC）的支持下，美国麻省理工学院的研究人员创造性地提出将互联网与射频标识（RFID）技术有机结合，通过为物品贴上电子标识牌，实现物品与互联网的连接，即可在任何时间、任何地点实现对任何物品的识别与管理。这就是早期“物联网”的概念。

物联网是现代信息技术发展到一定阶段后出现的一种聚合性应用与技术提升，是对各种感知技术、现代网络技术和人工智能与自动化技术的聚合与集成。物联网就是用新一代的信息通信技术（ICT）将分布在不同地点的物体互联起来，使得物体之间能够像人与人之间一样相互通信，以增强物体智能化。物联网改变了人们之前将物理基础设施和 IT 基础设施截然分开的传统思维，将具有自我标识、感知和智能的物理实体基于通信技术有效连接在一起，使得政府管理、生产制造、社会管理以及个人生活实现互联互通。物联网被称为继计算机、互联网之后世界信息产业的第三次浪潮，将催生很多具有“计算、通信、控制、协同与自治特征的智能设备与系统”，促进各类信息技术的集成和创新。

物联网的发展得益于通信的发展，尤其是无线通信的发展。物联网通信技术让具有智能的物体在局域或者广域范围内实现信息可靠传递，让分处不同地域的物体能够协同工作。本书围绕物联网通信技术展开，主要讲授物联网的概念、物联网中的无线通信技术和网络技术。全书分为 9 章，主要内容如下：第 1 章介绍通信的基础知识；第 2 章介绍无线通信的基本技术；第 3 章介绍蓝牙、ZigBee、超宽频、射频识别技术和 NFC 等近距离无线通信技术；第 4 章介绍无线局域网和无线城域网中远距离无线通信技术；第 5 章介绍移动通信网络的结构和 GSM、CDMA、3G 以及 4G 技术；第 6 章介绍电信网的结构、语音编码技术、复用结构以及多网融合技术；第 7 章介绍自组织网络的概念、体系结构、关键技术、链路自适应技术和抗衰老、抗干扰技术；第 8 章介绍无线传感器网络的概念、体系结构和关键技术；第 9 章介绍异构网络的协同通信技术。本书内容翔实，结构清晰，既可作为高等学校物联网工程专业以及信息、通信、电子、计算机、工程管理等专业本科生的教材，也可作为从事物联网研究的专业技术人员、管理人员的参考书。

本书在黄传河教授的指导下编写完成，第1章由牛晓光和吕慧编写，第2~5章由徐武平编写，第6~8章由吕慧编写，第9章由牛晓光编写。本书的编写也得到了武汉大学计算机学院的大力支持，在此表示感谢。

由于时间仓促，在撰写过程中难免有疏漏之处，敬请读者批评指正。

编　者

教学建议

章号	教学要求	课时
第 1 章 物联网通信技术	本章主要介绍物联网通信涉及的基本概念、主要特点等基础知识，要求了解数据通信系统模型，掌握信源编码、信道编码、多路复用和调制等网络通信的基本概念和知识	6
第 2 章 无线通信技术	本章主要介绍无线通信的基本概念及现代无线通信的基本技术。基本概念包括定义、起源、特点、技术难点、无线信道及典型应用；现代无线通信基本技术主要介绍了扩频（序列扩频和跳频）通信和多址技术。教学重点应该放在无线信道、扩频通信机多址技术的介绍上，通过本章的教学，学生应该掌握无线通信的定义、起源、特点、难点及各种无线通信信道等基本知识，了解无线通信的典型应用；准确掌握扩频通信的两种典型方式——直接序列扩频和跳频通信的工作原理；在此基础上进一步掌握多址技术的用途和基本种类	4
第 3 章 近距离无线通信技术	短距离无线通信技术主要关注物联网感知层信息采集的无线传输，每种近距离无线通信技术都有其应用场景、应用对象。本章要求准确掌握蓝牙、ZigBee、超宽频三种近距离无线通信技术的基本概念、组网方式、主要特点、关键技术及协议，了解各种近距离无线通信的主要应用场景及对象	6
第 4 章 中远距离无线通信技术	准确掌握无线局域网的技术要点、组网方式、拓扑结构、协议体系，重点介绍 IEEE 802.11 标准中的 MAC 层工作原理，了解无线城域网（WMAN）的基本概念及相关标准，尤其是 WiMax 的相关概念及标准	4
第 5 章 移动通信技术	了解移动通信的基本概念及发展历史，掌握移动通信的系统结构、覆盖方式；重点掌握 GSM、GPRS、CDMA 及 3G 技术的概念、相互关系、主要技术特点、关键技术及相关标准，了解各种移动通信的相关协议、空中接口及管理规范等内容；了解 LET 及 4G 移动通信的基本概念、相关标准；掌握数字微波通信原理及卫星通信系统的构成，了解卫星移动通信的概念及类别	10
第 6 章 电信网络	了解通信网的基本概念和电话网的等级结构，重点掌握语音编码技术、电话网的 PDH 系列帧结构和 SDH 系列帧结构，以及目前的研究热点——多网融合技术	6

（续）

章号	教学要求	课时
第7章 自组织网络	了解自组织网络的概念，理解自组织网络的体系结构，掌握自组织网络的关键技术、链路自适应技术、抗衰落和抗干扰技术以及MAC层协议，了解网络层协议	8
第8章 无线传感器网络	由于后继有专业课程“无线传感器网络原理与技术”，因此该章内容简单介绍就可以，要求了解无线传感器网络的结构、协议和关键技术	2
第9章 异构网络协同通信技术	了解物联网异构网络系统的网络模型、资源管理技术和协同数据传输技术	2

目　录

第1章 物联网通信技术

本章主要介绍物联网通信涉及技术的基本概念、主要特点等基础知识，主要包括：数据通信系统模型、信源编码、信道编码、多路复用和调制等通信知识。

1.1 数据通信系统

通信的实质就是实现信息的有效传递，它不仅要将有用的信息进行无失真、高效率的传输，而且还要在传输的过程中减少或消除无用信息和有害信息。数据通信系统一般包括发送端、接收端以及收发两端之间的信道三个部分，如图1-1所示。

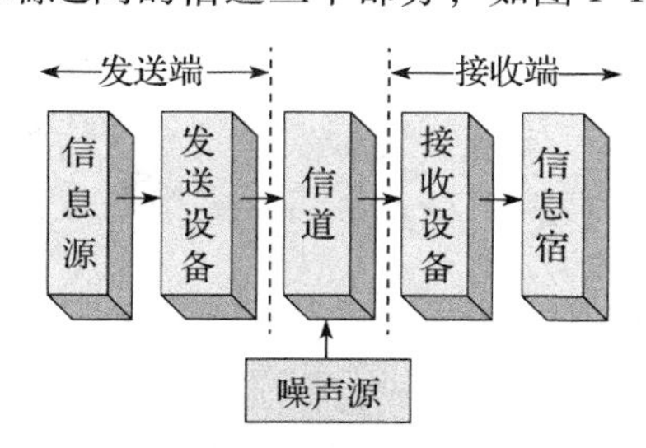

图1-1 数据通信系统的模型

信息源是信息或信息序列的产生源，它泛指一切发信者，可以是人也可以是机器设备，能够产生诸如声音、数据、文字、图像、代码等电信号。信息源发出信息的形式可以是连续的，也可以是离散的。

发送设备把信息源发出的信息变换成便于传输的形式，使之适应于信道传输特性的要求并送入信道的各种设备。发送设备是一个整体概念，可能包括许多电路、器件与系统，比如把声音转换为电信号的麦克风，把基带信号转换成频带信号的调制器等。

信道是指传输信号的通道。根据传输介质的不同，可分为有线信道（明线、电缆、光纤等）和无线信道（微波、卫星等）。明线和电缆可用来传输速率低的数字信号，其他信道均要进行调制。只经信道编码而不经调制就可直接送到明线或电缆

中去传输的数字信号称为数字基带信号，经调制后的信号称为频带信号。信道中自然会有噪声，可能是进入信道的各种外部噪声，也可能是通信系统中各种电路、器件或设备自身产生的内部噪声。

接收设备接收从信道传输过来的信息，并转换成信息宿便于接收的形式，其功能与发送设备的功能刚好相反。接收设备也是一个整体概念，可能包括许多电路、器件与系统，比如把频带信号转换为基带信号的解调器，把数字信号转换为模拟信号的数/模转换器等。

信息宿是接收发送端信息的对象，它可以是人，也可以是机器设备。

按照信道中所传输信号的形式不同，通信系统可以进一步分为模拟通信系统和数字通信系统。数字通信系统的模型如图 1-2 所示，它完成信号的产生、变换、传递及接收。

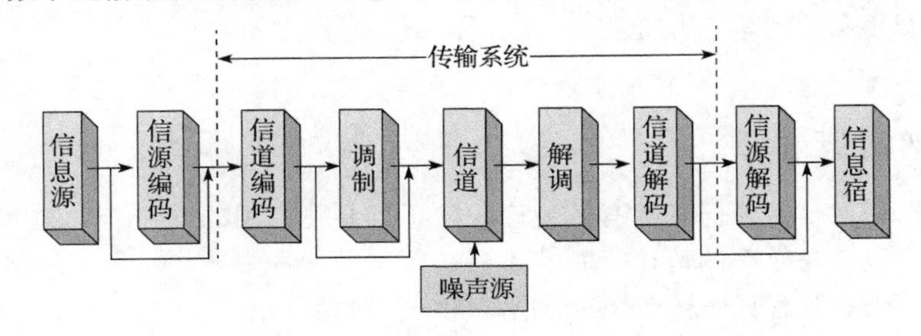

图 1-2　数字通信系统的模型

信源编码的主要功能是把人的话音以及机器产生的如文字、图表及图像等模拟信号变换成数字信号，即所谓的模/数（A/D）变换。在数字系统中，信源编码一般包括模拟信号的数字化和压缩编码两个范畴，压缩编码对数字信号进行处理，去除或减少信号的冗余度。

信道编码是将数字信号变换成与调制方式和传输信道匹配的形式，从而降低传输误码率，提高传输的可靠性。

根据信道介质特性，编码后的数字信号还要经调制后再送入信道中，如光纤信道中的光调制，无线信道中的调频、调相、调幅等。

解调、信道解码和信源解码分别是调制、信道编码和信源编码的逆过程。

在无线通信系统中，信源和信道是组成通信系统的最基本单元。信源是产生信息的源，无线信道则是传送载荷信息的信号所通过的通道，信源与信宿之间的通信是通过无线信道来实现的。

度量无线通信的技术性能主要是从通信的数量与质量两方面来讨论的，一般数量指标用有效性度量，而质量指标用可靠性度量。前者主要与信源统计特性有关，而后者则主要决定于无线信道的统计特性。

无线通信的重点之一是无线信道，在考虑通信有效性的同时主要研究无线通信的质量，即可靠性问题。从无线通信系统的优化观点来看，无线通信研究的另一个重点应是信源，它主要研究无线通信的数量，即有效性问题。只有同时研究无线通信的数量与质量、有效性和可靠性，同时研究信源和无线信道，才能使整个无线通信系统实现优化，达到既有效又可靠。可见，无线通信系统是信源与无线信道相配合的统一体，无线通信系统的优化应是寻求信源与无线信道之间最佳的统计匹配。

1.2 信源编码

从信息论观点看，实际的信源若不经过信息处理，即信源编码，信源会存在大量的统计多余成分，这一部分信息完全没有必要通过信道传送给接收端，因为它完全可以利用信源的统计特性在接收端恢复出来。信源编码的任务是在分析信源统计特性的基础上，设法通过信源的压缩编码去掉这些统计多余成分。本节将扼要介绍信源编码定理，举出几种常见的信源编码方法。

实际信源可抽象概括为两大类：离散（或数字）信源和连续（或模拟）信源，其中文字、电报以及各类数据属于离散信源，而未经数字化的语音、图像则属于连续信源。信源输出的平均信息量可定义为信息熵，它定义为单个消息产生的自信息量的概率统计平均值。

$$H(X) = E\{I[P(x_i)]\} = E[-\log P(x_i)] = -\sum_{i=1}^{n} P(x_i)\log P(x_i) \tag{1-1}$$

式中，n 为产生消息的可能种类数，$P(x_i)$ 为各种情况出现的概率。

根据对信源编码的要求是无失真地恢复出原信源的输出符号还是可允许一定程度的失真，可将信源编码分为无失真信源编码和限失真信源编码。一般离散信源均为无失真信源编码，而连续信源则采用限失真信源编码。信源编码定理给出：对于给定的失真率 D，总可以找到一种信源编码方式，只要信源速率 R 大于 $D(R)$，就可以在平均失真任意接近 D 的条件下实现波形重建。其中 $R(D)$ 称为信息率失真函数，表达式见公式（1-2）：

$$R(D) = \min_{P(y_j|x_i)\in P_D} I[P(x_i);P(y_j|x_i)] \tag{1-2}$$

式中，$P_D = \{P(y_j|x_i):D \geqslant \bar{d} = \sum_{i=1}^{n}\sum_{j=1}^{m} P(x_i)P(y_j|x_i)d_{ij}\}$ 表示试验信道条件转移概率 $P(y_j|x_i)$ 的变化范围的集合，也可以看成对 $P(y_j|x_i)$ 取值范围的限制。$P(y_j|x_i)$ 表示已知发送信息为 x_i 接收端得到信息 y_j 的概率。允许失真 D 为信源客观失真函数的上界，其中 $\bar{d} = \sum_{i=1}^{n}\sum_{j=1}^{m} P(x_i,y_j)d(x_i,y_j)$，$d(x_i, y_j)$ 为接收序列和发送序列间的汉明距离。由此可见，$R(D)$ 为单调非增函数，速率越高，平均失真越小。

下面介绍几种常见的无失真离散信源编码方法。

1. 等长编码

等长编码是将每个欲编码的字符都用定长的编码表示。

【例 1-1】 设有一个简单离散单消息信源如下，其中 $n=4$，$L=1$，$n^L=4$；$K=2$，$m=2$，$m^K=4$。

$$\begin{pmatrix} X \\ P(x_i) \end{pmatrix} = \begin{pmatrix} x_1 & x_2 & x_3 & x_4 \\ \frac{1}{2} & \frac{1}{4} & \frac{1}{8} & \frac{1}{8} \end{pmatrix}$$

等长编码　00　01　10　11

若对其进行无失真等长编码，试求其信源熵 $H(X)$ 及编码效率 η 值。

解　$H(X) = -\sum_{i=1}^{4} P(x_i)\log P(x_i) = 1.75$ 比特/符号

$$\text{等长编码} \quad K=2$$

$$\text{编码效率} \quad \eta=\frac{H(X)}{K}=\frac{7/4}{2}=\frac{7}{8}=87.5\%$$

例 1-1 的等长编码是无失真编码，但是编码效率极低。

2. 变长编码

为提高编码效率（即提高编码的有效性），需要将单消息信源进行扩展，构成消息序列，然后进行联合编码。但是要实现近似无失真信源编码，需要近似100 万个信源符号进行联合编码才能达到，这显然是不现实的。可以得出结论：对于概率特性相差较大的信源采用等长编码是不大现实的，然而大部分实际信源的概率特性都相差比较大，因此，很自然地人们将注意力转向变长编码，采用变长编码来构造最优的信源编码。为此，从 20 世纪 40 年代开始，香农、赞诺和霍夫曼分别提出了各自的编码算法，其中 1952 年提出的霍夫曼编码是一类异前置（或非延长）的变长编码，其平均码长最短，称它为最佳变长编码。

变长编码的思路是根据信源符号出现概率的不同来选择码字，出现概率大的用短码，出现概率小的用长码，使平均编码长度最短，因而可提高编码效率。

【例 1-2】 仍以例 1-1 中的信源进行逐位变长编码：

$$\begin{pmatrix} X \\ P(x_i) \end{pmatrix}=\begin{pmatrix} x_1 & x_2 & x_3 & x_4 \\ \frac{1}{2} & \frac{1}{4} & \frac{1}{8} & \frac{1}{8} \end{pmatrix}$$

$$\text{变长编码} \quad 0 \quad 10 \quad 110 \quad 111$$

试求其编码效率。

解 同样可求得

$$H(X)=-\sum_{i=1}^{4}P(x_i)\log P(x_i)=\frac{7}{4}\text{ 比特/符号}$$

进行逐位编码（$L=1$），平均码长

$$\overline{K}=\sum_{i=1}^{4}P(x_i)K_i=\frac{1}{2}\times 1+\frac{1}{4}\times 2+2\times\frac{1}{8}\times 3=\frac{7}{4}$$

这样，可求得编码效率（$L=1$，$R=\overline{K}$）

$$\eta=\frac{H(X)}{K}=\frac{7/4}{7/4}=1$$

可见，若采用变长编码，逐位编码（$L=1$）即可达到 100% 的效率。然而前面在等长编码中只有将近与 100 万个符号进行联合编码才能达到 95% 的效率，两者相差甚大。

3. 霍夫曼编码

霍夫曼编码是变长编码，也是一类重要的异前置码。其编码效率高，且能无失真地译码。

【例 1-3】 设有一个离散单消息（符号）信源如下：

$$\begin{pmatrix} X \\ P(x_i) \end{pmatrix}=\begin{pmatrix} x_1 & x_2 & x_3 & x_4 & x_5 & x_6 & x_7 \\ 0.20 & 0.19 & 0.18 & 0.17 & 0.15 & 0.10 & 0.01 \end{pmatrix}$$

试对它进行霍夫曼编码。

解 首先根据信源信息（符号）概率的大小排队并按照下列规则对其进行编码：

1）将信源消息 X 按概率大小自上而下排序。

2）从最小两个概率开始编码，并赋予一定规则，比如上支路为“0”，下支路为“1”，若两支路概率相等，规则不变，且该规则在整个编、译过程中不变。

3）将已编码的两支路概率合并，并重新排序、编码。

4）重复步骤3），直至合并概率归一时为止。

5）从概率归一端沿树图路线逆行至对应消息和概率，并将沿线已编的“0”与“1”编为一组，即为该消息（符号）的编码。比如：x_1 编为“10”，x_2 编为“0111”。

6）最终得到 [x_1，x_2，x_3，x_4，x_5，x_6，x_7] 的霍夫曼编码分别为 [10，11，000，001，010，0110，0111]。

霍夫曼编码现已广泛用于各类图像编码中，然而应用最早、最为有效的则是在传真编码中。在传真编码中应用的是游程编码，它是一类基于霍夫曼编码的推广，即将霍夫曼编码中对单个消息（符号）的统计匹配编码推广至信源中0序列与1序列的消息序列进行统计匹配，其基本思想完全是一致的。

霍夫曼编码被称为最优的变长信源编码，但是这一最佳性能是建立在稳定、确知的概率统计特性的基础上，一旦统计特性不稳定或发生变化或不完全确知，变长编码将失去统计匹配的前提，其性能必然引起恶化，实际信源往往不可能提供很稳定、确知的概率特性，因此人们开始研究比较稳健、适应性比较强的准最佳信源编码。算术编码就是其中最出色的一个。其理论性能虽然比霍夫曼码稍有逊色，但是其实际性能往往优于霍夫曼码，是近20年来发展迅速的一种实用化的无失真离散信源编码，这里就不再讨论。

对于限失真的连续信源编码，首先需要将连续信源转换为离散信源，该过程主要涉及模数转换、抽样和量化的处理，该部分内容在通信原理中有详细的介绍，这里也不再讨论。

1.3 信道编码

信道编码是为了保证通信系统的传输可靠性，克服信道中的噪声和干扰，而专门设计的一类抗干扰的技术和方法。它根据一定的（监督）规律在待发送的信息码元中（人为的）加入一些必要的（监督）码元，在接收端利用这些监督码元与信息码元之间的（监督）规律，发现和纠正差错，以提高信息码元传输的可靠性。待发送的码元称为信息码元，人为加入的多余码元称为监督（或校验）码元。信道编码的目的是试图以最少的监督码元为代价，换取最大程度的可靠性的提高。

信道编码种类繁多，大体包括分组码、卷积码、网格编码、Turbo码等。

1. 分组码

将信源的信息序列按照独立的分组进行处理和编码，称为分组码。编码时将每 k 个信息位分为一组进行独立处理，变换成长度为 $n(n>k)$ 的二进制码组。简单实用的分组码包括线性分组码、循环码以及检错码。

（1）线性分组码

线性分组码一般是按照代数规律构造的，故又称为代数编码。线性分组码中的分组是指编码方法是按信息分组来进行的，而线性则是指编码规律，即监督位（校验位）与信息位之间的关系遵从线性规律。线性分组码一般可记为（n，k）码，即 k 位信息码元为一个分组，编成 n 位码元长度的码组，即 $n-k$ 位为监督码元长度。

在线性分组码中，最具有理论和实际价值的一个子类称为循环码，它因为具有循环移位性而得名，它产生简单且具有很多可利用的代数结构和特性。目前一些有应用价值的线性分组码均属于循环码。例如，在每个信息码元分组 k 中，仅能纠正一个独立差错的汉明（Hamming）码；可以纠正多个独立差错的 BCH 码；仅能纠正单个突发差错的 Fire 码；可以纠正多个独立或突发差错的 RS 码。

（2）循环码

循环码是线性分组码中最重要的一个子类。它的最大特点是理论上有成熟的代数结构，可采用多项式描述，能够用移位寄存器来实现。

1）循环码的多项式表示。循环码具有循环推移不变性：若 C 为循环码，即 $C=(c_1, c_2, \cdots, c_{n-1})$，若将 C 左移、右移若干位，其性质不变，且具有循环周期性。对任意一个周期为 n 的（即 n 维的）循环码，一定可以找到一个唯一的 n 次码的多项式表示，即在两者之间可以建立一一对应的关系。

n 元码组	n 阶码的多项式
$C=(c_1, c_2, \cdots, c_{n-1})$	$c(x)=c_0+c_1x+\cdots+c_{n-1}x^{n-1}$
码组（字）之间的模 2 运算	码多项式间的乘积运算
有限域 $GF(2^k)$	码多项式域 $F_2(x) \bmod f(x)$

上述对应关系可以用下面例子说明。

$C=(11010)$——$c(x)=1+x+x^3$

右移一位为 01101——$xc(x)=x+x^2+x^4$

两者模 2 加——两码多项式相乘

由上述两者之间一一对应的同构关系，可以将在通常的有限域 $GF(2^k)$ 中的“同余”（模）运算进一步推广至多项式域，并进行多项式域中的“同余”（模）运算，如下：

$$\frac{c(x)}{p(x)}=Q(x)+\frac{r(x)}{p(x)} \tag{1-3}$$

或写为

$$c(x)=r(x) \bmod p(x) \tag{1-4}$$

式中，$c(r)$ 为码多项式，$p(x)$ 为素（不可约）多项式，$Q(x)$ 为商，$r(x)$ 为余多项式。

2）生成多项式和监督多项式。在循环码中，可将上面线性分组码的生成矩阵 $\boldsymbol{G}$ 与监督矩阵 $\boldsymbol{H}$ 进一步简化为对应生成多项式 $g(x)$ 和监督多项式 $h(x)$。

以（7，3）线性分组码为例，其生成矩阵可以表示为

$$\boldsymbol{G}=\begin{bmatrix} 1 & 0 & 1 & 1 & 0 & 0 & 0 \\ 1 & 1 & 1 & 0 & 1 & 0 & 0 \\ 1 & 1 & 0 & 0 & 0 & 1 & 0 \\ 1 & 1 & 1 & 0 & 0 & 0 & 1 \end{bmatrix} \tag{1-5}$$

将 $\boldsymbol{G}$ 进行初等变换后得

$$\boldsymbol{G}=\begin{bmatrix}1&0&1&1&0&0&0\\1&1&1&0&1&0&0\\1&1&0&0&0&1&0\\1&1&1&0&0&0&1\end{bmatrix}=\begin{bmatrix}x^2+x^4+x^5+x^6\\x+x^3+x^4+x^5\\1+x^2+x^3+x^4\end{bmatrix}$$

$$=\begin{bmatrix}x^2(1+x^2+x^3+x^4)\\x(1+x^2+x^3+x^4)\\1(1+x^2+x^3+x^4)\end{bmatrix}=\begin{bmatrix}x^2\cdot g(x)\\x\cdot g(x)\\1\cdot g(x)\end{bmatrix}\tag{1-6}$$

可见，利用循环特性，生成矩阵 $\boldsymbol{G}$ 可以进一步简化为生成多项式 $g(x)$，同理，监督矩阵 $\boldsymbol{H}$ 亦可以进一步简化为监督多项式 $h(x)$，不再赘述。

（3）检错码

循环码特别适合于检错，这是由于它既有很强的检错能力，同时实现也比较简单。循环冗余监督（cyclic redundancy check，CRC）码就是常用的检错码。它能发现：突发长度小于 $n-k+1$ 的突发错误，突发长度等于 $n-k+1$ 的突发错误（其中不可检测错误为 $2^{-(n-k+1)}$），大部分突发长度大于 $n-k+1$ 的突发错误（其中不可检测错误为 $2^{-(n-k+1)}$），所有与所使用的码组码距不大于最小距离 $d_{\min}-1$ 的错误，以及所有奇数个错误。

已成为国际标准的常用 CRC 码有 4 种。

1）CRC-12。其生成多项式为

$$g(x)=1+x+x^2+x^3+x^{11}+x^{12}\tag{1-7}$$

2）CRC-16。其生成多项式为

$$g(x)=1+x+x^2+x^{15}+x^{16}\tag{1-8}$$

3）CRC-CCITT。其生成多项式为

$$g(x)=1+x^5+x^{12}+x^{16}\tag{1-9}$$

4）CRC-32。其生成多项式为

$$g(x)=1+x+x^2+x^4+x^5+x^7+x^8+x^{10}+x^{11}+x^{12}+x^{16}+x^{22}+x^{23}+x^{26}+x^{32}\tag{1-10}$$

其中，CRC-12 用于字符长度为 6bit 的情况，其余 3 种均用于 8bit 字符。

2. 卷积码

卷积码不同于上述的线性分组码和循环码，它是一类有记忆的非分组码。卷积码一般可记为（n，k，m）码。其中，k 表示编码器输入端的信息数据位，n 表示编码器输出端的码元数，而 m 表示编码器中寄存器的节数。从编码器输入端来看，卷积码仍然是每 k 位数据一组，分组输入。从编码器输出端来看，卷积码是非分组的，它输出的 n 位码元不仅与当时输入的 k 位数据有关，而且还进一步与编码器中寄存器以前分组的 m 位输入数据有关，所以它是一个有记忆的非分组码。

（1）维特比译码

卷积码的译码可以分为两类：代数译码的门限译码、概率译码的序列译码与维特比译码。维特比译码是目前最常用的译码方法，本节仅介绍维特比译码。该算法是 1967 年由 Viterbi 提出的概率译码方法，后来 Okumura 指出，它实质上就是最大似然译码。

（2）译码准则

在数字与数据通信中，通信的可靠性度量一般是采用平均误码率 P_e。由概率论可知，最小平均误码率等效于最大后验概率，即

$$\min P_e = \min \sum_Y P(Y)P(e \mid Y) = \min \sum_Y P(Y)P(\hat{C} \neq C \mid Y) \tag{1-11}$$

式中，$P(Y)$ 为接收信号序列的概率，它与具体译码方式无关；e 为差错序列；$\hat{C}$为接收端恢复的码组（字）；C 为发送的码组（字）。由贝叶斯（Bayes）公式，在信源等先验概率的条件下，最大后验概率准则与最大似然准则是等效的，即

$$P(e \mid Y) = \frac{P(C)P(e \mid Y)}{P(Y)} \tag{1-12}$$

当 $P(C)$ 为等概率分布时，有

$$\max P(\hat{C} = C \mid Y) = \max P(Y \mid \hat{C} = C) \tag{1-13}$$

对于无记忆的二进制对称信道（BSC），最大似然准则可等效于最小汉明距离准则，即

$$\max \lg P(\hat{C} = C \mid Y) = \min \sum_l^{L-1} d(y_l, c_l) \tag{1-14}$$

在维特比译码中，硬判决中常采用最小汉明距离准则，而软判决中常采用最大似然准则。

（3）软判决译码

关于两电平（硬）判决与多电平（软）判决，两电平是非此即彼（即非 0 即 1）的判决，所以称它为硬判决；而多电平则不属于非 0 即 1 的简单的硬判决。软、硬判决所允许的归一化噪声、干扰水平是不一样的。电平技术越多，允许噪声、干扰越大，判决性能越好，但是电平越多，实现就越复杂，一般取 4 或 8 电平即可。软判决与硬判决的译码过程完全相似，两者之间的主要差异有：

1）信道模型不一样。

2）度量值与度量标准不一样。

软判决与硬判决相比，稍增加了一些复杂度，但是在性能上却比硬判决好 1.5 ~ 2dB，所以在实际译码中常采用软判决。

3. 网格编码

无论采用何种纠错编码技术，其纠错能力的获取都是以资源的冗余度为基础的。换言之，通过编码使误码率降低是要付出代价的，或者是功率利用率的降低，或者是设备变得比较复杂、昂贵。比如（n，k，m）卷积码，k 重信息变为 n 重码字。若信源速率不变，传输的比特率必然提高，在同样调制方案下意味着需要更大的带宽，或者说频带利用率下降了。如果频带是受限的（波特率不能变），要提高比特率，必须采用多电平（或多相）调制。若要保持误码率指标不变，则信号集星座各点间的距离不能变，这就意味着要增大平均功率，或者说功率利用率下降了。

网格编码调制（trellis coded modulation，TCM）将编码和调制结合在一起，利用状态的记忆和适当的映射来增大码字序列之间的距离。这种方法既不降低频带利用率，也不降低功率利用率，而是以设备的复杂化为代价换取编码增益。在当前集成电路高速发展、传输媒体成本高于终端设备成本而成为通信成本的第一考虑要素时，这种方法无疑是非

常吸引人的。现在，这种网格编码调制已在频带、功率同时受限的信道，如太空、卫星、微波、同轴电缆、双绞线等通信中大量应用，占据了统治地位。

网格编码调制是一种“信号集空间编码”（signal-space code），它将编码与调制相结合，利用信号集的冗余度来获取纠错能力。例如，对2bit信息进行编码生成3bit码组后，为了不使频带变宽，在波特率不变的情况下可以靠扩大信号集星座点数来增加每符号携带信息的能力，比如将原有4ASK调制改为8ASK，或由4PSK变为8PSK调制。上述过程中，冗余比特的产生属于编码范畴，信号集星座的扩大属于调制范畴，两者的结合就是编码调制。如果不编码，8ASK或8PSK调制的每符号可以携带3bit信息；编码调制结合、去除校验比特后每符号净携带2bit信息。用具有携带3bit信息能力的调制方式来传输2bit信息，叫作信号集冗余度，人们正是利用这种信号集空间（星座）的冗余度来获取纠错能力的。

4. Turbo码

Turbo码巧妙地将两个简单分量码通过伪随机交织器并行级联来构造具有伪随机特性的长码，在接收端虽然采用了次最优的迭代算法，但分量码采用的是最优的最大后验概率译码算法，同时通过迭代过程可使译码接近最大似然译码。它的性能远远超过了其他的编码方式，得到了广泛的关注和发展，并对当今的编码理论和研究方法产生了深远的影响，信道编码学也随之进入了一个新的阶段。Turbo码编码器有3个基本组成部分：直接输入复接器；经过编码器1送入开关单元后输入复接器；输入数据经过交织器再通过编码器2送入开关单元，最后再送入复接器。以上三者可以看作并行级联，因此，Turbo码从原理上可看作并行级联码。

两个编码器分别称为Turbo码的二维分量（单元组成）码，从原理上看，它可以很自然地推广到多维分量码。各个分量码既可以是卷积码也可以是分组码，还可以是串行级联码，两个或多个分量码既可以相同，也可以不同；从原理上看，分量码既可以是系统码，也可以是非系统码，但是为了进行有效的迭代，已证明分量码必须选用递归的系统码。

在发送端，交织器起到随机化码组（字）重量分布的作用，使Turbo码的最小重量分布均匀化并达到最大。它等效于将一个确知的Turbo编码规则编码后进行随机化，以达到等效随机编码的作用。

在接收端，交织器、去交织器与多次反馈迭代译码等效起到了随机译码的作用。另外，交织器还同时能将具有突发差错的衰落信道改造成随机独立差错信道。级联编、译码能起到利用短码构造长码的作用，再加上交织器的随机化作用，使级联码也具有随机性。

1.4 多路复用

无论是局部的还是远程的通信，传输媒体的容量通常都会超出传输单一信号所要求的容量。为有效地利用传输系统，人们希望在单一的媒体上能承载多路信号，这称为多路复用（multiplexing）。

图1-3示意了多路复用功能最简单的形式。多路复用器（multiplexer）有n个输入，

该多路复用器通过一条数据链路连接到一个多路信号分离器（demultiplexer）上，这条链路可以承载 n 个独立的数据信道。多路复用器将来自 n 条输入线上的数据组合起来（多路复用），并通过容量更大的数据链路传输。多路信号分离器接收复合的数据流，根据信道分配这些数据（分用），并将它们交付给相应的输出线路。

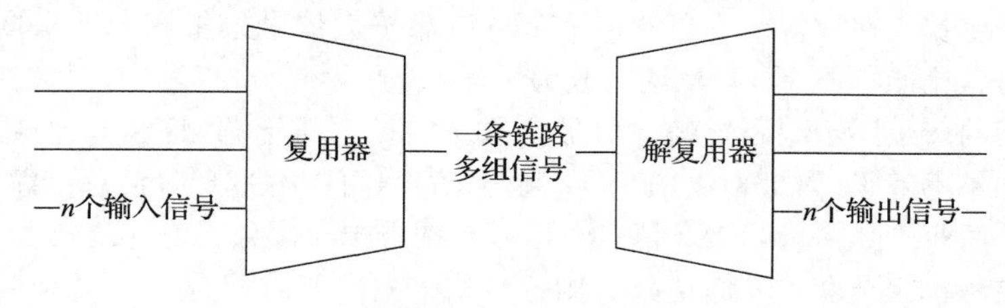

图 1-3　多路复用

在数据通信中，多路复用被广泛使用有以下两个原因。

- 数据率越高，传输设备成本效益就越好。也就是说，对于给定的应用以及在一定的距离范围内，1kb/s 的花费随传输设备数据率的提高而降低。类似地，随着数据率的提高，传输和接收设备 1kb/s 的费用也相应减少。
- 大部分专用的数据通信设备要求比较适中的数据率支持。例如，对于大多数的客户机/服务器应用，数据率达到 64kb/s 就可以了。

上述观点是针对数据通信设备而言的。类似的观点对于话音通信同样适用。就是说，传输设备的容量越大，每一个话音信道的费用就越小。同样，单路话音信道要求的容量也是适中的。

在电信网络中，有两种多路复用技术是最常用的：频分多路复用（frequency division multiplexing，FDM）和时分多路复用（time division multiplexing，TDM）。

当传输媒体的有效带宽超出了被传输信号所要求的带宽时，就可以使用 FDM。如果将每个信号调制到不同的载波频率上，并且这些载波频率的间距足够大，使这些信号的带宽不会重叠，那么，这些信号就可以同时被运载。以一个由 6 个信号源组成的简单 FDM 系统为例，系统中有 6 个信号源向多路复用器输入数据，多路复用器将各路信号调制到不同的频率上（f_1，f_2，…，f_6）。每个被调制的信号都需要以各自载波频率为中心的一定的带宽，称为信道（channel）。为防止相互间的干扰，这些信道被防护频带（guard band）隔离，防护频带是频谱中没有用到的部分。

话音信号是多路复用的一个例子。话音使用的频谱为 300～3400Hz。因而，使用 4kHz 的带宽就能够承载话音信号，并能提供一条防护频带。无论是在北美（使用 AT&T 标准），还是国际上使用国际电信联盟电信标准化部门（International Telecommunication Union Telecommunication Standardization Section [ITU-T]）标准的其他地方，标准化的话音多路复用模式都是 60～108kHz 的 12 个 4kHz 的话音信道。为获得更高容量的链路，AT&T 和 ITU-T 均定义了更大的将 4kHz 的话音信道群聚在一起的复用标准。

当传输媒体能够获得的位速率（有时也称为带宽）超出了被传输的数字信号所要求的数据率时，就可以使用 TDM。通过按时间交错信号的每一部分的方法，多路数字信号可以通过一条传输通路运载。这种交错可以是位级的，也可以是字节块或更大的数据单位。以一个由 6 个信号源组成的简单 TDM 系统为例，多路复用器有 6 个输入，假定每个输入是9.6kb/s，那么，一条容量为57.6kb/s的链路就能够容纳所有的这6个数据源。类似于FDM，用于某个特定数据源上的时隙序列称为一个信道。时隙的一次循环（每个数据源一个时隙）称为一帧（frame）。

上述例子中，时隙是预先分配给数据源的，而且是固定的，这种TDM模式被称为同步TDM。因此，来自各个数据源的传输的时间是同步的。与此对应的是异步TDM模式，它是动态地分配媒体中的时间。除非特别说明，术语TDM在本书中均是指同步TDM。

同步TDM系统的一般描述如图1-4所示。多路信号［$m_i(t)$，$i=1$，…，n］被多路传输到同一传输媒介。这些信号携带的是数字数据，并且通常都是数字信号。来自每个数据源的输入数据都被短暂地缓冲，通常每个缓冲区的长度为一个位或一个字符。这些缓冲区被顺序扫描后，形成复合数字数据流$m_c(t)$。扫描操作的速度非常快，以至于在更多的数据到达之前，每个缓冲区都已清空。因此，$m_c(t)$的数据率至少必须等于$m_i(t)$的数据率之和。数字信号$m_c(t)$可以被直接传输，或者通过一个调制解调器使模拟信号被传输。无论是哪种情况，其传输通常都是同步的。

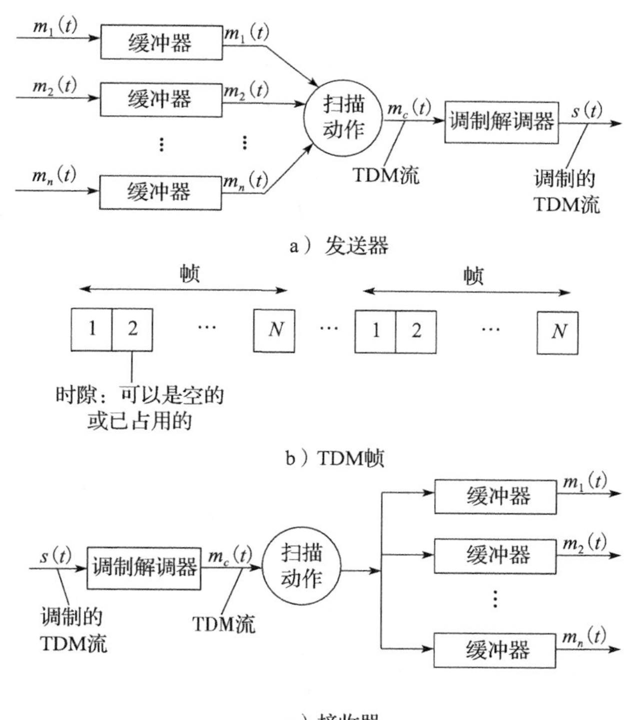

图1-4 同步TDM系统

所传输的数据可以具有图1-4b所示的格式，数据被组织成帧的形式。每个帧含有时隙的一个周期。在每个帧中，各数据源都有其对应的一个或多个时隙。从一个帧到另一个帧，用到一个数据源上的时隙序列称为一个信道。时隙的长度等于发送器缓冲区的长度，通常为一位或一字节（字符）。

字节交错（byte-interleaving）技术用于异步和同步的数据源。每个时隙含有数据的一个字符。典型情况下，每个字符的起始位和停止位在传输之前都被清除，并由接收器重新插入，这样做是为了提高效率。

在接收端，交错的数据被多路分解，并传递到适当的目的缓冲器中。对于每个输入数据源 $m_i(t)$，都有一个一样的输出源，它接收输入数据的速率跟数据生成时的速率相同。

同步 TDM 之所以被称为同步，不是因为使用了同步传输，而是因为时隙是预先分配给数据源的，并且是固定的。无论数据源有没有数据需要发送，所有数据源的时隙都会被传输，这种情况在 FDM 中也是一样的。这两种情况都是为了简化实现而浪费了容量。不过，即使在使用固定分配时，同步 TDM 设备也能够处理不同数据率的数据源。例如，最慢的输入设备可以是在每周期分配一个时隙，而比较快的设备则可以在每周期分配多一些时隙。

TDM 的一个例子是在传输 PCM（pulse code modulation，脉码调制）话音数据中所使用的标准模式，这在 AT&T 说法中称为 T1 载波。数据的采集来自每个数据源，每次一个样本（7 位），再加上一个用于信令和管理功能的第 8 位。对于 T1，24 个数据源被多路复用，因此每帧的数据及控制信令长度是 $8 \times 24 = 192$ 位，加上一个用于建立和维护帧同步的末位。因此，一个帧的长度是 193 位，它包含了每个数据源一个 7 位样本。由于数据源必须是每秒 8000 次的采样，所要求的数据率就是 $8000 \times 193 = 1.544$Mb/s。如同话音 FDM 的情况一样，为了实现更大的编组，规定更高的数据率。

TDM 不限于数字信号。模拟信号也可以按时间交错，并且对于模拟信号来说，将 TDM 和 FDM 结合起来是可能的。一个传输系统可以是分成多个信道的频率，每一个信道再进一步按 TDM 划分。

1.5 调制技术

调制技术是一种将信源产生的信号转换为适宜无线传输的形式的过程。一般来说，信源产生的信号包括直流信号和低频分量，称为基带信号，如语音信号的频段在 300 ~ 3400Hz。由于低频信号传输距离有限，并且多路信号在同一频段传输会产生相互干扰，因此基带信号往往不适宜用作无线传输。通常将基带信号转变为一个相对基带频率而言频率非常高的信号，以适用于远距离的无线传输。基带信号称为调制信号，经过调制的高频信号称为已调信号。在信号的发送端通过调制过程，利用发送天线把已调信号发送出去，在信号接收端通过解调过程，把接收天线收到的已调信号还原为原始的基带信号，从而实现信号的无线传输过程。

按照调制信号的形式，调制可以分为模拟调制和数字调制。模拟调制是指利用输入的模拟信号直接调制载波的振幅、频率或相位，从而得到已调信号；常用的模拟调制技术包括振幅调制（AM）、频率调制（FM）和相位调制（PM）等。数字调制是指利用数字信号来控制载波的幅度、频率或相位；常用的数字调制技术包括振幅键控（ASK）、移频键控（FSK）、移相键控（PSK）、正交幅度调制（QAM）等。按照载波的选择形式，调制可分为以正弦波作为载波的连续波调制和以脉冲序列作为载波的脉冲调制。

对信号进行调制传输主要达到以下目的：一是将调制信号（基带信号）转换成适合于信道传输的已调信号（频带信号）；二是实现信道的多路复用，提高信道利用率；三是通过调制可以提高信号通过信道传输时的抗干扰能力。通过调制，不仅可以进行频谱搬移，把调制信号的频谱搬移到所希望的位置上，从而将调制信号转换成适合于传播的已调信号，而且它对系统的传输有效性和传输的可靠性有着很大的影响。通过调制方式的选择可以满足对通信系统有效性和可靠性的需求。比如 FM 调制通过增加带宽来提高解调输出信噪比，这种可靠性的提升是以牺牲有效性为代价的，相比而言 AM 调制可以使用较窄的频带实现较好的有效性，但抗噪性能劣于 FM 调制。因而调制方式的选择往往决定了一个通信系统的性能。

相比于模拟信号在时间和幅度上的连续性，数字信号则通过模/数转换将电路信号转换成二进制的符号序列，这个序列经过信道编码提高可靠性，然后进入数字调制器进行数字调制。和模拟调制不同，数字信号的比特序列在幅度上是离散的，因此在调制的过程中利用这些离散信息来控制载波信号形成已调信号。同样，在接收端，数字解调器对接收信号进行解调和判决，并通过信道解码和信源解码，还原出离散的比特序列。

数字调制方式相比于模拟调制方式有如下优点：第一，数字传输抗干扰能力强，尤其在中继时，数字信号可以再生而消除噪声积累；第二，差错传输可以控制，从而可以改善传输质量；第三，便于使用现代化的数字信息处理技术来对数字信息进行处理；第四，数字信号易于做高级保密性的加密处理；第五，数字通信可以综合传输各种消息，使通信系统功能增强。

按照数字信号的调制阶数可以分为二进制调制和 $M(M>2)$ 进制调制。对于二进制的比特序列 a_n，包含两种符号“0”和“1”，数字调制器将符号“0”映射为数字波形 $s_0(t)$，将符号“1”映射为数字波形 $s_1(t)$。对于 M 进制的比特序列 b_n，包含 M 种符号，如四进制序列包括“00”“01”“10”“11”，数字调制器将这 M 种符号分别映射为对应的一种信号波形 $s_i(t)$，$i=0, 1, 2, \cdots, M$。在相同的符号周期条件下，多进制调制和二进制调制占用相同带宽，但可承载的比特数目是二进制调制的 $K=\log_2 M$ 倍，因此频谱效率高于二进制调制；但是，一般来说，相同发射功率条件下，M 进制的误码率高于二进制调制，因而可靠性不如二进制调制；并且调制阶数（M）越高误码率越大，因此具体调制阶数的选择是在数据传输有效性和可靠性之间的权衡。在下一代高速无线通信系统中，为了保证数据传输的有效性和可靠性，往往需要信号发送端根据接收端的误码率自适应地采用合适的调制阶数。

按照数字调制的频段可以分为数字基带调制和数字频带调制。数字基带调制也称为数字脉冲调制，是将原始比特序列通过一个脉冲成形的低通滤波器形成低通波形，适合在低通信道（如双绞线和同轴电缆）中传输；数字基带调制方法包括脉冲幅度调制（PAM）、脉冲位置调制（PPM）和脉冲宽度调制（PDM）。数字频带调制是利用正弦波做载波，将数字基带信号搬移到高频带，形成带通波形，适合在带通信道，如无线通信信道和光纤信道中传输；数字频带调制方法包括振幅键控（ASK）、移频键控（FSK）、移相键控（PSK）和正交幅度调制（QAM）等。由于本书主要介绍无线通信系统，因此主要针对几种数字频带调制方式进行介绍。

首先介绍数字基带脉冲信号的形成过程。原始比特序列的比特符号之间是独立的，可以看成一个冲激函数 $a(t)=\sum_{n=-\infty}^{\infty}a_n\delta(t-nT)$，式中 n 表示每个比特序号，a_n 为第 n 个比特的振幅映射，对于二进制单极性序列，a_n 的取值为 0 或 1；对于二进制双极性序列，a_n 的取值为 -1 或 1。

冲激函数 $a(t)$ 经过低通的脉冲成形滤波器 $g(t)$ 输出数字基带脉冲信号

$$b(t)=\sum_{n=-\infty}^{\infty}a_n g(t-nT) \tag{1-15}$$

式中 $g(t)$ 是高度为1、宽度为 T 的门函数；$b(t)$ 为矩形数字脉冲信号。公式（1-15）中的脉冲信号在时域上表示为周期为 T 的连续矩形波信号，在频域上占用带宽为$\frac{1}{T}$。

1.5.1 振幅键控

振幅键控（ASK）是用不同的电平值来表示不同的比特符号，可以看成是将数字基带脉冲信号和一个正弦波相乘得到一个高频点的带通信号。

$$s_{\mathrm{ASK}}(t)=b(t)\cdot A\cos 2\pi f_c t \tag{1-16}$$

2ASK 的数字基带脉冲序列采用二进制单极性不归零码，比特符号为“0”时 $a_n=0$，比特符号为“1”时 $a_n=1$，一个符号周期的调制波形可以表示为

$$s_{2\mathrm{ASK}}=\begin{cases}A\cdot\cos 2\pi f_c t & a_n=1\\ 0 & a_n=0\end{cases},\quad nT\leqslant t\leqslant(n+1) \tag{1-17}$$

2ASK 已调信号的功率谱密度为基带功率谱密度的搬移，若基带信号的功率谱密度为 $P_s(f)$，则 2ASK 信号功率谱密度为

$$P_{2\mathrm{ASK}}=\frac{1}{4}[P_s(f+f_c)+P_s(f-f_c)] \tag{1-18}$$

基带信号和已调信号的功率谱密度中，符号的频带带宽为 $\Delta f=\frac{2}{T_s}=2f_m$，其中 T_s 为符号的时域长度，f_m 为基带信号的带宽。

2ASK 的解调可以采用相干解调和包络检波法。相干检测就是同步解调，要求接收机产生一个与发送载波同频同相的本地载波信号，称其为同步载波或相干载波。

在信源信号独立等概条件下，经相干解调器解调之后，输出信号的误比特率为：

$$P_b=\frac{1}{2}\mathrm{erfc}\left[\sqrt{\frac{r}{4}}\right] \tag{1-19}$$

式中 *erfc* 为补误差函数，$r=\frac{a^2}{2\sigma^2}$为解调输入端信噪比。

带通滤波器（BPF）恰好使 2ASK 信号完整地通过，经包络检测后，输出其包络。低通滤波器（LPF）的作用是滤除高频杂波，使基带信号（包络）通过。

在信源信号独立等概条件下，经包络检波器解调之后，输出信号的误比特率为：

$$P_b\approx\frac{1}{2}\exp\left(-\frac{r}{4}\right)$$

在相同大信噪比情况下，2ASK 信号相干解调时的误码率总是低于包络检波时的误码率，即相干解调 2ASK 系统的抗噪声性能优于非相干解调系统，但两者相差并不太大。然

而，包络检波解调不需要稳定的本地相干载波，故在电路上要比相干解调简单得多。

多进制数字幅度调制（MASK）又称为多电平调制，采用不同的电平幅度表示不同的 M 进制符号，调制解调框图如图1-5所示。

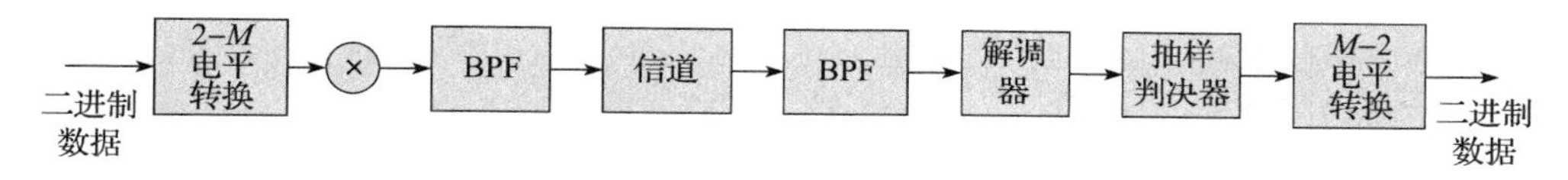

图1-5　MASK调制解调框图

由于MASK调制方式抗干扰能力较差，尤其是抗衰落的能力不强，因而一般只适宜在恒参信道中使用，如有线信道，这里不做具体介绍。

1.5.2　移频键控

移频键控（FSK）用不同的载波频率来表示不同的比特符号，例如在2FSK调制下，符号“0”用载波频率 f_1 来表示，符号“1”用载波频率 f_2 来表示。

对于基带脉冲信号中 $a_n = \pm 1$ 的二进制序列，一个符号周期的2FSK波形为

$$s_{2FSK} = \begin{cases} A \cdot \cos(2\pi f_1 t + \varphi) & a_n = 1 \\ A \cdot \cos(2\pi f_2 t + \varphi) & a_n = -1 \end{cases}, \quad nT \leqslant t \leqslant (n+1) \tag{1-20}$$

若基带信号的功率谱密度为 $P_s(f)$，则2FSK的功率谱密度为

$$P_{2FSK} = \frac{1}{4}[P_s(f+f_1) + P_s(f-f_1)] + \frac{1}{4}[P_s(f+f_2) + P_s(f-f_2)] \tag{1-21}$$

频带带宽为 $f_2 - f_1 + \frac{2}{T_s}$，其中 $f_2 - f_1$ 为两种波形的载波间隔。

2FSK的相干解调如图1-6所示，图中两个带通滤波器的作用同于包络检波法，起分路作用。它们的输出分别与相应的同步相干载波相乘，再分别经低通滤波器滤掉二倍频信号，取出含数字基带信息的低频信号，抽样判决器在抽样脉冲到来时对两个低频信号的抽样值 v_1、v_2 进行比较判决（判决规则同于包络检波法），即可还原出数字基带信号。

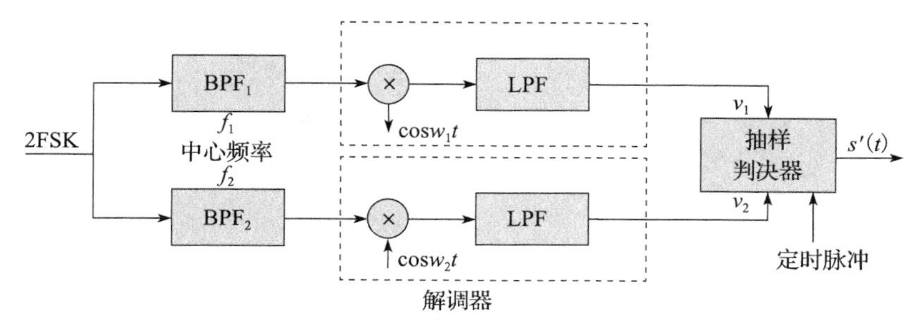

图1-6　2FSK相干解调框图

在信源信号独立等概条件下，经相干解调器解调之后，输出信号的误比特率为

$$P_b = \frac{1}{2}\mathrm{erfc}\left[\sqrt{\frac{r}{2}}\right]$$

2FSK信号的包络检波法解调框图如图1-7所示，其可视为由两路2ASK解调电路组

成。这里，两个带通滤波器（带宽相同，皆为相应的2ASK信号带宽；中心频率不同，分别为f_1、f_2）起分路作用，用以分开两路2ASK信号，经包络检测后分别取出它们的包络，把两路包络信号同时送到抽样判决器进行比较，从而判决输出基带数字信号。

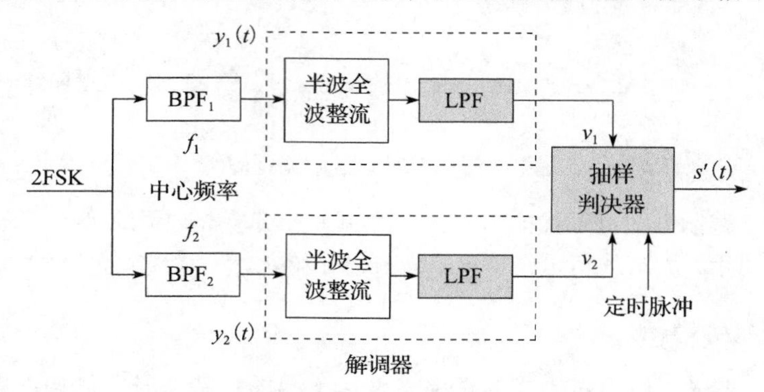

图1-7　2FSK包络检波法解调框图

在信源信号独立等概条件下，经包络检波器解调之后，输出信号的误比特率为

$$P_b \approx \frac{1}{2}\exp\left(-\frac{r}{2}\right)$$

1.5.3　移相键控

移相键控（PSK）利用不同的载波相位来表示不同的比特符号。例如2PSK调制下，载波为$A\cos(2\pi f_c t+\varphi)$，利用相位$\varphi=0$表示比特“0”，利用相位$\varphi=\pi$表示比特“1”。2PSK可以采用模拟调制或键控调制。

对于基带脉冲信号中$a_n=\pm1$的二进制序列，一个符号周期的2PSK波形为

$$s_{2\text{FSK}}=\begin{cases}A\cdot\cos(2\pi f_1 t) & a_n=1\\ -A\cdot\cos(2\pi f_2 t) & a_n=-1\end{cases},\quad nT\leqslant t\leqslant(n+1) \tag{1-22}$$

注意，$-A\cos(2\pi f_c t)=A\cos(2\pi f_c t+\pi)$是相位$\varphi=\pi$时的波形。根据公式（1-22）可以发现2PSK和2ASK类似，前者等价于双极性基带脉冲信号乘以正弦载波，后者等价于单极性基带脉冲信号乘以正弦载波。

若基带信号的功率谱密度为$P_s(f)$，则2PSK信号功率谱密度为

$$P_{2\text{PSK}}=\frac{1}{4}[P_s(f+f_c)+P_s(f-f_c)] \tag{1-23}$$

相同符号长度下，2PSK频带带宽和2ASK相同，为$\frac{2}{T_s}$，但是由于2PSK的基带信号为双极性信号，因此2PSK功率谱密度中不含冲激分量。

2PSK属于DSB信号，由于基带波形是双极性码，因此它的包络是恒定的，无法采用包络检波器对2PSK信号进行解调，只能采用相干解调的方法，解调框图如图1-8所示。

在信源信号独立等概条件下，经相干解调器解调之后，输出信号的误比特率为$P_b=\frac{1}{2}\text{erfc}[\sqrt{r}]$。在达到相同误码率要求的情况下，2PSK调制方式的输入信噪比可以比2FSK低3dB。抗白噪的性能优于2FSK和2ASK。

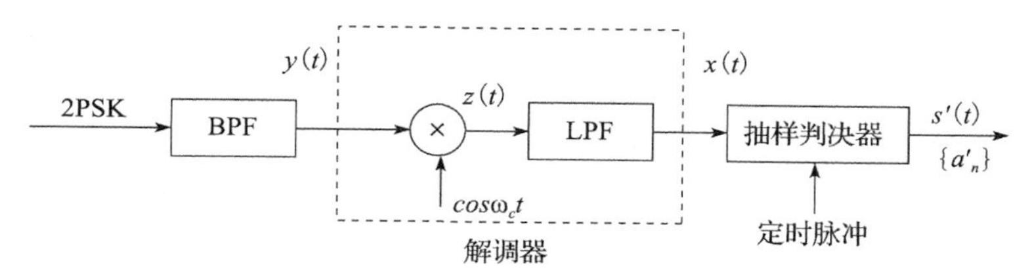

图 1-8 2PSK 相干解调

多进制数字相位调制又称多相制，是二相制的推广。常见的多进制相位调制包括 QPSK 和 8PSK。设载波为 $A\cos(2\pi f_c t)$，经过 MPSK 调制后的波形表示为

$$s_{\mathrm{MPSK}}=\begin{cases}A\cdot\cos(2\pi f_c t+\varphi_1) & a_n=1\\ A\cdot\cos(2\pi f_c t+\varphi_2) & a_n=2\\ \quad\vdots & \quad\vdots\\ A\cdot\cos(2\pi f_c t+\varphi_M) & a_n=M\end{cases},\quad nT\leqslant t\leqslant(n+1)T \tag{1-24}$$

在无线通信系统中，一般采用 QPSK 作为四阶调制方式，信号矢量图如图 1-9 所示，按照不同的相位值可以分为 A、B 两种 QPSK 方案，两者的误码率性能是相同的。四种相位承载两位二进制比特“00”、“01”、“10”、“11”。

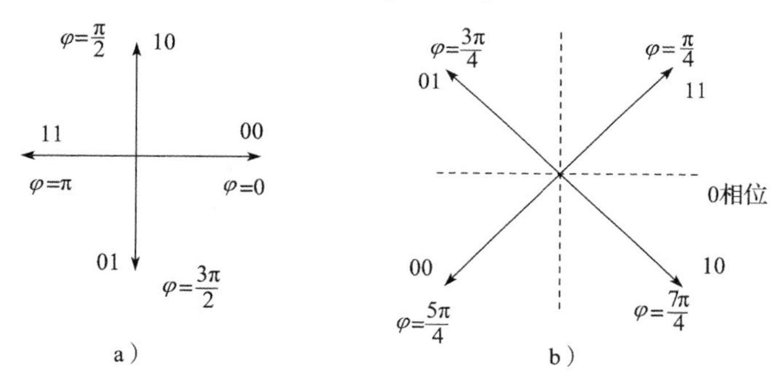

图 1-9 MPSK 相位配置矢量图

按照图 1-10a 所示的相位配置，QPSK 波形可以等效为一路以余弦波作为载波的 2PSK 信号（称为正交支路）和一路以正弦波作为载波的 2PSK 信号（称为同相支路）相加得到。QPSK 的调制和解调框图如图 1-10 和图 1-11 所示。

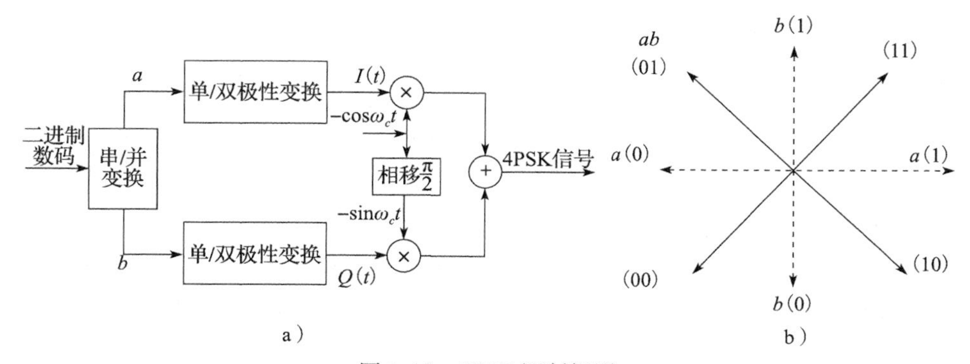

图 1-10 QPSK 调制框图

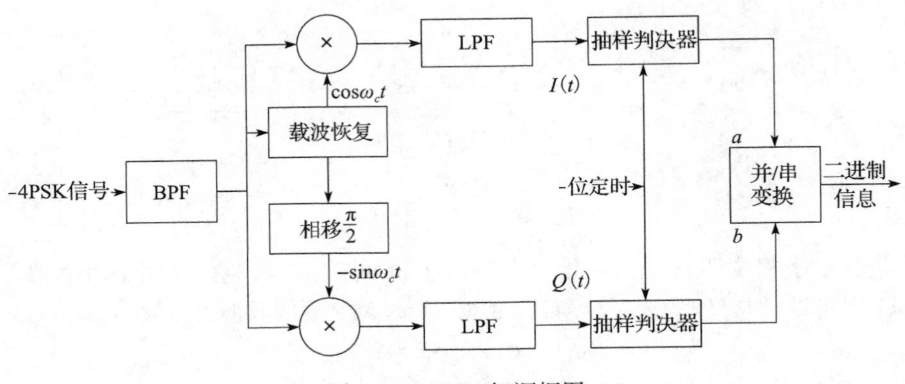

图 1-11　QPSK 解调框图

1.5.4　正交幅度调制

正交幅度调制（QAM）是在两路正交的载波上分别采用独立的 MASK 调制然后叠加生成的，调制信号中通过电平幅度和载波相位$\left(0,\ \frac{\pi}{2}\right)$承载比特信息，从而支持更高的调制阶数。常用的调制阶数包括 4QAM、16QAM 和 64QAM，对应的空间信号矢量端点分布图称为星座图。对于 4QAM，当两路信号幅度相等时，其产生、解调、性能及相位矢量均与 QPSK 相同。

通常，原始数字数据都是二进制的。为了得到多进制的 QAM 信号，首先应将二进制信号转换成 $m=\sqrt{M}$进制信号，然后进行正交调制，最后再相加。图 1-12 给出了产生多进制 QAM 信号的数学模型。图中 $x'(t)$ 由序列 a_1，a_2，…，a_k 组成，$y'(t)$ 由序列 b_1，b_2，…，b_k 组成，它们是两组相互独立的二进制数据，经 m 进制变换器变为 m 进制信号 $x(t)$ 和 $y(t)$。经正交调制组合后可形成 QAM 信号。QAM 信号采取正交相干解调的方法解调。解调器首先对收到的 QAM 信号进行正交相干解调。LPF 滤除乘法器产生的高频分量。LPF 输出经抽样判决可恢复出 m 进制电平信号 $x(t)$ 和 $y(t)$。

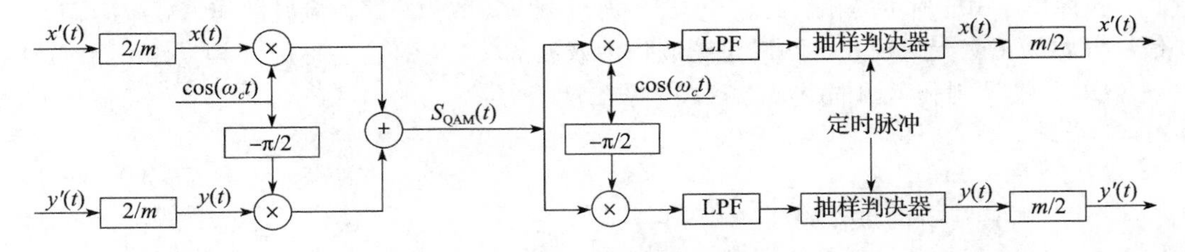

图 1-12　MQAM 调制和解调框图

1.5.5　OFDM 调制

OFDM（orthogonal frequency division multiplexing，正交频分复用技术）属于多载波技术的一种，通过把高速数据流分散到多个正交的子载波上进行复用，从而使每个子载波上的数据速率大大降低。OFDM 已成为 LTE 下行链路的主要技术。

相比于 TDM 技术将多路数据在时域上复用、CDM 技术在不同码片上复用，OFDM 技术则是将数据在频域上进行复用；相比于同样是频域复用的FDM技术，由于OFDM技术的数据符号可以在频域重叠，从而大大节省了带宽，提高了频谱利用率。正交信号可以通过在接收端采用相关技术来分开，这样可以减少子信道之间的相互干扰。每个子信道上的信号带宽小于信道的相关带宽，因此每个子信道可以看成平坦性衰落信道，从而可以消除符号间干扰。而且由于每个子信道的带宽仅仅是原信道带宽的一小部分，信道均衡变得相对容易。在向B3G/4G演进的过程中，OFDM是关键的技术之一，可以结合分集、时空编码、干扰和信道间干扰抑制以及智能天线技术，最大限度地提高系统性能。

与传统的单载波或者一般非交叠的多载波传输系统相比，OFDM技术有以下优点：

- 通过对高速数据流进行串/并转换，每个子载波上的数据符号持续长度相对增加，这样可以有效地减少由于无线信道的时间弥散而造成的信道干扰，进而可以降低接收机内均衡器的复杂度，甚至有时可以不采用均衡器，仅仅依靠循环前缀来消除信道干扰带来的不利影响。
- 传统的频分多路传输方法只是将整个频带分成若干不相交的子频带并行传输数据，这样各个子信道间需要保留足够的保护频带。而OFDM系统中各个子载波的正交性使子信道的频谱可以重叠，因此OFDM系统的频谱利用率得到了提高。
- 各个子信道的正交调制和解调可以分别通过离散傅里叶反变换（IDFT）和离散傅里叶变换（DFT）的方法来实现，在子载波数很多的系统中，可以通过快速傅里叶反变换（IFFT）和快速傅里叶变换（FFT）的方法来实现。随着DSP技术的快速发展，IFFT和FFT都很容易得到实现。
- 无线数据业务一般存在非对称性，即下行链路中的数据传输量大于上行链路的数据传输量，这就要求物理层技术支持非对称高速数据传输。OFDM系统可以通过灵活地使用不同数目的子信道来实现上行链路和下行链路不同的传输速率。
- 由于无线信道存在频率选择性，不可能所有的子载波都处于深衰落的情况，因此可以通过动态比特分配以及动态子信道分配的方法，充分利用信噪比高的子信道，从而提高系统性能。而且对于多用户系统来说，对于一个用户不适用的子信道对其他用户来说，可能是质量比较好的子信道，因此除非一个子信道对所有用户来说都不适用，该子信道才会被关闭，但发生这种情况的概率非常小。
- 因为窄带干扰只能影响一部分子载波，所以OFDM系统在一定程度上可以抵抗这种窄带干扰。

但是与此同时，OFDM技术由于存在多个正交的子载波，而且输出信号是多个子信道信号的叠加，所以与单载波系统相比，它存在以下缺点：

- 易受频率偏差的影响。由于子信道的频谱相互覆盖，这就对它们之间的正交性提出了严格要求。无线信道的时变性会造成无线信号的频谱偏移，或者发射机和接收机本地振荡器之间存在的频率偏差，都会使OFDM系统子载波之间的正交性受到破坏，导致子信道间干扰。

- 存在较高的峰值平均功率比。多载波系统的输出是多个子信道信号的叠加，因此如果多个信号的相位一致，所得到的叠加信号的瞬时功率就会远远高于信号的平均功率，导致较大的峰值平均功率比（peak-to-average power ratio，PAPR）。这就对发射机内放大器的线性度提出了很高的要求，因此可能带来信号畸变，使信号的频谱发生变化，从而导致各个子信道间的正交性被破坏，产生干扰，系统性能恶化。

OFDM的基本原理框图见图1-13。可以看出，OFDM是一种并行传输数据的技术，它将高速串行数据串/并变为低速并行数据，用多个正交的载波构成子信道分别调制并行数据。需发射的原始数据经过串/并变换形成多路信号，然后经过离散傅里叶变换，形成数据流$f(t)$。时域上第i个符号的$f(t)$表示为

$$f(t) = \sum_{n=0}^{N-1} a_n g(t - iT)\exp\left[2\pi j\left(f + \frac{n}{T}\right)(t - iT)\right] \tag{1-25}$$

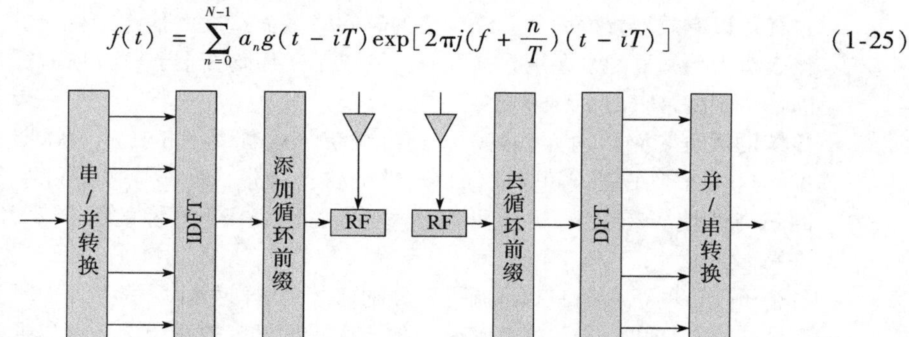

图1-13 OFDM调制的基本原理

式中，$g(t)$表示经过数字脉冲成形之后的矩形波，N表示子载波的个数，T为OFDM的符号周期，子载波间距$\Delta f = \frac{1}{T}$。

凭借良好的频谱利用率和抗多径性能，OFDM技术被广泛应用于高速移动通信系统中。20世纪90年代以来，OFDM技术应用于1.6Mbit/s高比特率数字用户电路、6Mbit/s不对称数字用户线路（ADSL）、100Mbit/s甚高速数字用户线路（VDSL）、数字音频广播和数字视频广播等方面。近些年来，无线局域网标准（IEEE 802.11）、3G长期演进（LTE）、全球微波互联接入（IEEE 802.16）等标准中也将OFDM技术列为关键技术之一，在将来的第四代移动通信中，OFDM技术已经成为主导。

国际电信联盟确定LTE-Advanced和802.16m为4G国际标准候选技术。考虑到向IMT-Advanced平滑过渡，LTE采用OFDM技术作为标准，在下行链路中采用OFDMA多址技术，而在上行链路中，考虑到峰均比问题，采用单载波的SC-FDMA技术进行多址接入。通过OFDM和MIMO技术，LTE系统在20M带宽的下行系统可以达到100 Mbit/s的峰值速率，上行可以达到50Mbit/s。802.16委员会于2006年正式启动了802.16m标准制定工作，其目标主要包括满足IMT-Advanced所有技术要求并与802.16e兼容。其下行峰值速率实现目标为：低速移动、热点覆盖场景下，1Gbit/s以上；高速移动、广域覆盖场景下，100Mbit/s。目前，基于OFDM的4G系统研究的关键技术包括MIMO-OFDM技术、协同分集和调度、多跳自组织、感知无线电和网络编码等。

小结

本章针对物联网通信相关技术，从通信系统模型开始，介绍了信源编码、信道编码、多路复用以及信号调制技术。信源编码和信道编码的方法很多，本章主要介绍了无失真的几种信源编码方法，除此以外，针对语音和图像还有许多有失真的编码方法，信道编码主要介绍了分组码、卷积码、网格编码、Turbo码等。多路复用技术介绍了频分多路复用和时分多路复用，而时分多路复用是现在数字通信系统普遍采用的方法。基本的调制方法是振幅键控、移频键控、移相键控，为了提高性能，实际工作中会把多种方法结合在一起，所以有了正交幅度调制和正交频分复用技术。

习题

1. 数据通信系统模型由哪几部分组成？
2. 简述霍夫曼编码的工作原理。
3. 什么是信道编码？简述信道编码的特点。
4. 什么是多路复用？
5. 什么是调制技术？常见的调制技术有哪些？
6. 设发送数字信息为1100110，画出2ASK、2FSK和2PSK的波形示意图并求出相应的相对码序列。
7. 设某2FSK调制系统的码元传输速率为1000B，已调信号的载频为1000Hz和2000Hz：
   1）若发送数字信息序列为11010011，试画出相应的2FSK信号波形；
   2）试讨论这时的2FSK信号应选择怎样的调制器解调；
   3）若发送数字信息是等可能的，试画出它的功率谱密度图。
8. 设某2PSK传输系统的码元速率为1000B，载波频率为2000Hz。发送数字信息序列为0100110：
   1）试画出2PSK信号调制解调器原理框图，并画出2PSK信号的时间波形；
   2）若采用相干调制方式进行解调，试画出各点时间波形；
   3）若发送“0”和“1”的概率分别为0.3和0.8，试求出该2PSK信号的功率谱密度表达式。
9. 某信息源的符号集由A、B、C、D和E组成，设每一符号独立出现，其出现概率分别为1/4、l/8、l/8/、3/16和5/16。试求该信息源符号的平均信息量。

参考文献

[1] 樊昌信，曹丽娜．通信原理［M］.7版．北京：国防工业出版社，2012.
[2] 谢希仁．计算机网络［M］.6版．北京：电子工业出版社，2013.

第 2 章　无线通信技术

在具体学习各种无线通信技术之前，本章将为大家介绍无线通信的基本概念、主要特点及主要技术等基础知识，目的是为以后的学习打下基础。这些内容要么是无线通信的基础知识，要么是无线通信中具有共性的基本技术。

2.1　无线通信基础知识

2.1.1　无线通信的定义及起源

无线通信（wireless communication）是利用电磁波信号可以在自由空间中传播的特性进行信息交换的一种通信方式。近些年的信息通信领域中，发展最快、应用最广的就是无线通信技术。在移动中实现的无线通信又通称为移动通信，人们把二者合称为无线移动通信。

最早的无线通信出现在前工业化时期，这些系统使用狼烟、火炬、反光镜、信号弹或者旗语，在视距内传输信息。为了能传输更复杂的消息，人们又精心设计出了用这些原始信号组成的复杂信号。为了能传得更远，人们在山顶道路旁建立了一些接力观测站。

直到 1838 年，这些原始的通信网才被塞缪尔·莫尔斯发明的电报网替代，接着又被电话取代。在电话发明几十年后的 1895 年，马可尼首次在英国怀特岛与距其 30km 之外的一条拖船之间成功进行了无线传输，现代意义下的无线通信从此诞生。

2.1.2　无线通信的特点

首先，无线频谱是稀缺资源，必须分配给不同的系统和业务使用，因此无线电频谱必须由区域性和全球性的管理机构控制。

其次，无线信道随机多变。当信号通过电磁波在无线信道中传播时，墙壁、地面、建筑物和其他物体会对电磁波形成反射、散射和绕射，从而导致信号通过多条路径到达接收机，造成多径效应，多径效应会导致信号的衰落。

再次，由于无线电波的全向传输特性，因此一定区域范围内的无线信号可以相互干扰，这大大限制了无线通信系统的容量。

2.1.3 无线通信技术举例

无线通信的应用已深入人们生活和工作的各个方面，包括日常使用的手机、无线电话等，其中包括：

- 无线个人区域网：包括蓝牙、ZigBee（低成本、低功率的无线通信）和超宽带UWB（高速近距无线通信）；
- 无线局域网：代表技术为WiFi；
- 宽带无线接入：WiMax；
- 蜂窝电话系统：最成功的无线网络；
- 卫星通信系统：广播视频、语音，卫星电话，定位。

无线通信技术的一个成功范例是无线局域网（WLAN），它不使用导线连接，而是使用无线电波作为数据传送的媒介，传送距离一般只有几十米。无线局域网的主干网路通常使用有线电缆（cable），无线局域网用户通过一个或多个无线接取器（wireless access point，WAP）接入无线局域网。无线局域网现在已经广泛地应用在商务区、大学、机场及其他公共区域。

蜂窝电话系统被称为最成功的无线网络。1990年，全世界只有1000万移动手机用户，这些手机几乎全部采用第一代模拟FM调制。2002年5月，全世界移动手机用户突破10亿。仅仅在中国，2002年每个月就有不止1500万的用户加入无线用户大军，这个数字比1991年全球无线用户的总数还多。

图2-1的横坐标是网络的覆盖范围，纵坐标是用户数据率。图中画出了本章所介绍的几种无线网络的大致位置，还给出了第二代（2G）移动蜂窝电话通信，以及第三代（3G）和第四代（4G）移动通信的大致位置作为参考。

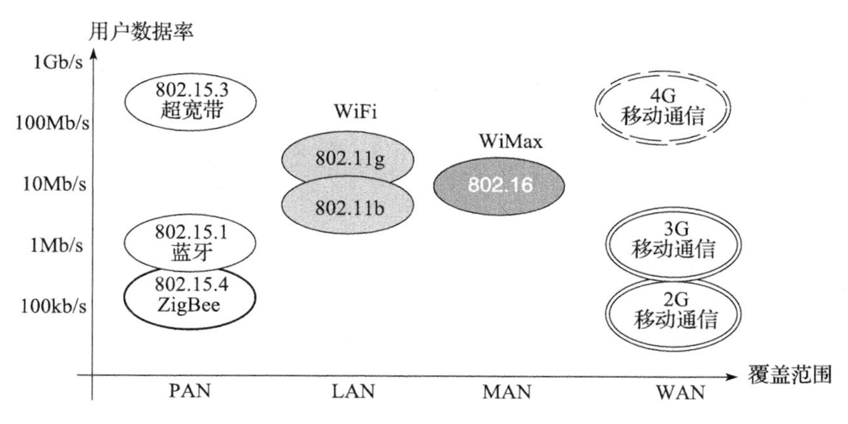

图2-1 几种无线通信技术的比较

第一代（1G）和第二代（2G）移动蜂窝电话通信都是使用传统的电路交换通信方式，在话音编码方面，1G是模拟编码，而2G则采用了更先进的数字编码。第三代（3G）移动通信和计算机网络离得更近，因为它使用IP的体系结构和混合的交换机制（电路交换和分组交换），能够提供多媒体业务（话音、数据、视频等），可收发电子邮件、浏览网页、进行视频会议等。第四代（4G）移动通信的标准在各方面提供的服务都优于3G，可提供更高带宽的、端到端的IP流媒体服务（采用分组交换），以及随时随地的移动接入。有人认为，4G有些像WiFi和WiMax的组合。还有人把4G称为MAGIC(mobile multi-media，anytime/any-where，global mobility support，integrated wireless and customized personal service)，意思是移动多媒体、任何时间地点、支持全球移动性、综合无线和定制的个人服务。

2.2 无线信道

无线信道主要指以辐射无线电波为传输方式的无线电信道和在水下传播声波的水声信道等。

无线电信号由发射机的天线辐射到整个自由空间上进行传播。不同频段的无线电波有不同的传播方式，主要有：

地波传输：地球和电离层构成波导，中长波、长波和甚长波可以在这天然波导内沿着地面传播并绕过地面的障碍物。长波可以应用于海事通信，中波调幅广播也利用了地波传输。

天波传输：短波、超短波可以通过电离层形成的反射信道和对流层形成的散射信道进行传播。短波电台就利用了天波传输方式。天波传输的距离最大可以达到400千米左右。电离层和对流层的反射与散射形成了从发射机到接收机的多条随时间变化的传播路径，电波信号经过这些路径在接收端形成相长或相消的叠加，使得接收信号的幅度和相位呈随机变化，这就是多径信道的衰落，这种信道被称作衰落信道。

视距传输：对于超短波、微波等更高频率的电磁波，通常采用直接点对点的直线传输。由于波长很短，无法绕过障碍物，因此视距传输要求发射机与接收机之间没有物体阻碍。由于地球曲率的影响，视距传输的距离有限。如果要进行远距离传输，必须设立地面中继站或卫星中继站进行接力传输，这就是微波视距中继和卫星中继传输。光信号的视距传输也属于此类。

由于电磁波在水体中传输的损耗很大，在水下通常采用声波的水声信道进行传输。不同密度和盐度的水层形成的反射、折射作用和水下物体的散射作用，使得水声信道也是多径衰落信道。

无线信道在自由空间（对于无线电信道来说是大气层和太空，对于水声信道来说是水体）上传播信号，能量分散，传输效率较低，并且很容易被他人截获，安全性差。但是通过无线信道的通信摆脱了导线的束缚，因此无线通信具有有线通信所没有的高度灵活性。如手机和手机之间通话，计算机之间通过蓝牙互传信息，这些都是经过无线方式进行通信。

按照信道对信号的影响特点，无线信道可分为恒参信道和随参信道两类。恒参信道是指信道对信号的影响不随时间变化或基本不变，影响是固定的或变化极为缓慢；随参信道是非恒参信道的统称，信道对信号的影响是随机变化的。

2.2.1 恒参无线信道举例

1. 无线电视距中继

无线电视距中继是指工作频率在超短波和微波波段时，电磁波基本上沿视线传播且通信距离依靠中继方式延伸的无线电线路。相邻中继站间距离一般在 40 ~ 50km。主要用于长途干线、移动通信网及某些数据收集（如水文、气象数据的测报）系统中。

无线电视距中继信道的构成如图 2-2 所示。它由终端站、中继站及各站间的电波传播路径构成。由于这种系统具有传输容量大、发射功率小、通信稳定可靠以及和同轴电缆相比可以节省有色金属等优点，因此被广泛用于传输多路电话及电视。

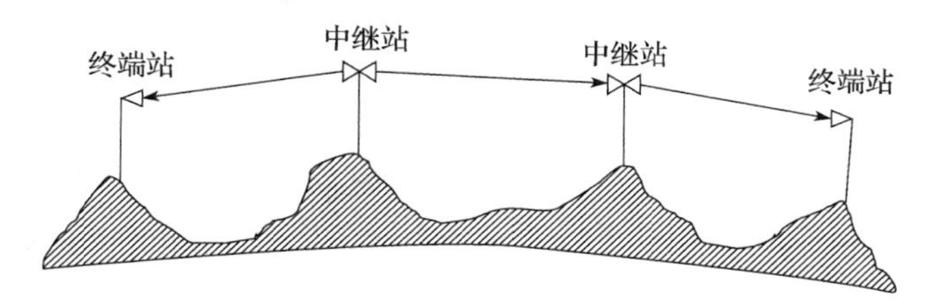

图 2-2　无线电视距中继信道的构成

2. 卫星中继信道

卫星中继信道可视为无线电中继信道的一种特殊形式。对于轨道在赤道平面上的人造卫星，当它离地面高度为 35860km 时，绕地球运行一周的时间恰好为 24 小时。这种卫星称为同步通信卫星，使用它作为中继站，可以实现地球上 18000km 范围内的多点之间的连接。采用三个适当配置的同步卫星中继站就可以覆盖全球（除两极盲区外）。图 2-3 所示为这种卫星中继信道的概貌。这种信道具有传输距离远、覆盖范围广、传播稳定可靠、传输容量大等突出的优点。目前广泛用于传输多路电话、电报、数据和电视。

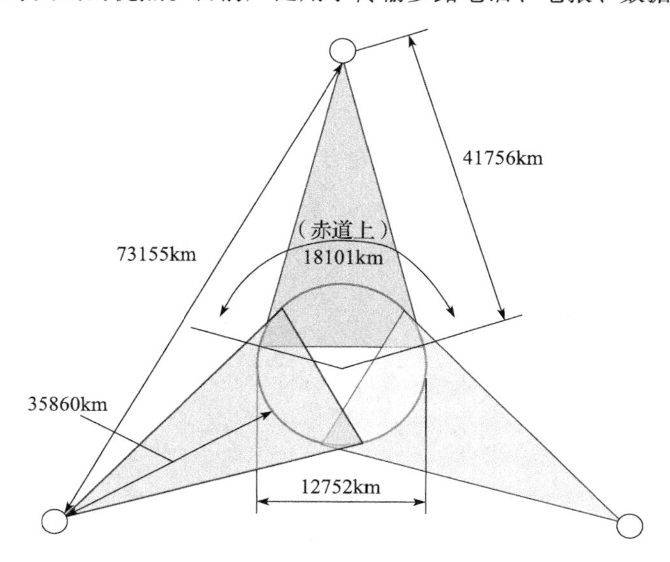

图 2-3　卫星中继信道概貌

卫星中继信道由通信卫星、地球站、上行线路及下行线路构成。其中上行与下行线路是地球站至卫星及卫星至地球站的电波传播路径，而信道设备集中于地球站与卫星中继站中。相对于地球站来说，同步卫星在空中的位置是静止的，所以又称为“静止”卫星。除静止卫星外，在较低轨道运行的卫星及不在赤道平面的卫星也可以用于中继通信。在几百公里高度的低轨道上运行的卫星，由于要求地球站的发射功率较小，所以特别适用于移动通信和个人通信系统。

2.2.2 恒参信道特性及其对信号传输的影响

恒参信道等效于一个非时变线性网络，只要得到网络的传输特性，利用信号通过线性系统的分析方法，就可以求得已调信号通过恒参信道的变化规律。

网络的传输特性可以用幅度 - 频率特性和相位 - 频率特性来表示。

1. 幅度 - 频率畸变

幅度 - 频率畸变是由于信道幅频特性不理想造成的。理想的信道幅频特性在通带内应是平的，这样信号的各个频率分量幅度比例不会因通过信道传输而发生变化，所以没有幅频畸变。

理想信道的幅频特性如图 2-4 所示。

实际中的信道不可能有这样理想的幅频特性。图 2-5 示出了典型音频电话信道的总衰耗 - 频率特性：图中 300Hz 以下每频程升高 15 ~ 25dB，300 ~ 1100Hz 较平坦，1100 ~ 2900Hz 衰耗特性线性上升，2900Hz 以上每频程升高 80 ~ 90dB。

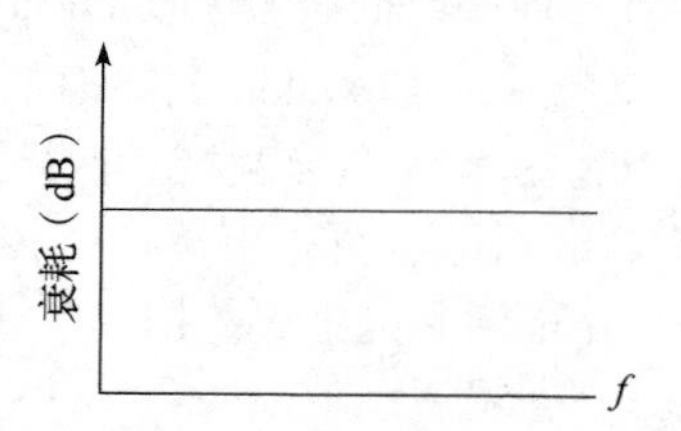

图 2-4 理想信道的幅频特性

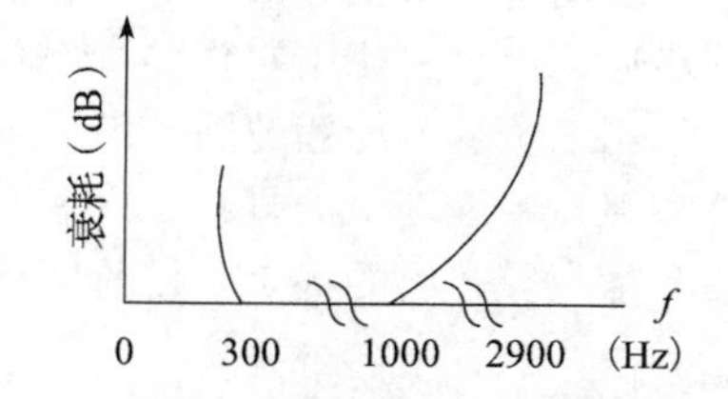

图 2-5 典型音频电话信道的相对衰耗

一般数字信号是矩形波或升余弦波，它们都有丰富的频率成分，如果我们利用幅频特性不均匀的信道来传输数字信号，显然由于信道幅频特性不理想，将使各频率成分受到不同的衰耗，从而使波形发生畸变。

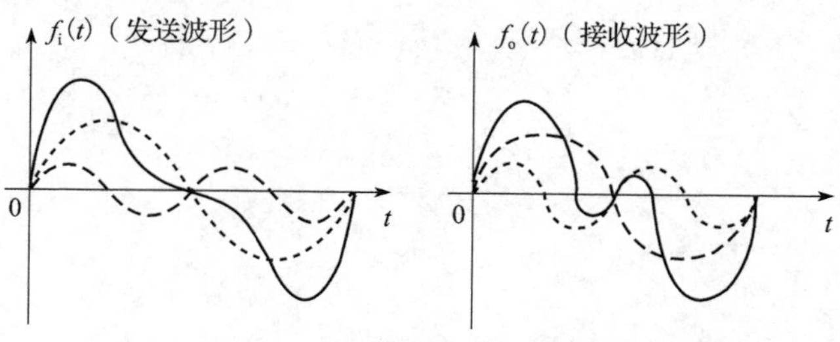

图 2-6 幅度失真前后的波形比较

不均匀的衰耗必然使传输信号的幅度随频率发生畸变，引起失真；对于数字信号，还会引起相邻码元波形在时间上的重叠，造成码间串扰。

解决措施：1）改善滤波性能，将幅度－频率畸变控制在允许的范围之内；2）通过均衡措施，使衰耗特性曲线变平坦。

2. 相位－频率畸变

相频畸变是由于信道相频特性不理想造成的。理想的相频特性如图2-7a所示，理想的相频特性是通过原点的斜线，相位与频率呈线性关系，即 $\varphi(\omega)=k\omega$。

相频畸变对模拟话音通信影响并不显著，因为人耳对相频畸变不太敏感。但对数字信号传输却不然，尤其当传输速率高时，相频畸变将会引起严重的码间串扰，从而给通信带来很大的损害。

若不是线性关系就会出现群迟延畸变，群迟延畸变常用群迟延－频率特性 $\tau(\omega)$ 来衡量，群迟延－频率特性是相频特性对频率的导数。

显然，若信道的相频特性是理想的，$\varphi(\omega)$ 是 ω 的线性函数，则 $\tau(\omega)$ = 常数，即无论什么频率成分，它的延迟时间都是相同的，如图2-7b所示。

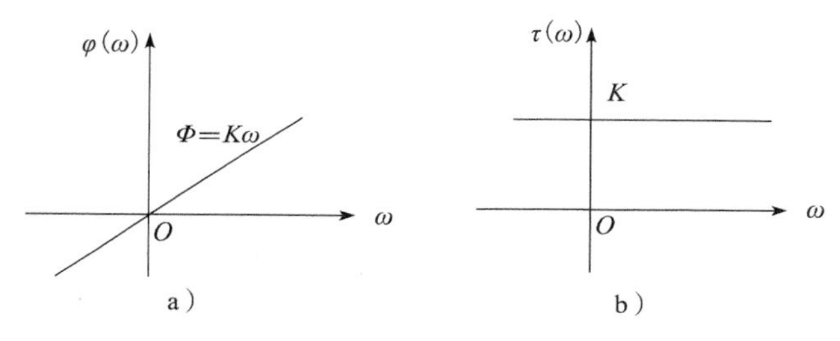

图2-7　理想的相位－频率特性及群迟延－频率特性

若信道的相频特性不是线性函数，则 $\tau(\omega)$ 与 ω 有关，这样不同频率成分将于不同时间到达，合成的信号必然会出现失真。

当非单一频率的信号通过实际的信道时，信号频谱中的不同频率分量将有不同的群延迟，即它们到达的时间不一样，引起畸变。如图2-8所示，发射波由基波和3次谐波合成，由于相频特性不理想，经传输后基波相位变化 π，而3次谐波相位却变化 2π，不为线性关系。该波形不仅失真了，而且有拖尾，因此会造成码间干扰。

群延迟畸变和幅频畸变一样，也是线性畸变，采用均衡措施可以得到补偿。

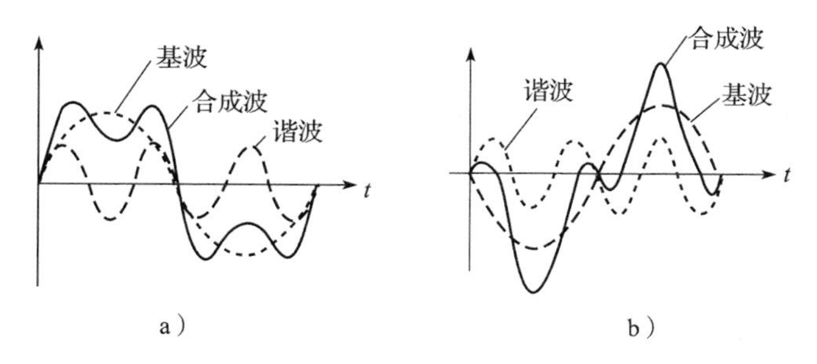

图2-8　群迟延产生畸变的例子

2.2.3　随参无线信道举例

随参无线信道是信道特性随时间变化很快的信道，其变化速率甚至能与波形传输速率相比拟，即在一个码元时间内它的特性就可能发生很大的变化。

比较典型的这类传输媒质为电离层反射和散射、对流层散射及流星余迹散射等。它们均属于无线信道。

1. 短波电离层反射

电离层主要是由于太阳光中的紫外线照射高空大气层使之电离而形成的。电离层一般分为4层。

D层：只有白天日照时存在，主要对长波起反射作用，对短波和中波则起吸收作用。

E层：白天和晚上都存在，由氧原子电离形成，可反射中波和短波。

F_1层：只有白天存在。

F_2层：白天和晚上都存在，具有反射作用，可进行短波远距离通信。

由于电离层电子浓度不均匀，因此还可用来进行散射通信。

（1）传播路径

电离层F_2反射，D、E是吸收层。短波信号从电离层反射的传播路径示意如图2-9所示。

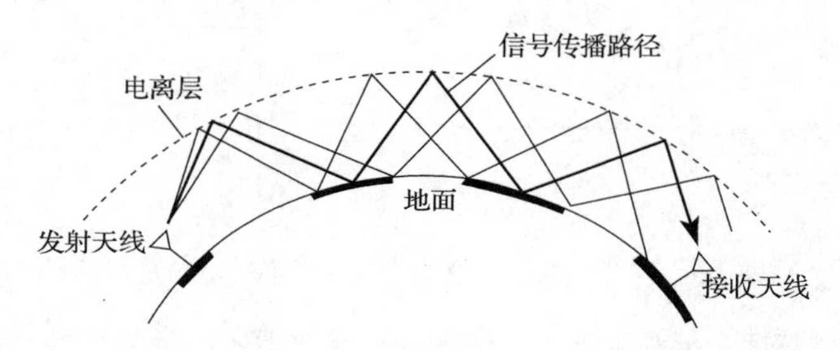

图2-9　短波信号从电离层反射的传播路径

（2）工作频率

工作频率需要经常更换，选用工作频率时，要考虑以下两个条件：

1）应小于最高可用频率；2）使电磁波在D、E层的吸收较小。

（3）多径传播

多径传播的主要原因：1）一次反射和多次反射；2）反射层高度不同；3）电离层不均匀引起的漫射；4）地球磁场引起的电磁波分裂。

（4）应用

主要用于远距离传输。

（5）缺点

1）可靠性差；2）需要经常更换工作频率；3）存在快衰落与多径时延失真；4）干扰电平高。

2. 对流层散射信道

对流层散射信道通常是指无线电电磁波在大气对流层和平流层散射传播。它是一种超视距信道，一跳传播距离为100～500km，工作在超短波和微波波段，可提供12～240个频分复用（FDM）话路，可靠性可达99.9%。对流层散射通信如图2-10所示。

对流层：大气的最低层，它经常存在很多大气湍流，形成很多涡流单元，由于大小、尺寸、温度和湿度的不同，涡流单元的介电系数不同。电波作用于这些不均匀气团时就要产生折射和散射。

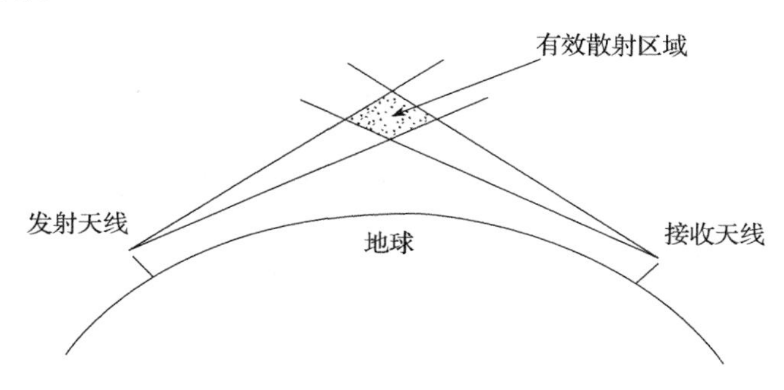

图2-10　对流层散射通信

平流层：高空大气层，其散射距离可达600～1000km。

主要特征：

（1）衰落

满衰落：长期变化，取决于气象条件。

快衰落：短期变化，由多径传播引起，信号振幅和相位快速随机变化。散射接收信号振幅服从瑞利分布，相位服从均匀分布。

（2）传播损耗

能量总损耗包括自由空间的能量扩散损耗和散射损耗。

（3）允许频带

多径信道不仅引起信号电平的快衰落，而且导致波形失真。窄脉冲变为宽脉冲，这种现象称为信号的时间扩散，简称多径时散。

散射信道好像一个带限滤波器，其允许频带定义为：$B_c \approx 1/\tau_m$（τ_m——最大多径时延差）。

（4）天线与媒质间的耦合损耗

无线增益亏损。

（5）应用

干线通信和点对点通信。

2.2.4　随参信道特性及其对信号传输的影响

1. 随参信道的特点

1）对信号的衰耗随时间变化；

2）传输的时延随时间而变；

3）多径传播。

2. 多径传播的影响

（1）衰落和频率弥散

多径传播后的接收信号是衰减和时延都随时间变化的各路径信号的合成。

设发射波为$A\cos\omega_0 t$，经过n条路径传播后的接收信号$R(t)$表示为：

$$R(t) = \sum\mu_i(t)\cos\omega_0[t-\tau_i(t)] = \sum\mu_i(t)\cos[\omega_0 t+\varphi_i(t)]$$

$\mu_i(t)$——第 i 条路径的接收信号振幅；

$\tau_i(t)$——第 i 条路径的传输时延；

$\varphi_i(t) = -\omega_0\tau_i(t)$

观察表明，$\mu_i(t)$ 和 $\varphi_i(t)$ 随时间变化与发射载频的周期相比要缓慢得多。

$$R(t) = \sum\mu_i(t)\cos\varphi_i(t)\cos\omega_0 t - \sum\mu_i(t)\sin\varphi_i(t)\sin\omega_0 t$$

设：

$$X_c(t) = \sum\mu_i(t)\cos\varphi_i(t)$$

$$X_s(t) = \sum\mu_i(t)\sin\varphi_i(t)$$

则：

$$R(t) = X_c(t)\cos\omega_0 t - X_s(t)\sin\omega_0 t = V(t)\cos[\omega_0 t+\varphi(t)]$$

$V(t)$——合成波的包络，表达式为：

$$V(t) = [X_c^2(t) + X_s^2(t)]^{1/2}$$

$\varphi(t)$——合成波的相位，表达式为：

$$\varphi(t) = \arctan X_s(t)/X_c(t)$$

$R(t)$ 可视为一个窄带过程：

1）波形上，多径传播的结果是确定的载波信号变成了包络和相位受到调制的窄带信号（见图2-11a）。

2）频谱上，多径传输引起了频率弥散，由单个频率变成了一个窄带频谱（见图2-11b）。

3）$X_c(t)$ 和 $X_s(t)$ 是 n 个随机变量的和，当 n 充分大时，根据概率论的中心极限定理，可以确认 $X_c(t)$ 和 $X_s(t)$ 是高斯随机变量，则 $X_c(t)$ 和 $X_s(t)$ 是平稳的高斯过程。可知 $R(t)$ 为一个窄带高斯过程，且 $V(t)$ 的一维分布服从瑞利分布（瑞利衰落），$\varphi(t)$ 服从均匀分布。

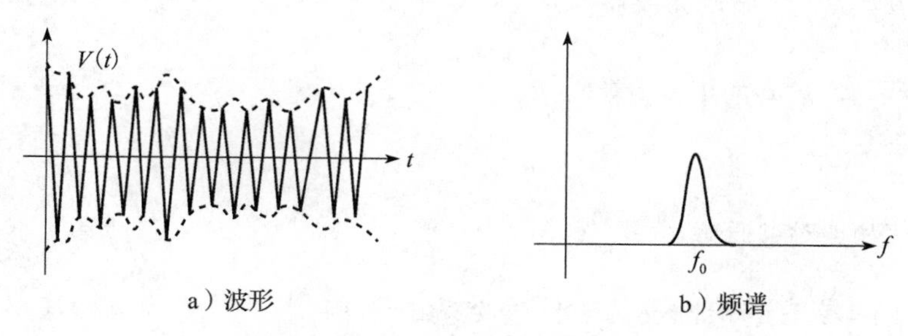

图2-11　衰落信号的波形与频谱示意图

（2）频率选择性衰落

频率选择性衰落是信号频谱中某些分量的一种衰落现象，是多径传播的一个重要特征。

1）两径传播的传输特性

设 $f(t)$ 的频谱密度函数为 $F(\omega)$，$f(t) \longleftrightarrow F(\omega)$

则

$$V_0 f(t-t_0) \leftrightarrow V_0 F(\omega)\mathrm{e}^{-\mathrm{j}\omega t_0}$$

$$V_0 f(t - t_0 - \tau) \leftrightarrow V_0 F(\omega) e^{-j\omega(t_0 - \tau)}$$

$$V_0 f(t - t_0) + V_0 f(t - t_0 - \tau) \leftrightarrow V_0 F(\omega) e^{-j\omega t_0}(1 + e^{-j\omega\tau})$$

所以，传输特性 $H(\omega)$ 为：

$$H(\omega) = \frac{V_0 F(\omega) e^{-j\omega t_0}(1 + e^{-j\omega\tau})}{F(\omega)} = V_0 e^{-j\omega t_0}(1 + e^{-j\omega\tau})$$

此处，$H(\omega)$ 除常数因子 V_0、一个模值为1、固定时延为 t_0 的网络，主要取决于 $(1 + e^{-j\omega\tau})$，而 $|(1 + e^{-j\omega\tau})| = 2|\cos[(\omega\tau)/2]|$，即两径传播的模特性依赖于 $|\cos[(\omega\tau)/2]|$，对不同的频率，两径传播的结果有不同的衰减。当 $\omega = 2n\pi/\tau$ 时，出现传播极点；当 $\omega = 2(n+1)\pi/\tau$ 时，出现传播零点。另外，相对延时 τ 一般随时间变化，故传输特性出现零点与极点的位置是随时间而变的。当传输波形的频谱宽于 $1/\tau(t)$ 时，传输波形的频谱将受到畸变，即所谓的频率选择性衰落。

上述概念可以推广到多径传播中，出现频率选择性衰落的基本规律基本相同，即频率选择性依赖于相对时延差。相对时延差通常用最大多径时延差 τ_m 来表示，则定义

$$\Delta f = 1/\tau_m$$

为相邻传输零点的频率间隔，也称为多径传播媒质的相关带宽。如果传输信号的频谱宽于 Δf，则将产生明显的频率选择性衰落。

2）两径传播的传输速度与带宽选择

较高的传输速度要求较宽的信号频带。因此数字信号在多径传播时，容易因存在选择性衰落现象而引起严重的码间干扰，需要限制数字信号的传输速度。

2.2.5 随参信道特性的改善——分集接收

抗快衰落的措施有抗衰落的调制解调技术、抗衰落的接收技术及扩普技术等。扩谱技术包括：

- **扩谱通信技术**：大多数无线网产品采用扩谱通信技术。这是一种由美国军方发展的宽带通信技术，主要应用在对数据安全要求性高的通信系统中。与窄频通信相比，扩谱技术使用更宽的频率带宽，并在频率范围内交替使用频率通信。有两种无线通信技术可供选择：跳频技术和直频技术。
- **跳频扩谱通信技术**：跳频通信采用窄带载波信号，并在允许的频率范围内时时变换通信的频点。发送方和接收方随时保持跳频状态（频道）的一致就可以进行通信。
- **直频扩谱通信技术**：对每个要发送的字节采用冗余编码技术。在传输过程中即使有部分数据因为干扰而丢失，统计学的相关技术也可以将数据还原。

分集接收是指分散接收几个合成信号并集中（合并）这些信号的接收方法，明显有效且被广泛采用的措施之一。基本思想是同时接收几个不同路径的信号，将这些信号适当合并构成总的接收信号，减小衰落的影响。

分集方式（利用不同路径或不同频率、不同角度等手段）有：

1）空间分集——使用多个天线（位置间要求有足够的间距，100个信号波长）。

2）频率分集——用不同载频传送同一个消息，各载频的频差相隔较远。

3）角度分集——利用天线波束的指向不同使信号不相关的原理构成的一种分集方法。

4）极化分集——分别接收水平极化和垂直极化波而构成的一种分集方法。

合并方法有：

1）最佳选择式——在几个分散信号中选择信噪比最好的一个作为接收信号。

2）等增益相加式——将分散信号以相同的支路增益进行直接相加，相加后的信号作为接收信号。

3）最大比值相加式——控制各支路增益，使它们分别与本支路的信噪比成正比，然后相加获得接收信号。

2.2.6 现代常用无线信道

从图2-12可以看出，人们现在已经利用了好几个波段进行通信。紫外线和更高的波段目前还不能用于通信。图2-12的最下面还给出了ITU对波段取的正式名称。例如，LF波段的波长是1～10km（对应于30～300kHz），LF、MF和HF的中文名字分别是低频、中频和高频。更高的频段中的V、U、S和E分别对应于Very、Ultra、Super和Extremely，相应的频段的中文名字分别是甚高频、特高频、超高频和极高频，最高的一个频段中的T是Tremendously，目前尚无标准译名。在低频LF的下面其实还有几个更低的频段，如甚低频VLF、特低频ULF、超低频SLF和极低频ELF等，因不用于一般的通信，故未画在图中。

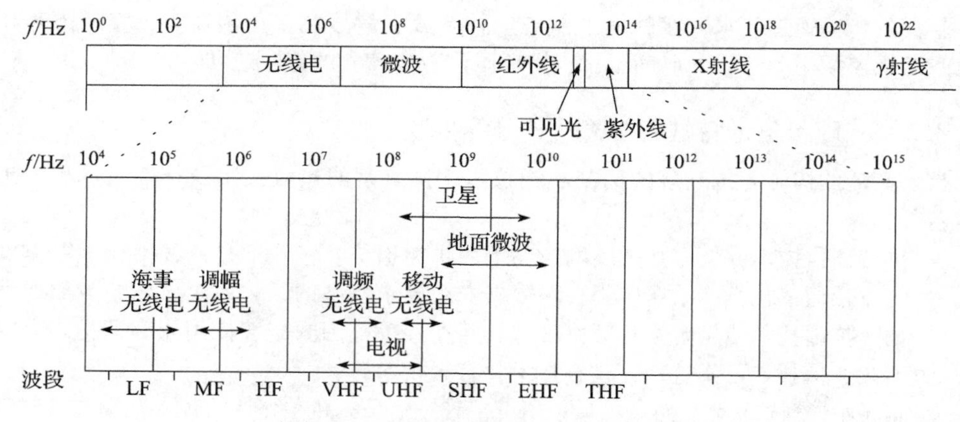

图2-12 无线通信使用的电磁波频谱图

1. 短波通信信道

短波通信（即高频通信）主要是靠电离层的反射。但电离层的不稳定所产生的衰落现象和电离层反射所产生的多径效应使得短波信道的通信质量较差。因此，当必须使用短波无线电台传送数据时，一般都是低速传输，即速率为一个标准模拟话路传几十至几百比特/秒。只有在采用复杂的调制解调技术后，才能使数据的传输速率达到几千比特/秒。

2. 微波信道

无线电微波通信在数据通信中占有重要地位。微波的频率范围为300MHz～300GHz（波长10cm～1m），但主要是使用2～40GHz的频率范围。微波在空间中主要是直线传播。由于微波会穿透电离层而进入宇宙空间，因此它不像短波那样可以经电离层反射传播到地面上很远的地方。传统的微波通信主要有两种方式：地面微波接力通信和卫星通信。

由于微波在空间是直线传播，而地球表面是个曲面，因此其传播距离受到限制，一般只有50km左右。但若采用100m高的天线塔，则传播距离可增大到100km。为实现远距离通信，必须在一条无线电通信信道的两个终端之间建立若干个中继站。中继站把前一站送来的信号经过放大后再发送到下一站，故称为“接力”。大多数长途电话业务使用4～6GHz的频率范围。

微波接力通信可传输电话、电报、图像、数据等信息。其主要特点是：

1）微波波段频率很高，其频段范围也很宽，因此其通信信道的容量很大。

2）因为工业干扰和天电干扰的主要频谱成分比微波频率低得多，对微波通信的危害比对短波和米波通信小得多，因而微波传输质量较高。

3）与相同容量和长度的电缆载波通信比较，微波接力通信建设投资少，见效快，易于跨越山区、江河。

当然，微波接力通信也存在如下一些缺点：

1）相邻站之间必须直视（常称为视距，line of sight，LOS），不能有障碍物。有时一个天线发射出的信号也会分成几条略有差别的路径到达接收天线，因而造成失真。

2）微波的传播有时也会受到恶劣气候的影响。

3）与电缆通信系统比较，微波通信的隐蔽性和保密性较差。

4）对大量中继站的使用和维护要耗费较多的人力和物力。

常用的卫星通信方法是在地球站之间利用位于约36000km高空的人造同步地球卫星作为中继器的一种微波接力通信。对地静止通信卫星就是在太空的无人值守的微波通信的中继站。可见卫星通信的主要优缺点大体上应当和地面微波通信的差不多。

卫星通信的最大特点是通信距离远，且通信费用与通信距离无关。同步地球卫星发射出的电磁波能辐射到地球上的通信覆盖区的跨度达18000多千米，面积约占全球的1/3。只要在地球赤道上空的同步轨道上等距离地放置3颗相隔120°的卫星，就能基本上实现全球的通信。

和微波接力通信相似，卫星通信的频带很宽，通信容量很大，信号所受到的干扰也较小，通信比较稳定。为了避免产生干扰，卫星之间相隔如果不小于2°，那么整个赤道上空只能放置180个同步卫星。好在人们想出可以在卫星上使用不同的频段来进行通信，因此总的通信容量还是很大的。目前常用的三个频段如表2-1所示。

表2-1　卫星通信常用的三个频段

波段	频率（GHz）	下行（GHz）	上行（GHz）	主要问题
C	4/6	3.7～4.2	5.925～6.425	地面上的干扰
Ku	11/14	11.7～12.2	14.0～14.5	降雨
Ka	20/30	17.7～21.7	27.5～30.5	降雨，设备价格贵

一个典型的卫星通常拥有12～20个转发器。每个转发器的频带宽度为36～50MHz。一个50Mb/s的转发器可用来传输50Mb/s速率的数据，或800路64kb/s的数字化话音信道。如果两个转发器使用不同的极化方式，那么即使使用同样的频率也不会产生干扰。

在卫星通信领域中，甚小孔径地球站（very small aperture terminal，VSAT）已被大量使用。这种小站的天线直径往往不超过1米。因而每一个小站的价格就较便宜。在VSAT卫星通信网中，需要有一个比较大的中心站来管理整个卫星通信网。对于某些VSAT系统，所有小站之间的数据通信都要经过中心站进行存储转发。对于能够进行电话通信的VSAT系统，小站之间的通信在呼叫建立阶段要通过中心站。但在连接建立之后，两个小站之间的通信就可以直接通过卫星进行，而不必再经过中心站。

卫星通信的另一特点就是具有较大的传播时延。由于各地球站的天线仰角并不相同，因此不管两个地球站之间的地面距离是多少（相隔一条街或相隔上万千米），从一个地球站经卫星到另一地球站的传播时延在250~300ms之间，一般可取为270ms。这和其他的通信有较大差别，和两个地球站之间的距离没有关系。对比之下，地面微波接力通信链路的传播时延一般取为3.3μs/km。

注意，“卫星信道的传播时延较大”并不等于“用卫星信道传送数据的时延较大”。这是因为传送数据的总时延除了传播时延外，还有传输时延、处理时延和排队时延等部分。传播时延在总时延中所占的比例取决于具体情况。但利用卫星信道进行交互式的网上游戏显然是不合适的。

卫星通信非常适合于广播通信，因为它的覆盖面很广。但从安全方面考虑，卫星通信系统的保密性是较差的。

通信卫星本身和发射卫星的火箭造价都较高。受电源和元器件寿命的限制，同步卫星的使用寿命一般只有7~8年。卫星地球站的技术较复杂，价格还比较贵。这些都是选择传输媒体时应全面考虑的。

除上述的同步卫星外，低轨道卫星通信系统已开始使用。低轨道卫星相对于地球不是静止的，而是不停地围绕地球旋转，这些卫星在天空上构成了高速的链路。由于低轨道卫星离地球很近，因此轻便的手持通信设备都能够利用卫星进行通信。

3. ISM信道

从20世纪90年代起，无线移动通信和因特网一样，得到了飞速的发展。与此同时，使用无线信道的计算机局域网也获得了越来越广泛的应用。我们知道，要使用某一段无线电频谱进行通信，通常必须得到本国政府有关无线电频谱管理机构的许可证。但是，也有一些无线电频段是可以自由使用的（只要不干扰他人在这个频段中的通信），这正好满足计算机无线局域网的需求。图2-13给出了美国的ISM频段，现在的无线局域网就使用其中的2.4GHz和5.8GHz频段。ISM是“industrial，scientific，and medical”（工业、科学与医药）的缩写，即所谓的“工、科、医频段”。

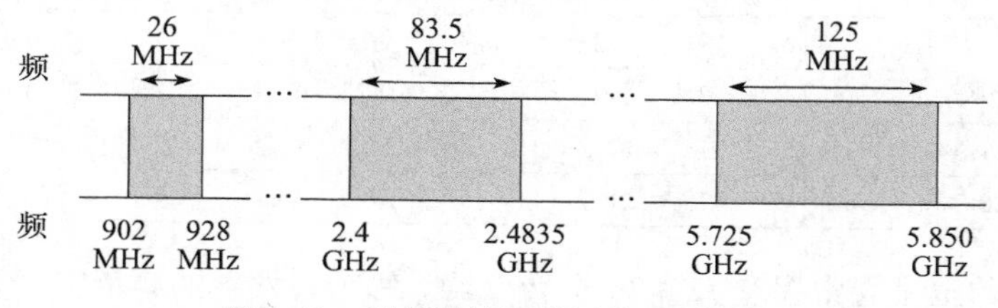

图2-13 无线局域网使用的ISM频段

常用的无线局域网IEEE 802.11b/g工作在2.4~2.4835GHz频段，在进行无线网络安装时，一般使用无线网络设备自带的管理工具来设置连接参数，无论哪种无线网络，最主要的设置项目都包括网络模式（集中式还是对等式无线网络）、SSID、信道、传输速率4项，只不过一些无线设备的驱动或设置软件将这些步骤简化了，一般使用默认设置就能很容易地使用无线网络。

4. 其他无线信道

红外通信、激光通信也使用非导向媒体（无线信道），可用于近距离的笔记本电脑的相互传送数据。

2.3 无线通信原理概述

与有线传输相比，无线传输具有许多优点。或许最重要的是，它更灵活。无线信号可以从一个发射器发出到许多接收器而不需要电缆。所有无线信号都是随电磁波通过空气传输的，电磁波是由电子部分和能量部分组成的能量波。

在无线通信中，频谱包括了9kHz～300000GHz之间的频率。每一种无线服务都与某一个无线频谱区域相关联。无线信号也是源于沿着导体传输的电流。电子信号从发射器到达天线，然后天线将信号作为一系列电磁波发射到空气中。

信号通过空气传播，直到它到达目标位置为止。在目标位置，另一个天线接收信号，一个接收器将它转换回电流。接收和发送信号都需要天线，天线分为全向天线和定向天线。在信号的传播中，由于反射、衍射和散射的影响，无线信号会沿着许多不同的路径到达其目的地，形成多径信号。

当然，通过空气传播的信号不一定会保留在一个国家内。因此，全世界的国家就无线远程通信标准达成协议是非常重要的。ITU就是管理机构，它确定了国际无线服务的标准，包括频率分配、无线电设备使用的信号传输和协议、无线传输及接收设备、卫星轨道等。如果政府和公司不遵守ITU标准，那么在制造无线设备的国家之外就可能无法使用它们。

虽然有线信号和无线信号具有许多相似之处——例如，包括协议和编码的使用——但是空气的本质使得无线传输与有线传输有很大的不同。当工程师们谈到无线传输时，他们是将空气作为“无制导的介质”。因为空气没有提供信号可以跟随的固定路径，所以信号的传输是无制导的。

正如有线信号一样，无线信号也是源于沿着导体传输的电流。电子信号从发射器到达天线，然后天线将信号作为一系列电磁波发射到空气中。信号通过空气传播，直到到达目标位置为止。在目标位置，另一个天线接收信号，一个接收器将它转换回电流。图2-14显示了这个过程。

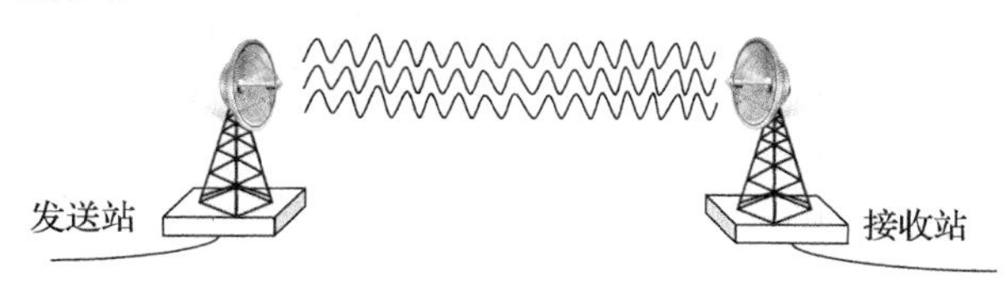

图2-14　无线发送和接收

注意，在无线信号的发送端和接收端都使用了天线，而要交换信息，连接到每一个天线上的收发器都必须调整为相同的频率。

2.3.1 天线

天线是一种变换器，它把传输线上传播的导行波变换成在无界媒介（通常是自由空间）中传播的电磁波，或者进行相反的变换。无线电通信、广播、电视、雷达、导航、电子对抗、遥感、射电天文等工程系统，凡是利用电磁波来传递信息的，都依靠天线来进行工作。此外，在用电磁波传送能量方面，非信号的能量辐射也需要天线。一般天线都具有可逆性，即同一副天线既可用作发射天线，也可用作接收天线。同一天线作为发射或接收的基本特性参数是相同的。这就是天线的互易定理。

1. 天线的定义

通信、雷达、导航、广播、电视等无线电设备都是通过无线电波来传递信息的，都需要有无线电波的辐射和接收。在无线电设备中，用来辐射和接收无线电波的装置称为天线。天线为发射机或接收机与传播无线电波的媒质之间提供所需要的耦合。天线和发射机、接收机一样，也是无线电设备的一个重要组成部分。

2. 天线的功用

天线辐射的是无线电波，接收的也是无线电波，然而发射机通过馈线送入天线的并不是无线电波，接收天线也不能把无线电波直接经馈线送入接收机，其中必须经过能量转换过程。下面我们以无线电通信设备为例分析一下信号的传输过程，进而说明天线的能量转换作用。

在发射端，发射机产生的已调制的高频振荡电流（能量）经馈电设备输入发射天线（馈电设备可随频率和形式不同，直接传输电流波或电磁波），发射天线将高频电流或导波（能量）转变为无线电波——自由电磁波（能量）向周围空间辐射（见图 2-15）；在接收端，无线电波（能量）通过接收天线转变成高频电流或导波（能量）经馈电设备传送到接收机。从上述过程可以看出，天线不但是辐射和接收无线电波的装置，同时也是一个能量转换器，是电路与空间的界面器件。

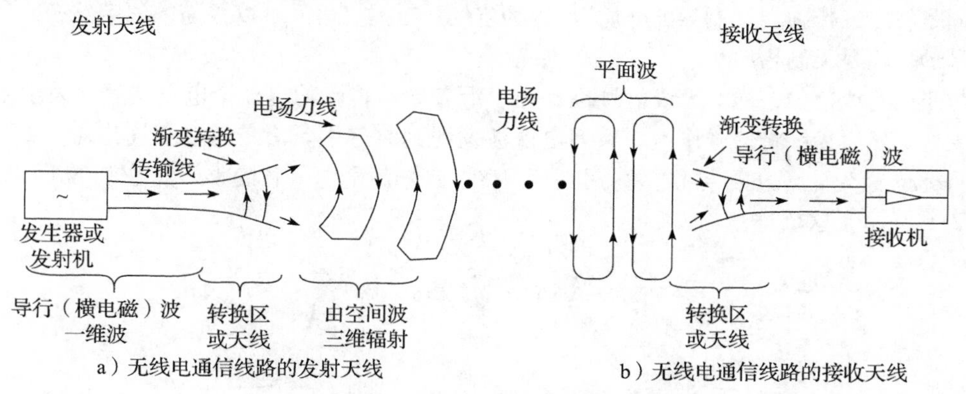

a）无线电通信线路的发射天线　b）无线电通信线路的接收天线

图 2-15　天线能量转换原理示意图

3. 工作原理

当导线载有交变电流时，就可以形成电磁波的辐射，辐射的能力与导线的长短和形状有关。如果两导线的距离很近且两导线所产生的感应电动势几乎可以抵消，则辐射很微弱；如果将两导线张开，这时由于两导线的电流方向相同，由两导线所产生的感应电动势方向相同，因而辐射较强；当导线的长度远小于波长时，导线的电流很小，辐射很微弱；当导线的长度增大到可与波长相比拟时，导线上的电流就大大增加，因而就能形成较强的辐射。通常将上述能产生显著辐射的直导线称为振子，两臂长度均为1/4 波长的振子叫作对称半波振子。天线的工作原理如图2-16 所示。

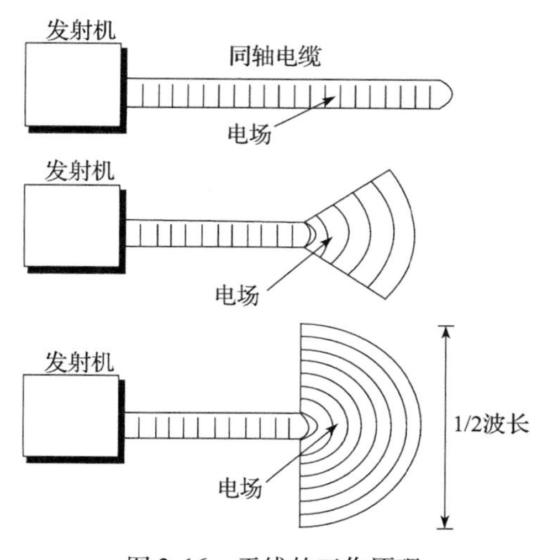

图2-16　天线的工作原理

在无线通信系统中，与外界传播媒介接口是天线系统。天线辐射和接收无线电波：发射时，把高频电流转换为电磁波；接收时，把电磁波转换为高频电流。天线的型号、增益、方向图、驱动天线功率、天线配置和天线极化等都影响系统的性能。

4. 天线增益

增益是天线系统最重要的参数之一，天线增益的定义与全向天线或半波振子天线有关。全向辐射器是假设在所有方向上都辐射等功率的辐射器，在某一方向的天线增益是该方向上的场强。定向辐射器在该方向产生的辐射强度之比见图2-17。

dBi 表示天线增益是方向天线相对于全向辐射器的参考值，dBd 是相对于半波振子天线的参考值。

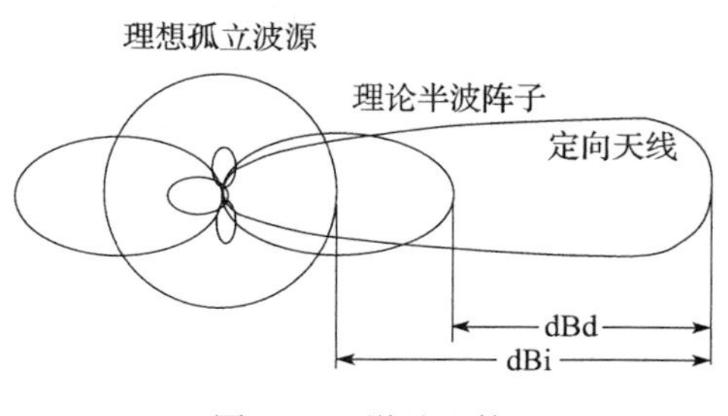

图2-17　增益比较

天线增益近似计算式如下：

1）天线主瓣宽度越窄，增益越高。对于一般天线，可用下式估算其增益：

$$G(\mathrm{dBi}) = 10\lg\{32000/(2\theta3\mathrm{dB,E} \times 2\theta3\mathrm{dB,H})\}$$

式中，$2\theta3\mathrm{dB}$、E 与 $2\theta3\mathrm{dB}$、H 分别为天线在两个主平面上的波瓣宽度；32000 是统计出来的经验数据。

2）对于抛物面天线，可用下式近似计算其增益：

$$G(\mathrm{dBi}) = 10\lg\{4.5 \times (D/\lambda_0)2\}$$

式中，D 为抛物面直径；λ_0 为中心工作波长；4.5 是统计出来的经验数据。

3）对于直立全向天线，有近似计算式：

$$G(\mathrm{dBi}) = 10\lg\{2L/\lambda_0\}$$

式中，L 为天线长度；λ_0 为中心工作波长。

5. 方向图

天线的辐射电磁场在固定距离上随角坐标分布的图形称为方向图。用辐射场强表示的称为场强方向图，用功率密度表示的称为功率方向图，用相位表示的称为相位方向图。

天线方向图是空间立体图形，但是通常应用的是两个互相垂直的主平面内的方向图，称为平面方向图。在线性天线中，由于地面影响较大，都采用垂直面和水平面作为主平面。在面型天线中，则采用 E 平面和 H 平面作为两个主平面。归一化方向图取最大值为 1。

垂直放置的半波对称振子具有平放的“面包圈”形的立体方向图。立体方向图虽然立体感强，但绘制困难，平面方向图用来描述天线在某指定平面上的方向性。在半径为 r 的远区球面上，基本振子的远区辐射场与空间角成正弦变化。由此可画出其空间立体方向图和两个主面（E 面和 H 面）的方向图，如图 2-18 所示。

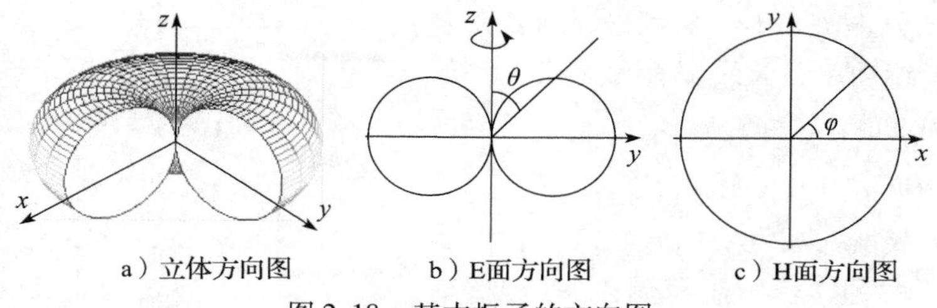

图 2-18　基本振子的方向图

在方向图中，包含所需最大辐射方向的辐射波瓣叫天线主波瓣，也称天线波束。主瓣之外的波瓣叫副瓣或旁瓣或边瓣，与主瓣相反方向上的旁瓣叫后瓣。图 2-19 为全向天线水平波瓣和垂直波瓣图，其天线外形为圆柱形；图 2-20 为定向天线水平波瓣和垂直波瓣图，其天线外形为板状。

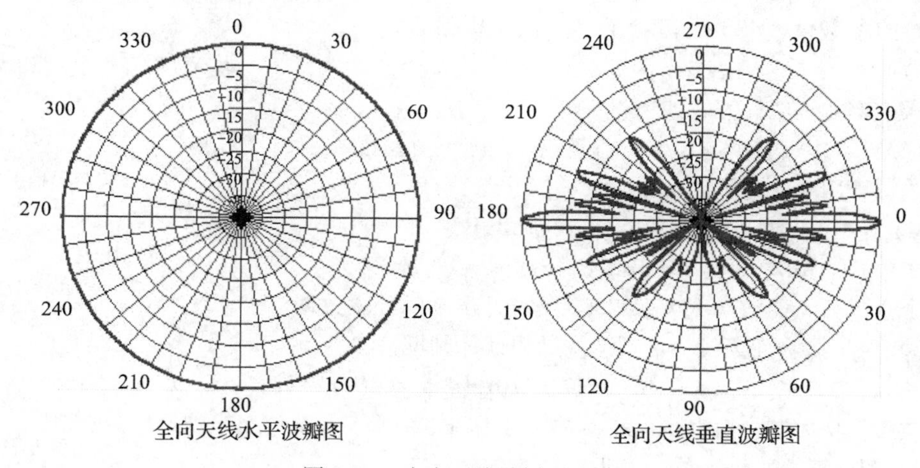

图 2-19　全向天线波瓣示意图

若干个对称振子组阵能够控制辐射，产生“扁平的面包圈”，把信号进一步集中到水平面方向上。也可以利用反射板把辐射能控制到单侧方向，平面反射板放在阵列的一边构成扇形区覆盖天线。

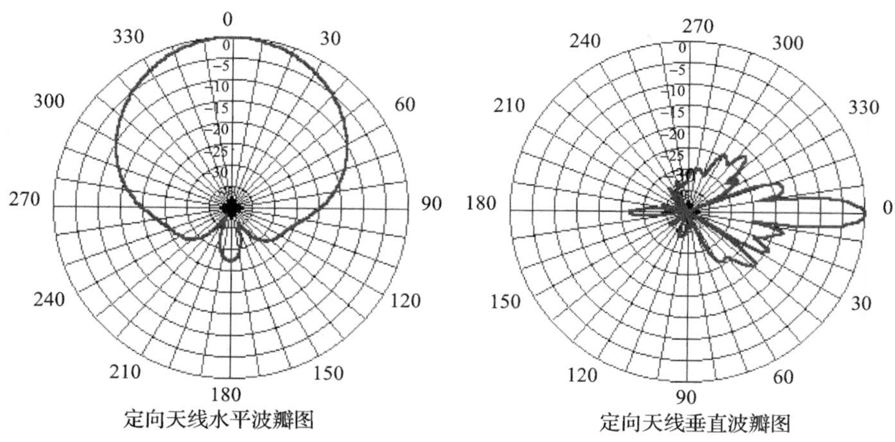

图 2-20　定向天线波瓣示意图

抛物反射面的使用更能使天线的辐射像光学中的探照灯那样，把能量集中到一个小立体角内，从而获得很高的增益。不言而喻，抛物面天线的构成包括两个基本要素：抛物反射面和放置在抛物面焦点上的辐射源。

通常会用到天线方向图的以下一些参数。

（1）波瓣宽度

波瓣宽度，顾名思义，就是无线电波辐射形成的扇面所张开的角度。同一天线发射的无线电波在不同方向上的辐射强度是不同的，所以定义比最大辐射方向上的功率下降 3dB 的两个方向之间的夹角为波瓣宽度。水平面和垂直面的波瓣宽度如图 2-21 所示。

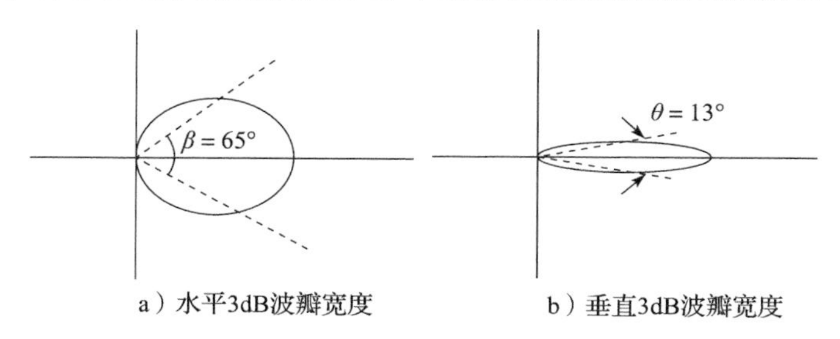

图 2-21　波瓣宽度

水平波瓣宽度和垂直波瓣宽度是相互影响的，其关系式为

$$G_a \approx 10\lg\frac{32400}{(\theta\beta)}$$

其中：G_a 为天线增益；β 为水平波瓣宽度；θ 为垂直波瓣宽度。

由上式可以看出，在天线增益不变的情况下，水平波瓣宽度大了，垂直波瓣宽度必然变小。正如浇花软管出口的水流一样，水平方向宽了，垂直方向必然变窄。

（2）前后比

方向图中，前后瓣最大值之比称为前后比，记为 F/B。前后比越大，天线的后向辐射（或接收）越小。前后比 F/B 的计算十分简单：

$$F/B = 10\lg\{(\text{前向功率密度})/(\text{后向功率密度})\}$$

对天线的前后比 F/B 有要求时，其典型值为（18～30）dB，特殊情况下则要求达（35～40）dB。

（3）上旁瓣抑制

对于基站天线，人们常常要求它的垂直面（即俯仰面）方向图中，主瓣上方第一旁瓣尽可能弱一些，这就是所谓的上旁瓣抑制。基站的服务对象是地面上的移动电话用户，指向天空的辐射是毫无意义的。

6. 极化

极化是描述电磁波场强矢量空间指向的一个辐射特性，当没有特别说明时，通常以电场矢量的空间指向作为电磁波的极化方向，而且针对的是在该天线的最大辐射方向上的电场矢量。

电场矢量在空间的取向在任何时间都保持不变的电磁波叫直线极化波，有时以地面作参考，将电场矢量方向与地面平行的波叫水平极化波，与地面垂直的波叫垂直极化波。由于水平极化波和入射面垂直，故又称正交极化波；垂直极化波的电场矢量与入射平面平行，称为平行极化波。电场矢量和传播方向构成的平面叫极化平面。

电场矢量在空间的取向有的时候并不固定，电场矢量端点描绘的轨迹是圆，称为圆极化波；若轨迹是椭圆，称为椭圆极化波，椭圆极化波和圆极化波都有旋向性。

不论圆极化波或椭圆极化波，都可由两个互相垂直的线性极化波合成。若大小相等则合成圆极化波，不相等则合成椭圆极化波。天线可能会在非预定的极化上辐射不需要的能量。这种不需要的能量称为交叉极化辐射分量。对线极化天线而言，交叉极化和预定的极化方向垂直。对于圆极化天线，交叉极化与预定极化的旋向相反。所以交叉极化称正交极化。

7. 分类

1）按工作性质可分为发射天线和接收天线。

2）按用途可分为通信天线、广播天线、电视天线、雷达天线等。

3）按方向性可分为全向天线和定向天线等。

4）按工作波长可分为超长波天线、长波天线、中波天线、短波天线、超短波天线、微波天线等。

5）按结构形式和工作原理可分为线天线和面天线等。描述天线的特性参量有方向图、方向性系数、增益、输入阻抗、辐射效率、极化和频宽。

6）按维数来分，可以分成两种类型：一维天线和二维天线。

- 一维天线：由许多电线组成，这些电线或者是直线，或者是一些灵巧的形状，就像出现电缆之前在电视机上使用的“老兔子耳朵”。单极和双极天线是两种最基本的一维天线。
- 二维天线：变化多样，有片状（一块正方形金属）、阵列状（组织好的二维模式的一束片）、喇叭状、碟状。

7）天线根据使用场合的不同可以分为：手持台天线、车载天线、基地台天线三大类。

- 手持台天线：就是个人使用手持对讲机的天线，常见的有橡胶天线和拉杆天线两大类。
- 车载天线：是指原设计安装在车辆上的通信天线，最常见且应用最普遍的是吸盘天线。车载天线结构上也有缩短型、四分之一波长、中部加感型、八分之五波长、双二分之一波长等形式的天线。
- 基地台天线：在整个通信系统中具有非常关键的作用，尤其是作为通信枢纽的通信台站。常用的基地台天线有玻璃钢高增益天线、四环阵天线（八环阵天线）、定向天线。

8. 常用天线

（1）板状天线

无论是GSM还是CDMA，板状天线都是用得最为普遍的一类极为重要的基站天线。这种天线的优点是：增益高、扇形区方向图好、后瓣小、垂直面方向图俯角控制方便、密封性能可靠以及使用寿命长。

板状天线也常常被用作直放站的用户天线，根据作用扇形区的范围大小，应选择相应的天线型号。例如，采用多个半波振子排成一个垂直放置的直线阵，以及在直线阵的一侧加一块反射板（以带反射板的二半波振子垂直阵为例），增益为 $G=11\sim14\text{dB}$。为提高板状天线的增益，还可以进一步采用8个半波振子排阵。

4个半波振子排成一个垂直放置的直线阵的增益约为8dB；一侧加有一个反射板的四元式直线阵，即常规板状天线，其增益约为14～17dB。

一侧加有一个反射板的八元式直线阵，即加长型板状天线，其增益约为16～19dB。不言而喻，加长型板状天线的长度，为常规板状天线的一倍，达2.4m左右。

（2）高增益栅状

从性能价格比出发，人们常常选用栅状抛物面天线作为直放站施主天线。由于抛物面具有良好的聚焦作用，所以抛物面天线集射能力强，直径为1.5m的栅状抛物面天线，在900兆频段，其增益即可达 $G=20\text{dB}$。它特别适用于点对点的通信，例如，它常常被选用为直放站的施主天线。

抛物面采用栅状结构，一是为了减轻天线的重量，二是为了减少风的阻力。

抛物面天线一般都能给出不低于30dB的前后比，这也正是直放站系统防自激而对接收天线所提出的必须满足的技术指标。

（3）八木定向天线

八木定向天线，具有增益较高、结构轻巧、架设方便、价格便宜等优点。因此，它特别适用于点对点的通信，例如，它是室内分布系统的室外接收天线的首选天线类型。

八木定向天线的单元数越多，其增益越高，通常采用6～12单元的八木定向天线，其增益可达10～15dB。

（4）室内吸顶天线

室内吸顶天线具有结构轻巧、外形美观、安装方便等优点。

现今市场上见到的室内吸顶天线，外形花色很多，但其内芯的构造几乎都是一样的。这种吸顶天线的内部结构虽然尺寸很小，但由于是在天线宽带理论的基础上借助计算机的辅助设计，以及使用网络分析仪进行调试，所以能很好地满足在非常宽的工作频带内的驻波比要求，按照国家标准，在很宽的频带内工作的天线其驻波比指标为VSWR≤2。当然，能达到VSWR≤1.5更好。顺便指出，室内吸顶天线属于低增益天线，一般为$G=2$dB。

（5）环形天线

环形天线和人体非常相似，有普通的单极或多级天线功能。再加上小型环形天线的体积小、高可靠性和低成本，使其成为微小型通信产品的理想天线。典型的环形天线由电路板上的铜走线组成的电回路构成，也可能是一段制作成环形的导线。其等效电路相当于两个串联电阻与一个电感的串联。Rrad是环形天线实际发射能量的电阻模型，它消耗的功率就是电路的发射功率。

假设流过天线回路的电流为I，那么Rrad的消耗功率，即RF功率为Pradiate = I2 · Rrad。电阻Rloss是环形天线因发热而消耗能量的电阻模型，它消耗的功率是一种不可避免的能量损耗，其大小为Ploss = I 2 · Rloss。如果Rloss > Rrad，那么损耗的功率比实际发射的功率大，因此这个天线是低效的。天线消耗的功率就是发射功率和损耗功率之和。实际上，环形天线的设计几乎无法控制Ploss和Prad，因为Ploss是由制作天线的导体的导电能力和导线的大小决定的，而Prad是由天线所围成的面积大小决定的。

（6）室内壁挂天线

室内壁挂天线同样具有结构轻巧、外型美观、安装方便等优点。

现今市场上见到的室内壁挂天线，外形花色很多，但其内芯的构造几乎也都是一样的。这种壁挂天线的内部结构属于空气介质型微带天线。由于采用了展宽天线频宽的辅助结构，借助计算机的辅助设计，以及使用网络分析仪进行调试，所以能较好地满足了工作宽频带的要求。顺便指出，室内壁挂天线具有一定的增益，约为$G=7$dBi。

2.3.2 信号传播

在理想情况下，无线信号直接在从发射器到预期接收器的一条直线中传播，这种传播被称为“视线”（line of sight，LOS），它使用很少的能量，并且可以接收到非常清晰的信号。不过，因为空气是无制导介质，而发射器与接收器之间的路径并不是很清晰，所以无线信号通常不会沿着一条直线传播。当一个障碍物挡住了信号的路线时，信号可能会绕过该物体、被该物体吸收，也可能发生以下任何一种现象：发射、衍射或者散射。物体的几何形状决定了将发生这三种现象中的哪一种。

1. 距离方程

（1）自由空间通信距离方程

很多时候，需要预估自己的无线电波究竟能传输多远距离，来粗略评估产品是否能够达到实用的水平。下面大致给出无线电波在自由空间传播距离的计算公式。自由空间指天线周围为无限大真空环境且是理想环境。在传播中，无线电波能量不会被其他物体吸收、反射、衍射。自由空间中无线通信距离与发射功率、接收灵敏度、工作频率有关。

自由空间无线电波传播的损耗为：

$$\mathrm{Los(dB)} = 32.44 + 20\lg D(\mathrm{km}) + 20\lg F(\mathrm{MHz})$$

式中，Los为传输损耗，单位dB；D为传输距离，单位km；F是工作频率，单位 MHz。

例如，工作频率在2.4GHz，发射功率为0dBm(1mW)，接收灵敏度为-70dBm的蓝牙系统在自由空间的传播距离：

通过发射功率0dBm，接收灵敏度为-70dBm，得到Los为70dB，再由公式计算$D=31.6m$，在理想环境下传输距离是约31.6m，不过实际上由于大气和系统周围的物体对无线电波的吸收、反射、衍射以及干扰等造成一些损耗，从而实际距离会低于这个值。如果环境造成的损耗为10dB，那么距离只有10m。因此做蓝牙系统，如果仅仅达到标准，是很难达到10m的。

如何来增加无线通信距离呢？

在固定的频率条件下，影响通信距离的因素有：发射功率、接收灵敏度、传播损耗、天线增益等。对于系统设计者，周围环境对电波的吸收、多径干扰、传播损耗等是无法改变的，但是可以优化发射功率、接收灵敏度和天线等。一般设计者在增加传输距离的时候，往往会首先想到增加发射功率和接收灵敏度，但是增加发射功率会导致如下问题：增加功耗；增加系统复杂性和成本；可能导致发射器饱和失真，产生谐波，降低信噪比。

因此有时提高发射功率并不能提升距离，反倒出现距离变近、性能变差的现象；增加接收灵敏度也会造成系统复杂性和成本上升，不过优化系统在路径上的损耗和提升接收灵敏度也是一个不错的办法。不过在不改变系统本身来改善天线也是一个很好的方法，选用高增益的天线可以明显地增加传输距离。

【例2-1】 求一个工作频率为433.92MHz、发射功率为+10dBm（10mW）、接收灵敏度为-105dBm的系统在自由空间的传播距离。假定大气、遮挡等造成的损耗为25dB，试计算得出实际通信距离。

解

1）由发射功率10dBm，接收灵敏度为-105dBm，得

$$\text{Los} = 115\text{dB}$$

2）由Los、F计算D。

$$115 = 32.44 + 20\log10[D] + 20\log10[433.92]$$

得出$D=31\text{km}$。

3）假定大气、遮挡等造成的损耗为25dB，则$\text{Los}=115-25=90\text{dB}$

即$90=32.44+20\log10[D]+20\log10[433.92]$

得$D=1.7\text{km}$。

由上例可见，自由空间中电波传播损耗（亦称衰减）只与工作频率F和传播距离D有关，当F或D增大一倍时，Los将分别增加6dB。

大气衰减：35dB（根据目前市场上的模块实际传输距离算出的）

$$\text{Los} = 100 + 25 + 26 + 2 - 35 = 32.44 + 20\lg D(\text{km}) + 20\lg 433$$

$$D = 45.34\text{km}$$

实际测试结果：$D=1.3\text{km}$

代入上面公式可算出实际大气的衰减量：

$$\text{Los} = 32.44 + 20\lg 1.3 + 20\lg 433$$

$$Los = 接收灵敏度 + LNA\ Gain + Tx\ power + 天线增益 - 大气衰减$$

NRF905 接收灵敏度：-100dBm

LNA Gain：25dB

Tx power：26dBm

天线增益：2dB

大气衰减：35dB(根据目前市场上的模块实际传输距离算出的)

$$Los = 100 + 25 + 26 + 2 - x = 32.44 + 20\lg 1.3 + 20\lg 433$$

$$x = 65.55\text{dB}$$

从而可以推算出如果 $D = 20\text{km}$，至少需要输出多大的 Power：

$$Los = 100 + 25 + Tx + 2 - 65.55 = 32.44 + 20\lg 20 + 20\lg 433$$

$$Tx = 49.74\text{dBm}$$

（2）无线传输距离和发射功率以及频率的关系

功率　灵敏度　（dBm　dBmV　dBuV）

dBm = 10log(P_{out}/1mW)，其中 P_{out} 是以 mW 为单位的功率值

dBmV = 20log(V_{out}/1mV)，其中 V_{out} 是以 mV 为单位的电压值

dBuV = 20log(V_{out}/1uV)，其中 V_{out} 是以 uV 为单位的电压值

换算关系：

$$P_{out} = V_{out} \times V_{out}/R$$

$$\text{dBmV} = 10\log(R/0.001) + \text{dBm}, R\ 为负载阻抗$$

$$\text{dBuV} = 60 + \text{dBmV}$$

（3）dBm、dBi、dBd、dB、dBc 释义

1）dBm。dBm 是一个考征功率绝对值的值，计算公式为：10lg$P$(功率值/1mW)。

【例 2-2】 如果发射功率 P 为 1mW，折算为 dBm 后为 0dBm。

【例 2-3】 对于 40W 的功率，按 dBm 单位进行折算后的值应为：

$$10\lg(40\text{W}/1\text{mw}) = 10\lg(40000) = 10\lg 4 + 10\lg 10 + 10\lg 1000 = 46\text{dBm}$$

2）dBi 和 dBd。dBi 和 dBd 是考征增益的值（功率增益），两者都是一个相对值，但参考基准不一样。dBi 的参考基准为全方向性天线，dBd 的参考基准为偶极子，所以两者略有不同。一般认为，表示同一个增益，用 dBi 表示出来比用 dBd 表示出来要大 2.15。

【例 2-4】 对于一面增益为 16dBd 的天线，其增益折算成单位为 dBi 时，则为 18.15dBi（一般忽略小数位，为 18dBi）。

【例 2-5】 0dBd = 2.15dBi。

【例 2-6】 GSM900 天线增益可以为 13dBd(15dBi)，GSM1800 天线增益可以为 15dBd(17dBi)。

3）dB。dB 是一个表征相对值的值，当考虑甲的功率相比于乙功率大或小多少 dB 时，按下面计算公式：10lg（甲功率/乙功率）。

【例 2-7】 甲功率比乙功率大一倍，那么 10lg(甲功率/乙功率) = 10lg2 = 3dB。也就是说，甲的功率比乙的功率大 3dB。

【例 2-8】 7/8 英寸 GSM900 馈线的 100 米传输损耗约为 3.9dB。

【例 2-9】 如果甲的功率为 46dBm，乙的功率为 40dBm，则可以说，甲比乙大 6dB。

【例2-10】 如果甲天线为12dBd，乙天线为14dBd，可以说甲比乙小2dB。

4）dBc。有时也会看到dBc，它也是一个表示功率相对值的单位，与dB的计算方法完全一样。一般来说，dBc是相对于载波（carrier）功率而言，在许多情况下，用来度量与载波功率的相对值，如用来度量干扰（同频干扰、互调干扰、交调干扰、带外干扰等）以及耦合、杂散等的相对量值。在采用dBc的地方，原则上也可以使用dB替代。

5）经验算法。有个简便公式：0dBm = 0.001W，左边加10 = 右边乘10

所以0 + 10dBm = 0.001 × 10W，即10dBm = 0.01W

故得20dBm = 0.1W + 30dBm = 1W + 40dBm = 10W

还有左边加3 = 右边乘2，如40 + 3dBm = 10 × 2W，即43dBm = 20W，这些是经验公式，蛮好用的。

所以 - 50dBm = 0dBm - 10 - 10 - 10 - 10 - 10 = 1mW/10/10/10/10/10 = 0.00001mW。

6）波特率。波特率是每秒钟传送的信息位的数量。它是所传送代码的最短码元占有时间的倒数。例如，一个代码的最短时间码元宽度为20ms，则其波特率就是50Baud/s。

$$20\text{ms} = 0.02\text{s},\text{波特率为 } 1/0.02 = 50\text{Baud/s}$$

在信息传输通道中，携带数据信息的信号单元叫码元，每秒钟通过信道传输的码元数称为码元传输速率，简称波特率。波特率是传输通道频宽的指标。

每秒钟通过信道传输的信息量称为位传输速率，简称比特率。比特率表示有效数据的传输速率。

2. 传播视距

（1）极限直视距离

超短波特别是微波，频率很高，波长很短，它的地表面波衰减很快，因此不能依靠地表面波做较远距离的传播。超短波特别是微波，主要是由空间波来传播的。简单地说，空间波是在空间范围内沿直线方向传播的波。显然，由于地球的曲率使空间波传播存在一个极限直视距离 R_{max}。在最远直视距离之内的区域，习惯上称为照明区；极限直视距离 R_{max} 以外的区域，则称为阴影区。不言而喻，利用超短波、微波进行通信时，接收点应落在发射天线极限直视距离 R_{max} 内。受地球曲率半径的影响，极限直视距离 R_{max} 和发射天线与接收天线的高度 H_T 与 H_R 间的关系为：$R_{max} = 3.57\{\sqrt{H_T}(\text{m}) + \sqrt{H_R}(\text{m})\}(\text{km})$。

考虑到大气层对电波的折射作用，极限直视距离应修正为

$$R_{max} = 4.12\{\sqrt{H_T}(\text{m}) + \sqrt{H_R}(\text{m})\}(\text{km})$$

由于电磁波的频率远低于光波的频率，电波传播的有效直视距离 R_e 约为极限直视距离 R_{max} 的70%，即 $R_e = 0.7R_{max}$。

例如，H_T 与 H_R 分别为49m和1.7m，则有效直视距离为 $R_e = 24\text{km}$。

（2）电波在平面地上的传播特征

由发射天线直接射到接收点的电波称为直射波；发射天线发出的指向地面的电波，被地面反射而到达接收点的电波称为反射波。显然，接收点的信号应该是直射波和反射波的合成。电波的合成不会像1 + 1 = 2那样简单地代数相加，合成结果会随着直射波和反射波间的波程差的不同而不同。波程差为半个波长的奇数倍时，直射波和反射波信号

相加，合成为最大；波程差为一个波长的倍数时，直射波和反射波信号相减，合成为最小。可见，地面反射的存在使得信号强度的空间分布变得相当复杂。

实际测量指出：在一定的距离 R_i 之内，信号强度随距离或天线高度的增加都会作起伏变化；在一定的距离 R_i 之外，随距离的增加或天线高度的减少，信号强度将单调下降。理论计算给出了这个 R_i 和天线高度 H_T 与 H_R 的关系式：

$R_i = (4H_TH_R)/l$，l 是波长。

不言而喻，R_i 必须小于极限直视距离 R_{max}。

（3）电波的多径传播

在超短波、微波波段，电波在传播过程中还会遇到障碍物（例如，楼房、高大建筑物或山丘等）对电波产生反射。因此，到达接收天线的还有多种反射波（广义地说，地面反射波也应包括在内），这种现象称为多径传播。

由于多径传输，使得信号场强的空间分布变得相当复杂，波动很大，有的地方信号场强增强，有的地方信号场强减弱；由于多径传输的影响，还会使电波的极化方向发生变化。另外，不同的障碍物对电波的反射能力也不同。例如，钢筋水泥建筑物对超短波、微波的反射能力比砖墙强。我们应尽量克服多径传输效应的负面影响，这也正是在通信质量要求较高的通信网中，人们常常采用空间分集技术或极化分集技术的缘由。

（4）电波的绕射传播

在传播途径中遇到大障碍物时，电波会绕过障碍物向前传播，这种现象叫作电波的绕射。超短波、微波的频率较高，波长短，绕射能力弱，在高大建筑物后面信号强度小，形成所谓的“阴影区”。信号质量受到影响的程度，不仅和建筑物的高度有关，和接收天线与建筑物之间的距离有关，还和频率有关。例如有一个建筑物，其高度为10m，在建筑物后面距离200m处，接收的信号质量几乎不受影响，但在100m处，接收信号场强比无建筑物时明显减弱。注意，正如上面所述，减弱程度还与信号频率有关，对于216～223MHz的射频信号，接收信号场强比无建筑物时低16dB，对于670MHz的射频信号，接收信号场强比无建筑物时低20dB。如果建筑物高度增加到50m，则在距建筑物1000m以内，接收信号的场强都将受到影响而减弱。也就是说，频率越高、建筑物越高、接收天线与建筑物越近，信号强度与通信质量受影响程度越大；相反，频率越低，建筑物越矮、接收天线与建筑物越远，影响越小。

因此，选择基站场地以及架设天线时，一定要考虑到绕射传播可能产生的各种不利影响，注意对绕射传播起影响的各种因素。

2.3.3 窄带、宽带及扩展频谱信号

传输技术根据其所用无线频谱的不同而有所不同。一个重要区别就是无线使用窄带还是宽带信号传输。“窄带”是指发射器在一个单独的频率或者非常小的频率范围上集中信号能量。与窄带相反，“宽带”是指一种使用无线频谱的相对较宽频带的信号传输方式。

使用多个频率来传输信号被称为扩展频谱技术，换句话说，在传输过程中，信号从来不会持续停留在一个频率范围内。在较宽的频带上分布信号的一个结果是它的每一个

频率需要的功率比窄带信号传输更小。信号强度的这种分布使扩展频谱信号更不容易干扰在同一个频带上传输的窄带信号。

在多个频率上分布信号的另一个结果是提高了安全性。因为信号是根据一个只有获得授权的发射器和接收器才知道的序列来分布的，所以未获授权的接收器更难以捕获和解码这些信号。

扩展频谱的一个特定实现是“跳频扩展频谱”（frequency hopping spread spectrum，FHSS）。在FHSS传输中，信号与信道的接收器和发射器知道的同一种同步模式在一个频带的几个不同频率之间跳跃。另一种扩展频谱信号被称为“直接序列扩展频谱”（direct sequence spread spectrum，DSSS）。在DSSS中，信号的位同时分布在整个频带上。对每一位都进行了编码，这样接收器就可以在接收到这些位时重组原始信号。

2.3.4 固定和移动

每一种无线通信都属于以下两个类别之一：固定或移动。在“固定”无线系统中，发射器和接收器的位置是不变的。传输天线将它的能量直接对准接收器天线，因此，就有更多的能量用于该信号。对于必须跨越很长的距离或者复杂地形的情况，固定的无线连接比铺设电缆更经济。

不过，并非所有通信都适用固定无线。例如，移动用户不能使用要求他们保留在一个位置来接收一个信号的服务。相反，移动电话、寻呼、无线LAN以及其他许多服务都在使用“移动”无线系统。在移动无线系统中，接收器可以位于发射器特定范围内部的任何地方。这就允许接收器从一个位置移动到另一个位置，同时还继续接收信号。

小结

本章从无线通信的定义及起源开始，介绍了无线通信的特点及技术难题、可以利用的无线信道类型及典型应用案例；然后重点介绍了无线信道的特性和类型，以及改善无线信道特性的方法；最后介绍了无线通信的基本原理，重点是天线的工作原理及无线信号的传播方式及特点等。这些知识都是学习无线通信必须掌握和了解的，将为后续章节的学习奠定基础，希望读者认真领悟并掌握。

习题

1. 无线通信的特点和技术难题是什么？
2. 从原理上讲，无线信道分为哪两类？各有什么特点？
3. 有哪些改进无线信道的传输特性的方法？
4. 简述天线的工作原理。
5. 什么是天线的增益？
6. 什么是天线的方向图？
7. 什么叫天线的极化？

8. 求一个工作频率为433.92MHz，发射功率为+26dBm，接收灵敏度为-100dBm的系统在自由空间的传播距离。假定大气、遮挡等造成的损耗为25dB，试计算得出实际通信距离。如果要求无线通信距离$D=20\text{km}$，至少需要多大的发射功率？
9. 什么是扩展频谱通信？其目的是什么？

参考文献

[1] 樊昌信. 通信原理 [M]. 5版. 北京：国防工业出版社，2003.
[2] 朱晓荣，齐丽娜. 物联网与泛在通信技术 [M]. 北京：人民邮电出版社，2010.
[3] 石明卫，莎柯雪，刘原华. 无线通信原理与应用 [M]. 北京：人民邮电出版社，2014.

第3章 近距离无线通信技术

从无线通信技术的发展看，无线通信领域各种技术的互补性日趋鲜明。不同的接入技术具有不同的覆盖范围、不同的适用区域、不同的技术特点、不同的接入速率。短距离无线通信技术主要解决物联网感知层信息采集的无线传输，每种短距离无线通信技术都有其应用场景、应用对象。本章重点介绍蓝牙、ZigBee、超宽频技术和 NFC。

3.1 蓝牙技术

"蓝牙"是一种近距离无线连接技术标准的代称，蓝牙的实质就是要建立通用的无线电空中接口及其控制软件的公开标准。

"蓝牙"（bluetooth）原是一位在 10 世纪统一丹麦的国王，他将当时的瑞典、芬兰与丹麦统一起来。用他的名字来命名这种新的技术标准，含有将四分五裂的局面统一起来的意思。蓝牙技术使用高速跳频（frequency hopping，FH）和时分多址（time division multiple access，TDMA）等先进技术，在近距离内最廉价地将几台数字化设备（各种移动设备、固定通信设备、计算机及其终端设备）、各种数字数据系统（如数码照相机、数字摄像机等），甚至各种家用电器、自动化设备，呈网状连接起来。蓝牙技术将是网络中各种外围设备接口的统一桥梁，它消除了设备之间的连线，取而代之以无线连接。

蓝牙是一种近距离无线通信技术，它的标准是 1EEE 802.15，工作在 2.4GHz 频带，带宽为 1MB/s。电子装置彼此可以通过蓝牙连接起来，省去了传统的电线。通过芯片上的无线接收器，配有蓝牙的电子产品能够在 10m 的距离内彼此相连，传输速率可以达到 1Mbit/s。以往红外传输技术需要电子装置在视线之内，而有了蓝牙技术。这样的麻烦就可以免除了。

蓝牙是由东芝、爱立信、IBM、Intel 和诺基亚于 1998 年 5 月共同提出的近距离无线数字通信的技术标准。其目标是实现最高数据传输速度 lMbit/s（有效传输速度为 721kbit/s）、最大传输距离为 10m，用户不必经过申请便可利用 2.4GHz 的 ISM

（工业、科学、医学）频带，在其上设立79个带宽为1MHz的信道，用每秒切换1600次的频率、滚齿方式的频谱扩散技术来实现电波的收发。

蓝牙系统的基本术语：

1）微微网（piconet）：是由采用蓝牙技术的所有设备以对等网方式组成的网络。

2）分布式网络（scatternet）：是由多个独立、非同步的微微网形成的。

3）主设备（master unit）：在微微网中，如果某台设备的时钟和跳频序列用于同步其他设备，则称它为主设备。

4）从设备（slave unit）：非主设备的设备均为从设备。

5）MAC地址（MAC address）：用3bit表示的地址，用于区分微微网中的设备。

6）休眠设备（parked unit）：在微微网中只参与同步，但没有MAC地址的设备。

7）监听及保持方式（sniff and hold mode）：指微微网中从设备的两种低功耗工作方式。

3.1.1 蓝牙网络拓扑结构

1. 微微网

微微网是由采用蓝牙技术的设备以特定方式组成的网络。微微网的建立由两台设备（如便携式计算机和蜂窝电话）的连接开始。最多由8台设备构成。所有的蓝牙设备都是对等的，以同样的方式工作。然而，当一个微微网建立时，只有一台为主设备，其他均为从设备，而且在一个微微网存在期间将一直维持这一状况。

所有的用户都共享同一可以达到的资源（数据传输速率）。从设备最多只能有3个面向同步的（SCO）连接和一个面向异步的（ACL）连接同时进行。

2. 分布式网络

分布式网络是由多个独立、非同步的微微网形成的，它靠跳频顺序识别每个微微网。同一微微网的所有用户都与这个跳频顺序同步。在一个分布式网络带有10个全负载的独立微微网的情况下，全双工数据传输速率超过6Mbit/s。

3.1.2 蓝牙协议体系结构

蓝牙协议体系结构可以分为底层硬件模块、核心协议层、高端应用层三大部分，如图3-1所示。

1. 物理硬件部分

链路管理器（LM）、基带（BB）和蓝牙射频（RF）构成了蓝牙的物理模块。RF通过2.4GHz的ISM频段实现数据位流的传输。它主要定义了蓝牙收发器应满足的条件。基带负责跳频和蓝牙数据与信息帧的传输。基带就是蓝牙的物理层，它负责管理物理信道和链路中除了错误纠正、数据处理、调频选择和蓝牙安全之外的所有业务。基带在蓝牙协议栈中位于蓝牙无线电之上，基本上起链路控制和链路管理的作用，如承载链路连接和功率控制这类链路级路由等。基带还管理异步和同步链路、处理数据包、寻呼、查询接入和查询蓝牙设备等。基带收发器采用时分复用（TDD）方案（交替发送和接收），因此除了不同的跳频之外（频分），时间都被划分为时隙。在正常的连接模式下，主单元总是从偶数时隙启动，而从单元则总是从奇数时隙启动（尽管它们可以不考虑时隙的序数而持续传输）。

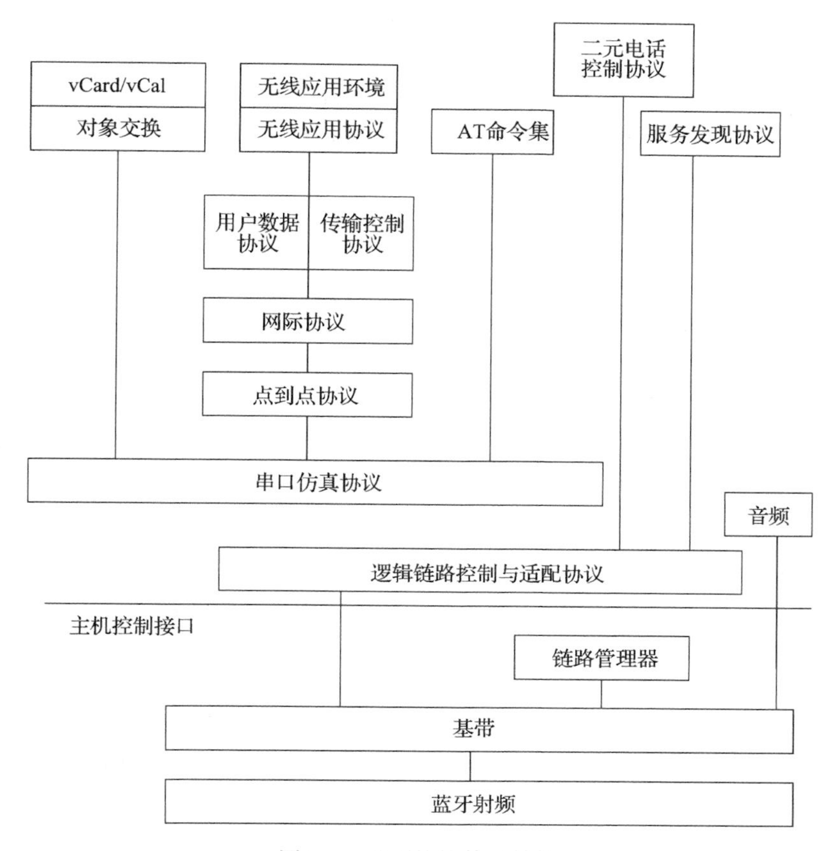

图 3-1 蓝牙协议体系结构

链路管理器负责连接的建立和拆除以及链路的安全和控制，其为上层软件模块提供了不同的访问入口，但是两个模块接口之间的消息和数据传输必须通过蓝牙主机控制器（HCI）的解析。也就是说，HCI 就是蓝牙协议中软件和硬件接口的部分，它提供了一个调用下层的基带、链路管理器、状态和控制寄存器等硬件的同一命令接口。HCI 以上的协议软件实体运行在主机上，而 HCI 以下的功能由蓝牙设备来完成，二者直接通过传输层进行交互。

2. 核心协议

设计协议和协议栈的主要原则是尽可能地利用现有各种高层协议，保证现有协议与蓝牙技术的融合以及各种应用之间的互通性；充分利用兼容蓝牙技术规范的软、硬件系统和蓝牙技术规范的开放性，便于开发新的应用。蓝牙标准包括 Core、Profiles 两大部分。Core 是蓝牙的核心，主要定义蓝牙的技术细节；Profiles 部分定义在蓝牙的各种应用中协议栈的组成，并定义相应的实现协议栈。这样就为蓝牙的全球兼容性打下了基础。

它是蓝牙协议的关键部分，包括基带部分协议和其他低层链路功能的基带/链路控制器协议；用于链路的建立、安全和控制的链路管理协议 LMP；描述主机控制器接口的 HCI 协议；支持高层协议复用、帧的组装和拆分的逻辑链路控制和适配协议 L2CAP；服务发现协议 SDP 等。

（1）链路管理协议（LMP）

链路管理协议（LMP）负责蓝牙各设备间连接的建立。它通过连接的发起、变换、核实进行身份验证和加密，通过协商确定基带数据分组的大小；它还控制无线设备的电源模式和工作周期，以及微微网内设备单元的连接状态。

（2）逻辑链路控制和适配协议（L2CAP）

逻辑链路控制和适配协议（L2CAP）是基带的上层协议，可以认为它与 LMP 并行工作，它们的区别在于当业务数据不经过 LMP 时，L2CAP 为上层提供服务。L2CAP 向上层提供面向连接的和无连接的数据服务，它采用了多路技术、分割和重组技术、群提取技术。L2CAP 允许高层协议以 64KB 为单位收发数据分组。虽然基带协议提供了 SCO 和 ACL 两种连接类型，但 L2CAP 只支持 ACL。

（3）服务发现协议（SDP）

发现服务在蓝牙技术框架中起到至关重要的作用，它是所有用户模式的基础。使用 SDP，可以查询到设备信息和服务类型，从而在蓝牙设备间建立相应的连接。

3. *应用层协议*

（1）电缆替代协议（RFCOMM）

它是一种仿真协议，在蓝牙基带协议上仿真 RS-232 控制和数据信号，为上层协议提供服务。

（2）电话控制协议（TCS）

它是面向比特的协议，定义蓝牙设备间建立数据和话音呼叫的控制命令和处理蓝牙 TCS 设备群的移动管理进程；AT Command 控制命令集是定义在多用户模式下控制移动电话、调制解调器和用于仿真的命令集。

（3）与 Internet 相关的高层协议

它定义了与 Internet 相关的 PPP、UDP、TCP/IP 及无线应用协议（WAP）。两个蓝牙设备必须具有相同的协议组成才能进行通信。

（4）无线应用协议（WAP）

无线应用协议是由无线应用协议论坛制定的，它融合了各种广域无线网络技术，其目的是将互联网内容和电话债券的业务传送到数字蜂窝电话和其他无线终端上。选用 WAP，可以充分利用为无线应用环境（WAE）开发的高层应用软件。

（5）点对点协议（PPP）

在蓝牙技术中，PPP 位于 RFCOMM 上层，用于完成点对点的连接。

（6）对象交换协议（OBEX）

IrOBEX（简写为 OBEX）是由红外数据协会（IrDA）制定的会话层协议，它采用简单的和自发的方式交换目标。OBEX 是一种类似于 HTTP 的协议，它假设传输层是可靠的，采用客户机/服务器模式，独立于传输机制和传输应用程序接口（API）。电子名片交换格式（vCard）、电子日历及日程变换格式（vCal）都是开放性规范，它们都没有定义传输机制，而只是定义了数据传输模式。SIG（蓝牙特别兴趣小组）采用 vCard/vCal 规范，是为了进一步促进个人信息交换。

（7）TCP/UDP/IP

TCP/UDP/IP 是由 IETF 制定的广泛应用于互联网通信的协议，在蓝牙设备中使用这些协议是为了与互联网设备进行通信。

3.1.3 蓝牙关键技术

1. 无线频段的选择和抗干扰

蓝牙技术采用2400～2483.5MHz的ISM（工业、科学和医学）频段，这是因为：1）该频段内没有其他系统的信号干扰，同时频段向公众开放，无须特许；2）频段在全球范围内有效。世界各国、各地区的相关法规不同，一般只规定信号的传输范围和最大传输功率。对于一个在全球范围内运营的系统，其选用的频段必须同时满足所有规定，使任何用户都可接入，因此必须将所需要素最小化。在满足规则的情况下，可自由接入无线频段，此时，抗干扰问题便变得非常重要。因为2.45GHz ISM频段为开放频段，使用其中的任何频段都会遇到不可预测的干扰源（如某些家用电器、无线电话和汽车开门器等），此外，对外部和其他蓝牙用户的干扰源也应做充分估计。

抗干扰方法分为避免干扰和抑制干扰。避免干扰可通过降低各通信单元的信号发射电平来达到，抑制干扰则通过编码或直接序列扩频来实现。然而，在不同的无线环境下，专用系统的干扰和有用信号的动态范围变化极大。在超过50dB的远近比和不同环境功率差异的情况下，要达到1Mbit/s以上的速率，仅靠编码和处理增益是不够的。相反，由于信号可在频率（或时间）没有干扰时（或干扰低时）发送，避免干扰更容易一些。若采用时间避免干扰法，当遇到时域脉冲干扰时，发送的信号将会中止。大部分无线系统是带限的，而在2.45GHz频段上，系统带宽为80MHz，可找到一段无明显干扰的频谱，同时利用频域滤波器对无线频带其余频谱进行抑制，以达到理想效果。因此，以频域避免干扰法更为可行。

2. 多址接入体系和调制方式

选择专用系统多址接入体系，是因为在ISM频段内尚无统一的规定。频分多址（FDMA）的优势在于信道的正交性仅依赖发射端晶振的准确性，结合自适应或动态信道分配结构，可免除干扰，但单一的FDMA无法满足ISM频段内的扩频需求。时分多址（TDMA）的信道正交化需要严格的时钟同步，在多用户专用系统连接中，保持共同的定时参考十分困难。码分多址（CDMA）可实现扩频，应用于非对称系统，可使专用系统达到最佳性能。

直接序列（DS）CDMA因远近效应，需要一致的功率控制或额外的增益。与TDMA相同，其信道正交化也需共同的定时参考，随着使用数目的增加，将需要更高的芯片速度、更宽的带宽（抗干扰）和更多的电路消耗。跳频（FH）CDMA结合了专用无线系统中的各种优点，信号可扩频至很宽的范围，因而使窄带干扰的影响变得很小。跳频载波为正交，通过滤波，邻近跳频干扰可得到有效抑制，而对窄带和用户间干扰造成的通信中断，可依赖高层协议来解决。在ISM频段上，FH系统的信号带宽限制在1MHz以内。为了提高系统的健壮性，选择二进制调制结构。由于受带宽限制，其数据速率低于1Mbit/s。为了支持突发数据传输，最佳的方式是采用非相干解调检测。蓝牙技术采用高斯频移键控调制，调制系数为0.3。逻辑“1”发送正频偏，逻辑“0”发送负频偏。解调可通过带限FM鉴频器完成。

3. 媒体接入控制（MAC）

蓝牙系统可实现同一区域内大量的非对称通信。与其他专用系统实行一定范围内的单元共享同一信道不同，监牙系统设计为允许大量独立信道存在，每一个信道仅为有限的用户服务。从调制方式可看出，在ISM频段上，一条FH信道所支持的比特率为1Mbit/s。理论上，79条载波频谱支持79Mbit/s。由于跳频序列非正交化，理论容量79Mbit/s不可能达到，但可远远超过1Mbit/s。

一个FH蓝牙信道与一个微微网相连。微微网信道由一个主单元标识（提供跳频序列）和系统时钟（提供跳频相位）定义，其他为从单元。每一个蓝牙无线系统有一个本地时钟，没有通常的定时参考。当一个微微网建立后，从单元进行时钟补偿，使之与主单元同步，微微网释放后，补偿亦取消，但可存储起来以便再用。不同信道有不同的主单元，因而存在不同的跳频序列和相位。一条普通信道的单元数量为8（1主7从），可保证单元间有效寻址和大容量通信。蓝牙系统建立在对等通信基础上，主从任务仅在微微网生存期内有效，当微微网取消后，主从任务随即取消。每一单元皆可为主/从单元。可定义建立微微网的单元为主单元。除定义微微网外，主单元还控制微微网的信息流量，并管理接入。接入为非自由竞争，625ps的驻留时间仅允许发送一个数据包。基于竞争的接入方式需较多开销，效率较低。在蓝牙系统中，实行主单元集中控制，通信仅存在于主单元与一个或多个从单元之间。主从单元通信时，时隙交替使用。在进行主单元传输时，主单元确定一个欲通信的从单元地址，为了防止信道中从单元发送冲突，采用轮流检测技术，即对每个从到主时隙，由主单元决定允许哪个从单元进行发送。这一判定是以前一个时隙发送的信息为基础实施的，且仅有恰为前一个主到从被选中的从地址可进行发送。若主单元向一个具体从单元发送了信息，则此从单元被检测，可发送信息。若主单元未发送信息，它将发送一个检测包来标明从单元的检测情况。主单元的信息流体系包含上行和下行链路，目前已有考虑从单元特征的智能体系算法。主单元控制可有效阻止微微网中的单元冲突。当互相独立的微微网单元使用同一跳频时，可能发生干扰。系统利用Aloha技术，当信息传送时，不检测载波是否空载（无侦听），若信息接收不正确，将进行重发（仅有数据）。由于驻留期短，FH系统不宜采用避免冲突结构，对每一跳频，会遇到不同的竞争单元，后退（backoff）机制效率不高。

4. 基于包的通信

蓝牙系统采用基于包的传输：将信息流分片（组）打包，在每一时隙内只发送一个数据包。所有数据包格式均相同：开始为接入码，接下来是包头，最后是负载。

接入码具有伪随机性质，在某些接入操作中，可使用直接序列编码。接入码包括微微网主单元标志，在该信道上，所有包交换都使用该主单元标志进行标识，只有接入码与接入微微网主单元的接入码相匹配时，才能被接收，从而防止一个微微网的数据包被恰好加载到相同跳频载波的另一微微网单元所接收。在接入端，接入码与一个滑动相关器内要求的编码匹配，相关器提供直接序列处理增益。包头包含：从地址连接控制信息3bit，以区分微微网中的从单元；用于标明是否需要自动查询方式（ARQ）的响应/非响应1bit；包编码类型4bit，定义16种不同负载类型；头差错检测编码（HEC）8bit，采用循环冗余检测编码（CRC）检查头错误。为了限制开销，数据包头只用18bit，包头采用

1/3 速率前向纠错编码（FEC）进一步保护。

蓝牙系统定义了 4 种控制包：1）ID 控制包，仅包含接入码，用于信令；2）空（NULL）包，仅有接入码和包头，必须在包头传送连接信息时使用；3）检测（POLL）包，与空包相似，用于主单元迫使从单元返回响应；4）FHS 包，即 FH 同步包，用于在单元间交换实时时钟和标志信息（包括两单元跳频同步所需的所有信息）。其余 12 种编码类型用于定义包的同步或异步业务。

在时隙信道中，定义了同步和异步连接。目前，异步连接对有无 2/3 速率 FEC 编码方式的负载都支持，还可进行单时隙、3 时隙、5 时隙的数据包传输。异步连接最大用户速率为 723. 2kbit/s，这时，反向连接速率可达到 57. 6kbit/s。通过交换包长度和依赖于连接条件的 FEC 编码，自适应连接可用于异步链，依赖有效的用户数据，负载长度可变。然而，最大长度受限于 RX 和 TX 之间最少交换时间（为 200ps）。对于同步连接，仅定义了单时隙数据包传输，负载长度固定，可以有 1/3 速率、2/3 速率或无 FEC。同步连接支持全双工，用户速率双向均为 64kbit/s。

5. 物理连接类型

蓝牙技术支持同步业务（如话音信息）和异步业务（如突发数据流），定义了两种物理连接类型：同步面向连接的连接（SCO）和异步无连接的连接（ACL）。SCO 为主单元与从单元的点对点连接，通过在常规时间间隔内预留双工时隙建立起来。ACL 是微微网中主单元到所有从单元的点到多点连接，可使用 SCO 连接未用的所有空余时隙，由主单元安排 ACL 连接的流量。微微网的时隙结构允许有效地混合利用异步和同步连接。

专用系统设计中的关键问题是，如何在单元间找到对方，并建立连接。在蓝牙系统中，建立连接分为扫描、呼叫和查询 3 步。在空闲模式下，一个单元保持休眠状态，以节省能量，但为了允许建立连接，该单元必须经常侦听是否有其他单元欲建立连接。在实际的专用系统中，没有通用的控制信道（一个单元为侦听呼叫信息而锁定），这在常规蜂窝无线系统中是很普遍的。而在蓝牙系统中，一个单元为侦听其标志而周期性被唤醒，当一个蓝牙单元被唤醒时，便开始扫描，打开与从自身标志得到的接入码相匹配的滑动相关器。蓝牙的唤醒跳频序列的数量仅为 32 跳，循环使用，覆盖整个 80MHz 带宽中的 64MHz。序列是伪随机的，在每一个蓝牙设备中都是唯一的。序列从单元标志中得到，序列的相位由单元中的自行时钟决定。在空载模式下，要注意功率消耗和响应时间的折中选择：增加休眠时间可降低功耗，但会延长接入时间，由于不知道空闲单元在哪一个频率上何时被唤醒，想要连接的单元必须解决时频不定问题。无线单元大部分时间处于空闲模式，这种不确定的任务应由呼叫单元来完成。假定呼叫单元知道欲连接单元的标志，也知道唤醒序列产生用于呼叫信息的接入码，在不同频率上，每 1. 25ms 呼叫单元重复发送接入码，对于一次响应，需发送和监听两次接入码。

将连续接入码发送到不同唤醒序列所选择的跳频上。在 10ms 周期内，访问 16 个不同跳频载波，为唤醒序列的一半。在空闲单元的休眠期内，呼叫单元在 16 个频率上循环发送接入码，空闲单元被唤醒后，将收到接入码，并开始建立连接。然而，因为呼叫单元不知道空闲单元的相位，32 个跳频唤醒序列中的其余 16 个频率也可能被唤醒。若呼叫单元在相应的休眠期内收不到空闲单元的响应，它将会在其余的一半跳频序列载波上重复发送接入码。因此，最大的接入码延迟为休眠时间的两倍。当空闲单元收到呼叫信息后，会返回一个提示呼叫单元的信息，即从空闲单元标志中得到的接入码。然后，呼叫单元发送一个 FHS 数据包给空闲单元，包含呼叫单元的全部信息（标志和时钟）。呼叫单元和空闲单元用该信息建立微微网，此时呼叫单元用其标志和时钟定义 FH 信道为主单元，而空闲单元成为从单元。

上述呼叫过程建立在呼叫单元完全不知道空闲单元时钟信息的假设上。如果两单元间建立过联系，呼叫单元会对空闲单元时钟有一个估计。当单元连接时，将交换时钟信息，存储各自自由运行本地时钟间的补偿时间。这种补偿仅在建立连接时准确，当连接释放后，由于时钟漂移，补偿信息变得不可靠。补偿的可靠性与最后一次连接后的时间长度成反比。

建立连接时，接收标志用于决定呼叫信息和唤醒序列。若不知道该信息，欲进行连接的单元可发布一条查询消息，让接收方返回其地址和时钟信息。在查询过程中，查询者可决定哪个单元在需要的范围内，特性如何。查询信息也为接入码，但从预留标志（查询地址）得到。空闲单元根据 32 跳的查询序列侦听查询信息，收到查询信息的单元返回 FHS 数据包。对于返回的 FHS 数据包，采用随机阻止机制，以防止多个接收端同时发送。

在呼叫和查询过程中，使用了 32 跳载波。对于纯跳频系统，最少要使用 75 跳载波。然而，在呼叫和查询过程中，仅有一个接入码用于信令。接入码用做直接序列编码，得到由直接序列编码处理增益结合 32 跳频序列的处理增益，可满足混合 DS/FH 系统规定所要求的处理增益。因此，在呼叫和查询过程中，蓝牙系统是混合 DS/FH 系统；而在连接时，为纯 FH 系统。

6. 纠错

蓝牙系统的纠错机制分为 FEC 和包重发。FEC 支持 1/3 速率和 2/3 速率 FEC 码。1/3 速率仅用 3bit 重复编码，大部分在接收端判决，既可用于数据包头，也可用于 SCO 连接的包负载。2/3 速率码使用一种缩短的汉明码，误码捕捉用于解码，它既可用于 SCO 连接的同步包负载，也可用于 ACL 连接的异步包负载。使用 FEC 码，编/解码过程变得简单迅速，这对 RX 和 TX 间的有限处理时间非常重要。

在 ACL 连接中，可用 ARQ 结构。在这种结构中，若接收方没有响应，则发送端将重发包。每一个负载包含有一个 CRC，用来检测误码。ARQ 结构分为停止等待 ARQ、向后 *N* 个 ARQ、重复选择 ARQ 和混合结构。为了减少复杂性，使开销和无效重发为最小，蓝牙执行快 ARQ 结构；发送端在 TX 时隙重发包，在 RX 时隙提示包接收情况。若加入 2/3 速率 FEC 码，将得到 I 类混合 ARQ 结构的结果。ACK/NACK 信息加载在返回包的包头里，在 RX/TX 的结构交换时间里，判定接收包是否正确。在返回包的包头里，生成 ACK/NACK 域，同时，接收包包头的 ACK/NACK 域可表明前面的负载是否正确接收，决定是否需要重发或发送下一个包。由于处理时间短，当包接收时，解码选择在空闲时间进行，并要简化 FEC 编码结构，以加快处理速度。快速 ARQ 结构与停止等待 ARQ 结构相似，但时延最小，实际上没有由 ARQ 结构引起的附加时延。该结构比向后 *N* 个 ARQ 更有效，并与重复选择 ARQ 效率相同，但由于只有失效的包被重发，可减少开销。在快速 ARQ 结构中，仅有 1bit 序列号就够了（为了滤除在 ACK/NACK 域中的错误而正确接收两次数据包）。

7. 功率管理

在蓝牙系统的设计中，需要特别注意减少电流消耗。在空闲模式下，在 T 为 1.28 ~ 3.84s 时，单元仅扫描 10ms，有效循环低于 1%。在一个 PARK 下，有效循环可减少更多，但监听模式仅在微微网建立之后使用，从单元可停下工作，即以非常低的有效循环来侦听信道。从单元仅需侦听接入码和包头来重新使时钟同步，决定是否可重新进入休眠状态。因为在时间和频率上都已确定（不工作的从单元被锁定到主单元，与无线和蜂窝电话被锁定到基站类似），所以可达到非常低的有效循环。在连接中，另一个非功耗模式是休眠模式，在这种模式下，从单元不是每次遵循主/从时隙扫描。因此扫描之间有较大的间隔。

在连接状态下，数据仅在有效时发送，使电流消耗最小，且可防止干扰。若仅有连接控制信息要传送（ACK/NACK），则将发送没有负载的空包。因为 NACK 为默认设置，NACK 的空包不一定要发送。在长静默期内，主单元隔一定时间在信道上重发一个数据包，使所有从单元对其时钟重新同步，对时间漂移进行补偿。在连续的 TX/RX 操作中，一个单元开始扫描始于 RX 时隙的接入码，若未找到该接入码的某窗口，则该单元返回休眠状态，直到下一个 TX 时隙（对主单元）或 RX 时隙（对从单元）；若接入码被接收（即接收信号与要求的接入码匹配），包头被解码。若 3bit 从单元地址与接收到的不匹配，进一步的接收将停止。包头用于表示包的类型和包的持续时间，由此，非接收方可决定休眠时间。

8. 微微网间通信

蓝牙系统可优化到在同一区域中有数十个微微网运行，而没有明显的性能下降（在同一区域的多个微微网称为分散网）。蓝牙时隙连接采用基于包的通信，使不同微微网可互连。欲连接单元可加入不同微微网中，但因无线信号只能调制到单一跳频载波上，任意时刻单元只能在一个微微网中通信。通过调整微微网信道参数（即主单元标志和主单元时钟），单元可从一个微微网跳到另一个微微网中，并可改变任务。例如，某一时刻在某个微微网中的主单元另一时刻在另一微微网中为从单元。主单元参数标示了微微网的 FH 信道，因此一个单元不可能在不同的微微网中都为主单元。跳频选择机制应设计成允许微微网间可相互通信，通过改变标志和时钟输入到选择机制，新微微网可立即选择新的跳频。为了使不同微微网间的跳频可行。数据流体系中设有保护时间，以防止不同微微网的时隙差异。蓝牙系统中引入了保持模式，允许一个单元临时离开一个微微网而访问另一个微微网（保持也可在离开后无新的微微网访问期间作为一个附加的低功率模式）。

3.2 ZigBee 技术

ZigBee 技术是一种具有统一技术标准的短距离无线通信技术。它是为低速率控制网络设计的标准无线网络协议，依据 IEEE 802.15.4 标准，在数千个微小的传感器之间相互协调实现通信。这些传感器只需要很少的能量，就能以接力的方式通过无线电波将数据从一个节点传到另一个节点，从而实现在全球 2.4GHz 免费频带范围内的高效、低速率的通信功能。ZigBee 网络体系结构如图 3-2 所示。ZigBee 设备具有能量检测和链路质量指示的功能，并采用了碰撞避免机制，以避免发送数据时产生数据冲突。在网络安全方面，ZigBee 设备采用了密钥长度为 128 位的加密算法，对所传输的数据信息进行加密处理，从而保证数据传输时的高可靠性和安全性。

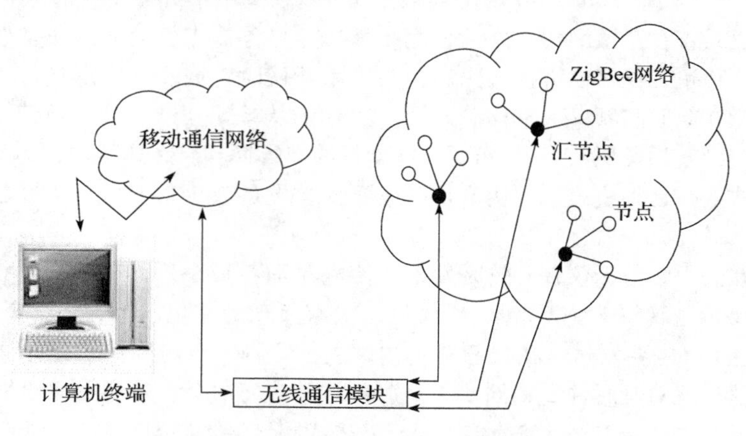

图 3-2 ZigBee 网络体系结构图

到目前为止，ZigBee 技术在国外已经在家庭网络、控制网络和手机移动终端等领域有了一定的应用，但是现在由 ZigBee 技术构成的网络仅限于无线个域网拓扑结构，每个接入点所能接纳的传感器的节点数远远低于协议所规定的节点数。为了达到传感器网络密集覆盖的目的，就必须进行复杂的组网，这不但增加了网络的复杂性，还增加了网络整体的功耗和成本，传感器节点的寿命也将降低。采用 ZigBee 技术构建无线传感器网络将极大地改变这种现状。由 ZigBee 技术构建的无线传感器网络具有功耗低、成本低、结构简单、体积小、性价比高、扩展简便、安全可靠等显著特点。它是由一组 ZigBee 节点以 Ad-Hoc 方式构成的无线网络，主要采取协作方式，有效地感知、采集和处理网络覆盖范围内感知对象的信息。传感器网络中的部分或全部节点都是可以移动的，传感器网络的拓扑结构也会随着节点的移动而不断发生变化。每个传感器节点都具有动态搜索、定位跟踪和恢复连接的能力。因此，这种新兴的无线传感器网络技术必将有着广泛的应用前景。

3.2.1 ZigBee 技术特点

ZigBee 是一种开放的协议，物理层（PHY）和 MAC 层则采用了 IEEE 802.15.4 标准，而其他上层则由 ZigBee 联盟自己定义。其主要特点如下：

1）低功耗。ZigBee 网络节点设备工作周期较短、收发信息功率低，并且采用了休眠模式。

2）传输可靠，抗干扰强。两个物理层，都采用 DSSS 扩频通信方式，以化整为零方式将一个信号分为多个信号，再由编码方式传送信号，与 RFID 的宽带通信和 433 ~ 915MHz 的 FSK 通信相比，具有抗干扰性强、距离远、速度快等特点。在 MAC 层采用碰撞避免机制，并为需要固定带宽的通信业务预留了专用时隙，避免了发送数据时出现冲突，传输可靠，时延短，误码率和漏检率低。

3）低成本。由于 ZigBee 协议栈设计简练，因此，它的研发成本相对较低，普通网络节点硬件上只需8位微处理器（如80C51），最小4KB、最大32KB的ROM，软件实现上也较简单。随着产品产业化，ZigBee通信模块价格已降到1.5～2.5美元。

4）安全。ZigBee技术提供了数据完整性检查和鉴权功能，加密算法采用AES-128/64/32，并且各应用可以灵活地确定其安全属性，使网络安全能够得到更有效的保障。

5）速度快，距离远。ZigBee具有两个物理层，即2.4GHz物理层和565～915MHz物理层，其速度为250kbit/s和20～40kbit/s，传输距离可以达到30～70m，如果扩大信号，传输距离可超过百米。

3.2.2 ZigBee网络的组成

1. ZigBee网络的设备类型

ZigBee标准采用一整套技术来实现可扩展的、自组织的和自恢复的无线网络，并能够管理各种数据传输模式。为了降低系统成本，ZigBee网络依据IEEE 802.15.4标准，定义了两种类型的物理设备，即全功能设备（full function device，FFD）和简化功能设备（reduced function device，RFD）。表3-1给出了这两种物理设备的功能描述。

表3-1 ZigBee物理设备的功能描述

设备类型	所使用的拓扑结构	功能描述
全功能设备（FFD）	星形网络 网状网络 簇－树状网络	FFD是具有转发与路由功能的节点。它拥有足够的存储空间来存放路由信息，其处理控制功能也相应得到增强，FFD可作为协调器或设备，并与任何设备进行通信
简化功能设备（RFD）	星形网络	RFD内存小、功耗低，在网络中作为源节点，只发送与接收信号，并不起转发器或路由器的作用。RFD不能作为协调器，只能与全功能设备通信，消耗的资源和存储开销极少

在ZigBee网络中，每一个节点都具备一个无线电收发器、一个很小的微控制器和一个能源。这些装置将互相协调工作，以确保数据在网络内进行有效的传输。而一个网络只需要一个网络协调者，其他终端设备可以是RFD，也可以是FFD。

依据IEEE 802.15.4标准，ZigBee网络将这两种物理设备在逻辑上又定义成为3类设备，即ZigBee协调器、ZigBee路由器和ZigBee终端设备。

1）ZigBee协调器是3类设备中最为复杂的一种。它的存储容量最大，计算能力最强，因此必须是全功能设备，并且一个ZigBee网络中也只能存在一个协调器。ZigBee协调器负责发送网络信标，建立和初始化ZigBee网络，确定网络工作的信道以及16位网络地址的分配等。

2）ZigBee路由器是一个全功能设备。它类似于IEEE 802.15.4定义的协调器。在接入网络后它就自动获得一个16位网络地址，并允许在其通信范围内的其他节点加入或者退出网络，同时还具有路由和转发数据的功能。

3）ZigBee终端设备可以由简化功能设备或者全功能设备构成。它只能与父节点进行通信，并从父节点处获得网络标识符和短地址等信息。

2. ZigBee 网络的拓扑结构

ZigBee 网络层主要支持 3 种类型的拓扑结构，即星形结构、网状结构和簇 - 树状结构。

(1) 星形结构

星形网络是由一个 ZigBee 协调点和一个或多个 ZigBee 终端节点构成的。ZigBee 协调点必须是 FFD，它位于网络的中心位置，负责建立和维护整个网络，其他节点一般为 RFD，也可以为 FFD，它们分布在 ZigBee 协调点的覆盖范围内，直接与 ZigBee 协调点进行通信。ZigBee 星形网络拓扑结构如图 3-3 所示。

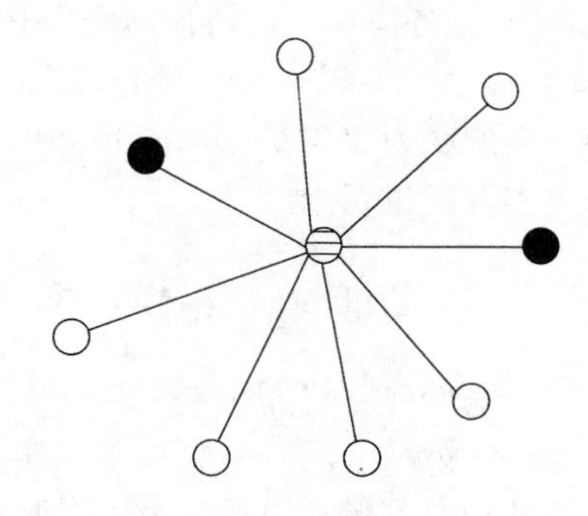

图 3-3 ZigBee 星形网络拓扑结构

(2) 网状结构

网状网络一般是由若干个 FFD 连接在一起组成的骨干网。它们之间是完全的对等通信，每一个节点都可以与其无线通信范围内的其他节点进行通信，但它们中也有一个会被推荐为 ZigBee 的协调点，例如，可以把第一个在信道中通信的节点作为 ZigBee 协调点。骨干网中的节点还可以连接 FFD 或 RFD 构成以它为协调点的子网。网状网络是一种高可靠性网络，具有自动恢复的能力，可以为传输的数据包提供多条传输路径，一旦一条路径出现了故障，便可选择另一条或多条路径。但正是由于两个节点之间存在多条路径，使得该网络成为一种高冗余的通信网络。ZigBee 网状拓扑结构如图 3-4 所示。

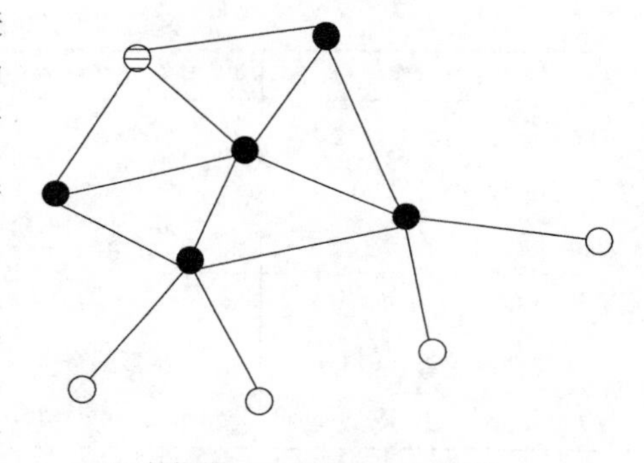

图 3-4 ZigBee 网状拓扑结构

(3) 簇 - 树状结构

簇 - 树状网络中，节点可以采用 Cluster-Tree 路由来传输数据和控制信息。枝干末端的叶子节点一般为 RFD。每一个在它的覆盖范围中充当协调点的 FFD 向与它相连的节点提供同步服务，而这些协调点又受 ZigBee 协调点的控制。ZigBee 协调点比网络中的其他协调点具有更强的处理能力和存储空间。簇 - 树状网络的一个显著优点是它的网络覆盖范围非常大，但随着覆盖范围的不断增大，信息 - 传输的延时也会逐渐变大，从而使同步变得越来越复杂。ZigBee 簇 - 树状网络拓扑结构如图 3-5 所示。

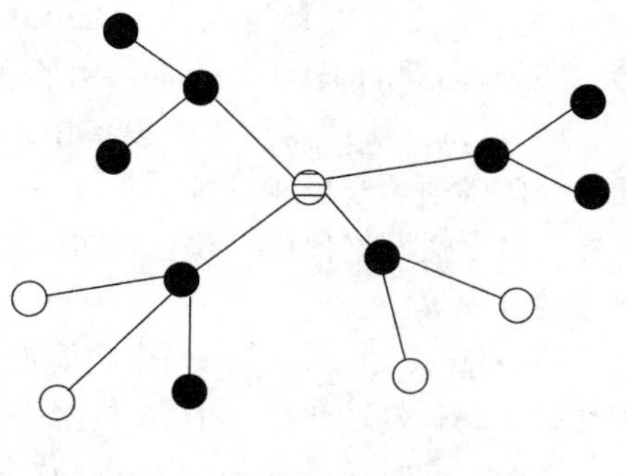

图 3-5 ZigBee 簇 - 树状网络拓扑结构

3.2.3 ZigBee 网络的协议栈框架结构

1. ZigBee 网络的协议栈概述

随着无线网络技术的发展，许多网络服务都已趋于成熟。基于 IEEE 802.15.4 协议的无线传感器网络，已经成为被广泛讨论和研究的课题之一。IEEE 802.15.4 是一个新兴的无线通信协议，是 IEEE 确定的低速个人区域网络的标准。这个标准定义了物理层和媒体接入层。物理层规范定义了网络的工作频段和该频段上传输数据的基准传输速率。媒体接入层规范则定义了在同一工作区域内工作的多个 IEEE 802.15.4 无线信号如何共享空中频段。但是，仅定义物理层和媒体接入层是不能完全解决问题的，因为没有统一的规范，不同生产厂家的设备之间还存在着兼容性问题，所以 ZigBee 联盟应运而生，众多的厂家一起推出了一套标准化的平台。这样，ZigBee 就从 IEEE 802.15.4 标准开始着手，定义了允许不同厂商制造的相互兼容的应用技术规范。

ZigBee 协议栈是由一组子层构成的。每层都为其上层提供一组特定的服务，即一个数据实体提供数据传输服务，而另一个管理实体提供全部其他服务。每个服务实体都通过一个服务接入点（SAP）为其上层提供相应的服务接口，并且每个 SAP 提供了一系列的基本服务指令来完成相应的功能。图 3-6 所示为 ZigBee 协议栈的层次结构。

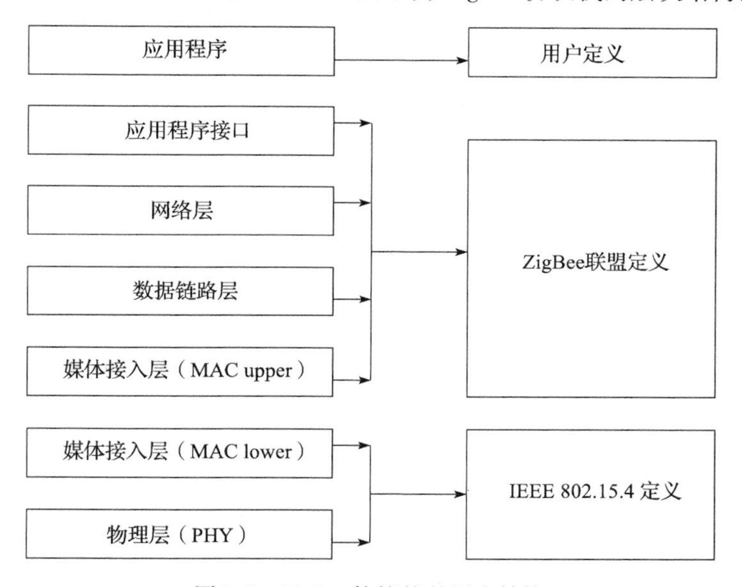

图 3-6 ZigBee 协议栈的层次结构

它虽然是基于标准的七层开放式系统互联（OSI）模型，但仅对涉及 ZigBee 的层进行定义。IEEE 802.15.4 标准定义了最下面的两层：物理层和媒体接入层。而 ZigBee 联盟提供了网络层和应用层（APL）框架的设计。其中应用层的框架包括了应用支持子层（APS）、ZigBee 设备对象（ZDO）和由制造商制定的应用对象。同常见的无线通信标准相比，ZigBee 协议栈紧凑而简单，其实现的要求较低。图 3-7 所示为 ZigBee 协议栈的总体框架结构。

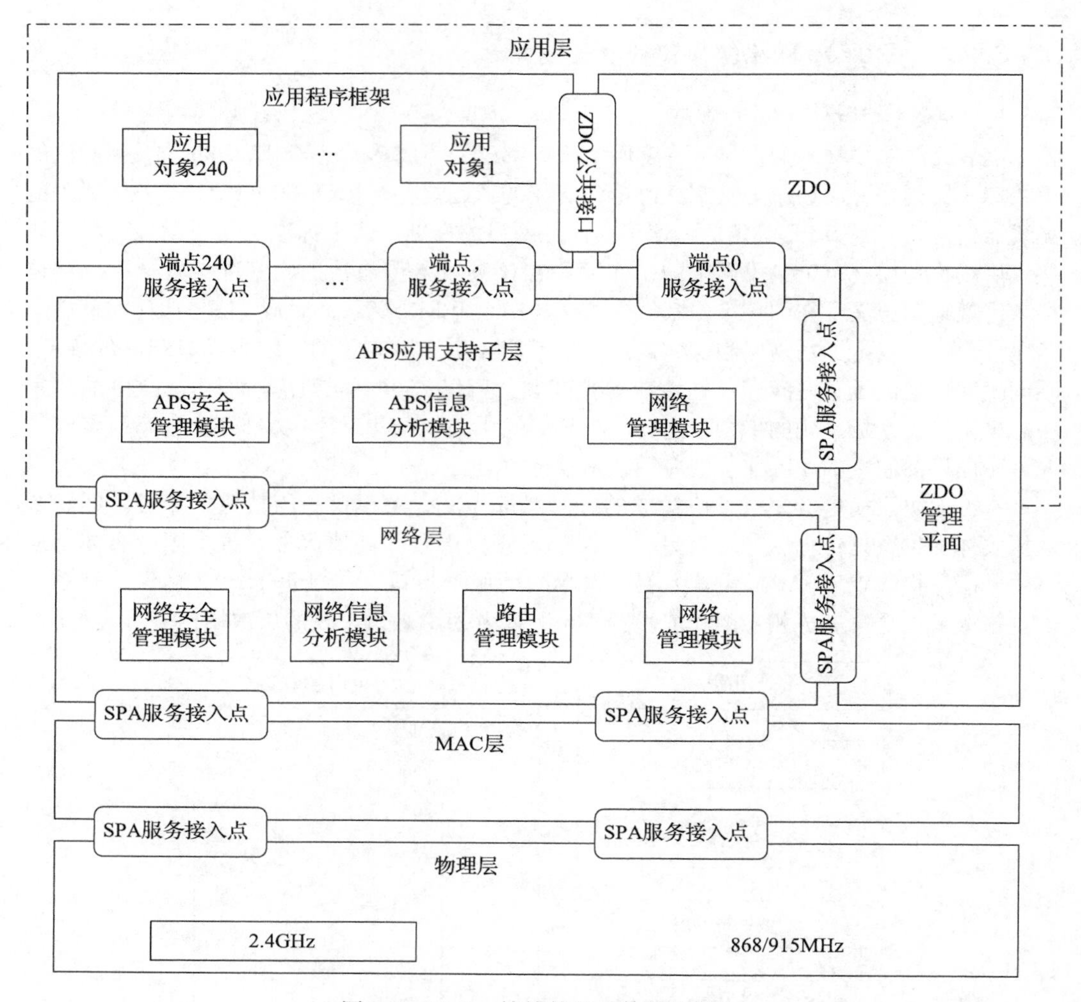

图 3-7　ZigBee 协议栈的总体框架结构

2. 物理层协议规范

ZigBee 物理层不仅规定了信号的工作频率范围、调制方式和传输速率，还规定了物理层的功能和为上层提供的服务。ZigBee 技术对于不同的国家和地区提供的工作频率范围不同，表 3-2 给出了 ZigBee 在不同地区所定义的标准。2.4GHz 频率段为全球统一、无须申请的 ISM 频段，有助于 ZigBee 设备的推广和生产成本的降低。2.4GHz 的物理层采用 16 相调相技术，能够提供 250kbit/s 的传输速率，从而提高了数据吞吐量，减小了通信时延，缩短了数据收发时间，更加省电。868MHz 是欧洲附加的 ISM 频段，915MHz 是美国附加的 ISM 频段。工作在这两个频段上的 ZigBee 设备避开了来自 2.4GHz 频段中其他无线通信设备和电器的无线电干扰。868MHz 频段上的传输速率为 20kbit/s，915MHz 频段上的传输速率则为 40kbit/s。

在 IEEE 802.15.4 中，总共分配了 27 个具有 3 种速率的信道：2.4GHz 频段有 16 个速率为 250kbit/s 的信道，915MHz 频段有 10 个速率为 40kbit/s 的信道，868MHz 频段有 1 个速率为20kbit/s的信道。可以根据ISM频段、可用性、拥塞状况和数据速率在27个信道中选择1个工作信道。

ZigBee使用的无线信道如表3-3所示，频率和信道如图3-8所示。

表3-2 不同地区定义的ZigBee标准

地区	工作频率/MHz	信号调制方式	传输速率/kbit/s
欧洲地区	868～868.6	BPSK	20
北美地区	902～928	BPSK	40
全球范围	2400～2483.5	O-QPSK	250

表3-3 ZigBee使用的无线信道

信道编号	中心频率/MHz	信道间隔/MHz	频率上限/MHz	频率下限/MHz
$K=0$	868.3		868.6	868.6
$K=1, 2, \cdots, 10$	$906+2(K-1)$	2	928.0	902.0
$K=11, 12, \cdots, 26$	$2405+5(K-11)$	5	2483.5	2400.0

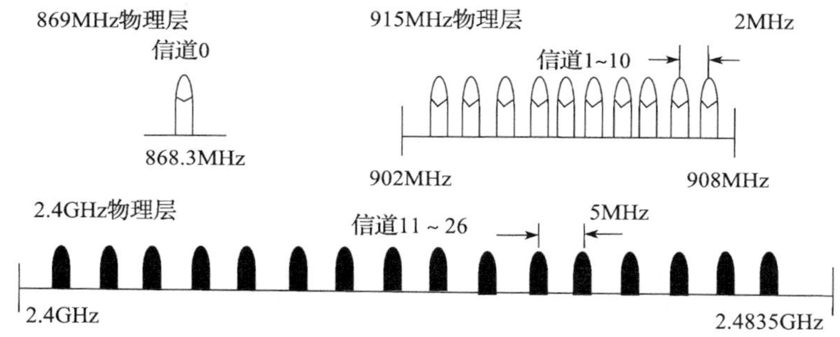

图3-8 ZigBee频率和信道分布

ZigBee物理层通过射频固件和射频硬件提供了一个从媒体接入层到物理层无线信道的接口。物理层中存在数据服务接入点和物理层实体服务接入点。数据服务接入点主要支持在对等连接MAC层的实体之间传输协议数据单元，提供数据传输和接收服务；物理层实体服务接入点通过调用物理层的管理功能函数，为物理层管理服务提供相应的接口，同时还负责维护由物理层所管理的目标数据库，数据库中包含物理层个域网的基本信息。

3. 媒体接入层协议规范

ZigBee媒体接入层采用的是IEEE 802.15.4标准的MAC层协议规范。MAC层处理所有物理层无线信道的接入，它通过两个不同的服务接入点提供两种不同的MAC服务，即MAC层通过子层服务接入点提供数据服务，通过管理实体服务接入点提供管理服务。MAC层的主要功能如下：

1）网络协调器产生网络信标；

2）与信标同步；

3）支持个域网（PAN）链路的建立和断开；

4）为设备的安全提供支持；

5）信道接入方式采用避免冲突载波侦听多路访问（CSMA/CA）机制；

6）处理和维护保护时隙（GTS）机制；

7）在两个对等的 MAC 实体之间提供一个可靠的通信链路。

图 3-9 给出了 MAC 子层数据帧格式。MAC 子层数据帧由 MAC 子层帧头（MAC header，MHR）、MAC 子层载荷和 MAC 子层帧尾（MAC footer，MFR）组成。MAC 子层帧头由 2 字节的帧控制域、1 字节的帧序号域和最多 20 字节的地址域组成。帧控制域指明了 MAC 帧的类型、地址域的格式以及是否需要接收方确认等控制信息；帧序号域包含了发送方对帧的顺序编号，用于匹配确认帧，实现 MAC 子层的可靠传输；地址域采用的寻址方式可以是 64 位的 IEEE MAC 地址，也可以是 8 位的 ZigBee 网络地址。

2 字节	1 字节	0/2 字节	0/2/8 字	0/2 字节	0/2/8 字	可变	2 字节
帧控制	序列号	目的 PAN 标识符	目的地址	源 PAN 标识符	源地址	帧载荷	FCS
MHR（MAC 层帧头）						MAC 载荷	MFC

图 3-9 MAC 子层数据帧格式

IEEE 802.15.4 MAC 子层定义了两种基本的信道接入方式，分别用于两种 ZigBee 网络拓扑结构。这两种网络结构分别是基于中心控制的星形网络和基于对等操作的网状网络。在星形网络中，中心设备承担网络的形成与维护、时隙的划分、信道接入控制以及专用带宽分配等功能。其余设备根据中心设备的广播信息来决定如何接入和使用无线信道，这是一种时隙化的 CSMA/CA 信道接入算法。在对等网状方式的网络中，没有中心设备的控制，也没有广播信道和广播信息，而是使用标准的 CSMA/CA 信道接入算法接入网络。

MAC 层的数据服务是子层服务接入点提供的数据传输服务，它为上层协议和物理层之间的数据传输提供接口，实现了数据发送与接收以及清除 MAC 层的事务处理排列表的一个数据单元等服务。MAC 层的管理服务允许上层实体与 MAC 层管理实体之间传输管理指令，其功能分别为设备通信链路的连接与断开管理、信标管理、个域网信息库管理、孤点管理、复位管理、接收管理、信道扫描管理、通信状态管理、设备的状态设置和启动、网络同步等。

4. *网络层协议规范*

ZigBee 网络层的主要功能就是提供一些必要的函数，以确保 MAC 层能够正常工作，并为应用层提供合适的服务接口。为了向应用层提供服务接口，网络层提供了两个必需的功能服务实体，即数据服务实体和管理服务实体。数据服务实体通过相应的服务接入点提供数据传输服务，而管理服务实体则通过管理实体服务接入点提供网络管理服务。这种管理实体还利用网络层数据实体完成一些网络的管理工作，并对网络信息库进行维护与管理。

网络层数据实体为数据提供服务。在两个或者更多的设备之间传送数据时，应该按照应用协议数据单元所规定的格式进行传送，并且这些设备必须在同一个网络中。网络层数据实体提供的服务主要包括：

1）生成网络协议数据单元。网络层数据实体通过增加一个适当的协议头，从应用支持层协议数据单元中生成网络层的协议数据单元。

2）指定拓扑传输路由。网络层数据实体能够发送一个网络层的协议数据单元到一个合适的设备，该设备可能是最终目的通信设备，也可能是通信链路中的一个中间通信设备。

ZigBee 网络层支持星形、簇－树状和网状拓扑结构。在星形拓扑结构中，整个网络由一个称为 ZigBee 协调器的设备来控制。ZigBee 协调器负责发起和维持网络正常工作，保持同网络终端设备的通信。在网状和簇－树状拓扑结构中，ZigBee 协调器负责启动网络并选择关键的网络参数，同时也可以通过使用 ZigBee 路由器来扩展网络结构。簇－树状网络中，路由器采用分级路由策略来传送数据和控制信息。这种网络可以采用基于信标的方式进行通信。而在网状网络结构中。设备之间使用完全对等的通信方式，并且 ZigBee 路由器将不再发送通信信标。

5. *安全层协议规范*

ZigBee 技术协议支持几种安全服务，包括访问控制、数据加密、帧完整性和序列更新等。协议中还提供了 3 种安全模式，即非安全模式、接入控制列表（ACL）模式和安全模式。

非安全模式是默认的安全模式，在这种模式下，MAC 层不提供安全服务。工作在非安全模式下的设备将不使用 ACL 实体，并且对接收到的数据帧不执行任何与安全相关的操作。接入控制列表模式为 MAC 层提供一种机制，用来向上层通报所接收到的数据帧是否是来自接入控制列表中的设备。工作在接入控制列表模式下的设备对 MAC 帧不做任何修改，也不执行任何密码操作。接入控制列表模式只提供了一种方法让设备根据数据帧中的源地址对接收帧进行过滤操作，但这种方法不能安全地确定由哪个设备发送该帧。而安全模式为 MAC 层提供了一种机制，在输入和输出的数据帧上既使用了 ACL 功能，又提供了密码保护。设备在安全模式下工作时，使用的安全方案是由一组在 MAC 层的数据帧上所执行的操作组成的。ZigBee 使用的安全方案主要包括 AES-CTR、AES-CCM-128、AES-CCM-64、AES-CCM-32、AES-CBC-MAC-128、AES-CBC-MAC-64 和 AES-CBC-MAC-32 等。

6. *应用层协议规范*

ZigBee 应用层由应用支持子层、应用层框架和 ZigBee 应用对象（ZDO）3 个部分构成，其具体功能描述如下：

1）应用支持子层（APS）为网络层和应用层利用 ZigBee 设备对象和制造商定义的应用对象所使用的一组服务提供了接口。这种接口通过两种实体为 ZigBee 设备对象与制造商定义的应用对象提供数据服务和管理服务。应用支持子层数据实体（APSDE）通过与之相连的服务接入点，即 APSDE_SAP 提供数据传输服务。而应用支持子层管理实体（APSME）通过与之相连的服务接入点，即 APSME-SAP 提供管理服务，并且维护一个管理实体数据库，即应用支持子层信息库（NIB）。

2）ZigBee 中的应用框架为驻扎在 ZigBee 设备中的应用对象提供了活动的环境。最多可以定义 240 个相对独立的应用程序对象，任何一个对象的端点编号都是从 1～240。同时还有两个附加的终端节点为 APSDE-SAP 服务接入点使用，即端点号 0 用于 ZDO 数据接口，而另一个端点 255 作为所有应用对象广播数据的数据接口。

3）ZigBee设备对象是一个基本的功能函数，它在应用对象、设备Profile和APS之间提供了一个接口。ZDO位于应用框架和应用支持子层之间，满足所有在ZigBee协议栈中应用操作的一般需求。ZDO的主要作用为：首先，初始化应用支持子层、网络层和安全服务规范；其次，从终端应用中集合配置信息来确定安全管理、网络管理和绑定管理。ZDO还描述了应用框架层的应用对象的公用接口，以及控制设备和应用对象的网络功能。在终端节点上，ZDO提供了与协议栈中低一层相衔接的接口，如果是数据就通过APSDE-SAP服务接入点，而如果是控制信息则通过APSME-SAP服务接入点。对于ZigBee应用层来说，ZDO具有非常重要的作用。

3.2.4 ZigBee网络的路由协议

1. ZigBee网络的路由协议概述

ZigBee路由协议是指ZigBee规范中规定的与路由相关的功能和算法部分，主要包括不同网络拓扑结构下ZigBee协议数据单元的路由方式、路由发现和路由维护等内容。如前文所述，IEEE 802.15.4中定义了星形、簇－树状和网状3种网络拓扑结构，以及ZigBee协调器、ZigBee路由器和ZigBee终端3种网络设备。ZigBee星形网络是简单的一对多通信。而簇－树状网络中，每个全功能设备都可以成为父节点，简化功能设备只能作为子节点。簇－树状网络采用一种等级树路由机制。网状网络中除了允许父节点和子节点之间通信外，也允许通信范围之内具有路由能力的非父子关系的邻居节点进行通信。网状网络采用一种无线自组织按需距离矢量（AODV）与等级树路由相结合的混合路由方式。

2. ZigBee路由过程

ZigBee路由过程指的是当收到一个数据帧之后，节点设备的网络层对其的处理过程。当节点网络层收到一个数据帧后，如果网络层从更高层接收到数据帧，且数据帧的目的地址和广播地址一致，那么节点将数据帧广播发送出去。如果该接收节点是路由器或者协调器，同时数据帧的目的节点是一个终端设备，并且正是该节点的子节点，那么这个数据帧将直接传送到目的地址上，并且设置下一跳目的地址和最终的目的地址一致。一个有路由能力的节点会首先检查路由表中目的地址，如果有对应目的地址的路由条目的节点，应当使用路由表条目来路由数据帧；而如果没有对应目的地址的路由条目，应当检查帧控制域中的路由发现标志。当路由发现标志的值为1时，节点按照路由发现的发起条件和方法来发起路由发现；当发现路由标志的值为0或者该节点无法发起路由发现时，那么数据帧将沿着树状路径路由。

3. ZigBee路由发现过程

当一个ZigBee协调器或者路由器的网络层需要发现路由时，也就是数据帧处理流程进入发起路由发现的步骤之后，将发起一个路由发现过程。路由发现过程是网络设备通过与网络层的互相合作来发现并建立路由的过程，该过程执行时总是与一对特定的发起节点和目的节点密切相关。路由发现过程描述如下。

（1）路由发现过程的发起

对于具有路由能力的节点，在符合以下条件时，网络层应当发起路由发现过程：接收到一个从网络层的更高层发出的发送数据帧的请求，网络层的路由发现使能参数为真，并且路由表中没有和目的地址对应的条目；或者接收到一个来自媒体接入控制子层的帧，该帧控制域中的路由发现标志的值被设置为1，帧头目的地址域中包含的目的地址并非当前节点地址或广播地址，且路由表中没有和目的地址对应的条目。如果某个节点没有路由能力，那么该节点将不会发起路由发现过程，并且数据帧将沿着树状路径路由。而如果一个节点发起了路由发现过程，它就应当建立相应的路由表条目和路由发现表条目，状态设置为路由发现中，并且路由发现过程的发起节点将广播路由请求命令帧。

（2）接收到路由请求命令帧

中间节点或者目的节点接收到路由请求命令帧（RREQ）之后的具体处理过程如图3-10所示。

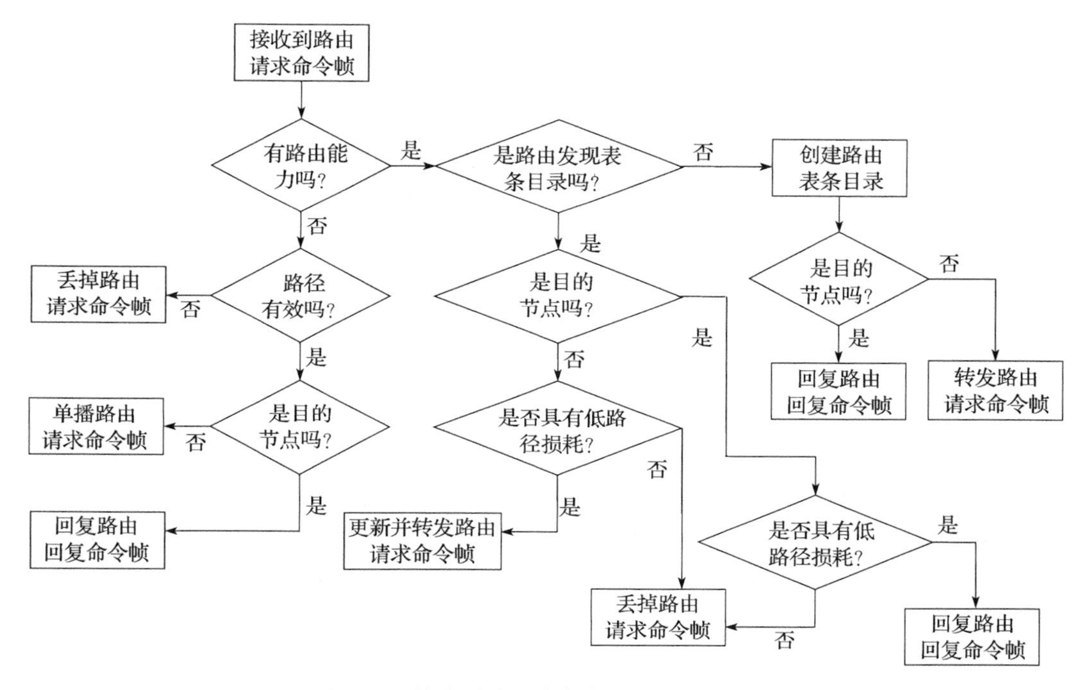

图3-10　接收到路由请求命令帧的处理过程

（3）接收到路由回复命令帧

中间节点或者路由发现过程的发起节点接收到路由回复命令帧（RREP）之后的具体处理过程如图3-11所示。路由发现过程的发起节点在接收到RREP后，就获得了到目的节点的路由。当路由发现过程中的发起节点接收到来自多条路径的RREP时，该节点将选择累积路径损耗最小的那条路径作为到达目的节点的路由。累积路径损耗最小的路径不唯一时，路由发现过程的发起节点将选择最早接收到的RREP所对应的路径。此外，每个节点都要为它的邻居节点维护一个失败的计数器，当计数器超出一定数值或者路由失败时，节点将发起路由修复过程，而路由修复过程与路由发现过程极为类似。

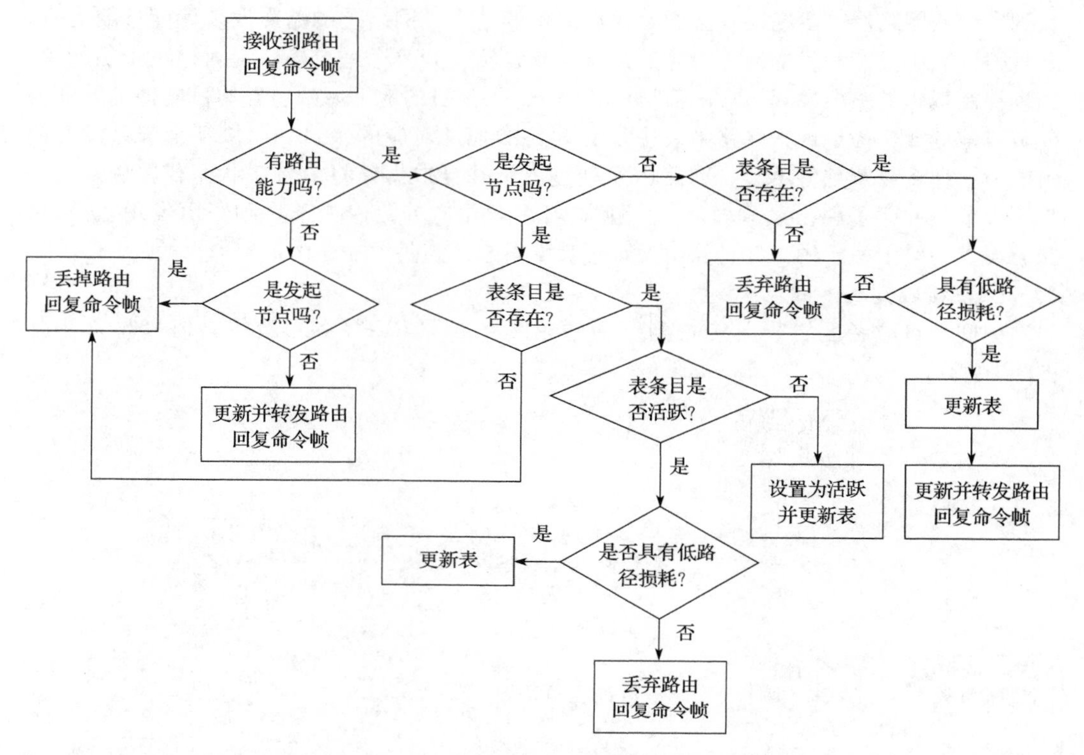

图 3-11　接收到路由回复命令帧的处理过程

3.3　超宽带技术

UWB（ultra wide band）是超宽带无线技术的缩写，起源于20世纪60年代，1989年美国国防部采用此名称，2002年2月美国批准用于民用。其应用领域为穿透成像、通信、定位测量。

UWB技术是一种使用1GHz以上带宽的最先进的无线通信技术。虽然是无线通信，但其通信速率可以达到每秒几百兆比特以上。

与传统通信技术不同的是，UWB是一种无载波通信技术，即它不采用载波，而是利用纳秒至皮秒级的非正弦波窄脉冲传输数据，因此其所占的频谱范围很宽。UWB适用于高速、近距离的无线个人通信。按照FCC的规定，3.1～10.6GHz之间的7.5GHz的带宽频率为UWB所使用的频率范围。

3.3.1　UWB的定义

超宽带无线电是指具有很高带宽比（射频带宽与其中心频率之比）的无线电技术。

美国FCC对UWB的定义为：

$$\frac{(f_H - f_L)}{f_C} > 20\% \quad \text{（或者总带宽不小于500MHz）}$$

其中f_H、f_L分别为功率较峰值功率下降10dB时所对应的高端频率和低端频率，f_C为载波频率或中心频率。

事实上，目前被称做“超宽带”系统的带宽比未必都是20%，美国国防高级研究计划署对超宽带特征的定义是相对带宽大于25%。也有一些定义为10%左右，但它们已不是基于正弦载波的无线电系统的概念，而是针对一种采用冲激脉冲作为信息载体的非正弦系统。

从频域来看，超宽带有别于传统的窄带和宽带，它的频带更宽。窄带是指相对带宽（信号带宽与中心频率之比）小于1%，相对带宽在1%～25%之间的被称为宽带，相对带宽大于25%，而且中心频率大于500MHz的被称为超宽带，如表3-4所示。

表3-4 窄带、宽带及超宽带比较

频带	信号带宽/中心频率
窄带	≤1%
宽带	≥1%且≤25%
超宽带	≥25%或带宽≥500Mbit/s

从时域上讲，超宽带系统有别于传统的通信系统。一般的通信系统是通过发送射频载波进行信号调制。而UWB是利用起、落点的时域脉冲（几十纳秒）直接实现调制，超宽带的传输把调制信息过程放在一个非常宽的频带上进行，而且以这一过程中所持续的时间来决定带宽所占据的频率范围。由于UWB发射功率受限，进而限制了其传输距离。有关资料表明，UWB信号的有效传输距离在10m以内，故在民用方面，UWB普遍地定位于个人局域网范畴。

根据香农信道容限公式 $C = B\log_2(1 + P/BN_0)$（式中 B 为信道带宽，N_0 为高斯白噪声功率谱密度，P 为信号功率）可得，增大通信容量有两种实现方法，一是通过增加信号功率 P，二是增大传输带宽。UWB技术就是通过后者来获得非常高的传输速率。

3.3.2 UWB的实现方式

UWB通信系统的主要实现方式：基带脉冲方式和载波调制方式。前者是传统的UWB通信方式，后者是FCC规定了UWB通信的频率使用范围和功率限制后，在UW无线通信标准化的过程中提出的。载波调制的UWB通信系统又可分为单带和多带两种形式。

1. 脉冲无线电

脉冲无线电（impluse Radio，IR）技术是以占空比很低的冲激脉冲（宽度为纳秒级的窄脉冲）作为信息载体的无线电技术。窄脉冲序列携带信息，直接通过天线传输，不需要对正弦载波进行调制。这种传输方式在中低速应用时具有系统实现简单、成本低、功耗小、抗多径能力强、空间/时间分辨率高等优点。从节点设计复杂度、节电功耗方面考虑，脉冲无线电技术非常适用于无线传感器网络的物理层设计。

2. 单载波方式

采用单载波方式的UWB通信系统通过载波调制，将信号搬移到合适的频段进行通信。单载波方案的基本思想是同时使用整个7500MHz可用频带。这里以Motorola公司向IEEE 802.15.3a任务组提交的单载波DS-CDMA UWB方案为例，该方案有两个可用频段：低频段3.1～5.15GHz和高频段5.825～10.6GHz。UWB信号可以通过对载波的调制，在这两个频段之一传输，或在这两个频段同时传输。为了避免对美国非特许的国家信息基础设施（UNII）频段系统的干扰，两个频段之间的部分没有利用。

3. 多带载波方式

多带载波（MB-OFDM）方式将可用的频段分为多个子带，每个子带的带宽一般等于或稍大于500MHz。通信时，可以根据信息速率、系统功耗的要求以及其他系统共存的要求等，动态地使用部分或全部子带，通过同时发送多个不同频带的 UWB 信号来提高频谱的利用率。

脉冲无线电、单带载波 DS-CDMA 和 MB-OFDM 三种 UWB 方案的比较如表 3-5 所示，可见脉冲无线电的系统复杂度低，定位精度高，具有数据通信与测距定位双重功能，因此有很广的应用前景，也是当前研究的一个热点。

表 3-5 脉冲无线电、单带载波 DS-CDMA 和 MB-OFDM 三种 UWB 方案的比较

比较项目	IR-UWB	DS-CDMA	MB-OFDM
是否有载波调制	否	是	是
相对复杂度	低	高	高
相对功耗	低	高	高
是否满足 FCC 规定	是	是	是
频谱利用率	较低	一般	高
定位精度	高	较高	一般

3.3.3 UWB 的技术特点

由于 UWB 与传统通信系统相比，工作原理迥异，因此 UWB 具有传统通信系统无法比拟的技术特点。

1. 系统结构的实现比较简单

当前的无线通信技术所使用的通信载波是连续的电波，载波的频率和功率在一定范围内变化，从而利用载波的状态变化来传输信息。而 UWB 则不使用载波，它通过发送纳秒级脉冲来传输数据信号。UWB 发射器直接用脉冲小型激励天线，不需要传统收发器所需要的上变频，从而不需要功用放大器与混频器，因此，UWB 允许采用非常低廉的宽带发射器。在接收端，UWB 接收机也有别于传统的接收机，不需要中频处理，因此，UWB 系统结构的实现比较简单。

2. 高速的数据传输

民用商品中，一般要求 UWB 信号的传输范围为 10m 以内，再根据经过修改的信道容量公式，其传输速率可达 500Mbit/s，是实现个人通信和无线局域网的一种理想调制技术。UWB 以非常宽的频率带宽来换取高速的数据传输，并且不单独占用现在已经拥挤不堪的频率资源，而是共享其他无线技术使用的频带。在军事应用中，可以利用巨大的扩频增益来实现远距离、低截获率、低检测率、高安全性和高速的数据传输。

3. 功耗低

UWB 系统使用间歇的脉冲来发送数据，脉冲持续时间很短，一般在 0.20～1.5ns 之间，有很低的占空因数，系统耗电可以做到很低，在高速通信时系统的耗电量仅为几百微瓦至几十毫瓦。民用的 UWB 设备功率一般是传统移动电话所需功率的 1/100 左右，是蓝牙设备所需功率的 1/20 左右。军用的 UWB 电台耗电也很低。因此，UWB 设备在电池寿命和电磁辐射上，相对于传统无线设备有着很大的优越性。

4. 安全性高

作为通信系统的物理层技术具有天然的安全性能。由于 UWB 信号一般把信号能量弥

散在极宽的频带范围内，对一般通信系统，UWB 信号相当于白噪声信号，并且大多数情况下，UWB 信号的功率谱密度低于自然的电子噪声，从电子噪声中将脉冲信号检测出来是一件非常困难的事。采用编码对脉冲参数进行伪随机化后，脉冲的检测将更加困难。

5. 多径分辨能力强

由于常规无线通信的射频信号大多为连续信号或其持续时间远大于多径传播时间，多径传播效应限制了通信质量和数据传输速率。由于超宽带无线电发射的是持续时间极短的单周期脉冲且占空比极低，多径信号在时间上是可分离的。假如多径脉冲要在时间上发生交叠，其多径传输路径长度应小于脉冲宽度与传播速度的乘积。由于脉冲多径信号在时间上不重叠，很容易分离出多径分量以充分利用发射信号的能量。大量实验表明，对常规无线电信号多径衰落深达 10~30dB 的多径环境，对超宽带无线电信号的衰落最多不到 5dB。

6. 定位精确

冲激脉冲具有很高的定位精度，采用超宽带无线电通信，很容易将定位与通信合一，而常规无线电难以做到这一点。超宽带无线电具有极强的穿透能力，可在室内和地下进行精确定位，而 GPS 定位系统只能工作在 GPS 定位卫星的可视范围之内；与 GPS 提供绝对地理位置不同，超短脉冲定位器可以给出相对位置，其定位精度可达厘米级，此外，超宽带无线电定位器价格更便宜。

7. 工程简单，造价便宜

在工程实现上，UWB 比其他无线技术要简单得多，可全数字化实现。它只需要以一种数学方式产生脉冲，并对脉冲产生调制，而这些电路都可以被集成到一个芯片上，设备的成本将很低。

UWB 主要应用在小范围、高分辨率，能够穿透墙壁、地面和身体的雷达和图像系统中。除此之外，这种新技术适用于对速率要求非常高（大于 100Mbit/s）的 LAN 或 PAN。UWB 最具特色的应用将是视频消费娱乐方面的无线个人局域网（PAN）。现有的无线通信方式，即 IEEE 802.11b 和蓝牙的速率太慢，不适合传输视频数据；54Mbit/s 速率的 IEEE 802.11a 标准可以处理视频数据，但费用昂贵。而 UWB 有可能在 10m 范围内支持高达 110Mbit/s 的数据传输速率，不需要压缩数据，可以快速、简单、经济地完成视频数据处理。具有一定相容性和高速、低成本、低功耗的优点，使得 UWB 较适合家庭无线消费市场的需求；UWB 尤其适合近距离内高速传送大量多媒体数据以及可以穿透障碍物的突出优点，让很多商业公司将其看作是一种很有前途的无线通信技术，应用于诸如将视频信号从机顶盒无线传送到数字电视等家庭场合。当然，UWB 未来的发展还取决于各种无线方案的技术发展、成本、用户使用习惯和市场成熟度等多方面的因素。

3.4 射频识别技术

RFID（radio frequency identification）是一种无线通信技术，可以通过无线电信号识别特定目标并读写相关数据，而无需识别系统与特定目标之间建立机械或者光学接触。

无线电的信号是通过调成无线电频率的电磁场，把数据从附着在物品上的标签上传送出去，以自动辨识与追踪该物品。某些标签在识别时从识别器发出的电磁场中就可以得到能量，并不需要电池；也有标签本身拥有电源，并可以主动发出无线电波（调成无线电频率的电磁场）。标签包含了电子存储的信息，数米之内都可以识别。与条形码不同的是，射频标签不需要处在识别器视线之内，也可以嵌入被追踪物体之内。

许多行业都运用了射频识别技术。将标签附着在一辆正在生产中的汽车，厂方便可以追踪此车在生产线上的进度。仓库可以追踪药品的所在。射频标签也可以附于牲畜与宠物上，方便对牲畜与宠物的积极识别（积极识别意思是防止数只牲畜使用同一个身份）。射频识别的身份识别卡可以使员工得以进入锁住的建筑部分，汽车上的射频应答器也可以用来征收收费路段与停车场的费用。

某些射频标签附在衣物、个人财物上，甚至植入人体之内。由于这项技术可能会在未经本人许可的情况下读取个人信息，所以会有侵犯个人隐私的忧患。

3.4.1 RFID 系统构成

RFID 技术的基本工作原理并不复杂：标签进入磁场后，接收阅读器发出的射频信号，凭借感应电流所获得的能量发送出存储在芯片中的产品信息（passive tag，无源标签或被动标签），或者由标签主动发送某一频率的信号（active tag，有源标签或主动标签），阅读器读取信息并解码后，送至中央信息系统进行有关数据处理。

一套完整的 RFID 系统，是由阅读器（Reader）、电子标签（TAG）（也就是所谓的应答器，Transponder）及应用软件系统三个部分组成，其工作原理是 Reader 发射一特定频率的无线电波能量给 Transponder，用以驱动 Transponder 电路将内部的数据送出，此时 Reader 便依序接收解读数据，送给应用程序做相应的处理。一个典型的 RFID 应用系统构成如图 3-12 所示。

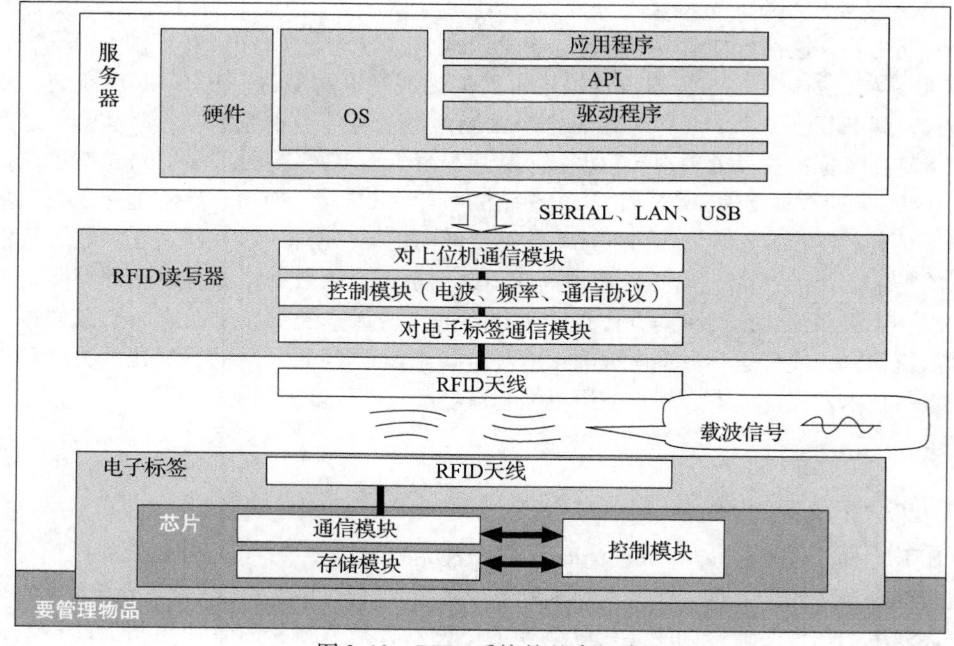

图 3-12 RFID 系统的基本组成

图3-12中，电子标签是产品的载体，附着于可跟踪的物品上，在全球范围内流通。阅读器通过主机与数据库系统相连，是读取标签中的产品序列号并将其输入数据库系统获取该产品信息的工具。数据库系统由本地网络和全球互联网组成，是实现信息管理和信息流通的功能模块。数据库系统可以在互联网上，通过管理软件或系统来实现全球性质的“实物互联”。

以RFID卡片阅读器及电子标签之间的通信及能量感应方式来看，大致上可以分成：电感耦合（inductive coupling）及后向散射耦合（backscatter coupling）两种。一般低频的RFID大都采用第一种方式，而较高频的RFID大多采用第二种方式。

根据使用的结构和技术不同，阅读器可以是读或读/写装置，是RFID系统信息控制和处理中心。阅读器通常由耦合模块、收发模块、控制模块和接口单元组成。阅读器和应答器之间一般采用半双工通信方式进行信息交换，同时阅读器通过耦合给无源应答器提供能量和时序。在实际应用中，可进一步通过Ethernet或WLAN等实现对物体识别信息的采集、处理及远程传送等管理功能。应答器是RFID系统的信息载体，应答器大多是由耦合原件（线圈、微带天线等）和微芯片组成无源单元。

3.4.2 RFID通信的物理学原理

根据观测点到天线的距离和电磁波的波长，电磁场区划分为近场区和远场区，如图3-13所示。

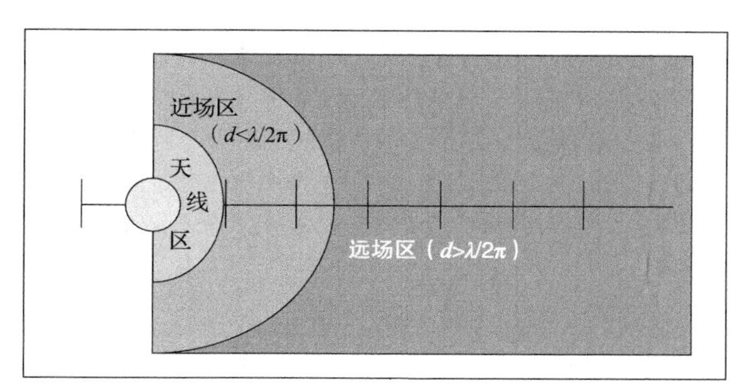

图3-13 电磁场区划分

1. 近场区的通信原理

类似于变压器中的电场和磁场的逆转换，能量的耦合方式为电感耦合方式。RFID读写器通过天线（线圈）发射能量和信息重叠的电磁变场信号，而RFID电子标签通过天线（线圈）获取电磁变场信号来产生感应电流并读取信号。

在电子工程学中，由于电磁感应使一根导线中的电流变化引起电动势通过另一根导线的一端，这样配置的两个导体称为电感耦合（inductive coupling），或称磁耦合，这种状态的电流变化是根据法拉第电磁感应定律产生感应电动势，这种状态也称互感耦合、磁耦合。

电感耦合就是通过耦合的作用，将某一电路的能量（或信息）传输到其他电路中去。电感耦合可以由互感来度量。

如要加强两根导线的耦合，可将其绕成线圈并以同轴方式接近放置，这样一个线圈的磁场会穿过另一个线圈。互感耦合是许多仪器的原理，其中一个重要的应用就是变压器。实现电感耦合的条件是，电路间必须有公共阻抗存在。

2. 远场区的通信原理

远场区电磁场脱离天线的束缚进入空间，通过电场的辐射来传输能量和信息，能量的耦合方式为电容耦合方式。

电容耦合，又称电场耦合或静电耦合，是由于分布电容的存在而产生的一种耦合方式。耦合是指信号由第一级向第二级传递的过程，一般不加注明时往往是指交流耦合。

从电路来说，总是可以区分为驱动电源和被驱动的负载。如果负载电容比较大，驱动电路要把电容充电、放电，才能完成信号的跳变，在上升沿比较陡峭的时候，电流比较大，这样驱动的电流就会吸收很大的电源电流，由于电路中的电感，电阻（特别是芯片引脚上的电感）会产生反弹，这种电流相对于正常情况来说实际上就是一种噪声，会影响前级的正常工作，这就是耦合。

电容接在交流电路中，一个脚接的电路的电压逐渐升高，逐渐在所在的极板集聚电荷，等该脚所接的电路的电压下降时，再将电位高时积聚的电荷返回电路。另一端也是如此。电容是绝缘的，整个电容并没有电流通过，但是它随着电位升高、降低而集聚和释放电荷的现象，使人误以为是有电流通过。因此，它能把直流隔离，而交流信号呢，以两端升高和降低电位的形式耦合过来，传给以下的电路元件。电容有通交流阻直流的特性，作为耦合电容，它的作用是允许交流信号正常通过，而隔断上一级放大电路的直流电流，使之对下一级放大电路工作点不会产生影响。电容为什么能够使交流电流过而直流电不能流过呢？电容的两个极板能够存储电荷但并没有形成回路，直流电可以给电容充电，但当电容两端电压与电源电压相同时电路稳定下来，故而不会有电流流过；交流电的正半周给电容充电，负半周时先给电容放电，如此不断地充电和放电，相当于电流流过电容，形成通路。

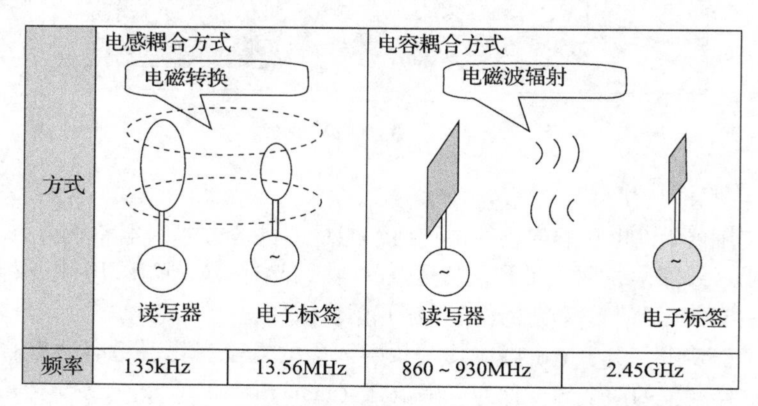

图 3-14　近场区和远场区的通信方式

RFID 的低频和高频段的信息传递在近场区进行，超高频和微波段在远场区进行。

3.4.3 RFID信号的调制与解调

1. RFID系统的调制方式

RFID系统通常采用数字调制方式传送信息，用数字调制信号（包括数字基带信号和已调脉冲）对高频载波进行调制。已调脉冲包括NRZ码的FSK、PSK调制波和副载波调制信号，数字基带信号包括曼彻斯特码、密勒码、修正密勒码信号等，这些信号包含了要传送的信息。

数字调制方式有幅移键控（ASK）、频移键控（FSK）和相移键控（PSK）。RFID系统中采用较多的是ASK调制方式。

ASK调制的时域波形参见图3-15，但不同的是，图中的包络是周期脉冲波，而ASK调制的包络波形是数字基带信号和已调脉冲。

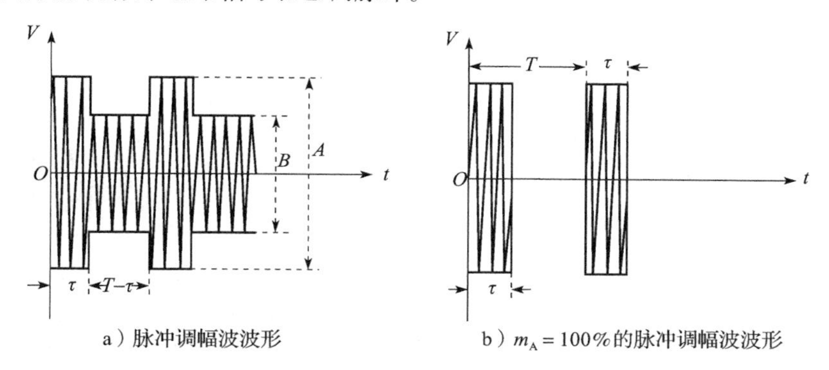

a）脉冲调幅波波形　　b）$m_A=100\%$的脉冲调幅波波形

图3-15　ASK调制波波形

2. ASK调制方式的实现

（1）副载波负载调制

首先用基带编码的数据信号调制低频率的副载波，可以选择振幅键控（ASK）、频移键控（FSK）或相移键控（PSK）调制作为副载波调制的方法。副载波的频率是通过对高频载波频率进行二进制分频产生的。然后用经过编码调制的副载波信号控制应答器线圈并接负载电阻的接通和断开，即采用经过编码调制的副载波进行负载调制，以双重调制方式传送编码信息。

使用这种传输方式可以降低误码率，减小干扰，但是硬件电路较负载调制系统复杂。在采用副载波进行负载调制时，需要经过多重调制，在阅读器中，同样需要进行逐步多重解调，这样系统的调制解调模块过于繁琐，并且用于分频的数字芯片对接收到的信号的电压幅度和和频率范围要求苛刻，不易实现。

（2）负载调制

电感耦合系统，本质上来说是一种互感耦合，即作为初级线圈的阅读器和作为次级线圈的应答器之间的耦合。如果应答器的固有谐振频率与阅读器的发送频率相符合，则处于阅读器天线的交变磁场中的应答器就能从磁场获得最大能量。

同时，与应答器线圈并接的阻抗变化能通过互感作用对阅读器线圈造成反作用，从而引起阅读器线圈回路变换阻抗ZT的变化，即接通或关断应答器天线线圈处的负载电阻会引起阻抗 ZT 的变化，从而造成阅读器天线的电压变化。负载调制原理如图 3-16 所示。

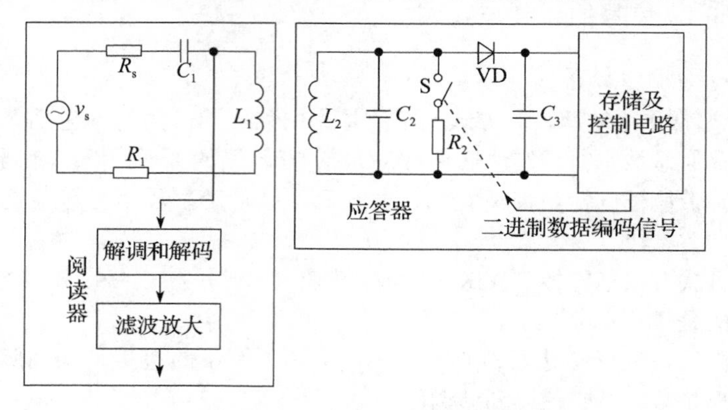

图 3-16　负载调制原理示意图

根据这一原理，我们在应答器中以二进制编码信号控制开关 S，即通过编码数据控制应答器线圈并接负载电阻的接通和断开，使这些数据以调幅的方式从应答器传输到阅读器，这就是负载调制。在阅读器端，对阅读器天线上的电压信号进行包络检波，并放大整形得到所需的逻辑电平，实现数据的解调回收。电感耦合式射频识别系统的负载调制有着与阅读器天线高频电压的振幅键控（ASK）调制相似的效果（见图 3-17）。

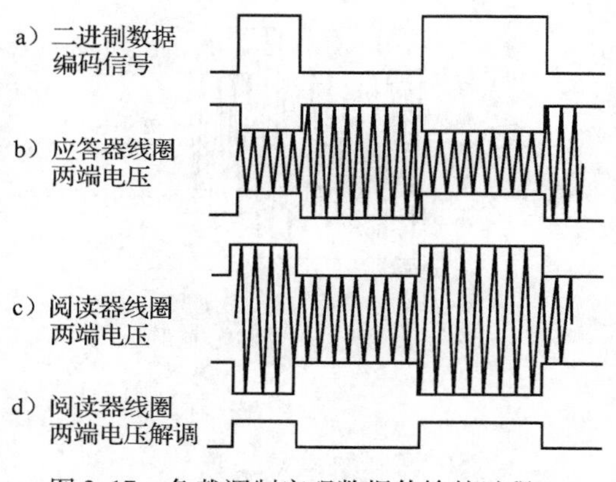

图 3-17　负载调制实现数据传输的过程

图 3-16 中的负载调制方式称为电阻负载调制，其实质是一种振幅调制，调节接入电阻 R2 的大小可改变调制度的大小。

3. ASK 调制信号的解调

(1) 包络检波

大信号的检波过程，主要是利用二极管的单向导电特性和检波负载 RC 的充放电过程。利用电容两端电压不能突变只能充放电的特性来达到平滑脉冲电压的目的，如图 3-18所示。

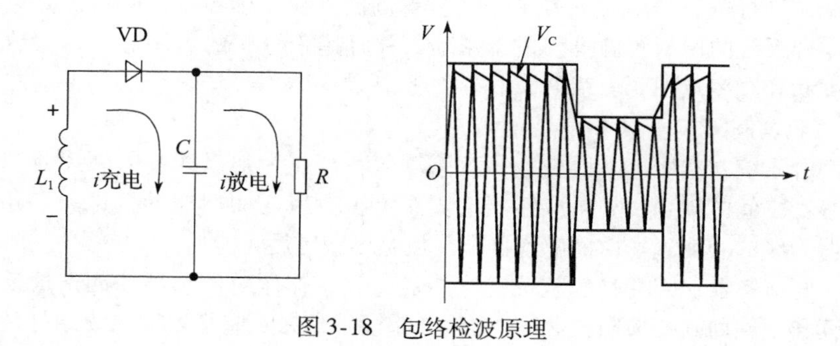

图 3-18　包络检波原理

（2）比较电路

经过包络检波以及放大后的信号存在少量的杂波干扰，而且电压太小，如果直接将检波后的信号送给单片机2051进行解码，单片机会因为无法识别而不能解码或解码错误。比较器主要是用来对输入波形进行整形，可以将正弦波或任意不规则的输入波形整形为方波输出。

每个比较器有两个输入端和一个输出端。两个输入端一个称为同相输入端，用“+”表示，另一个称为反相输入端，用“-”表示。用作比较两个电压时，任意一个输入端加一个固定电压做参考电压（也称为门限电平），另一端加一个待比较的信号电压。当“+”端电压高于“-”端时，输出管截止，相当于输出端开路。当“-”端电压高于“+”端时，输出管饱和，相当于输出端接低电位。

3.4.4 RFID系统的编码与解码

在RFID系统中，为使阅读器在读取数据时能很好地解决同步的问题，往往不直接使用数据的NRZ码对射频进行调制，而是将数据的NRZ码进行编码变换后再对射频进行调制。所采用的变换编码主要有曼彻斯特码、密勒码和修正密勒码等。RFID系统的编码与解码可以采用编码器、解码器或软件实现方法完成。本实验系统采用软件编程方法实现应答器端的编码和阅读器端的解码。

1. 曼彻斯特码

（1）曼彻斯特（Manchester）码编码与解码方式

在曼彻斯特码中，1码是前半（50%）位为高电平，后半（50%）位为低电平；0码是前半（50%）位为低电平，后半（50%）位为高电平。

NRZ码和数据时钟进行异或便可得到曼彻斯特码，曼彻斯特码和数据时钟进行异或也可得到NRZ码。前者即是曼彻斯特码的编码方式，后者是曼彻斯特码的解码方式。NRZ码与曼彻斯特码如图3-19所示。

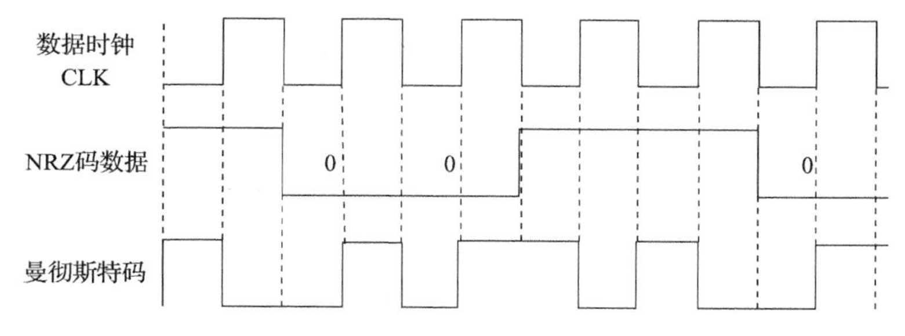

图3-19 NRZ码与曼彻斯特码

（2）编码器与解码器

如上所述，可以采用NRZ码和数据时钟进行异或的方法来获得曼彻斯特码，但是这种简单的异或方法具有缺陷。如图3-20所示，由于上升沿和下降沿不理想，在输出中会产生尖峰脉冲P，因此需要改进。

改进后的编码器电路如图3-21所示。该电路在异或之后加接了一个D触发器74HC74，从而消除了尖峰脉冲的影响。

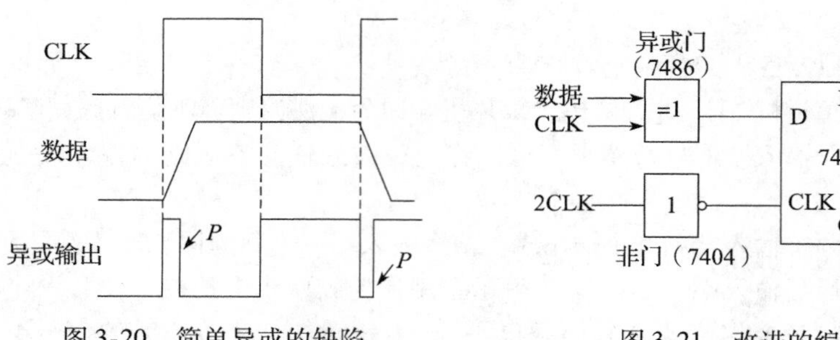

图 3-20　简单异或的缺陷　　　　图 3-21　改进的编码器电路

在图 3-21 所示的电路中，需要一个数据时钟的 2 倍频信号 2CLK，在 RFID 系统中，2CLK 信号可以从载波分频获得。

74HC74 的 PR 端接编码器控制信号，该信号为高电平时编码器工作，该信号为低电平时编码器输出为低电平（相当于无信息传输）。

曼彻斯特码编码器通常用于应答器芯片，若应答器上有微控制器（MCU），则 PR 端电平可由 MCU 控制；若应答器芯片为存储卡，则 PR 端电平可由存储器数据输出状态信号控制。

起始位为 1，数据为 00 的曼彻斯特码的时序波形如图 3-22 所示。

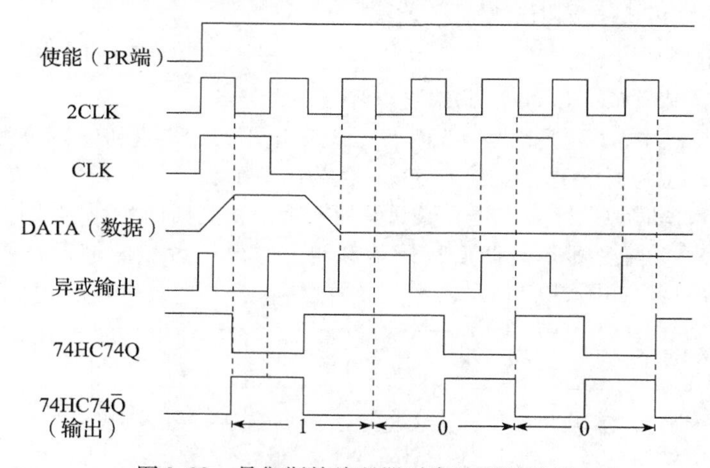

图 3-22　曼彻斯特编码器时序波形图示例

D 触发器采用上升沿触发。由图可见，由于 2CLK 信号被倒相，是其下降沿对 D 端（异或输出）采样，避开了可能遇到的尖峰 P，消除了尖峰脉冲 P 的影响。

曼彻斯特码和数据时钟进行异或便可恢复出 NRZ 码数据信号，因此，采样异或电路可以组成曼彻斯特码解码器。实际应用系统中，曼彻斯特码解码可由阅读器 MCU 的软件程序实现。

（3）软件编码与解码

采样曼彻斯特码传输数据信息时，信息块格式如图 3-23 所示，起始位采样 1 码，结束位采用无跳变低电平。

图 3-23　数据传输的信息块格式

当 MCU 的时钟频率较高时，可将曼彻斯特码和 2 倍数据时钟频率的 NRZ 码相对应，其对应关系如表 3-6 所示。

表 3-6　曼彻斯特码与 2 倍数据时钟频率的 NRZ 码

曼彻斯特码	1	0	结束位
NRZ 码	10	01	00

当输出数据 1 的曼彻斯特码时，可输出对应的 NRZ 码 10；当输出数据 0 的曼彻斯特码时，可输出对应的 NRZ 码 01；结束位的对应 NRZ 码为 00。

在使用曼彻斯特码时，只要编好 1、0 和结束位的子程序，就可方便地由软件实现曼彻斯特码的编码。

在解码时，MCU 可以采用 2 倍数据时钟频率对输入数据的曼彻斯特码进行读入。首先判断起始位，其码序为 10；然后将读入的 10、01 组合转换成为 NRZ 码的 1 和 0；若读到 00 组合，则表示收到了结束位。

例如，若曼彻斯特码的读入串为 10 1001 0110 0100，根据表 3-6，则解码得到的 NRZ 码数据为 10010，如图 3-24 所示。

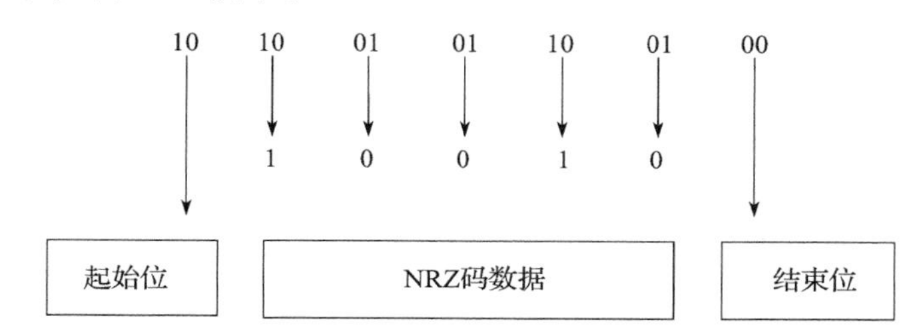

图 3-24　曼彻斯特码解码方法示意图

2. 密勒（Miller）码

（1）编码方式

密勒码的密勒码编码规则如表 3-7 所示。密勒码的逻辑 0 的电平和前位有关，逻辑 1 虽然在位中间有跳变，但是上跳还是下跳取决于前位结束时的电平。

表 3-7　密勒码的编码规则

位（$i-1$）	位 i	编码规则
X	1	位 i 的起始位置不跳变，中间位置跳变
0	0	位 i 的起始位置跳变，中间位置不跳变
1	0	位 i 的起始位置不跳变，中间位置不跳变

密勒码的波形及其与 NRZ 码、曼彻斯特码的波形关系如图 3-25 所示。

（2）编码器

密勒码的传输格式如图 3-26 所示，起始位为 1，结束（停止）位为 0，数据位流包括传送数据及其检验码。

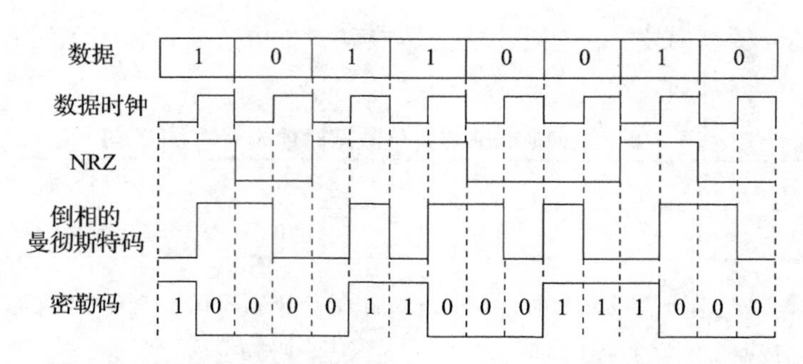

图 3-25　密勒码波形及其与 NRZ 码、曼彻斯特码的波形关系

起始位	数据位流	结束位

图 3-26　密勒码的传输格式

密勒码的编码电路如图 3-27 所示。从图 3-25 可见，倒相的曼彻斯特码的上跳沿正好是密勒码波形中的跳变沿，因此由曼彻斯特码来产生密勒码，编码器电路非常简单。在图 3-27 中，倒相的曼彻斯特码作为 D 触发器 74HC74 的 CLK 信号，用上跳沿触发，触发器的 Q 输出端输出的是密勒码。

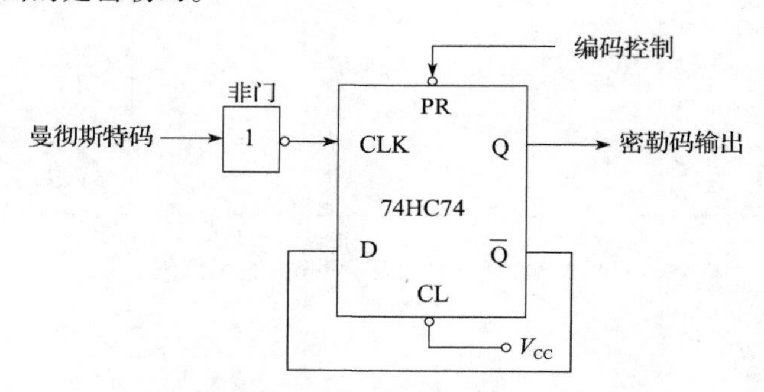

图 3-27　用曼彻斯特码产生密勒码的电路

（3）软件编码

从密勒码的编码规则可以看出，NRZ 码可以转换为用两位 NRZ 码表示的密勒码值，其转换关系如表 3-8 所示。

表 3-8　密勒码的两位表示法

密勒码	二位表示法的二进制数
1	10 或 01
0	11 或 00

密勒码的软件编码流程如图 3-28 所示，图 3-25中的码串 1011 0010 转换后为 1000 0110 0011 1000。在存储式应答器中，可将数据的 NRZ 码转换为两位 NRZ 码表示的密勒码，存放于存储器中，但存储器的容量需要增加一倍，数据时钟也需要提高一倍。

（4）解码

解码功能由阅读器完成，阅读器中都有 MCU，因此采用软件解码最为方便。

软件解码时，首先应判断起始位，在读出电平由高到低的跳变沿时，便获得了起始位。然后对以 2 倍数据时钟频率读入的位值进行每两位一次转换：01 和 10 都转换为 1，00 和 11 都转换为 0。这样便获得了数据的 NRZ 码，如图 3-29 所示。

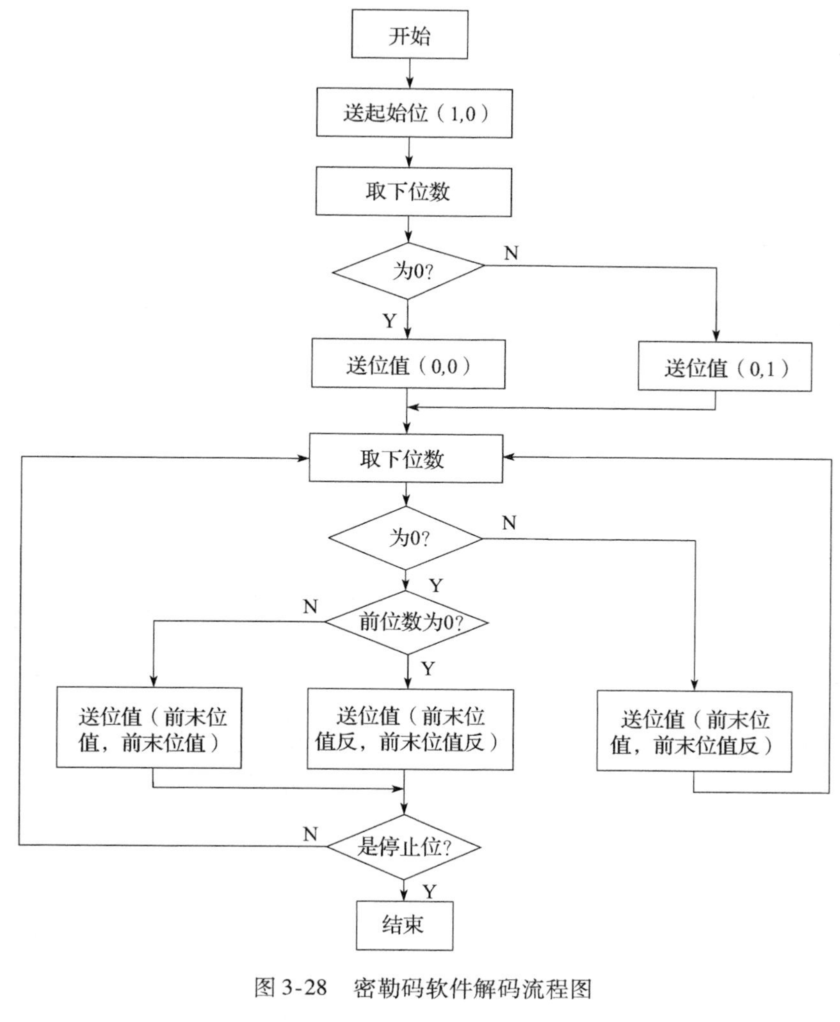

图3-28　密勒码软件解码流程图

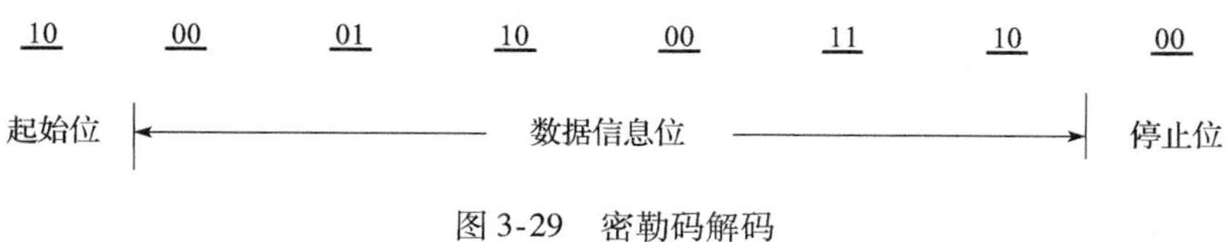

图3-29　密勒码解码

3. 修正密勒（Miller）码

在RFID的ISO/IEC14443标准（近耦合非接触式IC卡标准）中规定：载波频率为13.56MHz；数据传输速率为106Kbit/s；在从阅读器向应答器的数据传输中，ISO/IEC14443标准的TYPE中采用修正密勒码方式对载波进行调制。

（1）TYPE中定义的三种时序

- 时序X：在64/fc处，产生一个Pause（凹槽）。
- 时序Y：在整个位期间（128/fc）不发生调制。

• 时序 Z：在位期间的开始产生一个 Pause。

在上述时序说明中，fc 为载波频率 13.56MHz，Pause 脉冲的底宽为 0.5 ~ 3.0μs，900/0 幅度宽度不大于 4.5μs。这三种时序用于对帧编码，即修正的密勒码。

（2）修正密勒码的编码规则

1）逻辑 1 为时序 X。

2）逻辑 0 为时序 Y。但下述两种情况除外：

• 若相邻有两个或更多 0，则从第二个 0 开始采用时序 Z；

• 直接与起始位相连的所有 0，用时序 Z 表示。

3）通信开始用时序 Z 表示。

4）通信结束用时序 Y 表示。

5）无信息用至少两个时序 Y 表示。

3.4.5 RFID 的优势

RFID 是一项易于操控、简单实用且特别适合用于自动化控制的灵活性应用技术，识别工作无须人工干预，它既可支持只读工作模式也可支持读写工作模式，且无需接触或瞄准；可自由工作在各种恶劣环境下：短距离射频产品不怕油渍、灰尘污染等恶劣的环境，可以替代条码，例如用在工厂的流水线上跟踪物体；长距射频产品多用于交通上，识别距离可达几十米，如自动收费或识别车辆身份等。射频识别系统主要有以下几个方面的优势：

1）读取方便快捷：数据的读取无需光源，甚至可以透过外包装来进行。有效识别距离更大，采用自带电池的主动标签时，有效识别距离可达到 30 米以上；

2）识别速度快：标签一进入磁场，解读器就可以即时读取其中的信息，而且能够同时处理多个标签，实现批量识别；

3）数据容量大：数据容量最大的二维条形码（PDF417），最多也只能存储 2725 个数字；若包含字母，存储量则会更少；RFID 标签则可以根据用户的需要扩充到数十 K；

4）使用寿命长，应用范围广：其无线电通信方式，使其可以应用于粉尘、油污等高污染环境和放射性环境，而且其封闭式包装使得其寿命大大超过印刷的条形码；

5）标签数据可动态更改：利用编程器可以写入数据，从而赋予 RFID 标签交互式便携数据文件的功能，而且写入时间相比打印条形码更少；

6）更好的安全性：不仅可以嵌入或附着在不同形状、类型的产品上，而且可以为标签数据的读写设置密码保护，从而具有更高的安全性；

7）动态实时通信：标签以与每秒 50 ~ 100 次的频率与解读器进行通信，所以只要 RFID 标签所附着的物体出现在解读器的有效识别范围内，就可以对其位置进行动态的追踪和监控。

3.5 WPAN 通信

无线个人局域网（wireless personal area network，WPAN）是一种采用无线连接的个人局域网。它被用在诸如电话、计算机、附属设备以及小范围（个人局域网的工作范围一般是在10米以内）内的数字助理设备之间的通信。支持无线个人局域网的技术包括：蓝牙、ZigBee、超频波段（UWB）、IrDA、HomeRF等，其中蓝牙技术在无线个人局域网中使用的最广泛。每一项技术只有被用于特定的用途、应用程序或领域才能发挥最佳的作用。此外，虽然在某些方面，有些技术被认为是在无线个人局域网空间中相互竞争的，但是它们常常相互之间又是互补的。

美国电子与电器工程师协会（IEEE）802.15工作组是对无线个人局域网做出定义说明的机构。除了基于蓝牙技术的802.15之外，IEEE还推荐了其他两个类型：低频率的802.15.4（TG4，也被称为ZigBee）和高频率的802.15.3（TG3，也被称为超波段或UWB）。TG4 ZigBee针对低电压和低成本家庭控制方案提供20Kbps或250Kbps的数据传输速度，而TG3 UWB则支持用于多媒体的介于20Mbps和1Gbps之间的数据传输速度。

无线个人局域网是为了实现活动半径小、业务类型丰富、面向特定群体、无线无缝的连接而提出的新兴无线通信网络技术。WPAN能够有效地解决“最后的几米电缆”的问题，进而将无线联网进行到底。

WPAN是一种与无线广域网（WWAN）、无线城域网（WMAN）、无线局域网（WLAN）并列但覆盖范围相对较小的无线网络。在网络构成上，WPAN位于整个网络链的末端，用于实现同一地点终端与终端间的连接，如连接手机和蓝牙耳机等。WPAN所覆盖的范围一般在10m半径以内，必须运行于许可的无线频段。WPAN设备具有价格便宜、体积小、易操作和功耗低等优点。

3.6 NFC近距离无线通信技术

NFC技术由非接触式射频识别（RFID）演变而来，由飞利浦半导体（现恩智浦半导体公司）、诺基亚和索尼共同研制开发，其基础是RFID及互联技术。近场通信（near field communication，NFC）是一种短距高频的无线电技术，在13.56MHz频率运行于20cm距离内。其传输速度有106Kbit/s、212Kbit/s或者424Kbit/s三种。目前近场通信已成为ISO/IEC IS 18092国际标准、ECMA-340标准与ETSI TS 102 190标准。NFC采用主动和被动两种读取模式。

NFC近场通信技术是由非接触式射频识别（RFID）及互联互通技术整合演变而来，在单一芯片上结合感应式读卡器、感应式卡片和点对点的功能，能在短距离内与兼容设备进行识别和数据交换。工作频率为13.56MHz。但是使用这种手机支付方案的用户必须更换特制的手机。目前这项技术在日韩被广泛应用。手机用户凭着配置了支付功能的手机就可以行遍全国：他们的手机可以用作机场登机验证、大厦的门禁钥匙、交通一卡通、信用卡、支付卡等。

3.6.1 工作模式

卡模式（card emulation）：这个模式其实就是相当于一张采用RFID技术的IC卡。可以替代大量的IC卡（包括信用卡、公交卡、门禁管制、车票、门票等）。此种方式下，有一个极大的优点，那就是卡片通过非接触读卡器的RF域来供电，即便是寄主设备（如手机）没电也可以工作。

点对点模式（P2P mode）：这个模式和红外线差不多，可用于数据交换，只是传输距离较短，传输创建速度较快，传输速度也快些，功耗低（蓝牙也类似）。将两个具备 NFC 功能的设备链接，能实现数据点对点传输，如下载音乐、交换图片或者同步设备地址簿。因此通过 NFC，多个设备（如数码相机、PDA、计算机和手机）之间都可以交换资料或者服务。

3.6.2 技术特征

与 RFID 一样，NFC 信息也是通过频谱中无线频率部分的电磁感应耦合方式传递，但两者之间还是存在很大的区别。首先，NFC 是一种提供轻松、安全、迅速的通信的无线连接技术，其传输范围比 RFID 小。其次，NFC 与现有非接触智能卡技术兼容，已经成为得到越来越多主要厂商支持的正式标准。再次，NFC 还是一种近距离连接协议，提供各种设备间轻松、安全、迅速而自动的通信。与无线世界中的其他连接方式相比，NFC 是一种近距离的私密通信方式。

NFC、红外线、蓝牙同为非接触传输方式，它们具有各自不同的技术特征，可以用于各种不同的目的，其技术本身没有优劣差别。

NFC 手机内置 NFC 芯片，比原先仅作为标签使用的 RFID 更增加了数据双向传送的功能，这个进步使得其更加适合用于电子货币支付；特别是 RFID 所不能实现的，相互认证和动态加密和一次性钥匙（OTP）能够在 NFC 上实现。NFC 技术支持多种应用，包括移动支付与交易、对等式通信及移动中信息访问等。通过 NFC 手机，人们可以在任何地点、任何时间，通过任何设备，与他们希望得到的娱乐服务与交易联系在一起，从而完成付款，获取海报信息等。NFC 设备可以用作非接触式智能卡、智能卡的读写器终端以及设备对设备的数据传输链路，其应用主要可分为以下 4 个基本类型：用于付款和购票、用于电子票证、用于智能媒体以及用于交换和传输数据。

3.6.3 技术原理

1. NFC 技术原理

支持 NFC 的设备可以在主动或被动模式下交换数据。在被动模式下，启动 NFC 通信的设备，也称为 NFC 发起设备（主设备），在整个通信过程中提供射频场（RF-field）。它可以选择 106kbit/s、212kbit/s 或 424kbit/s 其中一种传输速度，将数据发送到另一台设备。另一台设备称为 NFC 目标设备（从设备），不必产生射频场，而使用负载调制（load modulation）技术，即可以相同的速度将数据传回发起设备。此通信机制与基于 ISO14443A、MIFARE 和 FeliCa 的非接触式智能卡兼容，因此，NFC 发起设备在被动模式下，可以用相同的连接和初始化过程检测非接触式智能卡或 NFC 目标设备，并与之建立联系。

2. NFC 与 RFID 区别

第一，NFC 将非接触读卡器、非接触卡和点对点功能整合进一块单芯片，而 RFID 必须有阅读器和标签组成。RFID 只能实现信息的读取以及判定，而 NFC 技术则强调的是信息交互。通俗地说，NFC 就是 RFID 的演进版本，双方可以近距离交换信息。NFC 手机内置 NFC 芯片，组成 RFID 模块的一部分，可以当作 RFID 无源标签使用进行支付费用；也可以当作 RFID 读写器，用作数据交换与采集，还可以进行 NFC 手机之间的数据通信。

第二，NFC 传输范围比 RFID 小，RFID 的传输范围可以达到几米，甚至几十米，但由于 NFC 采取了独特的信号衰减技术，相对于 RFID 来说，NFC 具有距离近、带宽高、能耗低等特点。

第三，应用方向不同。NFC 更多的是针对于消费类电子设备相互通信，有源 RFID 则更擅长在长距离识别。

随着互联网的普及，手机作为互联网最直接的智能终端，必将会引起一场技术上的革命，如同以前蓝牙、USB、GPS 等标配，NFC 将成为日后手机最重要的标配，通过 NFC 技术，手机支付、看电影、坐地铁都能实现，将在我们的日常生活中发挥更大的作用。

3. 传统比较

NFC 和蓝牙（bluetooth）都是短程通信技术，而且都被集成到移动电话。但 NFC 不需要复杂的设置程序。NFC 也可以简化蓝牙连接。

NFC 略胜蓝牙的地方在于设置程序较短，但无法达到低功率蓝牙（bluetooth low energy）的速度。在两台 NFC 设备相互连接的设备识别过程中，使用 NFC 来替代人工设置会使创建连接的速度大大加快：少于十分之一秒。NFC 的最大数据传输量 424kbit/s 远小于 Bluetooth V2.1（2.1Mbit/s）。虽然 NFC 在传输速度与距离上比不上蓝牙（小于 20cm），但相应可以减少不必要的干扰。这让 NFC 特别适用于设备密集而传输变得困难的时候。相对于蓝牙，NFC 兼容于现有的被动 RFID（13.56MHz ISO/IEC 18000－3）设施。NFC 的能量需求更低，与蓝牙 V4.0 低功耗协议类似。当 NFC 在一台无动力的设备（比如一台关机的手机、非接触式智能信用卡或是智能海报）上工作时，NFC 的能量消耗要小于低功耗蓝牙 V4.0。对于移动电话或是移动消费性电子产品来说，NFC 的使用比较方便。NFC 的短距离通信特性正是其优点，由于耗电量低，一次只和一台机器链接，拥有较高的保密性与安全性，NFC 有利于信用卡交易时避免被盗用。NFC 的目标并非是取代蓝牙等其他无线技术，而是在不同的场合、不同的领域起到相互补充的作用。

NFC、蓝牙、红外的对比见表 3-9。

表 3-9 NFC、蓝牙、红外对比表

	NFC	蓝牙	红外
网络类型	点对点	单点对多点	点对点
使用距离	≤0.1m	≤10m	≤1m
速度	106、212、424、868、721、115Kbit/s	2.1Mbit/s	1.0Mbit/s
建立时间	<0.1s	6s	0.5s
安全性	具备，硬件实现	具备，软件实现	不具备，使用 IRFM 时除外
通信模式	主动－主动/被动	主动－主动	主动－主动
成本	低	中	低

4. NFC 天线

一种近场耦合天线，由于 13.56MHz 波长很长，且读写距离很短，合适的耦合方式是磁场耦合，线圈是合适的耦合方式。由于手机之类的消费型产品有很高的外观要求，因此天线一般需要内置。但是天线内置后，就必须贴近主板或电池（都含有金属导体成分）。这样设计的后果是，天线会在导体表面产生涡流来削弱天线的磁场。因此，业界在手机中通常采用磁性薄膜（如 TDK 等公司生产）贴合 FPC 方式来做天线。一种新技术是磁性薄膜与 FPC 合一，即磁性 FPC。

小结

短距离无线通信技术主要解决物联网感知层信息采集的无线传输，每种短距离无线通信技术都有其应用场景、应用对象，在物联网应用领域占据举足轻重的地位。读者在学习过程中除了准确掌握蓝牙、ZigBee、超宽频、RFID 四种近距离无线通信技术的基本概念、组网方式、主要特点、关键技术及协议以外，还可以进一步了解其他的一些短距离无线通信技术，如红外（主要用于手机和笔记本式计算机等设备）、HomeRF(IEEE 802.11 与 DECT 的结合，主要用于数字家庭网络)、NFC(主要应用于门禁系统、物流管理、电子钱包、高速公路收费等)、Z-Ware(用于照明系统控制、读取仪表、家用电器功能控制、身份识别、能量管理系统等)、Insteon(家庭智能化)、WirelessHART(过程工业控制)、WiGig(用于家庭各种娱乐设备的连接）等无线通信技术。

习题

1. 简述蓝牙技术的网络结构。
2. 简述蓝牙技术的协议体系结构。
3. ZigBee 网络设备类型有哪些？
4. ZigBee 网络拓扑有哪几种？
5. 画图描述 ZigBee 网络体系结构。
6. ZigBee 的 MAC 子层数据帧格式包括哪些字段？
7. 试描述 ZigBee 网络层的路由发现过程。
8. 试述 RFID 的物理学原理。
9. 比较 RFID 不同编码方法的特点。

参考文献

[1] 屈军锁，高佛设. 物联网通信技术 [M]. 北京：中国铁道出版社，2011.
[2] 孙弋. 短距离无线通信及组网技术 [M]. 西安：西安电子科技大学出版社，2008.
[3] 金纯，罗祖秋，罗凤，等. ZigBee 技术基础及案例分析 [M]. 北京：国防工业出版社，2008.
[4] Kazimierz，Siwiak，Debra，et al. 超宽带无线电技术 [M]. 张中兆，沙学军，等译. 北京：电子工业出版社，2008.
[5] 浅析物联网技术应用中 RFID 与 NFC 的区别 [EB/oc]. 中国移动物联网，[2013-07-29].

第4章 中远距离无线通信技术

本章主要讨论无线局域网和无线城域网的标准和技术。

4.1 无线局域网

4.1.1 概述

无线局域网（wireless LAN，WLAN）是20世纪90年代计算机网络与无线通信技术相结合的产物。随着信息技术的飞速发展，人们对网络通信的需求不断提高，希望不论在何时、何地、与何人都能够进行包括数据、语音、图像等任何内容的通信，并希望能实现主机在网络中漫游。于是计算机网络由有线向无线、由固定向移动、由单一业务向多媒体发展，推动了无线局域网的发展。

无线局域网是利用射频（ratio frequency，RF）无线信道或红外信道取代有线传输介质所构成的局域网络。WLAN的数据传输速率现在已经能够达到11Mbit/s（IEEE 802.11b），最高速率可达54Mbit/s（IEEE 802.11a），视不同情况传输距离可从10m～10km，既可满足各类便携机的入网要求，也可作为传统有线LAN的补充手段。

无线局域网多用于以下场合：

1）无线接入网络信息系统，收发电子邮件、文件传输等。

2）难于布线的环境，如大楼内部布线以及楼宇之间的通信。

3）频繁变化的环境，如医院、餐饮店、零售店等。

4）专门工程或高峰时间所需临时局域网，如会议中心、展览馆、休闲娱乐中心等。

5）流动工作者需随时获得信息的区域。

与有线LAN相比，无线LAN具有以下主要优点：

1）由于无线LAN不需要布线，因此可以自由地放置终端，有效合理地利用办公室的空间。

2）无线LAN可作为有线LAN的无线延伸，也可用于有线LAN的无线互连。

3）便于笔记本式计算机的接入。人们可以用携带方便的笔记本式计算机自由访问无线 LAN，传送有关数据。

4）不受场地限制，能迅速建立局域网。例如，大型展示会、灾后网络恢复等需要短时间内建立一些临时局域网。

5）通过支持移动 IP，实现移动计算机网络。

4.1.2 无线局域网的技术要点

无线局域网主要有以下 5 个技术要点：

1）可靠性：有线局域网的误码率达 10^{-9}。无线信道特性差，应保证无线局域网的误码率尽可能低，否则大量检错重发的分组会使网络的实际吞吐量大大下降。实验数据表明，如系统分组丢失率≤10^{-5}，或误码率≤10^{-8}，可以保证较满意的网络性能。

2）兼容性：室内应用的局域网，应尽可能与现有的有线局域网兼容，现有的网络操作系统和网络软件应能在无线局域网上不加修改地正常运行。

3）数据传输速率：为了满足局域网的业务环境，无线局域网至少应具备 1Mbit/s 的数据传输速率。

4）通信安全：无线局域网可在不同层次采取措施来保证通信的安全性。具体为：①扩频、跳频无线传输技术本身使盗听者难以捕捉到有用的数据；②为防止不同局域网间干扰与数据泄露，需采取网络隔离或设置网络认证措施；③设置严密的用户口令及认证措施，防止非法用户入侵；④设置用户可选的数据加密方案，数据包中的数据在发送到局域网之前要用软件或硬件的方法进行加密，只有拥有正确密钥的站点才可以读取这些数据，而即使信号被盗，盗窃者也难以理解其中的内容。

5）移动性：无线局域网中的网站分为全移动站与半移动站。全移动站指在网络覆盖范围内该站可在移动状态下保持与网络的通信，例如，蜂窝电话网的移动站（手机）就是全移动站。半移动站指在网络覆盖范围内网中的站可自由移动，但仅在静止状态下才能与网络通信。

4.1.3 无线局域网的组成

无线局域网的基本构件有无线网卡和无线网桥。

1）无线网卡。无线网卡的作用类似于以太网卡，作为无线网络的接口，实现计算机与无线网络的连接。根据接口类型的不同，无线网卡分为 3 种类型，即 PCMCIA 无线网卡、PCI 无线网卡和 USB 无线网卡。PCMCIA 无线网卡仅适用于笔记本式计算机，支持热插拔，可以非常方便地实现移动式无线接入。PCI 无线网卡适用于普通的台式计算机。USB 无线网卡适用于笔记本式计算机和台式机，支持热插拔。

2）无线网桥。无线网桥也称无线网关、无线接入点或无线 AP（access point），可以起到以太网中的集线器的作用。无线 AP 有一个以太网接口，用于实现无线与有线的连接。任何一个装有无线网卡的计算机均可通过 AP 访问有线局域网络甚至广域网络资源。AP 还具有网管功能，可对接有无线网卡的计算机进行控制。

IEEE 802.11 标准规定无线局域网的最小构件是基本服务集（basic service set，BSS），一个 BSS 包括一个 AP 和若干个移动站。一个 AP 能够在几十至上百米的范围内连接多个无线用户，AP通过标准接口，经由集线器（hub）、路由器（router）与因特网（Internet）相连。WLAN的基本服务集如图4-1所示。

当网络中增加一个无线AP之后，即可成倍地扩展网络覆盖半径。另外，也可使网络中容纳更多的网络设备。通常情况下，一个AP最多可以支持多达80台计算机的接入，推荐的数量为30台。

一个扩展服务集（extension service set，ESS）包括两个或更多的基本服务集，而这些基本服务集通过分配系统连接在一起。扩展服务集是一个在LLC子层上的逻辑局域网，如图4-2所示。

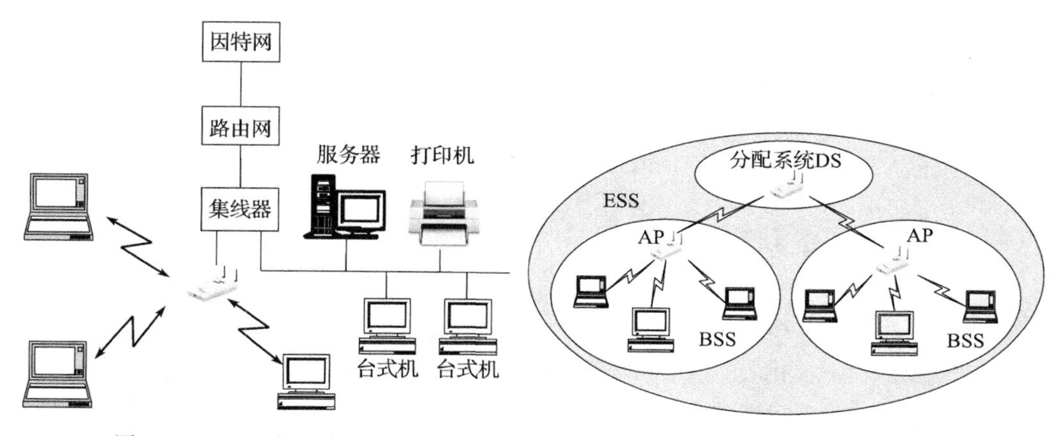

图4-1 WLAN的基本服务集

图4-2 IEEE 802.11的扩展服务集

IEEE 802.11标准还定义了3种类型的站。一种是仅在一个BSS内移动，另一种是在不同的BSS之间移动但仍在一个ESS之内移动，还有一种是在不同的ESS之间移动。

4.1.4 无线局域网的拓扑结构

1. 无中心拓扑（对等式拓扑）

无中心拓扑要求网中任意两点均可直接通信（见图4-3），只要给每台计算机安装一块无线网卡，即可相互通信。无中心拓扑最多可连接256台计算机。采用这种结构的网络使用公用广播信道。而信道接入控制（MAC）协议多采用CSMA类型的多址接入协议。无中心拓扑无须中心站转接。这种方式的区域较小，但结构简单，使用方便。

无中心拓扑是一种点对点方案，网络中的计算机只能一对一互相传递信息，而不能同时进行多点访问。要实现与有线局域网的互联，必须借助接入点（AP）。

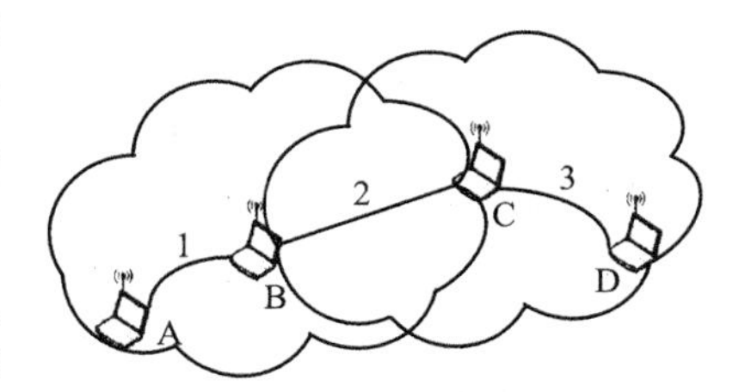

图4-3 对等式拓扑网络

2. 单接入点方式

AP相当于有线网络中的集线器。无线接入点可以连接周边的无线网络终端，形成星形网络结构。接入点负责频段管理及漫游等工作，同时AP通过以太网接口可以与有线网络相连，使整个无线网的终端能访问有线网络的资源，并可通过路由器访问Internet。

3. 多接入点方式

多接入点方式又称为基本服务区（BSA）。当网络规模较大，超过了单个接入点的覆盖半径时，可以采用多个接入点分别与有线网络相连，形成以有线网络为主干的多接入点的无线网络，所有无线终端可以通过就近的接入点接入网络，访问整个网络的资源，从而突破无线网覆盖半径的限制。

4. 多蜂窝漫游工作方式

在较大范围部署无线网络时，可以配置多个接入点，组成微蜂窝系统。微蜂窝系统允许一个用户在不同的接入点覆盖区域内任意漫游。随着位置的变换，信号会由一个接入点自动切换到另外一个接入点。整个漫游过程对用户是透明的，虽然提供连接服务的接入点发生了切换，但用户的服务却不会被中断。

一般来说，IEEE 802.11b 允许无线局域网使用任何现有有线网络上运行的应用程序或网络服务。

4.1.5 无线局域网的体系结构

1. IEEE 802.11 无线 LAN 标准

1990 年 11 月成立的 IEEE 802.11 委员会负责制定 WLAN 标准，1997 年 6 月制定出全球第一个 WLAN 标准 IEEE 802.11。IEEE 802.11 规范了 OSI 的物理层和介质访问控制（MAC）层。物理层确定了数据传输的信号特征和调制方法，定义了 3 种不同的传输方式：红外线、直接序列扩频（DSSS）和跳频扩频（FHSS）。MAC 层利用 CSMA/CA 的方式共享无线介质。

1999 年 8 月，IEEE 802.11 标准得到了进一步的完善和修订，还增加了两项高速的标准版本：IEEE 802.11b 和 IEEE 802.11a，它们的主要差别在于 MAC 子层和物理层。

（1）IEEE 802.11b

IEEE 802.11b 规定物理层采用 DSSS 和补偿编码键控（CCK）调制方式，工作在 2.4~2.4835GHz 频段，每 5MHz 一个载频，共 14 个频点，由于信道带宽是 22MHz，故实际同时使用的频点只有 3 个。IEEE 802.11b 的速率最高可达 11Mbit/s，根据实际情况可选用 5.5Mbit/s、2Mbit/s 和 1Mbit/s，实际的工作速率在 5Mbit/s 左右。IEEE 802.11b 使用的是开放的 2.4GHz 频段，不需要申请就可使用，既可作为对有线网络的补充，也可独立组网，实现真正意义上的移动应用。

IEEE 802.11b 无线局域网引进了冲突避免技术，从而避免了网络冲突的发生，可以大幅度提高网络效率。CSMA/CA 为了增强业务的可靠性，采用了 MAC 层确认机制，对帧丢失予以检测并重新发送。此外，为了进一步减少碰撞，收发节点在数据传输前可交换简短的控制帧，以完成信道占用时间确定等功能。

IEEE 802.11b 的优点：

1）速度：IEEE 802.11b 工作在 2.4GHz 频段，采用直接序列扩频方式，提供的最高数据传输速率为 11Mbit/s，且不要求直线视距传播。

2）动态速率转换：当信道特性变差时，可降低数据传输速率为 5.5Mbit/s、2Mbit/s 和 1Mbit/s。

3）覆盖范围大：IEEE 802.11b 室外覆盖范围为300m，室内最大为100m。

4）可靠性：与以太网类似的连接协议和数据包确认提供可靠的数据传送和网络带宽的有效使用。

5）电源管理：IEEE 802.11b 网卡可转到休眠模式，AP 将信息缓存，延长了笔记本式计算机的电池寿命。

6）支持漫游：当用户在覆盖区移动时，在 AP 之间可实现无缝连接。

7）加载平衡：若当前的 AP 流量较拥挤，或信号质量降低时，IEEE 802.11b 可更改连接的 AP，以提高性能。

8）可伸缩性：在有效使用范围中，最多可同时设置3个 AP，支持上百个用户。

9）同时支持语音和数据业务。

10）安全性：采用前面所讲安全措施，可以保障信息安全。

现在大多数厂商生产的 WLAN 产品都基于 IEEE 802.11b 标准。

（2）IEEE 802.11a

IEEE 802.11a 扩充了标准的物理层，工作在 5.15 ~ 5.25GHz、5.25 ~ 5.35GHz 和 5.728 ~ 5.825GHz 3 个可选频段，采用 QFSK 调制方式，物理层可传送 6 ~ 54Mbit/s 的速率。IEEE 802.11a 采用正交频分复用（OFDM）扩频技术，可提供 25Mbit/s 的无线 ATM 接口和 10Mbit/s 的以太网无线帧结构接口，支持语音、数据、图像业务。IEEE 802.11a 满足室内、室外的各种应用。

（3）IEEE 802.11g

2001 年，IEEE 802.11 委员会又推出了候选标准 IEEE 802.11g，它采用 OFDM 技术。IEEE 802.11g 既能适应 IEEE 802.11b 标准，在 2.4GHz 提供 11Mbit/s 的数据传输速率，又同 IEEE 802.11b 兼容，也符合 IEEE 802.11a 标准在 5GHz 支持 54Mbit/s 的传输速率。

IEEE 802.11g 的优势在于既可以保护 IEEE 802.11b 的投资，又能提供更高的速率。

（4）酝酿中的 IEEE 802.11 新标准

IEEE 除了制定上述的3个主要无线局域网协议之外，还在不断完善这些协议，推出或即将推出一些新协议。它们主要有：

1）IEEE 802.11d。它是 IEEE 802.11b 使用其他频率的版本，以适应一些不能使用 2.4GHz 频段的国家。

2）IEEE 802.11e。它的特点是在 IEEE 802.11 中增加了 QoS（服务质量）能力。它采用 TDMA 方式取代类似 Ethernet 的 MAC 层，为重要的数据增加额外的纠错功能。

3）IEEE 802.11f。它的目的是改善 IEEE 802.11 协议的切换机制，使用户能够在不同的无线信道或者在接入设备间漫游。

4）IEEE 802.11h。它能比 IEEE 802.11a 更好地控制发送功率和选择无线信道，与 IEEE 802.11e 一起可以适应欧洲更严格的标准。

5）IEEE 802.11i。它的目的是提高 lEEE 802.11 的安全性。

6）IEEE 802.11j。它的作用是使 IEEE 802.11a 和 HiperLAN 2 网络能够互连。

2. 分层

IEEE 802 标准遵循 ISO/OSI 参考模型的原则，确定最低两层——物理层和数据链路层的功能，以及与网络层的接口服务、网络互连有关的高层功能。要注意的是，按 OSI

的观点，有关传输介质的规格和网络拓扑结构的说明应比物理层还低，但对局域网来说这两者至关重要，因而 IEEE 802 模型中包含了对两者详细的规定。图 4-4 所示为 IEEE 802 参考模型与 OSI 参考模型的对比。

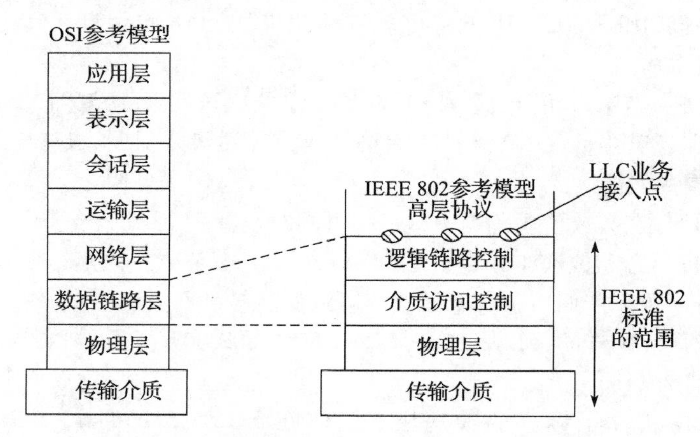

图 4-4　IEEE 802 参考模型与 OSI 参考模型的对比

IEEE 802 参考模型只用到 OSI 参考模型的最低两层：物理层和数据链路层。数据链路层分为两个子层，即介质访问控制（MAC）和逻辑链路控制（LLC）。物理介质、介质访问控制方法等对网络层的影响在 MAC 子层已完全隐蔽起来了。数据链路层与介质访问无关的部分都集中在 LLC 子层。

4.1.6　IEEE 802.11 标准中的物理层

无线 LAN 的物理层又分为 PLCP(physical layer convergence procedure，物理层会聚子层）与 PMD(physical medium dependent，物理介质依存）两个子层。

PLCP 子层将来自 MAC 子层的数据作为 PLCP 的业务数据单元（PSDU)，加上 PLCP 的前导码（同步信号或帧起始信号）和 PLCP 帧头组成 PLCP 的协议数据单元（PPDU)，传送给 PMD 子层。PLCP 的帧数据单元与 PMD 子层采用的媒体（无线电波或红外线）和传送方式（DSSS 或 FHSS）有关。

PMD 子层将 PLCP 的数据调制到 2.4GHz 频段的无线电波或 850nm 的红外线，经天线发射出去。

IEEE 802.11 标准规定了物理层的 3 种实现方法。

1）跳频扩频。跳频扩频（frequency hopping spread spectrum，FHSS）是扩频技术中常用的一种。它使用 2.4GHz 的 ISM 频段（即 2.4 ~ 2.4835GHz)，共有 79 个信道可供跳频使用。第一个频道的中心频率为 2.402GHz，以后每隔 1MHz 一个信道。因此每个信道可使用的带宽为 1MHz。当使用二元高斯移频键控（GFSK）时，基本接入速率为 1Mbit/s；当使用四元 GFSK 时，接入速率为 2Mbit/s。

2）直接序列扩频。直接序列扩频（direct sequence spread spectrum，DSSS）是另一种重要的扩频技术，它也使用 2.4GHz 的 ISM 频段。当使用二元相对移相键控时，基本接入速率为 1Mbit/s：当使用四元相对移相键控时，接入速率为 2Mbit/s。

3）红外技术。红外技术（infrared，IR）是指使用波长为 850 ~ 950nm 的红外线在室内传送数据。其接入速率为1～2Mbit/s。

3种传输介质物理层规范如表4-1和表4-2所示。

表4-1　IEEE 802.11的物理层规范

频率	2.4GHz频段的无线电波		2.4GHz频段的无线电波		红外线（850～950nm）	
扩频方式	DSSS		FHSS		—	
基带调制方式	DBPSK	DQPSK	2GFSK	4GFSK	16-PPM	4-PPM
最大传输速率	1Mbit/s	2Mbit/s	1Mbit/s	2Mbit/s	1Mbit/s	2Mbit/s
访问方式	CSMA/CA、RTS/CTS					
最大通信距离	100～300m/20～100m（室内）				20～30m/约5m（室内）	

注：DBPSK：Differential Binary Phase Shift Keying
DQPSK：Differential Quadrature Shift Keying
2GFSK：2 level Gaussian-filered Frequency Shift Keying
4GFSK：4 level Gaussian-filered Frequency Shift Keying
PTS/CTS：Request To Send/Clear To Send
16-PPM：16 Pulse Position Modulalion
4-PPM：4 Pulse Position Modulalion

表4-2　FHSS与DSSS的传输速率和调制方式

扩频方式	传输速率	调制方式	值	示例：频率/相位角
FHSS	1Mbit/s	2GPSK	0	+10kHz
			1	-10kHz
	2Mbit/s	4GPSK	00	+5kHz
			01	-5kHz
			10	+10kHz
			11	-10kHz
DSSS	1Mbit/s	DHPSK	0	0
			1	180
			00	0
	2Mbit/s	DQPSK	01	90
			10	180
			11	270

红外线传输方式是采用发光二极管（light emission diode，LED）或半导体激光（laser diode，LD）发出的波长为850～950nm的红外光来传送数据的。尽管红外线只能以视线传播，且无法穿透非透明障碍物，但因使用红外线不受法规的限制，并能达到相当高的数据传输速率，故在无线局域网上被广泛使用。用红外线进行数据传输，当采用16-PPM方式调制时，数据传输速率可达1Mbit/s；采用4-PPM时，传输速率则为2Mbit/s。就传送距离来说，一般在没有障碍物的场所为20～30m，在有障碍物的场所为5m左右。

以红外线作为传输介质时，常用扩散红外（defused infrared，DF/IR）方式和定向波束（directed beamed infrared，DB/IR）方式。在DF/IR方式下，发送方把多个发光装置排列成圆形，使并发光装置从不同方向把红外线发射出去。DB/IR方式又分两种，即点对点方式与反射方式。在点对点DB/IR方式下，发送方瞄准接收方后把红外波束直接发送出去；而在反射DB/IR方式下，发送方发射出去的红外波束经过特制的反射装置后到达接收方。

4.1.7 IEEE 802.11 标准中的 MAC 子层

1. IEEE 802.11 MAC 帧格式

IEEE 802.11 MAC 帧格式如图 4-5 所示，包含 MAC 帧头、数据域和帧尾校验域。

FC	Dur	AD1	AD2	AD3	Seq	AD4	数据	FCS	
2	2	6	6	6	2	6	0~2312	4	字节

（FC 至 AD4 为 MAC帧头）

图 4-5 IEEE 802.11 MAC 帧格式

1）帧控制 FC(frame control)：描述协议版本、帧类型（如控制帧、数据帧或管理帧）。

2）传送持续时间 Dur(duration)：在数据通道中预约的连续传输数据的时间。

3）地址 AD1 ~ AD4：分别是 BSSID（基本业务群识别符）、DA（目的地址）、SA（源地址）、TA（Transmitter Address，转发地址）。

4）顺序控制 Seq(sequence control)：数据单元的序列号。

5）帧校验序列 FCS(frame check sequence)：32 位 CRC 校验。

在无线 LAN 中，为了进一步减小在各种环境下的数据碰撞概率，源端与目的端在传送数据之前要交换简短的控制帧，它们是发送请求 RTS(request to send）和发送响应 CTS(clear to send)，RTS 和 CTS 的帧格式如图 4-6 所示。

RTS的帧格式

帧控制	传送持续时间	接收方地址	发送方地址	FCS
2	2	6	6	4

CTS的帧格式

帧控制	传送持续时间	接收方地址	FCS	
2	2	6	4	字节

图 4-6 RTS 和 CTS 帧格式

无线局域网 IEEE 802.11 详细的数据链路层、物理层分层如图 4-7 所示。

2. MAC 层工作原理

由于无线局域网具有其自身的特点，因此不能简单地使用有线局域网的协议。观察图 4-8 所示的无线局域网中的问题，图中有 4 个无线工作站，并假定无线电信号传播的范围只能达到相邻的站。

图 4-8a 表示站 A 向 B 发送数据。由于站 C 收不到 A 发送的信号，就错误地以为网络上没有人发送数据，因而向 B 发送数据，结果 B 同时收到 A 和 C 发来的数据，发生了冲突。可见在无线局域网中，在发送数据前未检测到媒体上有其他信号还不能保证发送成功。这种未能检测出媒体上已存在的信号的问题叫作隐藏站点问题（hidden station problem)。

图 4-8b 则是另一种情况。站 B 向 A 发送数据，而 C 又想和 D 通信。但 C 检测到媒体上有信号，于是就不向 D 发送数据。其实 B 向 A 发送数据并不影响 C 向 D 发送数据。这就是暴露站点问题（exposed station problem)。在无线局域网中，在不发生干扰的情况下，可允许多个工作站同时进行通信。这点与总线式局域网有很大的差别。

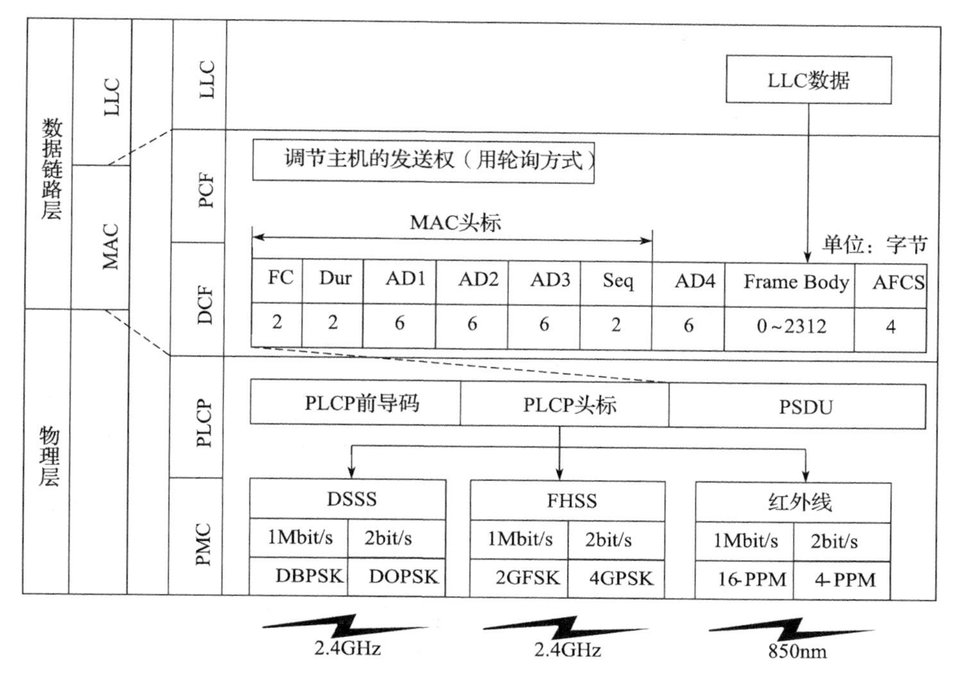

图 4-7　IEEE 802.11 详细分层图

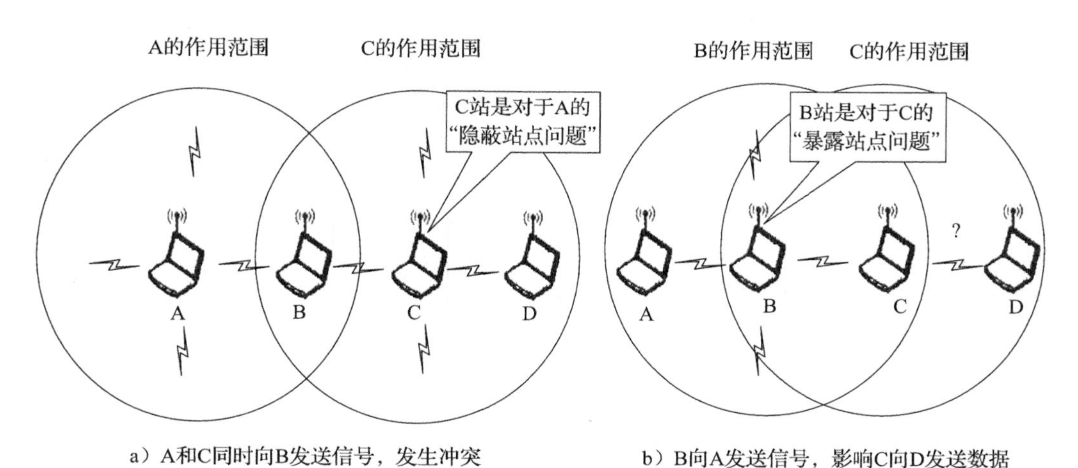

图 4-8　无线局域网隐蔽站点和暴露站点问题

然而无线信道由于传输条件特殊，造成信号强度的动态范围非常大。这就使发送站无法使用冲突检测的方法来确定是否发生了冲突。因此，无线局域网不能使用 CSMA/CD 技术，而只能使用 CSMA。为了提高 CSMA 的效率，IEEE 802.11 协议使用 CSMA/CA 技术。这里 CA 表示冲突避免。这种协议实际上就是在发送数据帧之前先对信道进行预约，其原理可用图 4-9 来说明。图 4-9a 表示站 A 在向 B 发送数据帧之前，先向 B 发送一个请求发送帧 RTS，在 RTS 帧中说明将要发送的数据帧的长度。B 收到 RTS 帧后就向 A 响应一个允许发送帧 CTS，在 CTS 帧中也附上 A 欲发送的数据帧的长度（从 RTS 帧中将此数据复制到 CTS 帧中）。A 收到 CTS 帧后就可发送其数据帧了。下面讨论 A 和 B 两个站附近的一些站将做出什么反应。

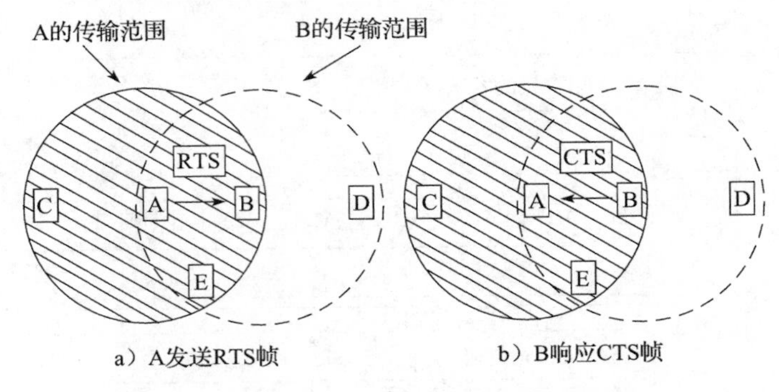

图 4-9 CSMA/CA 协议中的 RTS 和 CTS 帧

站 C 处于 A 的传输范围内，但不在 B 的传输范围内。因此 C 能够收到 A 发送的 RTS 帧，但经过一小段时间后，C 不会收到 B 发送的 CTS 帧。这样，在 A 向 B 发送数据时，C 也可以投送自己的数据而不会干扰 B（C 收不到 B 的信号表明 B 也收不到 C 的信号）。再观察站 D，D 收不到 A 发送的 RTS 帧，但能收到 B 发送的 CTS 帧。因此，D 在 B 接收数据帧的时间内不发送数据，因而不会干扰 B 接收 A 发来的数据。至于站 E，它能收到 RTS 和 CTS 帧，因此 E 在 A 发送数据帧的整个过程中不能发送数据。

使用 RTS 和 CTS 帧会使整个网络的效率有所下降。但这两种控制帧都很短，它们的长度分别为 20B 和 14B。而数据帧则最长可达 2346B，相比之下的开销并不算大。相反，若不使用这种控制帧，则一旦发生冲突而导致数据帧重发，则浪费的时间就更多。虽然如此，协议还是设有 3 种情况供用户选择：一种是使用 RTS 和 CTS 帧；另一种是只有当数据帧的长度超过某一数值时，才使用 RTS 和 CTS 帧；还有一种是不使用 RTS 和 CTS 帧。

虽然协议经过了精心设计，但冲突仍然会发生。例如，B 和 C 同时向 A 发送 RTS 帧。这两个 RTS 帧发生冲突后，使得 A 收不到正确的 RTS 帧。因而 A 就不会发送后续的 CTS 帧。这时，B 和 C 像以太网发生冲突那样，算法也是使用二进制指数退避。各自随机地推迟一段时间后重新发送其 RTS 帧。为了尽量减少冲突，IEEE 802.11 标准设计了独特 MAC 子层（见图 4-10）。它又包括两个子层，下面的一个叫作分布协调功能（distributed coordination function，DCF）。DCF 在每一个节点使用 CSMA 机制的分布式接入算法，让各个站通过争用信道来获取发送权。因此 DCF 向上提供争用服务。另一个叫作点协调功能（point coordination function，PCF）。PCF 使用集中控制的接入算法（一般在接入点实现集中控制），用类似于轮询方法将发送数据权轮流交给各个站，从而避免冲突的产生。对于时间敏感的业务（如话音），就应当使用点协调功能提供的无争用服务。

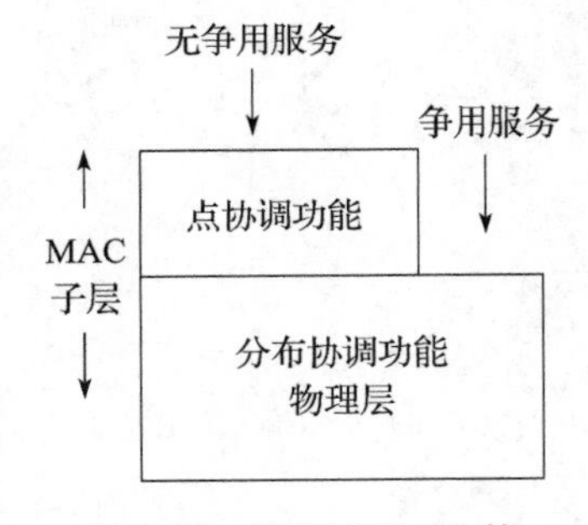

图 4-10 IEEE 802.11 的 MAC 子层

为了尽量避免冲突，IEEE 802.11 标准给出了 3 种不同的帧间间隔（interframe space，IFS），它们的长短各不相同。为了说明原理，下面先给出只使用一种 IFS 时的 CSMA 介入算法。

1）欲发送帧的站先监听信道。若发现信道空闲，则继续监听一段时间 IFS，看信道是否仍为空闲。如是，则立即发送数据。为什么信道已经空闲了还要再等待一段时间呢？这是因为3种不同数值的 IFS 可将不同类型的数据划分为不同的优先级，IFS 值小的优先级高。这样做能够减小冲突的几率。

2）若发现信道忙（无论是一开始就发现，还是在后来的 IFS 时间内发现），则继续监听信道，直到信道变为空闲。

3）一旦信道变为空闲，此站延迟另一个时间 IFS。若信道在时间 IFS 内仍为空闲，则按指数退避算法延迟一段时间。只有当信道一直保持空闲时，该站才能发送数据。这样做可使在网络负荷很重的情况下，发生冲突的几率大为减少。

IEEE 802.11 定义了以下3种不同的帧间间隔 IFS：

1）SIFS，即短（short）IFS，典型的数值只有 10μs。

2）PIFS，即点协调功能 IFS，比 SIFS 长，在 PCF 方式中轮询时使用。

3）DIFS，即分布协调功能 IFS，是最长的 IFS，典型数值为 50μs，在 DCF 方式中使用。

图 4-11 说明了这些帧间间隔的作用。先讨论图 4-11a 的基本接入方法。

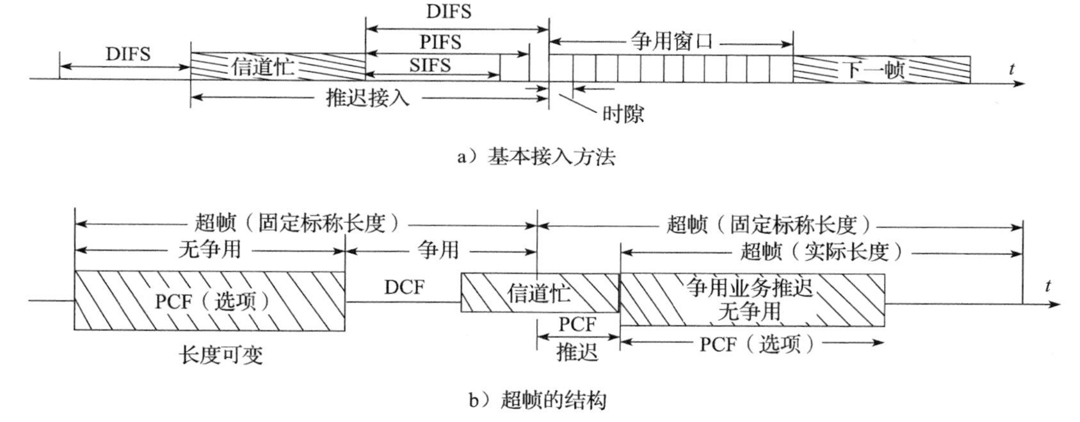

a）基本接入方法

b）超帧的结构

图 4-11 IEEE 802.11 标准 MAC 子层中的一些时间关系

从图 4-11a 可看出，当很多站都在监听信道时，使用 SIFS 可具有最高的优先级，因为它的时间间隔最短。SIFS 用在以下场合：

1）发送“确认帧 ACK”。只要收到的不是多播帧或广播帧。就要向发送方响应一个确认帧 ACK。确认帧应当具有更高的优先级。当一个较长的 LLC 帧需要划分为多个 MAC 帧来发送时，发送方只要收到一个 ACK 就接着发送下一帧。确认帧使用 SI 帧可使发送方能够继续控制信道，直到整个 LLC 帧发送完毕。

2）发送“允许发送帧 CTS”。这样可保证原来发送“请求发送帧 RTS”的站能够优先发送数据帧。所有收到 CTS 帧的站都要推迟发送自己的数据。

3）发送轮询的应答帧。

图 4-11b 表示 PCF 超帧（superframe）的结构。每一个超帧有一个固定的标称长度。一个超帧由一个无争用阶段和一个争用阶段组成。假定时间敏感的业务首先占用了信道。

轮询由点协调程序（point coordinator）进行集中控制，被轮询的站在应答时可使用 SIFS。点协调程序收到应答后，继续使用 PIFS 询问下一个站，这样就可以一直占用信道。为了防止无限制地进行轮询，无争用阶段的长度必须是受限的，以便留一段时间给后面的争用阶段。我们假定经过了一段时间信道就被占用。

到了下一个超帧的开始，点协调程序就在物理媒介（PM）上争用信道。若信道空闲，则点协调程序立即接入信道。但信道也可能像图中那样处于忙状态。这时点协调程序就等待，直到信道空闲时才能接入信道。在这种情况下，超帧的实际长度就缩短了。

4.2 无线信道特性

4.2.1 无线信道传播特性

无线通信系统的性能主要受移动无线信道的制约。无线信道非常复杂，对它的建模一直是系统设计中的难点，一般是利用统计方法，根据对特定频带上的通信系统的测量值来进行统计。

在分析通信系统的性能时，通常以理想的加性高斯白噪声（AWGN）信道作为分析的基础。在该信道上，统计独立的高斯噪声叠加在信号上。高斯噪声指频谱非常宽（10^{12} Hz)、幅度随时间连续随机变化的噪声，也称为起伏噪声。所谓“白”，指噪声功率谱密度（PSD）在整个频率轴上为常数。

在理想化（RF 能量不被物体吸收或反射、大气层理想均匀且无吸收等）的自由空间中，RF 能量的衰减和收、发端距离的平方倒数成正比，接收功率相比发射功率有一个衰减因子 $L_p(d)$，称为路径损耗或自由空间损耗，表示为：

$$L_p(d)=\left(\frac{4\pi d}{\lambda}\right)^2$$

其中 d 是收、发端的距离，λ 是传输信号的波长。在这种理想传播中，接收信号的能量是可以预测的，但在实际信道中，信号传输会有反射、散射、衍射等，上述模型就不准确了。

1. 衰落信道分类

对电磁波传播模型的研究，一般集中于给定范围内平均接收场强的预测和特定位置附近场强的变化。对于预测平均场强并用于估计无线覆盖范围的传播模型，由于它们描述的是发射机和接收机之间长距离（几百米或几千米）上的场强变化，所以被称为大尺度传播模型；描述短距离或短时间内的接收场强的快速波动的传播模型，称为小尺度衰落模型。

大尺度衰落表示由于在大范围内移动而引起的平均信号能量的减少或路径损耗，产生原因是收、发端之间地表轮廓（如高山、森林、建筑等）的影响，通常称接收机被这些突出物“遮挡”了；小尺度衰落是指信号的幅值、相位的动态变化，这种变化是由于收、发端之间空间位置处理的微小变化引起的。它表现为两种机制：信号的时延扩展（信号弥散）和信道的时变特性。如果存在大量反射路径而没有视距信号分量，此时的小尺度衰落称为瑞利（Rayleigh）衰落，接收信号的包络由 Rayleigh 概率密度函数统计描述；若存在LOS，则包络服从莱斯（Rician）分布。

大尺度衰落可看成是信号的小尺度衰落的空间平均，如图4-12所示。

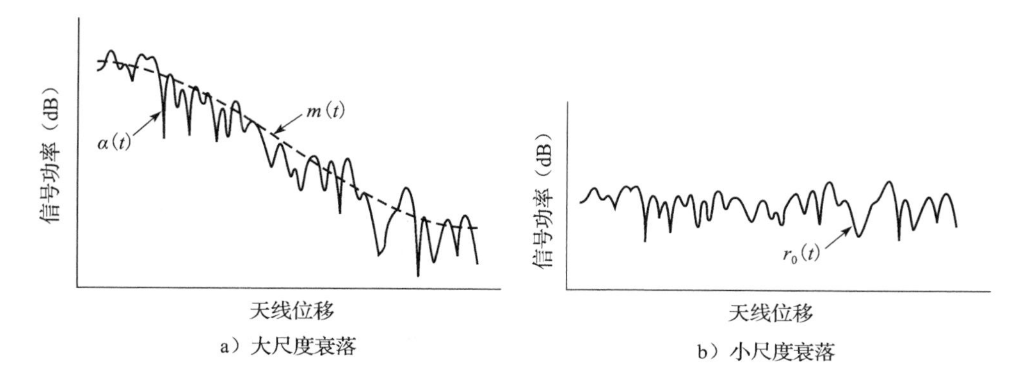

图4-12 大尺度衰落和小尺度衰落

无线移动通信跨越比较大的区域，其信号必然同时受大尺度衰落和小尺度衰落的影响。

设发送信号为：$s(t)=\mathrm{Re}\{g(t)\mathrm{e}^{\mathrm{j}2\pi f_c t}\}$，其中 $g(t)$ 表示基带信号，Re表示取实部。

衰落的影响可表示为：$\alpha(t)\mathrm{e}^{-\mathrm{j}\theta(t)}$，其中 $\alpha(t)$ 由大尺度衰落分量 $m(t)$ 和小尺度衰落分量 $r_0(t)$ 两部分组成，即 $\alpha(t)=m(t)\cdot r_0(t)$。

2. 大尺度衰落

Okumura较早给出了无线移动应用中一些综合（包括天线高度、覆盖面积等）的路径损耗数据的测量，Hata根据Okumura的结果归纳出参数方程。

一般来说，无论室内或室外无线信道的传输模型都表明：平均路径损耗 $\overline{L_p}(d)$ 是收发端距离 d 的函数，它与 d、参考距离 d_0 关系为：

$$\overline{L_p}(d)=\left(\frac{d}{d_0}\right)^n$$

路径损耗因子 n 取决于频率、天线高度和传输环境；在自由空间中 n 为2，如果存在强烈的导波现象（如在城市街道中），n 小于2，当有障碍物时，n 较大。

光滑平面上的电波传播如图4-13所示，接收信号功率为：

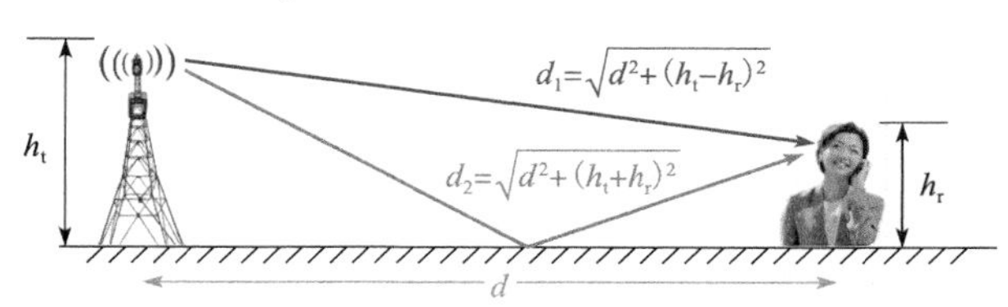

图4-13 光滑平面上的电波传播

$$P_r(d)=4P_tG_tG_r\left(\frac{\lambda}{4\pi d}\right)^2\sin^2\frac{2\pi h_t h_r}{\lambda d}$$

路径损耗：

$$L_p(d)=\left[4\left(\frac{\lambda}{4\pi d}\right)^2\sin^2\frac{2\pi h_t h_r}{\lambda d}\right]^{-1}=-10\log_{10}\left[4\left(\frac{\lambda}{4\pi d}\right)^2\sin^2\frac{2\pi h_t h_r}{\lambda d}\right](\mathrm{dB})$$

路径损耗随距离变化曲线如图4-14所示。

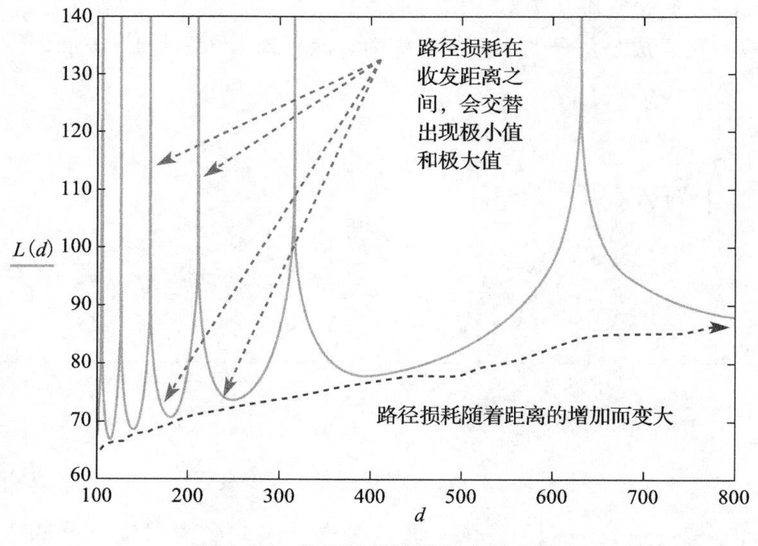

图 4-14 路径损耗随距离变化曲线

其他模型路径损耗模型还包括：对数距离路径损耗、奥村 - 哈塔（Okumura- Hata）路径损耗模型、Lee 路径损耗模型。

3. 小尺度衰落

分析小尺度衰落分量 $r_0(t)$。假设大尺度衰落 $m(t)$ 的影响是个常数，多条散射路径中，每条对应一个时变传播时延 $\tau_n(t)$ 和一个时变乘性因子 $\alpha_n(t)$。忽略噪声影响，接收到的带通信号可表示为：

$$\begin{aligned} r(t) &= \sum_n \alpha_n(t) s[t-\tau_n(t)] \\ &= \mathrm{Re}\{[\sum_n \alpha_n(t) g[t-\tau_n(t)]]\mathrm{e}^{\mathrm{j}2\pi f_c[t-\tau_n(t)]}\} \\ &= \mathrm{Re}\{[\sum_n \alpha_n(t)\mathrm{e}^{-\mathrm{j}2\pi f_c\tau_n(t)} g[t-\tau_n(t)]]\mathrm{e}^{\mathrm{j}2\pi f_c t}\} \end{aligned}$$

从上式可得到接收信号的等效基带信号，为：

$$z(t) = \sum_n \alpha_n(t)\mathrm{e}^{-\mathrm{j}2\pi f_c\tau_n(t)} g[t-\tau_n(t)]$$

分析未经调制的载波（载频为 f_c）传输，即在所有时间内，$g(t)=1$，则 $z(t)$ 可简化为：

$$z(t) = \sum_n \alpha_n(t)\mathrm{e}^{-\mathrm{j}2\pi f_c\tau_n(t)}$$

其中 $\theta_n(t)=2\pi f_c\tau_n(t)$。基带信号 $z(t)$ 由一组时变相量的和组成，每个相量的振幅是 $\alpha_n(t)$，相位是 $\theta_n(t)$。注意：$\tau_n(t)$ 每改变 $1/f_c$ 时，$\theta_n(t)$ 变化 2π。例如，当 $f_c=900\mathrm{MHz}$ 时，τ_n 为 1.1ns。在自由空间中，它对应的传输距离为 33cm。这表示只要由相对较小的传输延迟，$\theta_n(t)$ 就有明显变化。相量的叠加有时会增大 $z(t)$ 的振幅，有时会减小 $z(t)$ 的振幅。

$z(t)$ 是所有路径的合成，可更简洁地表示为：$z(t)=\alpha(t)\mathrm{e}^{-\mathrm{j}\theta(t)}$，其中 $\alpha(t)$ 是合成

振幅，$\theta(t)$ 是合成相位。

例如，在信道中传输一个频率为f_c的正弦信号，LOS路径时延为0，反射路径时延为τ，接收信号为（见图4-15）：

$$r(t) = \alpha_1\cos(2\pi f_c t) + \alpha_2\cos(2\pi f_c(t-\tau))$$
$$= \alpha\cos(2\pi f_c t + \varphi)$$
$$\alpha = \sqrt{\alpha_1^2 + \alpha_2^2 + 2\alpha_1\alpha_2\cos(2\pi f_c\tau)}$$
$$\varphi = -\arctan\left[\frac{\alpha_2\sin(2\pi f_c\tau)}{\alpha_1 + \alpha_2\cos(2\pi f_c\tau)}\right]$$

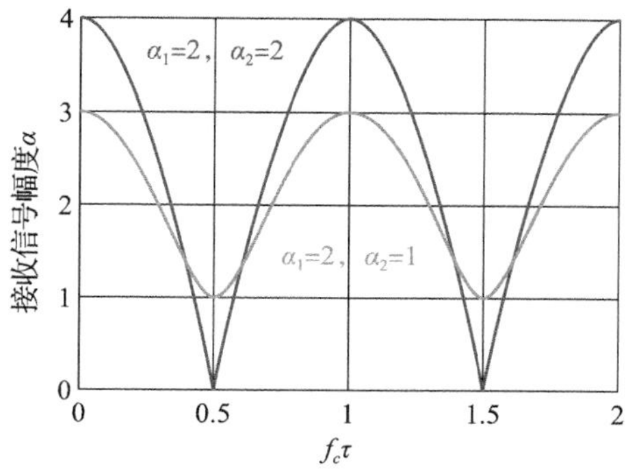

图4-15　两径接收信号幅度变化图

1）Rayleigh衰落（NLOS传播）

全是散射路径，没有直达径，建模为Rayleigh模型。幅度衰落（小尺度衰落$r_0(t)$，就是前面的合成振幅$\alpha(t)$）r_0服从Rayleigh分布，即

$$p_{r_0}(x) = \begin{cases}\dfrac{r_0}{\sigma^3}\exp\left(-\dfrac{r_0^2}{2\sigma^2}\right), & r_0 \geqslant 0\\ 0 & r_0 < 0\end{cases}$$

其中$\sigma^2 = \dfrac{1}{2}\sum\limits_{1}^{N}E[a_n^2]$，表示多径信号的平均功率。

相位失真θ服从均匀分布，即

$$f(\theta) = \begin{cases}\dfrac{1}{2\pi}, & 0 \leqslant \theta \leqslant 2\pi\\ 0, & 其他\end{cases}$$

幅度衰落r_0与相位失真θ是相互独立的。

2）Rician衰落（LOS传播）

除了散射路径，还有直达路径，幅度衰落A的概率密度函数为Rician分布（见图4-16）：

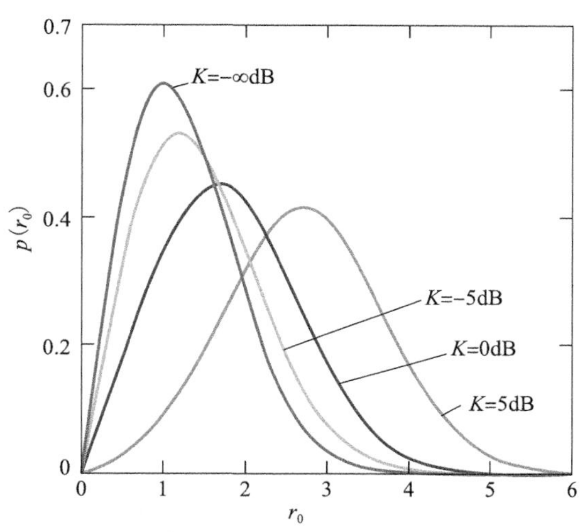

图4-16　Rician信道K因子对幅度衰落概率分布的影响

$$p_{r_0}(x)=\begin{cases}\frac{r_0}{\sigma^3}\exp\left(-\frac{r_0^2+A^2}{2\sigma^2}\right)\cdot I_0\left(\frac{Ar_0}{\sigma^2}\right), & r_0\geqslant 0\\ 0, & \text{其他}\end{cases}$$

A^2 为视距分量功率，$I_0(\cdot)$ 为零阶修正的第一类 Bessel 函数。

Rician 信道 K 因子定义为：$K=\frac{A^2\text{（视距分量功率）}}{2\sigma^2\text{（散射分量功率）}}$

当 $K\to 0$ 时，Rician 分布就趋于 Rayleigh 分布。

当 $K\to\infty$ 时，LOS 信号非常强，信道趋于 AWGN 信道。

引起小尺度衰落的原因有两种：（1）信号的时间扩展；（2）由于运动而造成的信道时变特性。

4.2.2 无线局域网的信道

实际上，无线局域网将 2.4～2.4835GHz 频段划分为 11 或 13 个信道。当在无线 AP 无线信号覆盖范围内有两个以上的 AP 时，需要为每个 AP 设定不同的频段，以免共用信道发生冲突。而很多用户使用的无线设备的默认设置都是 Channel 为 1，当两个以上的这样的无线 AP 设备“相遇”时冲突就在所难免。

目前主流的无线协议都是由 IEEE（美国电气电工协会）所制定，在 IEEE 认定的 3 种无线标准 IEEE 802.11b、IEEE 802.11g、IEEE 802.11a 中，其信道数是有差别的。

（1）IEEE 802.11b

采用 2.4GHz 频带，调制方法采用补偿码键控（CCK），共有 3 个不重叠的传输信道。传输速率能够从 11Mbit/s 自动降到 5.5Mbit/s，或者根据直接序列扩频技术调整到 2Mbps 和 1Mbit/s，以保证设备正常运行与稳定。

（2）IEEE 802.11a

扩充了标准的物理层，规定该层使用 5GHz 的频带。该标准采用 OFDM 调制技术，共有 12 个非重叠的传输信道，传输速率范围为 6～54Mbit/s。不过此标准与 IEEE 802.11b 标准并不兼容。支持该协议的无线 AP 及无线网卡，在市场上较少见。

（3）IEEE 802.11g

该标准共有 3 个不重叠的传输信道。虽然同样运行于 2.4GHz，但向下兼容 IEEE 802.11b，而由于使用了与 IEEE 802.11a 标准相同的调制方式 OFDM（正交频分），因而能使无线局域网达到 54Mbit/s 的数据传输率。

从上我们可以看出，无论是 IEEE 802.11b 还是 IEEE 802.11g 标准都只支持 3 个不重叠的传输信道，只有信道 1、6、11 或 13 是不冲突的，但使用信道 3 的设备会干扰 1 和 6，使用信道 9 的设备会干扰 6 和 13（见图 4-17）。

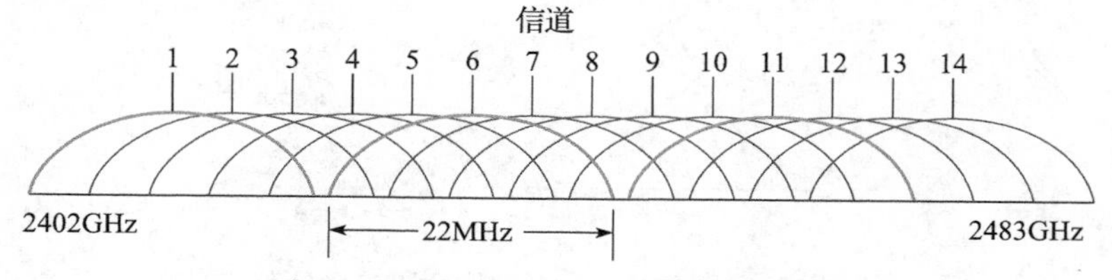

图 4-17　802.11b/g 2.4GHz 子信道划分

在802.11b/g情况下，可用信道在频率上都会重叠交错，导致网络覆盖的服务区只有3条非重叠的信道可以使用，结果这个服务区的用户只能共享这3条信道的数据带宽。这3条信道还会受到其他无线电信号源的干扰，因为802.11b/gWLAN标准采用了最常用的2.4GHz无线电频段。而这个频段还被用于各种应用，如蓝牙无线连接、手机甚至微波炉，这些应用在这个频段产生的干扰可能会进一步限制WLAN用户的可用带宽。

4.3 无线局域网的调制理论

IEEE 802.11标准规定了物理层的3种实现方法。其中红外线WLAN采用基带调制（脉冲调制，无载波）；跳频扩频和直接序列扩频均属无线电波WLAN，采用的是频带调制（有载波）。对于IEEE 802.11系统具体调制方式如下：

- IEEE 802.11b：采用DBPSK、DQPSK、CCK（补码键控）、PBCC（分组二进制卷积码）等调制方式，DSSS扩频传输方式。
- IEEE 802.11a：采用BPSK（2PSK）、QPSK、16QAM调制，OFDM传输方式。
- IEEE 802.11g：采用OFDM传输方式，可选PBCC-22调制。

4.3.1 调制方式的选择

常用调制方式包括基带调制和频带调制两种。在无线通信中，基带调制是指仅仅对基带信号的波形进行变换，使它能够与信道特性相适应，通常采用脉冲进行调制，如PAM(脉幅调制)、PPM(脉位调制)、PWM(脉宽调制)。

频带调制是指为了保证通信效果，克服远距离信号传输中的问题，将要发送的信号加载到高频信号的过程。数字信号三种最基本的调制方法（调幅、调频和调相）英文简写为ASK、FSK和PSK，其他各种调制方法都是以上方法的改进或组合。如数字信号是多进制的，则称为多符号（多进制）调制，如QPSK(四相相移键控)、MPSK(多相相移键控)、QAM(正交幅度调制)。

另外，正交频分复用（orthogonal frequency division multiplexing，OFDM）调制采用正交频分复用技术，是多载波调制的一种。其主要思想是：将信道分成若干正交子信道，将高速数据信号转换成并行的低速子数据流，调制到在每个子信道上进行传输。正交信号可以通过在接收端采用相关技术来分开，这样可以减少子信道之间的相互干扰ICI。每个子信道上的信号带宽小于信道的相关带宽，因此每个子信道上的可以看成平坦性衰落，从而可以消除符号间干扰。而且由于每个子信道的带宽仅仅是原信道带宽的一小部分，信道均衡变得相对容易。在向B3G/4G演进的过程中，OFDM是关键的技术之一，可以结合分集、时空编码、干扰和信道间干扰抑制以及智能天线技术，最大限度地提高系统性能。

在选择调制方式时必须考虑到一些指标，其中最重要的是：

1）频谱效率，应增大每兆带宽所容纳的信道数；

2）误码率，能抗噪声及邻道干扰；

3）对无线环境的适应性；

4）实现的难度和成本。

因为无线系统可利用的频域有限，所以频谱利用率可能是任何新系统所要考虑的重点。对于室内应用系统，在无线信道上衰落条件的变化又给调制选择附加了更多的限制。

4.3.2 无线局域网中的调制解调方式

1. 补码键控（CCK）调制

近年来无线局域网以其组网方便、灵活、快捷、可移植性得到了人们的青睐。CCK 调制方式是无线局域网 802.11b 和 802.11g 标准中的一个关键技术，它是作为 802.11 标准中 1Mbps 和 2Mbps 速率的高速扩展方式出现的。1998 年 7 月，802.11b 工作组首次采用了由 Intersil 公司和 Lucent 公司建议的补码键控 CCK 调制方案，使得传输速率可以达到 5.5Mbit/s 和 11Mbit/s。补码序列具有优良的对称性和相关性，是由 Golay 在 1949 年研究红外光谱测向中提出的，随后 Golay 详细研究了补码序列的数学特性。采用补码键控，同时接收端配合使用 RAKE 接收机，能够在传输高速数据的同时克服多径效应、频率选择性衰落所带来的影响。

一种是以互补码为基础的直接序列扩频方式，用于 802.11b 的 5.5Mb/s 和 11Mb/s。

二进制互补码是指一对长度相同的序列，在给定时间间隔内，一序列中相同元素对的数目与另一序列中不相同元素对的数目相同。

例如，码长 $n=8$ 时，互补码序列为：

$$\text{序列 } a:\ \{-1,\ -1,\ -1,\ 1,\ 1,\ 1,\ -1,\ 1\}$$

$$\text{序列 } b:\ \{-1,\ -1,\ -1,\ 1,\ -1,\ -1,\ 1,\ -1\}$$

互补码序列的自相关序列用下式计算：

$$C_j = \sum_{i=1}^{n} a_i a_{i+j}$$

$$D_j = \sum_{i=1}^{n} b_i b_{i+j}$$

性质：

$$C_j + D_j = 0 \quad j \neq 0$$

$$C_0 + D_0 = 2n$$

互补码序列具有良好的自相关特性。

802.11b 中，利用互补码良好的自相关特性扩展信号的带宽可以获得扩频处理增益。扩展码字长度为 8，码片速率 $R_c = 11\text{Mc/s}$，由 8 个 CCK 复码片组成一个符号，则符号速率为 $R_s = 11/8 = 1.375\text{Ms/s}$。码片速率和系统带宽与原始标准 1Mb/s、2Mb/s 一致，但数据速率提高到 11Mb/s。

$$C = \{e^{j(\varphi_1+\varphi_2+\varphi_3+\varphi_4)}, e^{j(\varphi_1+\varphi_3+\varphi_4)}, e^{j(\varphi_1+\varphi_2+\varphi_4)}, -e^{j(\varphi_1+\varphi_4)}, e^{j(\varphi_1+\varphi_2+\varphi_3)}, e^{j(\varphi_1+\varphi_3)}, -e^{j(\varphi_1+\varphi_2)}, e^{j\varphi_1}\}$$

其中，φ_1 用于码字中的所有码片，可以修改序列中所有码字的相位，并进行 DQPSK 编码，它相当于前一符号相位做相应角度旋转；φ_2 用于所有奇数码片，φ_3 用于所有奇数片对，φ_4 用于所有奇数的四码片组，符号的最后一个码片表示了符号的相位。$\varphi_1 \sim \varphi_4$ 用于确定复码组的相位值。

（1）5.5Mb/s 模式的 CCK 调制

对于 5.5Mb/s 模式的 CCK，基带处理器的输入分成 4 比特组，前面两个比特按表 4-3

进行差分 QPSK 调制的相位控制，而全部奇数符号除了要进行表中标准 DQPSK 调制以外，还要有额外的 180 度的旋转，为了确定奇偶性，数据单元的第一个符号应从偶数开始。

输入分成4 比特组 $\{d_0, d_1, d_2, d_3\}$，按照表 4-3 的编码表生成 φ_1，φ_2，φ_3，φ_4。

表 4-3 DQPSk 调制编码表

d_0，d_1	偶数符号相位变化（$-j\omega$）	奇数符号相位变化（$+j\omega$）
00	0	π
01	$\pi/2$	$3\pi/2$（$-\pi/2$）
11	π	0
10	$3\pi/2$（$-\pi/2$）	$\pi/2$

对于后面的数据双比特 d_2、d_3，CCK 按照表 4-4 对基本符号进行编码。

表 4-4 不考虑 $\varphi 1$ 影响下 5.5Mb/s CCK 编码表

d_2，d_3	码字							
00	j	1	j	-1	i	1	-j	1
01	-j	-1	-j	1	j	1	-j	1
10	-j	1	-j	-1	-j	1	j	1
11	j	-1	j	1	-j	1	j	1

此时 CCK 的调制实现框图如图 4-18 所示。

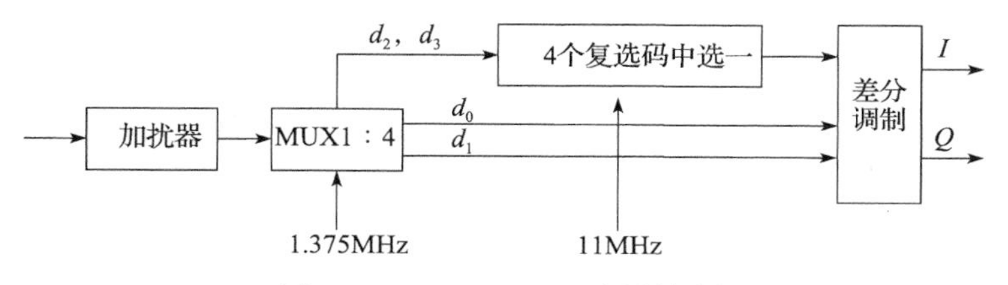

图 4-18 5.5Mb/s CCK 调制框图

上图中，(d_2，d_3) 用来从 4 个 8 位的复选码中选择一个来调整整个码元，该 8 位长的复码子的时钟是 11Mc/s，可以看出该码子实际起到了一个扩频的作用，其余两比特数据用时钟将其速率调整在 1.375Mc/s，作为参与 DQPSK 调制的码元，并与前面选中的 8 位长复码子相调制，即对应于 φ_1。

（2）11Mb/s 模式的 CCK 调制

输入分成8 比特组 $\{d_0, d_1, d_2, d_3, d_4, d_5, d_6, d_7\}$，按照表4-5 和表4-6 生成 φ_1，φ_2，φ_3，φ_4。

表 4-5 输入数据与相位对应关系

数据对	相位参数
d_0，d_1	φ_1
d_2，d_3	φ_2
d_4，d_5	φ_3
d_6，d_7	φ_4

表 4-6 DQPSK 调制的相位取值

$d_i d_{i+1}$	相位
00	0
01	$\pi/2$
11	π
10	$-\pi/2$

11Mb/s 的 CCK 调制实现框图与 5.5Mb/s 时相似，只是在 5.5Mb/s 的 CCK 调制中，只有两比特用来从 4 个复码子中选取一个，而在 11Mb/s 的 CCK 调制中，用 6 比特数据从 64 个复码子中选取一个。

（3）CCK 的解调方案

IEEE 仅发布了 CCK 的调制方案，其解调方案没有相应的标准。对 CCK 进行解扩解调时，I 和 Q 通路信号构成复序列信号，同时在 64 个正交复序列相关器中进行相关运算，并在传输符号末判决出相关峰值幅度最大的正交序列，并判定复扩频码的 DQPSK，依据最大相关峰值的正交复序列解调出 6 比特数据信息 $d_2 \sim d_7$，复扩频码的 DQPSK 相位通过差分运算解调出另外的 2 比特数据信息的 d_0，d_1。解调框图如图 4-19 所示。

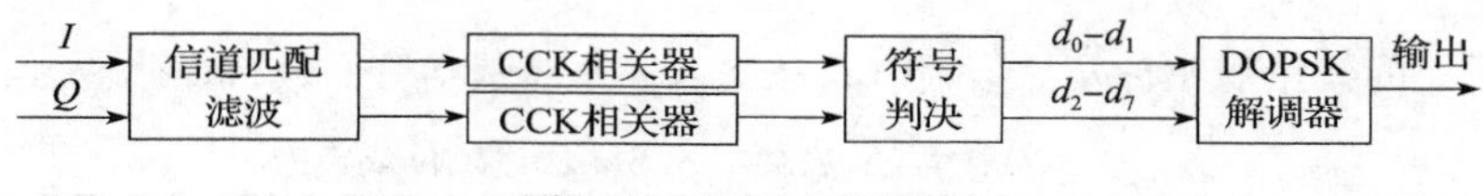

图 4-19　CCK 解调框图

另外，有些公司提出采用 RAKE 接收，以便更加有效地利用补偿码良好的互不相关和自相关特性，RAKE 接收时要对每条传播路径进行处理，CCK 的相关器就要成倍增加，HARRAS 提出的 RAKE 接收方案是在前端加入 CCK 相关器，产生一对码子和标志映射，再对这组映射进行解码，CCK 相关器一般采用快速 Wlash 变换（FWT）或者快速补偿码变换来实现，在 RAKE 接收过程中可以加入均衡器来消除由于信道产生的码间干扰（ISI）和码片间干扰（ICI）。

2. 分组二进制卷积编码（PBCC）调制

IEEE 802.11g 在 2.4GHz 频段上进行更高速率扩展。有两种可选模式：CCK-OFDM 和 PBCC-22。后一种技术能够在 2.4GHz 频段提供 22Mb/s 的数据传输速率，并与 IEEE 802.11b 后向兼容，被称为 IEEE 802.11b+模式。图 4-20 为 PBCC 调制的原理框图。

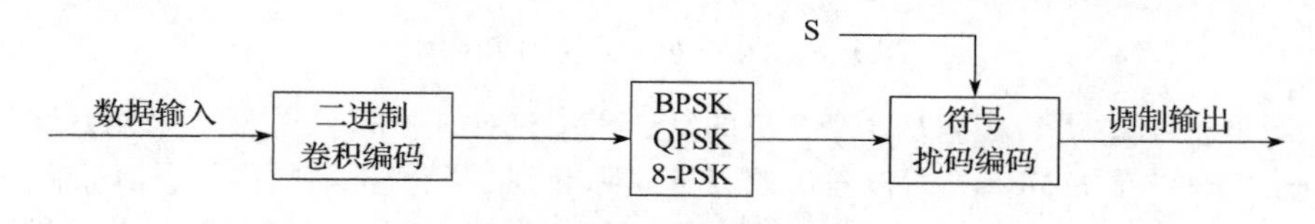

图 4-20　PBCC 调制原理框图

3. OFDM 调制

IEEE 将 OFDM 作为 802.11a 的物理层调制标准。

OFDM（orthogonal frequency division multiplexing，正交频分复用技术）实际上是 MCM（multi carrier modulation，多载波调制）的一种。

20 世纪 70 年代，韦斯坦（Weistein）和艾伯特（Ebert）等人应用离散傅里叶变换（DFT）和快速傅里叶方法（FFT）研制了一个完整的多载波传输系统，叫作正交频分复用（OFDM）系统。

OFDM 技术由 MCM 发展而来。OFDM 技术是多载波传输方案的实现方式之一，它的调制和解调是分别基于 IFFT 和 FFT 来实现的，是实现复杂度最低、应用最广的一种多载波传输方案。

在通信系统中，信道所能提供的带宽通常比传送一路信号所需的带宽要宽得多。如果一个信道只传送一路信号是非常浪费的，为了能够充分利用信道的带宽，就可以采用频分复用的方法。

OFDM 的主要思想是：将信道分成若干正交子信道，将高速数据信号转换成并行的低速子数据流，调制到在每个子信道上进行传输。正交信号可以通过在接收端采用相关技术来分开，这样可以减少子信道之间的相互干扰（ISI）。每个子信道上的信号带宽小于信道的相关带宽，因此每个子信道上可以看成平坦性衰落，从而可以消除码间串扰，而且由于每个子信道的带宽仅仅是原信道带宽的一小部分，信道均衡变得相对容易。

OFDM 技术是 HPA 联盟（homeplug powerline alliance）工业规范的基础，它采用一种不连续的多音调技术，将被称为载波的不同频率中的大量信号合并成单一的信号，从而完成信号传送。由于这种技术具有在杂波干扰下传送信号的能力，因此常常会被利用在容易受外界干扰或者抵抗外界干扰能力较差的传输介质中。

通常的数字调制都是在单个载波上进行，如 PSK、QAM 等。这种单载波的调制方法易发生码间干扰而增加误码率，而且在多径传播的环境中因受瑞利衰落的影响会造成突发误码。若将高速率的串行数据转换为若干低速率数据流，每个低速数据流对应一个载波进行调制，组成一个多载波的同时调制的并行传输系统。这样将总的信号带宽划分为 N 个互不重叠的子通道（频带小于 Δf），N 个子通道进行正交频分多重调制，就可克服上述单载波串行数据系统的缺陷。

OFDM 中的各个载波是相互正交的，每个载波在一个符号时间内有整数个载波周期，每个载波的频谱零点和相邻载波的零点重叠，这样便减小了载波间的干扰。由于载波间有部分重叠，所以它比传统的 FDMA 提高了频带利用率（见图 4-21）。

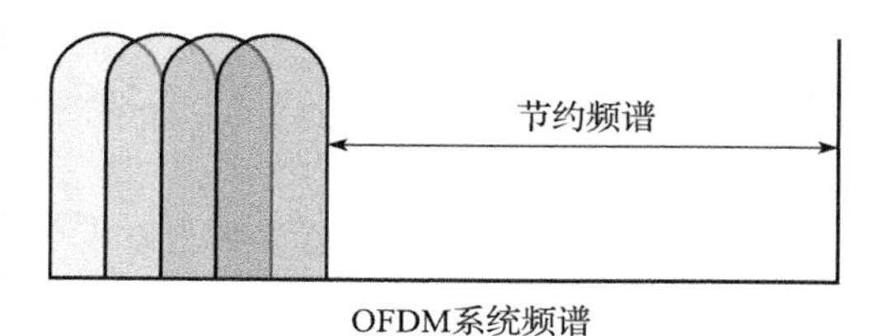

图 4-21　OFDM 系统频谱

在 OFDM 传播过程中，高速信息数据流通过串并变换，分配到速率相对较低的若干子信道中传输，每个子信道中的符号周期相对增加，这样可减少因无线信道多径时延扩展所产生的时间弥散性对系统造成的码间干扰。另外，由于引入保护间隔，在保护间隔大于最大多径时延扩展的情况下，可以最大限度地消除多径带来的符号间干扰。如果用循环前缀作为保护间隔，还可避免多径带来的信道间干扰。

在过去的频分复用（FDM）系统中，整个带宽分成 N 个子频带，子频带之间不重叠，为了避免子频带间相互干扰，频带间通常加保护带宽，但这会使频谱利用率下降。为了克服这个缺点，OFDM 采用 N 个重叠的子频带，子频带间正交，因而在接收端无需分离频谱就可将信号接收下来。

OFDM 系统的一个主要优点是正交的子载波可以利用快速傅里叶变换实现调制和解调。对于 N 点的 IFFT 运算，需要实施 N^2 次复数乘法，而采用常见的基于 2 的 IFFT 算法，其复数乘法仅为（$N/2$）$\log_2 N$，可显著降低运算复杂度。

在 OFDM 系统的发射端加入保护间隔，主要是为了消除多径所造成的 ISI。其方法是在 OFDM 符号保护间隔内填入循环前缀，以保证在 FFT 周期内 OFDM 符号的时延副本内包含的波形周期个数也是整数。这样时延小于保护间隔的信号就不会在解调过程中产生ISI。由于OFDM技术有较强的抗ISI能力以及高频谱效率，2001年开始应用于光通信中，相当多的研究表明了该技术在光通信中的可行性。

OFDM技术的应用已有近40年的历史，主要用于军用的无线高频通信系统。但是OFDM系统的结构非常复杂，从而限制了其进一步推广。直到20世纪70年代，人们采用离散傅里叶变换来实现多个载波的调制，简化了系统结构，使得OFDM技术更趋于实用化。80年代，人们研究如何将OFDM技术应用于高速MODEM。进入90年代以来，OFDM技术的研究深入到无线调频信道上的宽带数据传输。

4. 脉冲位置调制（PPM）

脉冲位置调制（pulse position modulation，PPM）是一种脉冲位置根据被调信号的变化而变化的调制方法，即光学脉位调制（PPM调制），调制信号控制脉冲序列中各脉冲的相对位置（即相位），使各脉冲的相对位置随调制信号变化。此时序列中脉冲幅度和宽度均不变。

PPM的编解码方式一般是使用积分电路来实现的。首先，编码电路中模/数转换部分将电位器产生的模拟信息转换成一组数字脉冲信号。由于每个通道都由8个脉冲组成，再加上同步脉冲和校核脉冲，因此每个脉冲包含了数十个脉冲信号。在这里，每一个通道都是由8个信号脉冲组成。其脉冲个数永远不变，只是脉冲的宽度不同。宽脉冲代表“1”，窄脉冲代表“0”。这样每个通道的脉冲就可用8位二进制数据来表示，共有256种变化。接收机解码电路中的单片机（单片计算机，下同）收到这种数字编码信号后，再经过数/模转换，将数字信号还原成模拟信号。由于在空中传播的是数字信号，其中包含的信号只代表两种宽度。这样，如果在此种编码脉冲传送过程中产生了干扰脉冲，解码电路中的单片机就会将与“0”或“1”脉冲宽度不相同的干扰脉冲自动清除。如果干扰脉冲与“0”或“1”脉冲的宽度相似或干脆将“0”脉冲干扰加宽成“1”脉冲，解码电路的单片机也可以通过计数功能或检验校核码的方式，将其滤除或不予输出。而因电位器接触不良对编码电路造成的影响，也已由编码电路中的单片机将其剔除，这样就消除了各种干扰造成误动作的可能。

红外线WLAN的物理层调制中PPM的主要参数如下：

- 1Mb/s：采用16-PPM；
- 2Mb/s：采用4-PPM；
- 脉宽：250ns。

4.4 无线局域网的扩频传输技术

扩展频谱技术是近些年来发展非常迅速的一种通信技术，将其用于无线局域网中，使系统的各项性能都得到改善，已成为无线局域网中不可缺少的一种技术。

本节介绍扩频技术的基本概念，重点介绍直接序列扩频和跳频两种扩频方式，并简单介绍专用扩频ASIC Stel-2000A和声表面波抽头延迟线在无线局域网中的应用。

扩展频谱技术又称为扩频技术，是近年来发展很快的一种技术，不仅在军事通信中发挥出了不可取代的优势，而且广泛地渗透到了通信的各个方面，如卫星通信、移动通信、微波通信、无线定位系统、无线局域网、全球个人通信等。

扩展频谱技术是指发送的信息被展宽到一个比信息带宽宽得多的频带上去，接收端通过相关接收，将其恢复到信息带宽的一种技术，这样的系统称为扩展频谱系统或扩频系统。

扩展频谱技术包括以下几种方式：

1）**直接序列扩展频谱**，简称直扩，记为DS(direct sequence)；

2）**跳频**，记为FH(frequency hopping)；

3）**跳时**，记为TH(time hopping)。

除了以上三种基本扩频方式以外，还有一些扩频方式的组合方式，如FH/DS、TH/DS、FH/TH等。

在通信中应用较多的主要是DS、FH和FH/DS。

扩展频谱技术具有以下特点：

1）很强的抗干扰能力；

2）可进行多址通信；

3）安全保密；

4）抗多径干扰。

4.4.1 直接序列扩频（DSSS）

直接序列扩频（DSSS）是将要发送的信息用伪随机码（PN码）扩展到一个很宽的频带上去，在接收端，用与发送端扩展用的相同的伪随机码对接收到的扩频信号进行相关处理，恢复出发送的信息。对干扰信号而言，由于与伪随机码不相关，在接收端被扩展，使落入信号通频带内的干扰信号功率大大降低，从而提高了相关器的输出信/干比，达到了抗干扰的目的。

1. DSSS的工作原理

DSSS采用固定载波频率。将信号用伪随机码扩展到一个很宽的频带上，在接收端用相同的伪随机码对接收的扩频信号进行解析。图4-22所示为DSSS方式的基本原理。

1）图4-22中主机A向主机B进行无线数据传送时，首先将数字信号调制到窄带频率为f_0（例如2.4GHz频段）的载波上（1次调制），调制信号的频谱再经扩频器进行横向扩展（2次调频）。

2）扩频器中有一个伪随机噪声码信号发生器，它产生发送端和接收端事前都知道的PN码，由这个PN码对频谱进行扩展。

3）接收端接收来自发送端的扩频后的调制信号。

4）在没有其他电波信号和噪声干扰时，扩展后的频谱在接收端与使用和发送端相同的PN信号相互作用，恢复成原来的窄带信号，然后经滤波器过滤和解调器解调变成数字信号交给主机B。

5）在有噪声干扰时，在扩展后的频谱上叠加了一个高电平的杂波谱。在接收端用PN信号与之相互作用，由于PN信号与杂波不相关，信号频谱恢复成原来的窄带信号，而杂波频谱进行了扩展，最后经滤波后窄带信号中的杂波分量很小，经解调后仍能恢复成原来的数字信号交给主机B。所以，DSSS方式具有较强的抗干扰能力。

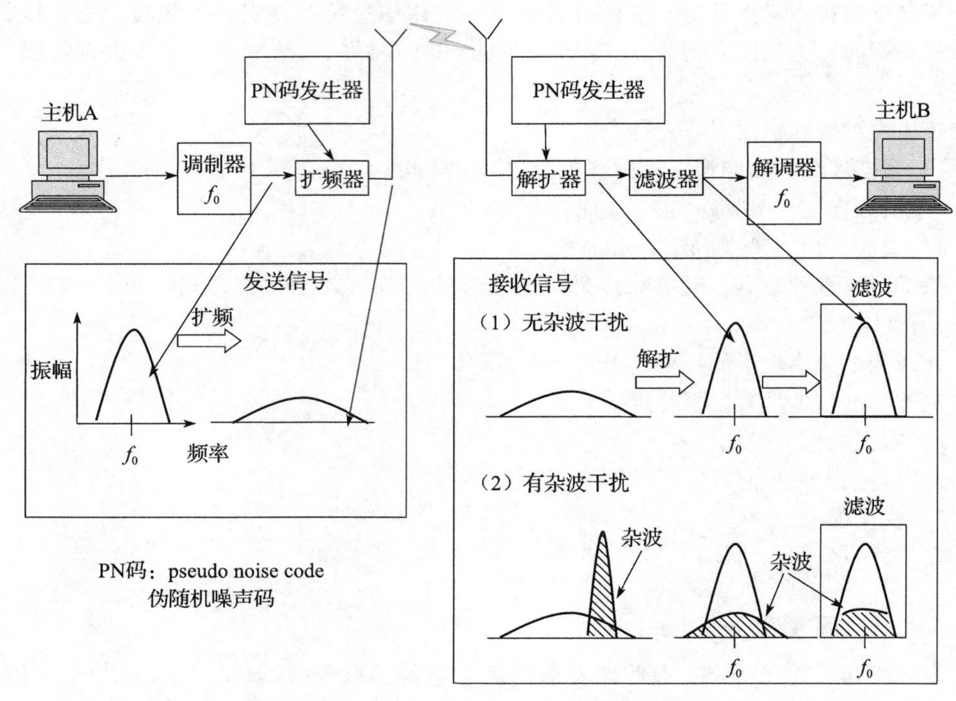

图 4-22　直接扩频的基本原理

表 4-7 展示了 DSSS 方式所用的载波频率，例如，日本使用的中心频率为 2.484GHz（频道号 14），频带范围为 2.471 ~ 2.497GHz（26MHz 频宽）。

表 4-7　DSSS 方式所用的载波频率

频道号	中心频率/MHz	使用区域					
		美国	加拿大	欧洲	西班牙	法国	日本
1	2.412	√	√	√	—	—	—
2	2.417	√	√	√	—	—	—
3	2.422	√	√	√	—	—	—
4	2.427	√	√	√	—	—	—
5	2.432	√	√	√	—	—	—
6	2.437	√	√	√	—	—	—
7	2.442	√	√	√	—	—	—
8	2.447	√	√	√	—	—	—
9	2.452	√	√	√	—	—	—
10	2.457	√	√	√	√	√	—
11	2.462	√	√	√	√	√	—
12	2.467	—		√	—	√	—
13	2.472	—	—	√	—	√	
14	2.484	—	—	—	—	—	√

注：√标记表示可用频道

在 DSSS 方式中，若使用 DBPSK(differential binary phase shift keying，差分二相位相移键控）调制，数据传输速率为 1Mbit/s；若使用 DQPSK(differential quadrature phase shift keying，差分正交相移键控)，则数据传输速率为 2Mbit/s。

2. 处理增益与干扰容限

处理增益与干扰容限是扩频系统的两个重要指标。传输信号在扩频和解扩的处理过程中，扩频系统的抗干扰性能得到提高，这种扩频处理得到的好处就称为扩频系统的处理增益，用 G_p 表示，定义为接收机相关处理器输出信噪比与输入信噪比的比值：

$$G_p = (S_0/N_0)/(S_i/N_i)$$

式中，S_0/N_0 为输出信噪比；S_i/N_i 为输入信噪比。

一般情况下，处理增益 G_p 为

$$G_p = B_c/B_a = R_c/R_a = T_a/T_c$$

这里 B_c 为扩频信号的射频带宽，B_a 为信息带宽，R_c、R_a 分别为伪随机码切普速率和信息码速率，T_c、T_a 分别为伪随机码切普宽度和信息码元宽度。由上式可知，直扩系统的处理增益实际上就是频谱扩展的倍数，即一个数据码元内嵌入的伪随机码的切普数。由此可见，频谱扩展得越扩，即伪随机码速率越高，处理增益越大，系统的抗干扰能力就越强。

干扰容限是指在保证系统正常工作的条件下，接收机能够承受的干扰功率比信号功率高出的倍数，用 M_j 表示：

$$M_j = G_p - [L_s + (S/N)_0](\mathrm{dB})$$

式中，L_s 为系统内部损耗，$(S/N)_0$ 为系统正常工作时要求的相关器的最小输出信噪比。

由上可见，干扰容限直接反映了扩频系统可容许的极限干扰强度，即只有当干扰功率超过干扰容限后，才能对扩频系统形成干扰。因而，干扰容限比处理增益更确切地反映了系统的抗干扰能力。

3. 扩频系统的伪随机码

在扩展频谱系统中，伪随机码起着非常重要的作用。在直扩系统中，用伪随机码将传输信息频谱扩展，接收时又用伪随机码将信息频带压缩，并将干扰功率分散，使系统的抗干扰能力得到提高；在跳频系统中，用伪随机码去控制频率合成器产生的频率，使其随机地跳变，躲避干扰。所以，伪随机码性能的好坏，直接关系到整个系统性能的好坏。

在扩频系统中应用的伪随机码有多种，其中 m 序列是最长的线性移位寄存器序列，这种序列易产生，且具有很好的二值相关特性，是扩频系统中应用最多的一种伪随机码。

***m* 序列的性质：**

- 均衡性。在 m 序列的一个周期内，“1”和“0”的数目基本相等。准确地说，“1”的个数比“0”的个数多一个。
- 游程分布。一般来说，在 m 序列中，长度为 1 的游程占游程总数的 1/2，长度为 k 的游程占游程总数的 $1/2^k$，在长度为 k 的游程中，连“1”和连“0”的游程各占一半。
- 移位相加性。m 序列与其位移序列之和仍然是该 m 序列的另外一位移序列。

- 周期性。m 序列的周期为 $N=2-1$。

除了 m 序列外，Gold 码、M 序列、R-S 码等，均可以作为扩频系统的伪随机码。Gold 码是由 m 序列优选对产生的，一对 m 序列优选对可产生 2^r+1 条 Gold 码，这里 r 是移位寄存器的级数。M 序列是最长非线性移位寄存器序列，其长度是 r 级移位寄存器所能达到的最长的长度，又称为全长序列。M 序列虽然没有 m 序列那样的二值相关特性，但其序列的条数是 m 序列不可比拟的，为 $2^{r-1}-r$ 条，而 m 序列只有 $(\Phi(2^r-1))/r$ 条。

4. 直扩系统的同步

同步技术是扩频系统的关键技术，同步性能的好坏直接关系到扩频系统性能的优劣，在一个通信系统中，同步单元起到了举足轻重的作用。

直扩系统只有在完成伪随机码的同步后，才可能用同步的伪随机码对接收的扩频信号进行相关解扩，把扩频的宽带信号恢复成非扩频的窄带信号，以便从中将传送的信息解调出来。所以，人们花费了大量的精力和财力来研究扩频系统的同步问题。

直扩系统的同步包括：

- **伪随机码同步**。只有完成伪随机码的同步后，才可能使相关解扩后的有用信号落入中频相关滤波器的通频带内。
- **位同步**。包括伪随机码的切普同步和传输信息的码元定时同步。
- **帧同步**。提取帧同步后，就可提取帧同步后面的信息。
- **载波同步**。直扩系统多采用相干检测，载波同步后，可为解调器提供同步载波，另一方面保证解扩后的信号落入信号中频频带内。

伪随机码同步一般可分为两步进行，即捕获和跟踪。

捕获，又称为粗同步或初始同步，捕获是对输入扩频信号的同步信息进行搜索，使收发双方用的伪随机码的相位差小于一个伪随机码切普 T_c；**跟踪**，又称为精同步，它是在捕获的基础上，使收发双方的伪随机码的相位误差进一步减小，保证接收端的伪随机码的相位一直跟随接收到的信号的伪随机码的相位在一允许的范围内变化。

跟踪与一般的数字通信系统的跟踪方法类似，关键还是在第一步——捕获。直扩系统中初始同步的方法很多，以相关检测、跟踪环路捕获为主，再就是利用匹配滤波器的方法来实现。

4.4.2 跳频扩频（FHSS）

跳频系统的载频受伪随机码的控制，不断地、随机地跳变，可看成载波按一定规律变化的多频频移键控（MFSK）。与直扩系统相比，伪随机码并不直接传输，而是用来选择信道。

1. FHSS 方式的工作原理

FHSS 是一种载频不断随机改变的扩频技术。载频的变化规律受一串伪随机码的控制，如图 4-23 所示，发送端和接收端用相同的伪随机码控制频率的变化规律。在某一时刻，即使有特定频率的杂波（如 f_3 附近）进行干扰，载波频率立即改变成其他频率（如 f_1），因此抗干扰性强。在图 4-23 中，信号频谱可看作随着时间变化移动（$f_n \to f_3 \to f_1 \to f_0 \to f_3$）。如果这种频率跳变速度快，看上去就像使用宽带进行通信一样。

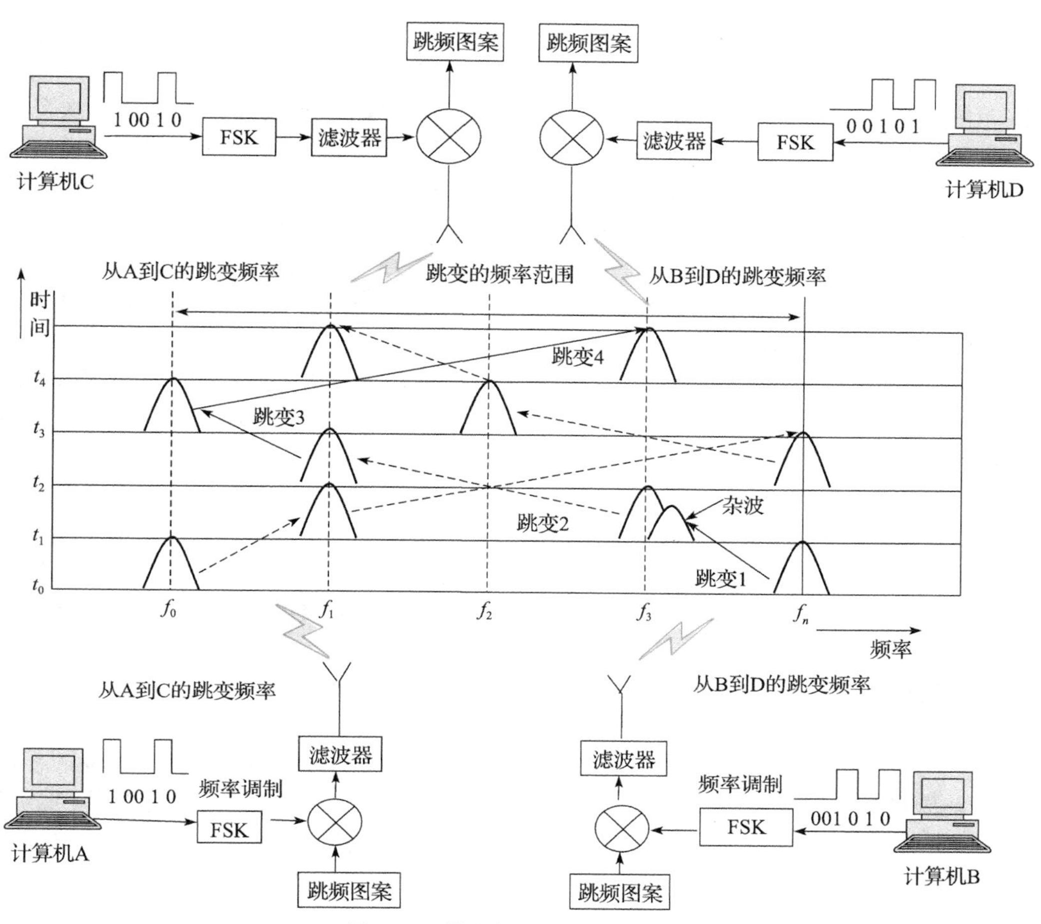

图4-23 跳频扩频系统工作原理

在FHSS方式下，所使用的具体频率如表4-8所示。例如，日本规定的频率跳变范围为2.471～2.497GHz，下限为2.473GHz，上限为2.495GHz。跳变频率的通道数（可跳变的次数）为23个，通道之间的频率差为1MHz，因此第一个通道频率为2.473GHz（频率下限），第23个通道频率为2.473GHz+（1MHz×22）=2.495GHz。

表4-8 FHSS方式使用的频率与通道数

地域	频率下限/GHz	频率上限/GHz	频率范围/GHz	跳变频率的通道数	最小通道数
北美	2.402	2.480	2.400～2.4835	79	75
欧洲	2.402	2.480	2.400～2.4835	79	20
日本	2.473	2.495	2.471～2.497	23	—
西班牙	2.447	2.473	2.445～2.475	27	20
法国	2.448	2.482	2.4465～2.4835	35	20

采用FHSS方式时，若使用2GFSK（2电平的高斯频移键控）调制方式，数据传输速率为1Mbit/s，若使用4GFSK，传输速率为2Mbit/s。

2. 跳频系统的同步

在跳频系统中，接收机本地频率合成器产生的跳变频率必须与发送端的频率合成器产生的跳变频率严格同步，才能正确地进行相关解跳，使得接收的有用信号恢复成受信息调制的固定中频信号，以便从中解调出有用信息。但由于时钟漂移、收发信机之间的距离变化，在时间上有差异；又因振荡器频率的漂移等同步的不确定因素，所以同步的过程就是搜索和消除时间及频率偏差的过程，以保证收发双方的码相位和载波的一致性。

跳频系统的同步一般包括跳频图案的同步、帧同步、信息码元同步等，在这些同步中，关键是跳频图案的同步。

跳频图案的同步可分为两步进行，即捕获与跟踪。捕获是使收发双方的跳频图案的差在时间上小于一跳的时间 T_h，跟踪要达到的目标是使收发双方的跳频图案在时间和频率上同步，达到系统正常工作所要求的精密。跳频是由伪随机码决定的，因此跳频图案的同步实际上是收发双方伪随机码的同步，即解决两伪随机码的时间（或相位）不确定的问题，这一点与直扩系统中的伪随机码的同步一致。

与直扩系统相比较，由于跳频系统的跳频驻留时间 T_h 比直扩系统的伪随机码切普宽度 T_c 要大得多，允许的绝对误差就大得多，因此跳频系统的同步时间和同步精度都优于直扩系统。

跳频同步主要有以下几种方法：

（1）精确时钟定时法

这种方法用高精度时钟控制收发双方的跳频图案，也就是用精确的时钟减少了收发双方伪随机码相位的不确定性，因此同步快、准确性好、保密性好，是战术通信中常用的一种同步方法。

（2）同步字头法

将带有同步的信息（如时间信息等）作为同步字头置于跳频信号的最前面，或在信息的传输过程中离散地插入这种同步头。这种同步方法具有同步搜索快、容易实现、同步可靠等特点。

（3）匹配滤波器法

匹配滤波器法同步，是对同步头进行匹配滤波，一旦输入的跳频信号与匹配滤波器相匹配，就表明收到了同步头，即完成了时间的同步。匹配滤波器具有很强的信号处理能力，将其用于同步系统，会使同步系统简化、同步时间缩短、同步性能提高。这种同步方式特别适合于快速跳频系统和突发通信系统。

4.4.3 直接序列扩频和跳频扩频的性能比较

扩频技术的最大优点在于较强的抗干扰能力，以及保密、多址、组网、抗多径等。

直扩系统是靠伪随机码的相关处理，降低进入解调器的干扰功率来达到抗干扰的目的；

跳频系统是靠载频的随机跳变，躲避干扰，将干扰排斥在接收通道以外来达到抗干扰的目的。

这两者都具有很强的抗干扰能力，各有自己的特点，也存在自身的不足。

直扩和跳频技术性能比较如下：

1. 抗强的定频干扰

抗强的定频干扰，跳频系统比直扩系统优越。

2. 抗频率选择性衰落

抗频率选择性衰落，直扩系统优于跳频系统。

3. 抗多径干扰

抗多径干扰，直扩系统优于跳频系统。

4. “远－近”效应

“远－近”效应对直扩系统影响很大，对跳频系统的影响小得多。

5. 同步

两系统的同步实质是伪随机码的同步，直扩系统要求伪随机码同步的精度高，同步时间较长。跳频系统的伪随机码的速率较低，对同步的要求相对低，同步时间较短，入网也就快。

6. 通信安全保密性

直扩系统和跳频系统都具有较强的保密功能。直扩系统的保密功能更强，同时由于信号的谱密度很低，对其他系统的影响就很小。

7. 组网能力

直扩系统和跳频系统都具有很强的组网能力。

直扩系统和跳频系统的频谱利用率比单频单信道系统还要高。跳频系统的组网能力和频谱利用率略高于直扩系统。

8. 信号处理

直扩系统一般采用相干解扩解调，其调制方式多采用 PSK、DPSK、QPSK、MSK 等调制方式；跳频系统多采用非相干解调，采用的调制方式多为 FSK 或 ASK。从性能上看，直扩系统利用了频率和相位信息，性能优于跳频。从实现的角度看，由于相干检测需要载波恢复电路，在一些对设备要求严格的场合，比如移动通信，高的复杂性就难以满足系统的要求。

4.4.4 混合扩频系统

扩频技术的三种基本扩频方式都有其自身的优点与不足，这是由它们的工作原理和抗干扰机理决定的。在实际应用中，有时单一的扩频方式由于种种原因难以满足实际需要，若将两种或多种扩频方式结合起来，就可以扬长避短，达到单一扩频方式难以达到的指标，甚至可以降低系统的复杂程度和成本。

下面介绍 FH/DS 混合扩频系统。

跳频系统和直扩系统都有很强的抗干扰能力，也都有自己的优点与不足，将两者有机地结合，就可以使系统的各项性能指标大大改善。FH/DS 混合扩频系统组成如图 4-24 所示。

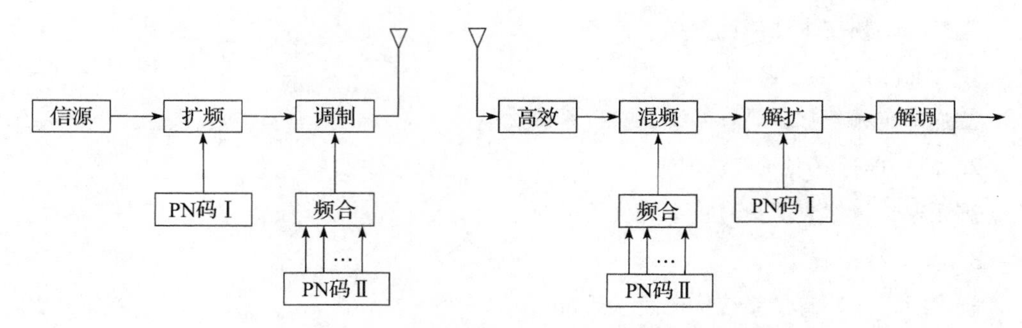

图 4-24　FH/DS 混合扩频系统原理框图

采用 FH/DS 混合扩频系统，有利于提高系统的抗干扰性能。干扰机要有效地干扰 FH/DS 混合扩频系统，需同时满足两个条件：

1）干扰频率要能跟上跳变频率的变化；

2）干扰电平必须超过直扩系统的干扰容限。否则，干扰机就不能对 FH/DS 混合扩频系统构成威胁。这样大大增加了干扰机的干扰难度，从而达到更有效地抗干扰的目的。混合扩频系统的扩频增益是直扩和跳频增益的乘积。

4.5　无线城域网

无线城域网（WMAN）主要用于解决城域网的接入问题，覆盖范围为几千米到几十千米，除提供固定的无线接入外，还提供具有移动性的接入能力，包括多信道多点分配系统（multichannel multipoint distribution system，MMDS）、本地多点分配系统（local multipoint distribution system，LMDS）、IEEE 802.16 和 ETSI HiperMAN(high performance MAN，高性能城域网）技术。

4.5.1　无线城域网的发展历程

在许多情况下，使用无线宽带接入可以带来很多好处，如更加经济和安装快捷，同时也可以得到更高的数据率。早期出现的本地多点分配系统（LMDS）就是一种宽带无线城域网接入技术。许多国家把 27.5 ~ 29.5GHz 定为 LMDS 频段。然而由于缺乏统一的技术标准，LMDS 一直未能普及起来。

后来 IEEE 成立了 802.16 委员会，专门制定无线城域网的标准。2002 年 4 月通过了 802.16 无线城域网的标准（又称为 IEEE 无线城域网空中接口标准）。欧洲的 ETSI 也制定类似的无线城域网标准 HiperMAN。于是近几年来无线城域网 WMAN 又成为无线网络中的一个热点。WMAN 可提供“最后一英里”的宽带无线接入（固定的、移动的和便携的）。在许多情况下，无线城域网可用来代替现有的有线宽带接入，因此它有时又称为无线本地环路（wireless local loop）。

2001 年 4 月 WiMax 论坛成立了。WiMax 是 worldwide interoperability for microwave access 的缩写（意思是“全球微波接入的互操作性”，AX 表示 access）。现在已有超过 150 家著名 IT 行业的厂商参加了这个论坛。Intel 公司是 WiMax 的积极倡导者。为了推动无线城域网的使用，WiMax 论坛给通过 WiMax 的兼容性和互操作性测试的宽带无线接入设备颁发“WiMax论坛证书”。在许多文献中，我们可以见到WiMax常用来表示无线城域网WMAN，这与WiFi常用来表示无线局域网WLAN相似。但应分清：IEEE的802.16工作组是无线城域网标准的制定者，而WiMax论坛则是802.1技术的推动者。

现在无线城域网共有两个正式标准。一个是2004年6月通过了802.16的修订版本，即802.16d（它的正式名字是802.16-2004），是固定宽带无线接入空中接口标准（2～66GHz频段）。另一个是2005年12月通过的802.16的增强版本，即802.16e，是支持移动性的宽带无线接入空中接口标准（2～6GHz频段），它向下兼容802.16-2004。图4-25是表示802.16无线城域网服务范围的示意图。

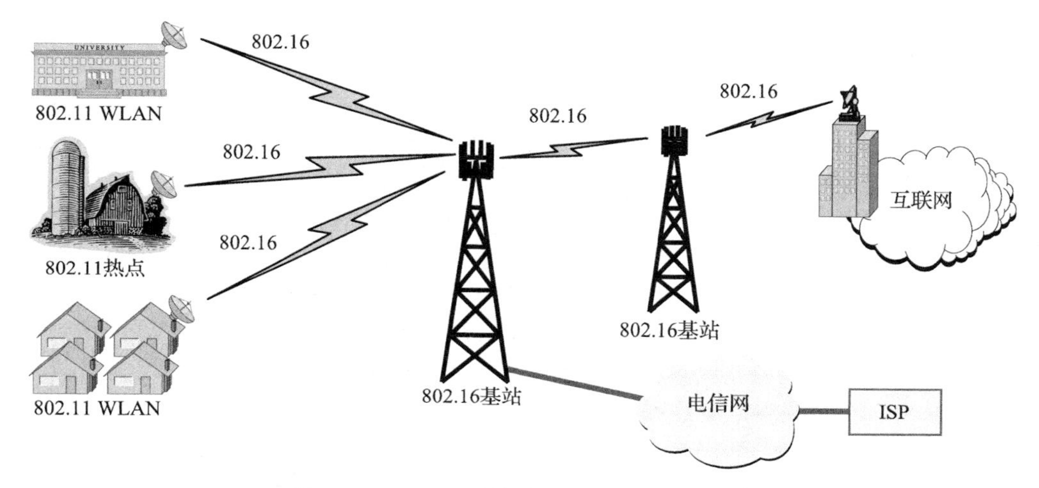

图4-25　802.16无线城域网服务范围示意图

另外，802.16可覆盖一个城市的部分区域，通信的距离变化很大（远的可达50千米），因此接收到的信号功率和信噪比等也会有很大的差别。这就要求有多种调制方法。因此工作在毫米波段的802.16必须有不同的物理层。802.16的基站可能需要多个定向天线，各指向对应的接收点。由于天气条件（雨、雪、雹、雾等）对毫米波传输的影响较大，因此与室内工作的无线局域网相比时，802.16对差错的处理也更为重要。

4.5.2　IEEE 802.16系列标准

WMAN标准的开发主要有两大组织机构：一是IEEE的802.16工作组，开发的主要是IEEE 802.16系列标准；二是欧洲的ETSI，开发的主要是HiperAccess。因此，IEEE 802.16和HiperAccess构成了宽带MAN的无线接入标准。这里主要考虑基于IEEE 802.16系列标准的WMAN技术。

IEEE 802.16标准的研发初衷是在MAN领域提供高性能的、工作于10～66GHz频段的最后一千米宽带无线接入技术，正式名称是“固定宽带无线接入系统空中接口（air interface for fixed broadband wireless access systems）”，又称为IEEE WirelessMAN空中接口，主要包括空中接口标准：802.16-2001（即通常所说的802.16标准）、802.16a、802.16c、802.16d与802.16e；共存问题标准：802.16.2-2001、802.16.2a；一致性标准：802.16.1、802.16.2。这些标准有的已正式发布，有的正在开发制定当中。

上述标准中，起基础性作用的是空中接口 IEEE 802.16 与 802.16a。802.16 主要用于大业务量的业务接入，但由于设备成本高，其市场推广工作较迟缓。为了在业已广泛使用的 11GHz 以下频带开发市场，而且由于这一频段范围的非视距特性较理想，树木与建筑物等对信号传输的影响较小，基站可直接安装于建筑物顶部而不需要架设高大的信号传输塔，且工作于 2～11GHz 的系统基本上可以满足大多数宽带无线接入需求，因而更适于最后一千米接入领域。IEEE 于 2003 年 1 月 29 日推出了运行于 2～11GHz 的扩展版本标准——IEEE 802.16a，新标准可适用于特许频段和 2.4GHz、5.8GHz 等无须许可的频段。

4.5.3 基于 IEEE 802.16 系列标准的 WiMax 技术

为确保不同供应商产品与解决方案的兼容性，802.16 技术的部分领先供应商于 2003 年 4 月发起并成立了旨在推进无线宽带接入的 WiMax 论坛。WiMax 的技术标准为 IEEE 802.16 系列。如同 WiFi 联盟的强大促进了 WLAN 的快速发展一样，WiMax 联盟的目标也是促进 IEEE 802.16 的应用。该联盟由 Intel 牵头，包括西门子、富士通、AT&T、Covad 通信等，我国中兴通讯也名列其中，英国电信（BT）、法国电信、Qwest 通信公司、Reliance 电信和 XO 通信也已加入了 WiMax 论坛。目前 WiMax 论坛已经拥有约 100 个成员，运营商占 25%。自今年初 Intel 宣布下半年开始将会在其生产的芯片中部分采用 WiMax 标准以来，西门子、阿尔卡特等部分移动设备制造商也相继宣布将推出支持 WiMax 标准的设备。当前，WiMax 正在成为继 WiFi 之后最受业界关注的宽带无线接入技术。

WiMax 采用 IEEE 802.16 系列标准，尤其是 802.16a，作为物理层及 MAC 层技术，除最高可达百兆的速率外，WiMax 技术还可具备在 2～66GHz 频带范围内可利用所有需要或不需要许可的频带，以及确保服务质量（QoS）等功能。WiMax 设备通常由安装在建筑物上的基站或塔式基站和家庭或办公场所内的用户接入终端组成，用户在局域网内部可使用任意局域网技术传送语音、数据和多媒体信号，对外连接则通过定向天线向服务提供商的蜂窝塔发送信号，在蜂窝塔接收基站接收到多个用户发来的信号并进行处理（补偿信号失真和衰落等）后，通过无线或有线信道将信号传送到满足 802.16 协议的交换中心，然后交换中心将数字信号流接入互联网或电话网进行传输。WiMax 技术极强的传输能力可使信号传输距离最高可达 50 千米，通常情况下单一基站的有效覆盖范围也可达 6～10千米，在这一范围内，这一技术的非视距传输特性与穿透性都极为理想，可以提供高达 75Mbps 的带宽。即使在传输过程中超出视距信号，经过反射后也能到达蜂窝塔被接收。与此同时，802.16a 还较好地实现与现有公共 802.11WLAN 及商用无线热点的互联互通，因而能够担当从核心网到家庭无线 LAN 的桥接重任，进一步提高现行无线热点的利用效率。

WiMax 系统由两部分组成：

- WiMax 发射塔——在概念上与手机发射塔相似。单台 WiMax 发射塔可以覆盖非常大的面积——约 8000 平方千米。
- WiMax 接收机——接收机和天线可以是一个小盒子或一张 PCMCIA 卡，也可以像如今的无线上网接入方式一样内置到膝上型计算机中。

WiMax 发射塔站可以使用高带宽的有线连接（例如 T3 线路）直接连接到互联网。它也可以使用视线微波链接与另一个 WiMax 发射塔连接。这种与第二个发射塔的连接（经常称为回程)，以及单塔所具有的约8000平方千米的覆盖能力，使得WiMax能够覆盖边远的农村地区。

从图4-26可以看出，WiMax实际上可以提供两种形式的无线服务：

一种是非视线无线上网型服务，计算机上的小天线可与发射塔连接。在这种模式下，WiMax使用较低的频率范围——2~11GHz（与无线上网相似）。较低波长传输不容易被物理障碍物干扰，传输可以很好地衍射、弯曲或绕过障碍物。

另一种是视线型服务，安装在屋顶或电杆上的固定截抛物面天线直指WiMax发射塔。视线型连接功率更强大、更稳定，因此可以在错误更少的情况下发送大量数据。视线型传送使用较高的频率，其范围可以达到66GHz。频率越高，干扰越少，同时又有高得多的带宽。

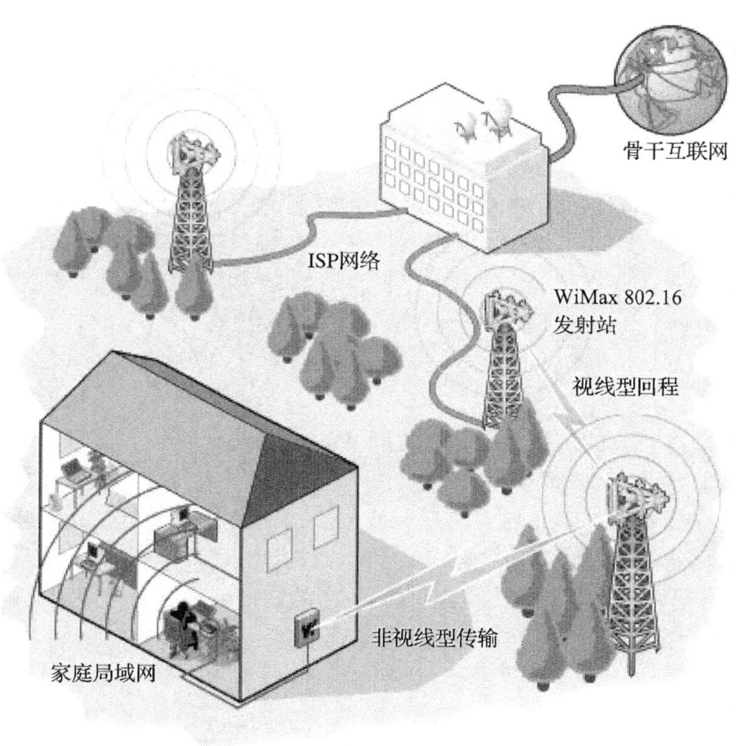

图4-26 WiMax工作原理

无线上网型接入方式局限于半径为大约6~10千米的范围（相当于65平方千米的覆盖范围，与手机的覆盖范围差不多）。通过使用更强大的视线型天线，WiMax发射站可以将数据发送到以该发射站为中心，半径为大约48千米的范围（9300平方千米的覆盖范围）内设置的已启用WiMax的计算机或路由器上。这就是WiMax能够达到其最大传送范围的原因。

WiMax的基本操作原理与无线上网相同——通过无线电信号将数据从一台计算机发送到另一台计算机。配备了WiMax的计算机（台式计算机或膝上型计算机）将接收来自WiMax发射站的数据，期间也许会使用加密数据密钥以防止未经授权的用户盗用数据。

在最佳状态下，无线网络连接每秒最多能传输54MB的数据。WiMax每秒应该能处理最多70MB的数据。即使该70MB的数据分别属于几十个企业或几百个家庭用户，它也能为每个用户提供与电缆调制解调器相当的传输速率。

最大的差别不是速度，而是距离。WiMax的传输距离以千米来计算，远远超出了无线网络。无线上网的传输范围大约为30米。WiMax的无线接入覆盖范围将达到半径为50千米的范围。范围的扩大应归因于所使用的频率和发射器的功率。当然，在那样的距离上，在某些情况下，受地形、天气和高大的建筑物的影响将会缩小最大覆盖范围，但覆盖广大地域的潜力是不言而喻的。

4.5.4 WiMax与WiFi的区别

为了对WiMax与WiFi技术进行对比分析，这里从两者的传输范围、传输速度、网络安全性以及标准竞争方面进行分析。

1. 传输范围分析

WiMax的设计可以在需要执照的无线频段，或是公用的无线频段进行网络运作。只要系统企业拥有该无线频段的执照，而让WiMax在授权频段运作时，WiMax便可以用更多频宽、更多时段与更强的功率进行发送。一般来说，只有无线IS/7，企业才会使用授权频宽的WiMax技术。至于WiFi的设计则只在公用频段中的2.4～5GHZ之间工作。美国的联邦通讯委员会（FCC）规定WiFi一般的传输功率要在1～100毫瓦之间。一般的WiMax的传输功率大约100千瓦，所以WiFi的功率大约是WiMax的一百万分之一。使用WiFi基地台一百万倍传输功率的WiMax基地台，会有比WiFi终端更大的传输距离，这也是显而易见的了。

虽然WiMax有较长的传输范围，在使用WiMax基地台时必须注意，要有一个授权的无线电频段才能使用。而如果WiMax跟WiFi一样都使用未授权的工作频段，则它的传输优势就消失了。WiMax跟WiFi都是基于无线频段传输的技术，所以受同样的物理定律限制。反之，如果在同样的条件下，让WiFi使用授权频带，WiFi也可以跟WiMax一样有较大的传输范围。另外，虽然WiMax可以利用较新的多径处理技术，新推出的pre—NMIMO（多天线双向传输）技术WiFi产品也使用了该技术。

2. 传输速度分析

WiMax的技术优势大多数人都看好是传输速度的优势。虽然WiMax声称最高速度每秒324Mbyte，然而最新的WiFi MIMO理论上也有每秒108Mbyte的最高速度，而实际环境下也有300Mbps的速度，已经是经过实验验证确认其速度约为300Mbps。WiMax的商用产品很少，而WiMax技术也会受技术问题与物理定律所限制。无线ISP企业在组建WiMax网络的时候，同样会遇到现今其他无线企业会遇到的频宽竞争的难题。授权频段的WiMax系统涵盖范围极大，约数十千米，其组建的困难可说是一把两刃剑。这是因为无线覆盖范围非常大，里面会有极多的使用者同时竞争同样的频宽。即使无线ISP企业使用多个独立的频道来运作，在同一个频道中，还是会有数倍于WiFi的使用人数。一般来说，一家无线ISP企业，不管是无线微波企业、3G行动企业，还是卫星电话企业，同样都会遇到频宽竞争与QoS（服务品质）管控的问题。如果网络的延迟在大约200～2000毫秒，这种网络很难使用VoIP、视讯会议、网络游戏，或任何其他的即时应用。理论上可以在

WiMax上加QoS机制，以供VoIP使用，只是仍然没有商用的产品出现。而在WiFi技术方面，Spectralink上的QoS运作效果已被证实，同时802.11e的无线QoS标准也将要推出。无线ISP企业的WiMax组建一般会比非授权的WiMax或WiFi基地台组建要慢一些，因为对无线ISP企业不太可能让少数用户使用整个频段。公用频段的WiMax基地台与WiFi基地台哪一个速率更快，在实际应用上取决于商用产品的推出。由于理论上它们的传输功率与频段大致相同，而市场上已经有大量而且成熟的WiFi产品。WiFi在非授权频段这一边已经领先一大步，因此WiMax多是往无线ISP企业的方向来推动发展。

3. 安全性分析

从安全性的角度来说，实际上WiMax使用的是与WiFi的WPA2标准相似的认证与加密方法。其中的微小区别在于WiMax的安全机制使用3DES或AES加密，然后再加上EAP，这种方法叫PKM-EAP。另一方面，WiFi的WPA2则是用典型的PEAP认证与AES加密。两者的安全性都是可以保证的，因此在实际中网络的安全性一般取决于实际组建方式的正确合理性。

WiMax技术与802.16标准是十分重要的，因为它是无线ISP企业未来合理的演进方向。但它不是无线网络技术的终极解决方案。WiMax或其他的无线网络技术将会是互补的，同时这些无线技术也不可能取代有线技术的需求。无线的连线方式必定更有行动力、更方便。而有线的连线方式，一般传输速度更快、更可靠。

4. 移动性分析

从移动业务能力上看，WiMax标准之一802.16e提供的主要是具有一定移动特性的宽带数据业务，面向的用户主要是笔记本终端和802.16e终端持有者。802.16e接入IP核心网，也可以提供VoIP业务。但是从覆盖范围上看，802.16e为了获得较高的数据接入带宽（30Mbit/s），必然要牺牲覆盖和移动性，因此802.16e在相当长的时间内将主要解决热点覆盖，网络可以提供部分的移动性，主要应用会集中在游牧或低速移动状态下的数据接入。在移动性方面WiFi技术也是支持的，但是不支持两个WiFi基地台之间的终端切换。当在两个WiFi基地台之间移动时是一个重新接入的过程。

5. 网络对比分析

WiMax在整合与标准化无线微波ISP市场的过程中，将会有自己的发展空间，但它并不会直接与大多数的WiFi组建竞争。WiMax将会聚焦于授权频段的无线ISP市场，而WiFi将会继续主导私用的无照无线市场，如公司或家用的无线网络。

WiMax与WiFi唯一会重叠的地方，就是收费的WiFi存取点。由于WiMax连线的涵盖面积较大，以数十千米计，而WiFi存取点是由数十米的小片面积所组成，所以WiMax在全球涵盖上会占有优势。但是因为市场占有率较高，以及因为小范围、同时竞争的用户人数较少，造成WiFi较快、延迟较小的特性，WiFi的收费存取点仍可能持续流行。因此，WiMax竞争的关键因素将是WiMax的QoS机制良好地运作，以及解决过多使用者的问题。

小结

本章主要介绍了无线局域网的技术要点、组网方式、拓扑结构、协议体系，读者应重点掌握 802.11 标准中的 MAC 层工作原理，了解无线城域网（WMAN）的基本概念及相关标准，尤其是 WiMax 的相关概念及标准。

习题

1. 无线局域网由哪几部分组成？
2. 无线局域网中接入点是否是必备的基础设施？
3. 服务集标识符 SSID 与基本服务集标识符 BSSID 有什么区别？
4. 无线局域网的 MAC 协议有什么特点？为什么不能用 CSMA/CD 协议而必须使用 CSMA/CA 协议？
5. 结合隐藏站点和暴露站点问题说明 RTS 帧和 CTS 帧的作用。RTS/CTS 是强制使用还是选择使用？
6. 为什么在无线局域网上发送数据帧后对方必须发回确认帧，而以太网就不需要？
7. 无线局域网 MAC 协议中的 SIFS、PIFS 和 DIFS 的作用是什么？
8. 无线信道有什么传播特性？
9. WLAN 有哪些基本数字调制方式？
10. 简述 FHSS 技术的工作原理。
11. 简述 DSSS 技术的工作原理。
12. WiMax 的含义及主要技术标准有哪些？

参考文献

[1] 刘乃安．无线局域网（WLAN）原理、技术与应用［M］．西安：西安电子科技大学出版社，2004.
[2] 屈军锁，高佛设．物联网通信技术［M］．北京：中国铁道出版社，2011.
[3] 谢希仁．计算机网络［M］．5 版．北京：电子工业出版社，2008.
[4] 韩旭东．无线局域网技术白皮书［EB/OL］．2005-04-06.

第 5 章 移动通信技术

远距离无线通信技术的代表是移动通信技术。移动通信已成为现代综合业务通信网中不可缺少的一环，它和卫星通信、光纤通信一起被列为三大新兴通信手段。目前，移动通信已从模拟技术发展到了数字技术阶段，并且正朝着个人通信这一更高阶段发展。本章主要内容有：移动通信网的基本概念、基本技术、网络结构；第二代数字移动通信系统中的典型代表 GSM、CDMA 和 GPRS，其中包括系统结构、关键技术等（着重介绍）；第三代移动通信系统（简单介绍）；LTE 及 4G、数字微波与卫星通信的基本概念。

5.1 移动通信的基本概念及发展历史

移动通信满足了人们无论在何时何地都能进行通信的愿望。20 世纪 80 年代以来，特别是 90 年代以后，移动通信得到了飞速发展。

5.1.1 移动通信的基本概念

移动通信是指通信的一方或双方可以在移动中进行的通信过程。也就是说，至少有一方具有可移动性。可以是移动台与移动台之间的通信，也可以是移动台与固定用户之间的通信。

相比固定通信而言，移动通信不仅要给用户提供与固定通信一样的通信业务，而且由于用户的移动性，其管理技术要比固定通信复杂得多。同时，由于移动通信网中依靠的是无线电波的传播，其传播环境要比固定网中有线介质的传播特性复杂，因此，移动通信有着与固定通信不同的特点。

1. 移动通信的特点

1）用户的移动性。要保持用户在移动状态中的通信，必须是无线通信，或无线通信与有线通信的结合。因此，系统中要有完善的管理技术来对用户的位置进行登记、跟踪，使用户在移动时也能进行通信，不因为位置的改变而中断。

2）电波传播条件复杂。移动台可能在各种环境中运动，如

建筑群或障碍物等，因此电磁波在传播时不仅有直射信号，还会产生反射、折射、绕射、多普勒效应等现象，从而产生多径干扰、信号传播延迟和展宽等问题。因此，必须充分研究电波的传播特性，使系统具有足够的抗衰落能力，才能保证通信系统正常运行。

3）噪声和干扰严重。移动台在移动时不仅受到城市环境中的各种工业噪声和天然电噪声的干扰，同时，由于系统内有多个用户，因此，移动用户之间还会有互调干扰、邻道干扰、同频干扰等。这就要求在移动通信系统中对信道进行合理的划分和频率的再用。

4）系统和网络结构复杂。移动通信系统是一个多用户通信系统和网络，必须使用户之间互不干扰，能协调一致地工作。此外，移动通信系统还应与固定网、数据网等互连，整个网络结构很复杂。

5）有限的频率资源。在有线网中，可以依靠多铺设电缆或光缆来提高系统的带宽资源。而在无线网中，频率资源是有限的，ITU 对无线频率的划分有严格的规定。如何提高系统的频率利用率是移动通信系统的一个重要课题。

2. 移动通信的分类

移动通信的种类繁多，其中陆地移动通信系统有蜂窝移动通信、无线寻呼系统、无绳电话、集群系统等。同时，移动通信和卫星通信相结合产生了卫星移动通信，它可以实现国内、国际大范围的移动通信。

1）集群移动通信。集群移动通信是一种高级移动调度系统。所谓集群通信系统，是指系统所具有的可用信道为系统的全体用户共用，具有自动选择信道的功能，是共享资源、分担费用、共用信道设备及服务的多用途和高效能的无线调度通信系统。

2）公用移动通信系统。公用移动通信系统是指给公众提供移动通信业务的网络。

3）卫星移动通信。利用卫星转发信号也可实现移动通信。对于车载移动通信，可采用同步卫星；而对手持终端，采用中低轨道的卫星通信系统较为有利。

4）无绳电话。对于室内外慢速移动的手持终端的通信，一般采用小功率、通信距离近、轻便的无绳电话机。它们可以经过通信点与其他用户进行通信。

5）寻呼系统。无线电寻呼系统是一种单向传递信息的移动通信系统。它是由寻呼台发信息，寻呼机收信息来完成的。

5.1.2 移动通信的发展历史

移动通信可以说从无线电通信发明之日就产生了。早在 1897 年，马可尼所完成的无线通信试验就是在固定站与一艘拖船之间进行的，距离为 18 海里（1 海里 = 1852m）。

现代移动通信的发展始于 20 世纪 20 年代，而公用移动通信是从 20 世纪 60 年代开始的。公用移动通信系统的发展已经经历了第一代（1G）、第二代（2G）、第三代（3G）和第四代（4G），并继续向第五代（5G）的方向发展。

1. 第一代移动通信系统（1G）

第一代移动通信系统为模拟移动通信系统，以美国的 AMPS（IS-54）和英国的 TACS（total access communication system）为代表，采用频分双工、频分多址制式，并利用蜂窝组网技术以提高频率资源利用率，克服了大区制容量密度低、活动范围受限的问题。虽然采用频分多址，但并未提高信道利用率，因此通信容量有限；通话质量一般，保密性差；制式太多，标准不统一，互不兼容；不能提供非话数据业务；不能提供自动漫游。因此，已逐步被各国淘汰。

2. 第二代移动通信系统（2G）

第二代移动通信系统以数字化为主要特征，构成数字式蜂窝移动通信系统，它是20世纪90年代初正式走向商用的。其中最具代表性的有欧洲的时分多址（TDMA）GSM（GSM原意为group special mobile，1989年以后改为global system for mobile communications）和北美的码分多址（CDMA）的IS-95两大系统，另外还有日本的PDC系统等。

第二代移动通信系统从技术特色上看，它是以数字化为基础，较全面考虑信道与用户的二重动态特性及相应的匹配措施。主要实现措施有：采用TDMA（GSM）、CDMA（IS-95）方式实现对用户的动态寻址功能，并以数字式蜂窝网络结构和频率（相位）规划实现载频（相位）再用方式，从而扩大覆盖、服务范围和满足用户数量增长的需求。它克服了1G的弱点，话音质量及保密性能得到了很大提高，可进行省内、省际自动漫游。但系统带宽有限，限制了数据业务的发展，也无法实现移动的多媒体业务。

2G在对信道动态特性的匹配上采用了一系列措施：

1）采用抗干扰性能优良的数字式调制：GMSK（GSM）、QPSK（IS-95）；性能优良的抗干扰纠错编码：卷积码（GSM、IS-95）、级联码（GSM）。

2）采用功率控制技术抵抗慢衰落与远近效应，它对CDMA方式的IS-95尤为重要。

3）采用自适应均衡（GSM）和RAKE接收（IS-95）抗频率选择性衰落与多径干扰。

4）采用信道交织编码，如采用帧间交织方式（GSM）和块交织方式（IS-95）抗时间选择性衰落。

5）基站采用空间或极化分集方式抗空间选择性衰落。

2G系统主要有：

1）美国的D-AMPS，是在原AMPS（advanced mobile phone service）基础上改进而成的，规范由IS5-4发展成IS-136和IS-136HS，1993年投入使用。它采用时分多址技术。

2）欧洲的GSM（全球移动通信系统），1988年完成技术标准制定，1990年开始投入商用。它采用时分多址技术，由于其标准化程度高，进入市场早，现已成为全球最重要的2G标准之一。

3）日本的PDC，是日本电波产业协会于1990年确定的技术标准，1993年3月正式投入使用。它采用的也是时分多址技术。

4）窄带CDMA，采用码分多址技术，1993年7月公布了IS-95空中接口标准，目前也是重要的2G标准之一。

3. 第三代移动通信系统（3G）

第一代、第二代移动通信系统的主要业务需求是话音通信，因此通信系统的设计目标是提供话音通信。但随着社会经济的发展，人们对通信的需求越来越多样化，不再满足于单一的话音通信，用户还希望得到更高速率的业务，甚至是多媒体业务。同时，由于第一代系统中各种模式不能互相兼容，因此不能实现全球漫游。这些因素推动了移动通信的进一步发展，移动通信向第三、四代发展。

第三代以多媒体业务为主要特征，它是21世纪初投入商业化运营的。从技术上看，它是在2G系统适配信道与用户二重动态特性的基础上又引入了业务的动态性，即在3G系统中，用户业务既可是单一的话音、数据、图像，也可以是多媒体业务，且用户选择业务是随机的，这个第三重动态性的引入使系统复杂程度提升。所以第三代是在第二代数字化基础上以业务多媒体化为主要目标，全面考虑并完善对信道、用户二重动态特性匹配特性，并适当考虑到业务的动态性能，尽力采用相应措施予以实现。

其主要实现措施有：

1）继续采用第二代中所采用的所有行之有效的措施；

2）对CDMA扩频方式应一分为二，一方面扩频提高了抗干扰性，提高了通信容量；另一方面由于扩频码相关性能的不理想，使多址干扰、远近效应影响增大，并且对功率控制提出了更高要求等；

3）为了克服CDMA中的多址干扰，3G系统中的上行链路建议采用多用户检测与智能天线技术；下行链路采用发端分集、空时编码技术；

4）为了实现与业务动态特性的匹配，3G中采用了可实现对不同速率业务（不同扩频比）间仍具有正交性能的OVSF（可变扩频比正交码）多址码；

5）针对数据业务要求误码率低且实时性要求不高的特点，3G中对数据业务采用了性能更优良的Turbo码。

第三代移动通信系统的主要特征如下：

1）能实现全球漫游，用户可以在整个系统甚至全球范围内漫游，且可以在不同速率、不同的运动状态下获得有服务质量的保证。

2）能提供多种业务，提供语音到分组数据及多媒体业务，支持可变速率数据、运动视频非语言业务，能根据具体的业务需要提供必要的带宽。

3）高频谱效率。

4）能适应多种环境，可以综合现有的公众电话交换网（PSTN）、综合业务数字网、无绳系统、地面移动通信系统、卫星通信系统提供无缝隙的覆盖。

5）足够的系统容量，强大的多种用户管理能力，高保密性能和服务质量，低成本；便于过渡、演进。

目前第三代移动通信系统采用3种标准：欧洲提出的WCDMA、美国提出的CD-MA2000和我国自主研发的TD-SCDMA。这3种无线接口标准均采用了CDMA技术，是第三代移动通信系统的技术基础。第一代移动通信系统采用频分多址（frequency division multiple access，FDMA）的模拟调制方式，这种系统的主要缺点是频谱利用率低，信令干扰语音业务。第二代移动通信系统主要采用时分多址（time division multiple access，TD-MA）的数字调制方式，提高了系统容量，并采用独立信道传送信令，使系统性能大大改善，但系统容量仍然有限，越区切换性能仍不完善。CDMA系统以其频率规划简单、系统容量大、频率复用系数高、抗多径能力强、通信质量好、软容量、软切换等特点显示出巨大的发展潜力。

在前三代移动通信中，除了上述物理层关键技术的不断发展外，在网络层其功能也在逐步完善。它主要体现在：

1）网络协议逐步走向规范化，到了第三代已初步形成了横向三层：物理层、链路层、网络高层；纵向两个平面：用户业务平面与控制平面的初步规范结构。

2）逐步增强并完善网络层辅助物理层实现对三重动态性的匹配功能，加强并完善对无线资源管理、移动性管理以及接入分配、调度算法的实现。

3）第二代开始逐步引入智能网，实现交换与控制的分离，并通过业务生成系统快速生成新业务。

另外，从第一代发展到第三代服务的业务类型、完成的功能也在不断的发展。就业务而言：

1）第一代是在单一模拟电路交换平台上，完成了单一模拟话音业务。

2）第二代是在单一数字电路交换平台上，完成数字式话音或相同速率电路交换的数据业务。

3）第二代半在建立的两个平行的电路（CS）与分组（PS）交换平台上，完成数字化话音和小于64kbps的电路交换、小于171.2kbps的分组交换的各类数据业务服务。

4）第三代首先在第二代半基础上进行增强与改善，并在其基础上逐步改造成单一分组交换的IP平台，提供小于2Mbps的各类多媒体业务服务。

就功能而言，主要指业务服务功能：

1）第一代与第二代的通话功能。

2）第二代半增加了互联网业务和定位业务。

3）第三代发展成具有会话型、数据流型、互动型与后台类型的综合服务多媒体业务功能。

5.1.3 移动通信的发展趋势与展望

就未来通信而言，发展方向是个人通信，即在全球范围内逐步实现全球一网（统一的网络结构），每人一号（一个身份号码），在任何时间、任何地点（海、陆、空）以任何通信方式与任何对象（人或机器）进行任何业务（话音、数据、图像等）的无缝隙、不间断通信。实现这一目标依赖两个基础：一个是全球性骨干核心网络平台，另一个是无时无处不在的灵活接入手段，对移动通信发展而言重点是探讨后者。

就接入网而言，客观上可分为有线接入与无线接入，这里仅讨论无线接入。再细致一些，无线接入又可分为室内无线接入（红外、蓝牙等）、小范围的无线局域网接入（如IEEE 802.11系列等）、中等及大范围的蜂窝移动接入和覆盖全球的卫星接入。

未来移动通信的发展离不开其客观上应遵循的规律，这个规律主要取决于两方面的因素：第一是用户的需求，第二是实现时所受的环境和条件的限制。

1）从用户需求看，移动通信应当从第一代、第二代以话音为主逐步转移到以数据为主，特别是以分组交换IP数据为主的综合业务和多媒体业务。在这个转移过程中，以IPv6为基础的移动因特网业务将是未来的主流业务。

2）基于移动因特网业务上、下行严重的不对称性，一般下行的下载业务量远远大于上行的业务量。因此在基本通信体制方面，可能要打破传统的上下行遵循同一通信体制的桎梏。目前在第三代中，3GPP2已运营的HDR在下行采用了时隙码分多址方式，以适应高速数据传送，它与上行的码分多址是不完全对称的。3GPP所采用的HSDPA（高速下行数据传送）也与HDR基本类似。

3）下一代移动通信中，主要物理层关键技术是在三重动态环境与条件的限制下满足用户在数量上不断增长、在质量上不断提高的要求，同时要保证用户通信的安全保密性能。

①首先是对现有物理层关键技术进一步改进、完善与实用化。

②重点突出适应高速数据业务的正交多载波调制（OFDM）技术，作为下一代物理层关键技术。

③下一代移动通信物理层的关键技术的另一个研究重点是突出对物理层的自适应传输技术的研究。

④加强对信道、用户、业务动态性的监测与估计，为实现与三重动态匹配提供基础。

⑤加强空间域与传统的时、频域相结合的研究，开发空域在移动通信中的巨大潜力。

⑥在下一代移动通信系统的优化中，一个值得注意的方向是，在传统的单一部件，比如在信道编码、调制技术、多用户检测技术等逐个优化的基础上，逐步扩大并实现联合（组合）优化的范围。

⑦在下一代移动通信的物理层具体实现技术中将采用逐步向软件无线电方向过渡的方式来实现。

4）在原有移动通信传统的用户和信道二重动态性的基础上叠加一个用户业务类型的第三重动态性。这个第三重动态性的引入不仅在上述物理层上引起很大的变化，而且在网络层与网络规划层也提出了很多新要求，带来了新问题。

①首先选定全 IP 方向，因为它更适合于今后的主流业务移动因特网以及数据和多媒体业务。

②这里的 IP 指的是建立在 IPv6 基础上。

③下一代移动通信网络的主要努力方向应是网络智能化。

5）下一代移动通信中对网络规划层也提出了一系列新问题和新要求，其中最主要的有：

①由于数据和多媒体业务的引入并逐步成为主流，使得传统的网络规划中以单一话音业务为依据的规划已不适应用户需求。

②由于用户需求的业务密度越来越大，迫使将来的蜂窝小区尺寸越来越缩小，这使得移动用户特别是高速移动的用户，用于频繁切换导致信令协议所占比重越来越大，通信效率每况愈下，这也必然迫使对原有蜂窝传输网结构的改造。

③下一代蜂窝网络结构改造的方案之一是采用多层次、重叠式立体网络规划。

④建立在分布式天线与多层次小区的混合蜂窝网系统。

⑤建立在分布式天线、分布式光纤接入网基础上的自组织拓扑结构网络。

⑥就长远发展而言，网络规划层的网络拓扑结构有如下发展倾向：

倾向一：电信网、计算机网与有线电视网将逐步实现三网融合并最终走向三网合一；

倾向二：就电信网而言，将逐步从目前的有线（固网）、无线（移动网）两个基本上平行发展的网络，逐步走向无线侧重于接入网，有线侧重于核心骨干网的分工、协作的统一网络的发展方向。

5.2 无线传播与移动信道

移动信道属于无线信道，它既不同于传统的固定式有线信道，也与一般具有可移动功能的无线接入的无线信道有所区别。它是移动的动态信道。

正如前面所分析的，移动信道是一个非常复杂的动态信道，取决于用户所在地点环境条件的客观存在的信道，其信道参数是时变的。利用这类复杂的移动信道进行通信，首先必须分析和掌握信道的基本特点和实质，然后才能针对存在的问题一一对症下药给出相应技术解决方案。

任何一种通信系统都是围绕着如何完成通信的三项基本指标——有效性、可靠性和安全性进行不断的优化。

移动通信中的各类新技术，都是针对移动信道的动态时变特性，为解决移动通信中的有效性、可靠性和安全性的基本指标而设计的。因此，分析移动信道的特点是解决移动通信关键技术的前提，是产生移动通信中各类新技术的源泉。

5.2.1 移动信道的特点

1. 移动通信信道的三个主要特点

1）传播的开放性。

2）接收地点地理环境的复杂性与多样性。

3）通信用户的随机移动性。

2. 移动通信信道中的电磁波传播

从移动信道中的电磁波传播上看，可分为直射波、反射波和绕射波。

另外，还有穿透建筑物的传播以及空气中离子受激后二次发射的漫反射产生的散射波……但是它们相对于直射波、反射波、绕射波都比较弱，所以从电磁波传播上看，直射波、反射波、绕射波是主要的，但是有时，穿透的直射波与散射波的影响是需要进一步考虑的。

3. 接收信号中的 3 类损耗与 4 种效应

在上述移动信道的3个主要特点以及传播的3种主要类型作用下，接收点的信号将产生如下的特点：

1）具有3类不同层次的损耗：路径传播损耗、慢衰落损耗、快衰落损耗（快衰落损耗又可分为空间选择性快衰落、频率选择性快衰落与时间选择性快衰落）。

2）4种主要效应：

- 阴影效应：由大型建筑物和其他物体的阻挡，在电波传播的接收区域中产生传播半盲区。它类似于太阳光受阻挡后可产生的阴影，光波的波长较短，因此阴影可见，电磁波波长较长，阴影不可见，但是接收终端（如手机）与专用仪表可以测试出来。
- 远近效应：由于接收用户的随机移动性，移动用户与基站之间的距离也是在随机变化，若各移动用户发射信号功率一样，那么到达基站时信号的强弱将不同，离基站近者信号强，离基站远者信号弱。通信系统中的非线性将进一步加重信号强弱的不平衡性，甚至出现了以强压弱的现象，并使弱者（即离基站较远的用户）产生掉话（通信中断）现象，通常称这一现象为远近效应。
- 多径效应：由于接收者所处地理环境的复杂性，使得接收到的信号不仅有直射波的主径信号，还有从不同建筑物反射过来以及绕射过来的多条不同路径信号。而且它们到达时的信号强度、到达时间以及到达时的载波相位都是不一样的。所接收到的信号是上述各路径信号的矢量和，也就是说，各路径之间可能产生自干扰，称这类自干扰为多径干扰或多径效应。这类多径干扰是非常复杂的，有时根本收不到主径直射波，收到的是一些连续反射波等。

- 多普勒效应：它是由于接收用户处于高速移动中（比如车载通信）时传播频率的扩散而引起的，其扩散程度与用户运动速度成正比。这一现象只产生在高速（≥70km/h）车载通信时，而对于通常慢速移动的步行和准静态的室内通信，则不予考虑。

5.2.2 3类主要快衰落

1. 空间选择性衰落

所谓空间选择性衰落，是指在不同的地点与空间位置，衰落特性不一样。空间选择性衰落原理可以用图5-1的直观图形表示。

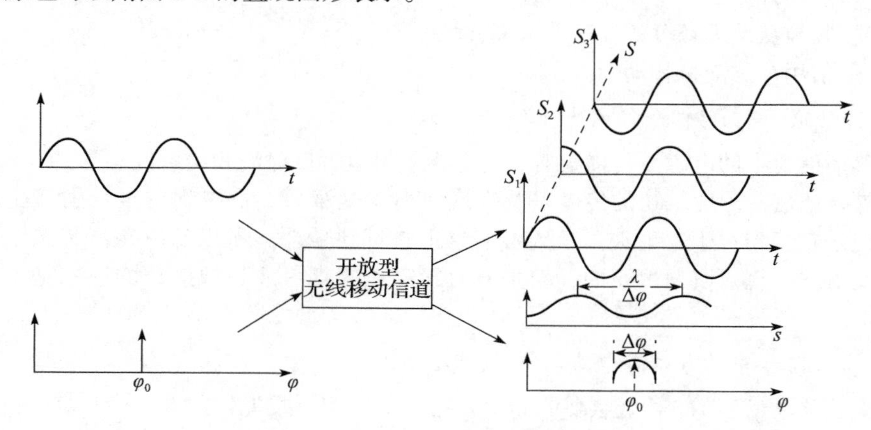

图5-1 空间选择性衰落信道原理图

（1）信道输入

射频：单频等幅载波。

角度域：在 φ_0 角上送入一个脉冲式的点波束。

（2）信道输出

时空域：在不同接收点时域上衰落特性是不一样的，即同一时间、不同地点（空间），衰落起伏是不一样的，这样，从空域上看，其信号包络的起伏周期为$\frac{\lambda}{\Delta\varphi}$。

角度域：在原来 φ_0 角度上的点波束产生了扩散，其扩散宽度为 $\Delta\varphi$。

（3）结论

由于开放型的时变信道使天线的点波束产生了扩散而引起了空间选择性衰落，其衰落周期为$\frac{\lambda}{\Delta\varphi}$，其中 λ 为波长。

空间选择性衰落，通常又称为平坦瑞利衰落。这里的平坦特性是指在时域、频域中不存在选择性衰落。

2. 频率选择性衰落

所谓频率选择性衰落，是指在不同频段上，衰落特性不一样。其原理如图 5-2 所示。

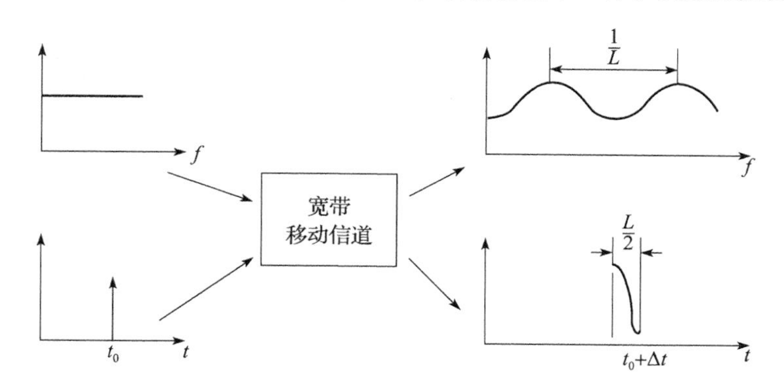

图 5-2　频率选择性衰落信道原理图

（1）信道输入

频域：白色等幅频谱。

时域：在 t_0 时刻输入一个脉冲。

（2）信道输出

频域：衰落起伏的有色谱。

时域：在瞬间，脉冲在时域产生了扩散，其扩散宽度为$\frac{L}{2}$，其中 L 为绝对时延。

（3）结论

由于信道在时域的时延扩散，引起了在频域的频率选择性衰落，且其衰落周期为$\frac{L}{2}$，即与时域中的时延扩散程度成正比。

3. 时间选择性衰落

所谓时间选择性衰落，是指在不同的时间，衰落特性是不一样的。其原理如图 5-3 所示。

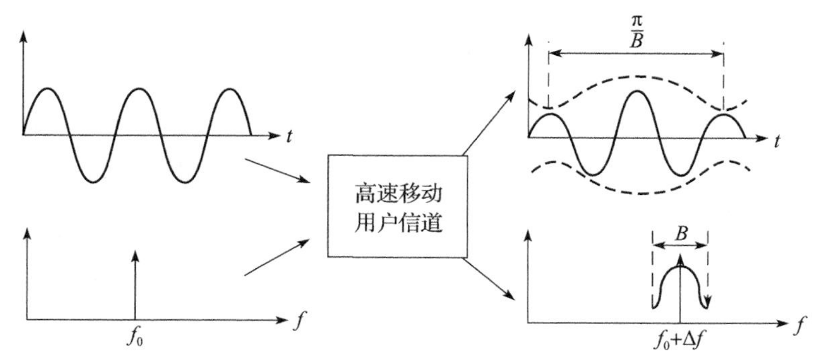

图 5-3　时间选择性衰落信道原理图

（1）信道输入

时域：单频等幅载波。

频域：在单一频率上单根谱线（脉冲）。

（2）信道输出

时域：包络起伏不平。

频域：以 $f_0+\Delta f$ 为中心产生频率扩散，其宽度为 B，其中 Δf 为绝对多普勒频移，为相对值。

（3）结论

由于用户的高速移动在频域引起多普勒频移，在相应的时域其波形产生时间选择性衰落。其衰落周期为$\frac{\pi}{B}$。

4. 实际移动通信中三类选择性衰落产生的条件

在实际移动通信中，三类选择性衰落都存在，根据其产生的条件大致可以划分为以下三类，并可以用图 5-4 表示。

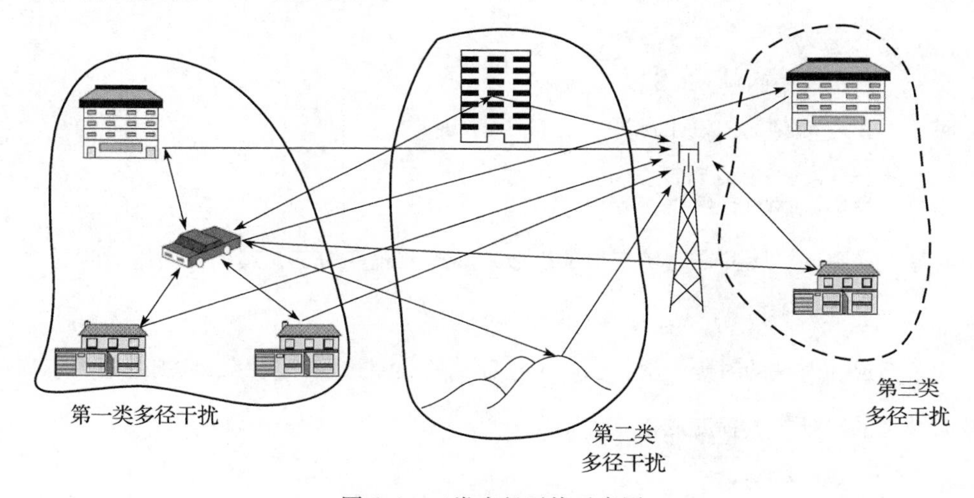

图 5-4 三类多径干扰示意图

1）第一类多径干扰：是由于快速移动用户附近的物体的反射而形成的干扰信号，其特点是由于用户的快速移动，因此在信号的频域上产生了多普勒（Doppler）频移扩散，从而引起信号在时域上时间选择性衰落。

2）第二类多径干扰：用户信号由于远处的高大建筑物与山丘的反射而形成的干扰信号。其特点是传送的信号在空间与时间上产生了扩散。空域上波束角度的扩散将引起接收点信号产生空间选择性衰落，时域上的扩散将引起接收点信号产生频率选择性衰落。

3）第三类多径干扰：它是由于接收信号受基站附近建筑物和其他物体的反射而引起的干扰。其特点是会严重影响到达天线的信号入射角分布，从而引起信号在空间的选择性衰落。

下面，我们给出在第二代移动通信中某种典型地理环境下，电波传播在空间角度、时间与频率所产生的典型扩散值，如表 5-1 所示。

表5-1 电波传播在空间角度、时间与频率所产生的典型扩散值

地理环境	角度扩散	多普勒频率扩散
室内	360°	5Hz
农村	1°	190Hz
都市	20°	120Hz
丘陵	30°	190Hz
小区	120°	10Hz

5.2.3 移动通信中的几种主要噪声与干扰

前面我们分析了在移动通信的电波传播中的慢衰落和三类快衰落的影响。这里我们从另一角度分析影响移动通信性能的噪声与干扰。

在移动通信中严重影响移动通信性能的主要噪声与干扰大致可分为三类：加性正态白噪声、多径干扰与多址干扰。下面我们分别给予简要分析。

1. 加性正态白噪声

这里的“加性”是指噪声与信号之间的关系是遵从迭加原理的线性关系，“正态”则是指噪声分布遵从正态（高斯）分布，而“白”则是指其频谱是平坦的。仅含有这类噪声的信道一般文献上称为AWGN信道。这类噪声是最基本的噪声，并非移动信道所特有，一般简称这类噪声为白噪声。产生这类噪声的来源主要有两个：无源约翰逊噪声、有源霰弹噪声。

2. 多径干扰

它是由于电波传播的开放性与地理环境的复杂性引起的多条传播路径之间相互自干扰而引起的噪声干扰。它实质上是一类自干扰。在数字与数据通信情况下主要表现为码间干扰以及高速数据的符号间干扰。

3. 多址干扰

由于在移动通信网中同时进行通信的是多个用户，这些用户的信号之间一定要采用一类正交隔离手段，否则就会互相干扰，在通话时串话。在移动通信中，第一代采用频段隔离，一个用户使用一个频段。只要滤波器隔离度足够好，基本上能防止串话之类的多用户干扰。

5.3 多址技术与扩频通信

在移动通信中，最核心的问题是如何克服信道与用户带来的两重动态特性。上一章着重分析了信道的动态性，这一章将讨论用户动态性及其带来的一系列问题。

移动通信与固定式有线通信的最大差异在于固定通信是静态的，而移动通信是动态的。为了满足多个移动用户同时进行通信，必须解决以下两个问题，首先是动态寻址，其次是对多个地址的动态划分与识别。这就是所谓多址技术，在多址技术中重点研究的是利用扩频技术来实现码分多址。

5.3.1 多址技术的基本概念

移动用户要建立通信，首先要实现动态寻址，即在服务范围内利用开放式的射频电磁波寻找用户地址，同时为了满足多个移动用户同时实现寻址，多个地址之间还必须满足相互正交特性，以避免产生地址间相互干扰。

多址划分从原理上看与固定通信中的信号多路复用是一样的，实质上都属于信号的正交划分与设计技术。不同点是多路复用的目的是区别多个通路，通常是在基带和中频上实现，而多址划分是区分不同的用户地址，通常需要利用射频频段辐射的电磁波来寻找动态的用户地址，同时为了实现多址信号之间互不干扰，信号之间必须满足正交特性。

信号的正交特性具体是通过信号的正交参量 λ_i，$i=1, 2, 3, \cdots, n$ 来实现的。即

1）在发送端，设计一组相互正交信号如下：

$$x(t) = \sum_{i=1}^{n} \lambda_i x_i(t) \tag{5-1}$$

$$= \sum_{i=1}^{n} \lambda_{\Delta xi} \sum_{i=1}^{n} \lambda_i x_i(t) \tag{5-2}$$

其中 $x_i(t)$ 为第 i 个用户的信号，λ_i 为第 i 个用户的正交参量，$\lambda_{\Delta xi}$ 为第 i 个用户地址的保护区间。

公式（5-1）是纯理论上的表达式，公式（5-2）为实际表达式，而且正交参量应满足：

$$\lambda_i \lambda_j = \begin{cases} 1, & i = j \text{ 时} \\ 0, & i \neq j \text{ 时} \end{cases}$$

2）在接收端，设计一个正交信号识别器，如图 5-5 所示。

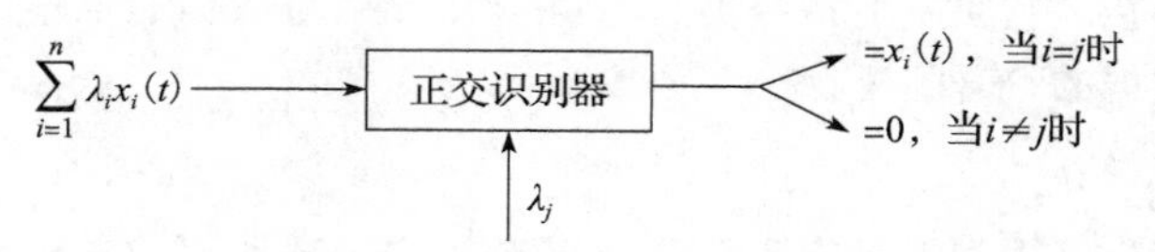

图 5-5　正交信号识别器原理图

3）典型例子。

FDMA（频分多址）的原理如图 5-6 所示。

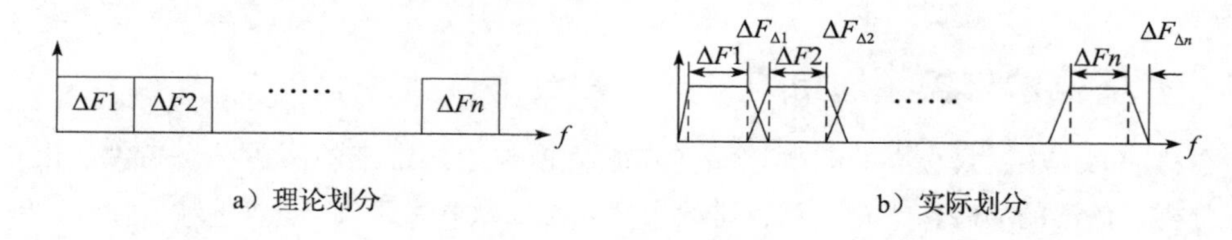

图 5-6　频分多址原理图

在移动通信中，典型的频分多址方式有：北美 800MHz 的 AMPS 体制；欧洲与我国 900MHz 的 TACS 体制。

TDMA（时分多址）的原理如图5-7所示。

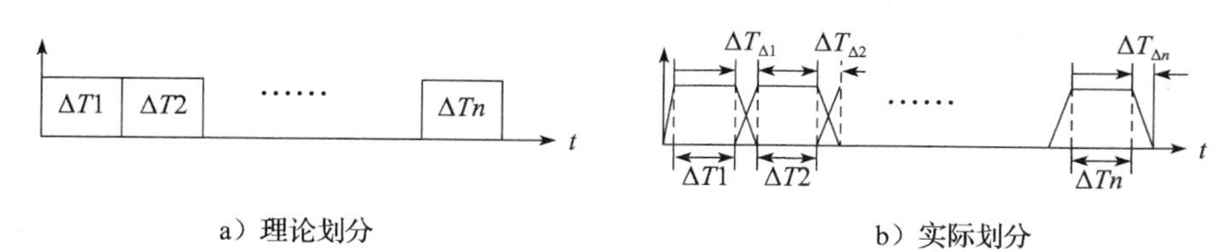

a）理论划分　　b）实际划分

图5-7　时分多址原理图

在移动通信中典型的时分多址方式有：北美的D-AMPS，欧洲与我国的GSM-900、DCS-1800，日本的PDC。

CDMA（码分多址），它有以下两种主要形式：

①直扩码分多址（DS-CDMA）：多用于商用系统，其原理如图5-8所示。

CDMA与FDMA、TDMA划分形式不一样，FDMA与TDMA属于一维（频域或时域）划分，CDMA则属于二维（时、频域）划分。CDMA中所有用户占有同一时隙、同一频段，区分用户的特征是用户地址码的相关特性。

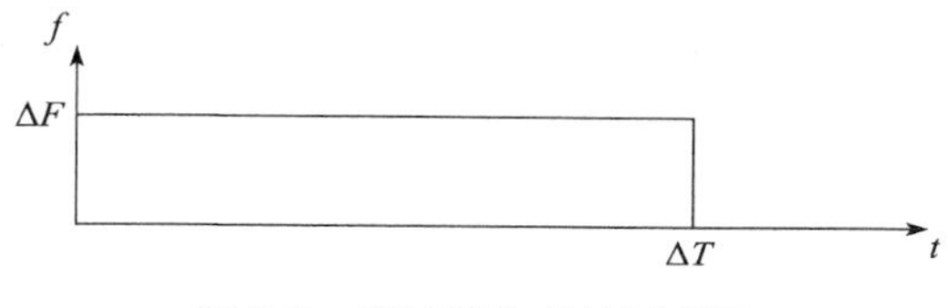

图5-8　直扩码分多址原理图

FDMA、TDMA的地址划分是基于简单的非此即彼、非共享型，即两个以上用户不可能同时占有同一频段（或时隙），CDMA的地址划分是基于特征的，是相容的，即两个以上用户可以同时占有同一频段、同一时隙，是共享型的，其条件是只要它们具有可分离的各自特征（码的相关特性）即可。

②跳频：在不同的时隙按照某种伪随机规律选取某个频段，它实际上是一种时、频编码，比DS-CDMA要复杂，主要用于军事通信。其原理如图5-9所示。

它将整个占用的时域划分为若干个子时隙，将整个占用的频段也划分为若干个子频段，其中，每个用户可以在不同时隙占用不同的频段，其规律可按照某种伪随机数表格或某个伪随机序列的规律进行，实现伪随机跳动。

在移动通信中典型的码分多址方式有：第二代的窄带CDMA系统IS-95体制；第三代的CDMA2000体制；第三代的WCDMA体制。

SDMA（空分多址）的原理如图5-10所示。

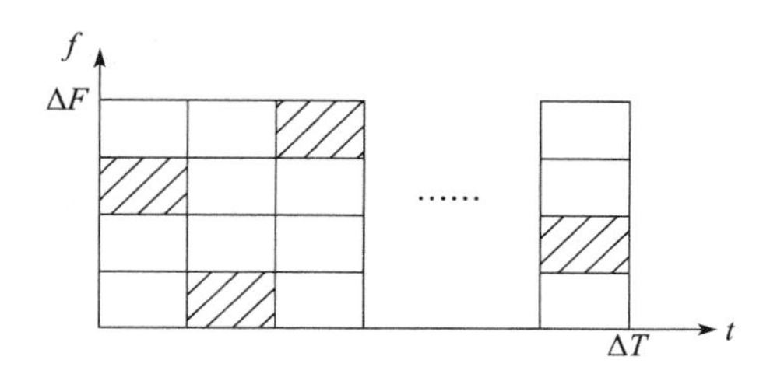

图5-9　跳频扩频多址原理图

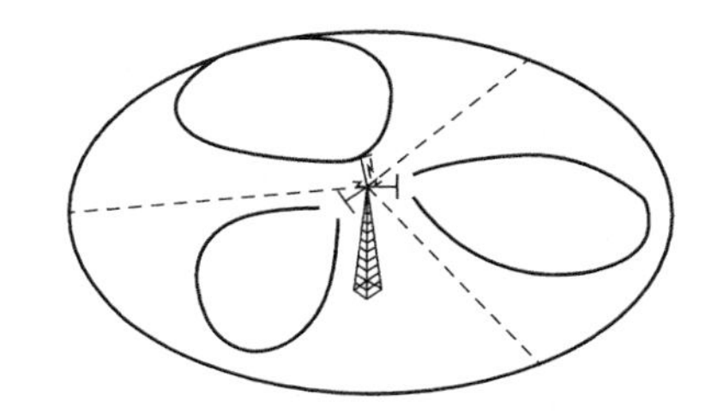

图5-10　空分多址原理图

空分多址的实现是利用无线的方向性波束，将服务区（小区内）划分为不同的子空间进行空间正交隔离。移动通信中的扇区天线可以看作是SDMA的一种基本实现方式。

智能式自适应天线是将来移动通信中准备采用的一项新的关键技术，是典型的空分方式。

除了上述基于物理层的时分、频分、码分与空分多址接入方式以外，还有一种基于网络层的网络协议的分组无线电（PR）ALOHA 随机多址接入协议方式。ALOHA 多址接入不同于前面介绍的时分、频分与码分的多址接入方式，它实际上是一种自由竞争式的随机接入方式，是以网络协议的形式来实现的。ALOHA 原本是夏威夷俚语，用于对人到达或离开时致意的问候语。1968 年，夏威夷大学将解决夏威夷群岛之间数据通信的一项研究计划命名为 ALOHA。

5.3.2 移动通信中的典型多址接入方式

1. FDMA

第一代移动通信是模拟式移动通信，都采用 FDMA 方式，最典型的有北美的 AMPS 和欧洲及我国的 TACS 体制。下面以 TACS 为例讨论 FDMA 方式，TACS 多址划分如图 5-11所示。

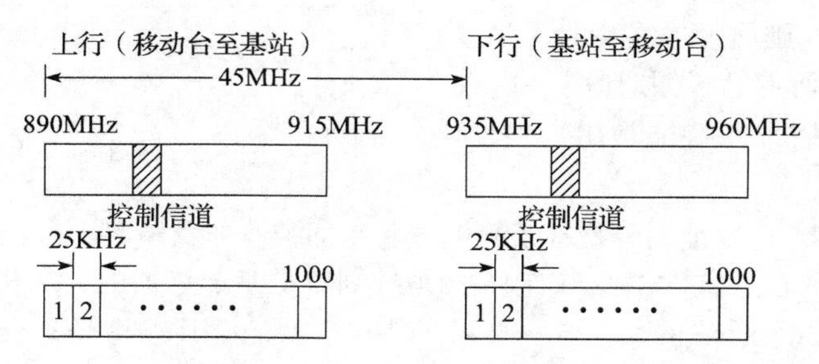

图 5-11 TACS 多址划分

TACS 的总可用频段（与 GSM 频段相同）为上行 890 ~ 915MHz，占用 25MHz；下行 935 ~ 960MHz，占用 25MHz。TACS 采用频率双向双工 FDD 方式。收/发频段间距为 45MHz，以防止发送的强信号对接收的弱信号的影响。每个话音信道占用 25kHz 频带，采用窄带调频方式。TACS 系统可以支持的信道数为：

$$N = \frac{B_s - 2B_{保护}}{B_c} = \frac{25 \times 10^6 - 2 \times 10 \times 10^3}{25 \times 10^3} \approx 1000$$

其中，B_s 为 TACS 的可用频段带宽，B_c 为信道（话音）带宽。

FDMA 的主要技术特点为：每个信道传送一路电话，带宽较窄。TACS 为 25kHz，AMPS 为 30kHz。只要给移动台分配了信道，移动台与基站之间会连续不断地收、发信号。由于发射机与接收机（基站与移动台都一样）同时工作，为了发、收隔离，必须采用双工器。共用设备成本高，FDMA 采用每载波（信道）单路方式，若一个基站有 30 个信道，则每个基站需要 30 套收、发信机设备，不能共用。与 TDMA 相比，连续传输开销小、效率高，同时无需复杂组帧与同步，无需信道均衡。

2. TDMA

第二代移动通信是数字式移动通信，它主要采用两类多址方式：一类是欧洲大多数国家采用的时分多址（TDMA）方式，另一类是北美等采用的码分多址（CDMA）方式，我国两类方式都有。这里先介绍典型的 TDMA 方式 GSM 体制。

在GSM中，最多可以有8个用户共享一个载波，而用户之间则采用不同时隙来传送自己的信号。GSM一个TDMA帧的结构如图5-12所示。

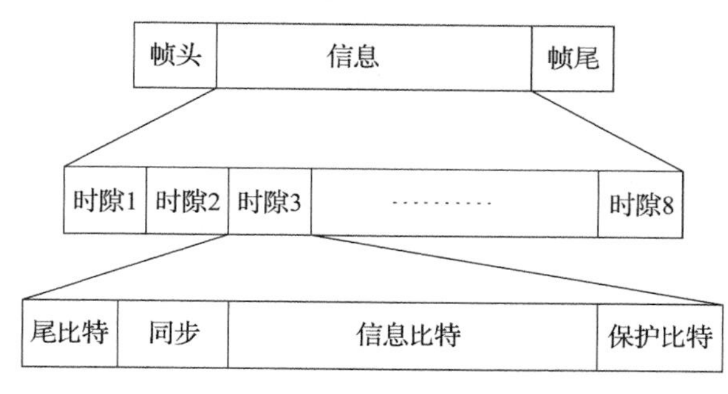

图5-12 GSM一个TDMA帧的结构

GSM的时隙结构可划分为4种类型：常规突发序列、频率校正突发序列、同步突发序列、接入突发序列。GSM采用频率双向双工FDD方式，与TACS相同，不再赘述。上、下行频段（发、收）间隔为45MHz，每个话音信道占用200kHz，采用GMSK调制。GSM系统总共可提供频点数为：

$$N_1 = \frac{25\text{MHz}}{200\text{kHz}} = 125$$

而每个频点提供8个时隙，因此GSM总共可提供的时分信道数为：

$$N_2 = \frac{25\text{MHz}}{200\text{kHz}/8} = 1000$$

TDMA的主要技术特点如下：

每载波8个时隙信道，每个信道可提供一个数字话音用户，因此每个载波最多可提供8个用户。每个移动台发射是不连续的，只是在规定的时隙内才发送脉冲序列。传输开销大，GSM的TDMA帧层次结构如图5-13所示，共分为5个层次：时隙、TDMA帧、复帧、超帧、超高帧，每个层次都需占用一些非信息位的开销，这样总的开销就比较大，导致影响整体传输效率。

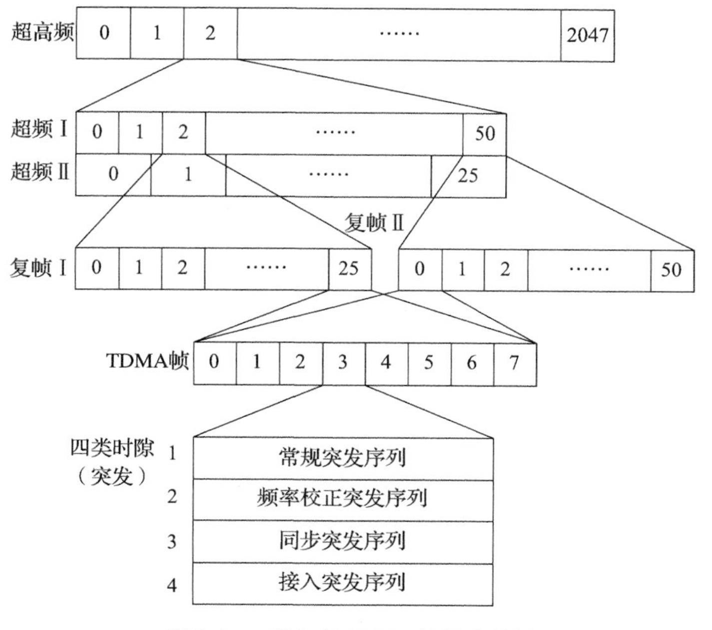

图5-13 GSM的TDMA帧层次结构

GSM 每个信道比 TACS 宽 8 倍，传输速率达 270.8kbps，在这个速率上就不能不考虑多径传输时延扩展的影响。因为 GSM 的码元周期为 3.7μs，而繁华城区的多径时延扩展可达 3μs 左右，已完全可以比拟。为了克服多径时延扩展，GSM 采用了自适应均衡技术，增加了设备的复杂性。GSM 中由于每个载波可提供 8 个用户，这 8 个用户由于时分特性可以共用一套收、发设备，因此与 FDMA 比较，减少了 7 倍的用户设备，降低了成本。

GSM 是数字式移动通信，它对新技术是开放的，这里的开放是指对新技术适应性比模拟的 FDMA 强。GSM 的时隙结构灵活，不仅可以适应不同数据速率（一般指单个信道速率低于 8 倍的整数倍）的数据传送，还可以利用时隙的空闲省去双工器（利用时隙间切换）。

3. CDMA

它是第二代移动通信中的两种主要多址方式中除 TDMA 以外的另一种形式，最典型的是 IS-95。在第三代移动通信中，5 种体制中最主要的 3 种也均采用 CDMA，它们是 FDD 的 CDMA2000、FDD 的 WCDMA 与 TDD 的 TD-SCDMA。

以 IS-95 体制中的码分多址方式来说明。在 IS-95 中，一个基站共有 64 个信道，采用正交的 Walsh 函数来划分信道，在完全同步的情况下，64 个 Walsh 函数是完全正交的。下行（前向）信道配置如图 5-14 所示。

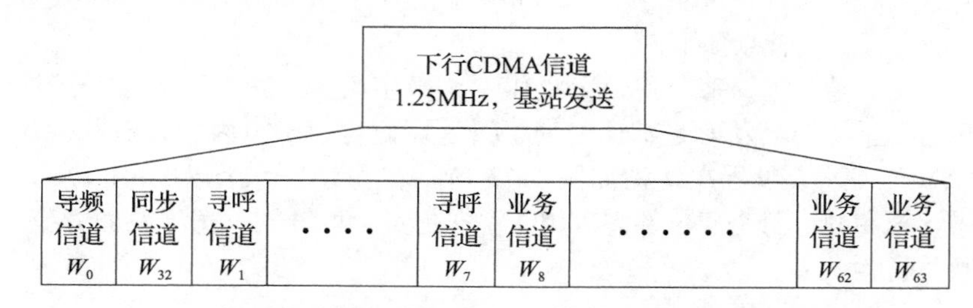

图 5-14　IS-95 下行（前向）信道配置

其中 W_i^* 代表第 i 路 Walsh 函数。64 个信道中一个导频信道 W_0，一个同步信道 W_{32}，7 个寻呼信道 $W_1 \sim W_7$，其余 55 个为业务信道。

上行（反向）信道配置如下图所示。

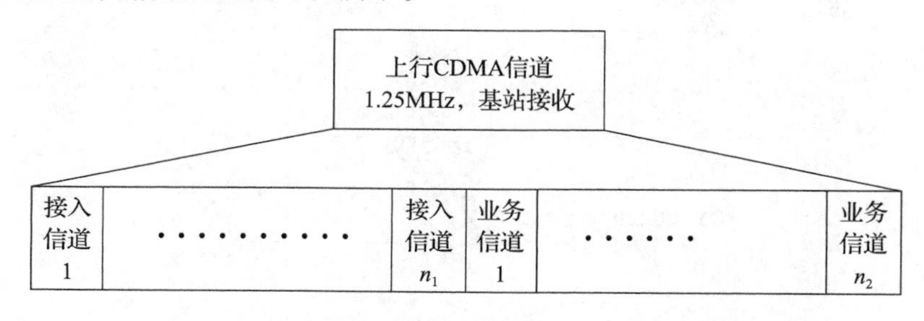

图 5-15　IS-95 上行（反向）信道配置

其中 $n_1 \leqslant 32$，$n_2 \leqslant 64$，即接入信道最多为 32 个，业务信道最多为 64 个。

IS-95 采用频率双向双工 FDD 方式（与 AMPS 相同），下行 824 ~ 849MHz，占用 25MHz；上行 869 ~ 894MHz，占用 25MHz。上、下行频段间隔（即 FDD 间隔）为 45MHz。IS-95 最大能提供的码分信道数 $N'_1 = 55$，因此，一个基站可提供 55 个业务信道，一个频段1.25MHz提供最大基站数（不含导频相位规划）N'_2，IS-95总占用25MHz，所能提供最多的频段数为N'_3。

$$N'_2 = \frac{2^{15}}{64} = 512 \qquad N'_3 = \frac{25\text{MHz}}{1.25\text{MHz}} = 20$$

IS-95总共能提供最多码分多址业务用户数（不含导频相位规划）为：

$$N_3 = N'_1 \times N'_2 \times N'_3 = 55 \times 512 \times 20 = 563200$$

IS-95中的CDMA的主要技术特点如下：

CDMA系统中所有用户共享同一时隙、同一频隙。CDMA采用扩频通信，其信道占用1.25MHz，属于宽带通信系统，它具有扩频通信的一系列优点，比如抗干扰性强、低功率谱密度等。宽带信号有利于采用RAKE接收机抗频率选择性衰落。

CDMA是一个干扰受限或者认为是信噪比受限系统，其容量不同于FDMA、TDMA中的硬容量，它是软容量。CDMA中的多个地址间的干扰由于选码不理想，将是系统中最主要的干扰，且随用户数增多而增大。

5.3.3 码分多址（CDMA）中的地址码

由于在移动通信中第二代的IS-95与第三代中的主流体制CDMA2000与WCDMA均采用码分多址，因此本节将重点讨论CDMA中的地址码，并侧重从应用角度介绍。

1. 地址码分类与设计要求

在CDMA中，地址码主要可以划分为三类：

1）用户地址码，用于区分不同移动用户。

2）信道地址码，用于区分每个小区（或扇区）内的不同信道，它又可分为：

- 单业务、单速率信道地址码，主要用于第二代移动通信IS-95；
- 多业务、多速率信道地址码，主要用于第三代移动通信WCDMA与CDMA2000。

3）基站地址码，在移动蜂窝网中用于区分不同的基站小区（或扇区）。

2. 信道地址码

工程中往往需要寻找一类有限元素的正交函数系，数学上符合条件的有很多函数，比如离散傅里叶级数、离散余弦函数、Hadamard函数、Walsh函数等。CDMA的信道地址码选用Walsh函数系构成正交信道地址码。下面简单介绍。

（1）IS-95系统的地址码

在IS-95中选用了码长的正交Walsh函数系作为信道地址码，即采用了64种长度为64位的等长Walsh码作为信道地址码。

Walsh函数有多种等价的构造方法，而最常见的是采用Hadamard编号法，IS-95所采用的就是这一方法。在IS-95标准中所给出的“64阶Walsh函数”表实际上是按Hadamard函数序列编号列出的表。二进制0/1码序列与实数值序列具有下列转换关系：0→1，1→-1。

（2）WCDMA系统的地址码

WCDMA系统为了支持多速率、多业务，只有通过可变扩频比才能达到同一要求的信道速率。在同一小区中，多个移动用户可以在相同频段同时发送不同的多媒体业务（速率不一样），为了防止多用户业务信道之间的干扰，必须设计一类适合于多速率业务和不同扩频比的正交信道地址码，即 OVSF 码。

显然，OVSF 码是一组长短不一样的码，低速率的扩频比大，码组长，而高速率的扩频比小，码组短。在 WCDMA 中，最短的码组为 4 位，最长的码组为 256 位。但是不管码组长短是否一致，各长、短码组间仍然要保持正交性，以免不同速率业务信道之间产生相互干扰。

3. 用户地址码

（1）用户地址码选取原则

主要用于上行（反向）信道，用户地址码由移动台产生，便于区分不同的用户，下行信道中由基站产生的扰码主要用于数据加扰。

（2）IS-95 中用户地址码设计

IS-95 是全球第一个民用码分多址系统，其用户地址码设计是 CDMA 中典型的方式，在 IS-95 中采用一个超长序列的 m 序列伪码，它由 42 节移位寄存器产生，然后每个用户按照一定规律选取其中局部的有限位作为用户地址。

（3）CDMA 2000-1X 中的用户地址码

CDMA 2000-1X 是 IS-95 体制的延续和发展，其用户地址码与 IS-95 完全相同。

（4）WCDMA 中的用户地址码

在 WCDMA 中的地址码为了绕过 IS-95 以 m 序列为基础产生扰码的知识产权争论，采用了 Gold 码。Gold 码是由两个本原 m 序列相加而构成的伪随机序列，它与 m 序列一样具有产生简单、自相关性能优良且数量较多的优点。

WCDMA 中用户地址码分为两类：长码和短码。

4. 基站地址码

（1）基站地址码选址原则

为了尽可能减少基站间的多用户干扰，基站地址码应满足正交性能，同时满足序列数量足够多。基站地址码主要用于上、下行信道区分不同的基站。在 IS-95 中采用两个较短的 PN 码，码长 $m=2^{15}-1$，分别对下行同相（I）与正交（Q）调制分量进行扩频。

（2）IS-95 中基站地址码的产生

在 IS-95 中，同相（I）信道使用的短 PN 码特征多项式与逆多项式如下：

$$f_{\mathrm{I}}(x)=1+x^{2}+x^{6}+x^{7}+x^{8}+x^{10}+x^{15}$$

$$f_{\mathrm{I}}^{*}(x)=x^{15}f_{\mathrm{I}}(x^{-1})=1+x^{5}+x^{7}+x^{8}+x^{9}+x^{13}+x^{15}$$

在 IS-95 中，正交（Q）信道使用的短 PN 码特征多项式与逆多项式如下：

$$f_{\mathrm{Q}}(x)=1+x^{3}+x^{4}+x^{5}+x^{9}+x^{10}+x^{11}+x^{12}+x^{15}$$

$$f_{\mathrm{Q}}^{*}(x)=x^{15}f_{\mathrm{Q}}(x^{-1})=1+x^{3}+x^{4}+x^{5}+x^{6}+x^{10}+x^{11}+x^{12}+x^{15}$$

（3）CDMA2000 系统的基站地址码

CDMA2000-1X 基站地址扰码与 IS-95 完全相同。CDMA2000-3X 基站地址扰码不同于 IS-95，它由仍附加一个 0 的 m 序列产生，其速率为 3.6864Mc/s。其生成多项式为：

$$f_{\mathrm{I}}(x)=f_{\mathrm{Q}}(x)=1+x^{3}+x^{5}+x^{9}+x^{20}$$

I 序列起始码片是位于连续 19 个“0”之后的“1”位置，Q 序列起始码片位置要比 I

序列延迟 2^{19} 个码片（chip）。

（4）WCDMA 系统的基站地址码

WCDMA 系统的基站地址码主要用于区分小区（基站或扇区），为了绕过 IS-95 的知识产权，也采用了 Gold 码。

WCDMA 基站地址扰码是以两个 18 阶移位寄存器产生的 Gold 序列为基础，共计可产生 $2^{18}-1=262143$ 个扰码，但是实际上仅采用前面 8192 个。扰码长度取一帧 10ms 的 38400 个码片。

5.4 信源编码与数据压缩

在物理层，决定有效性的两个最主要因素是：信源编码和数据压缩技术。

信源编码主要利用信源的统计特性，解除信源相关性，去掉信源冗余信息，从而达到压缩信源输出的信息率，提高系统有效性的目的。

第二代移动通信主要是语音业务，所以信源编码主要指语音压缩编码。第三代移动通信中的信源编码不仅包含语音压缩编码，还包含各类图像压缩编码和多媒体数据压缩等方面的内容。

5.4.1 语音压缩编码

在本节中，我们将讨论语音压缩编码的基本原理与方法，以及在移动通信中的语音编码。

1. 引言

语音压缩编码大致可以分为以下三类：波形编码、参量编码、混和编码。

以上三类编码中，波形编码质量最高，其质量几乎与压缩处理之前相同，可以用于公用骨干（固定）通信网。参量编码质量最差，不能用于骨干通信网，而仅适合于特殊通信系统，比如军事与保密通信系统。混和编码质量介于两者之间，目前主要用于移动通信网。

（1）波形编码的性能估计

利用信息论中连续（模拟）有记忆信源的信息率失真 $R(D)$ 函数理论可以分析波形编码的性能。

信息率失真 $R(D)$ 为：

$$R(D)=\frac{1}{2}\log_2\frac{\sigma^2(1-\rho^2)}{D}$$

信息率失真 $R(D)$ 的计算结果如表 5-2 所示。

表 5-2　信息率失真 $R(D)$ 的计算结果

信噪比（dB）	35	32	28	25	23	20	17
$R(D)$（bit/样点）	4	3.5	2.5	2.34	2	1.5	1
压缩倍数 K	2	2.28	3.2	3.42	4	5.3	8

由上述分析结果可以得到如下结论：当语音质量达到进入公网要求标准时，即 $\frac{\sigma^2}{D}\approx$

26dB，其 $K\approx3.4$ 倍。进一步考虑实际语音分布与主观因素的影响，正态分布 $R(D)$ 使其压缩倍数进一步增大，取 $K=4$（保守值），这时语音速率可以从未压缩的 PCM 64Kbit/s 降至 1/4 速率的 16Kbit/s，目前已实用化的 DPCM 为 32Kbit/s。

（2）参量编码的性能估计

语音可以采用各种不同形式的参量来表达。为了分析方便，采用最基本的参量“音素”。以英语音素为例进行分析。英语中共有音素 $2^7=128\sim2^8=256$ 个。按照通常讲话速率，每秒大约平均发送 10 个音素。由信息量计算公式，对于等概率事件有：$I=\log_2N$，N 为总组合数，则：

$$I_1(\text{上限}) = \log_2N = \log_2(256)^{10} = 80\text{bit/s}$$

$$I_2(\text{下限}) = \log_2N = \log_2(128)^{10} = 70\text{bit/s}$$

最后可计算出压缩比 K 为：

$$K = \frac{64\text{Kbit/s}}{70\sim80\text{bit/s}} \approx 914\sim800\text{ 倍}$$

（3）混合编码的性能估计

混合编码的理论压缩比介于上述两类编码之间，且与语音质量需求有关。若要求混合编码偏重于个性特征，则其压缩比靠近波形编码的压缩比值，若要求混和编码偏重于共性，则其压缩比靠近参量编码。

2. 数字通信中的语音编码

高质量的混合编码是移动通信中的优选方案。在低数据比特率、高压缩比的混合编码中，数据比特率、语音质量、算法复杂度与处理时延是 4 个主要参量。

（1）数据比特率

数据比特率（bit/s）越低，压缩倍数就越大，可通信的话路数也就越多，移动通信系统也就越有效。

数据比特率降低，语音质量也随之相应降低，为了补偿质量的下降，可采用提高设备硬件复杂度和算法软件复杂度的办法。

降低比特速率的另一种有效方法是采用可变速率的自适应传输，它可以大大降低语音的平均传送率。

还可以进一步采用语音激活技术，充分利用至少 3/8 的有效空隙，可获得大致约 2.67dB 的有效增益。

（2）语音质量

语音质量的度量方法不外乎客观与主观两个角度：

- 客观度量可以采用信噪比、误码率、误帧率，相对而言简单、可行。
- 主观度量是由人耳主观特性来判断，比客观度量复杂。目前国际上常采用的主观评判方法称为 MOS 方法。

（3）复杂度与处理时延

语音编码硬件复杂度取决于 DSP 处理能力，而软件复杂度则主要体现在算法复杂度上。算法复杂度增大，也会带来更长的运算时间和更大的处理时延。

如表 5-3 所示，给出几种已知低数据比特率语音编码的上述 4 个参数与性能比较。

表5-3 已知低数据比特率语音编码性能比较表

编码器类型 \ 参数	数据比特率（Kbps）	复杂度（MIPS）	时延（ms）	质量（MOS）
脉码调制（PCM）	64	0.01	0	4.3
自适应差分脉码调制（ADPCM）	32	0.1	0	4.1
自适应自带编码	16	1	25	4
多脉冲线性预测编码	8	10	35	3.5
随机激励线性预测编码	4	100	35	3.5
线性预测声码器	2	1	35	3.1

3. 语音压缩编码原理

(1) 波形编码的基本原理

自适应差分脉冲编码调制（ADPCM）是建立在差分脉冲编码调制（DPCM）的基础上，而DPCM又是建立在脉冲编码调制（PCM）的基础上。

PCM可分为三个基本步骤：取样、量化与编码。

DPCM不直接传送PCM数字化信号，而改为传送其取样值与预测值（通过前面样点值经线性预测求得的）的差值，并将其量化、编码后传送。

ADPCM与DPCM原理一样，主要差别在于ADPCM中的量化器和预测器引入了自适应控制机制。同时在译码器中多加上一个同步编码调整器，其作用是为了在同步级联时不产生误差积累。

32Kbps ADPCM编码原理如图5-16所示。

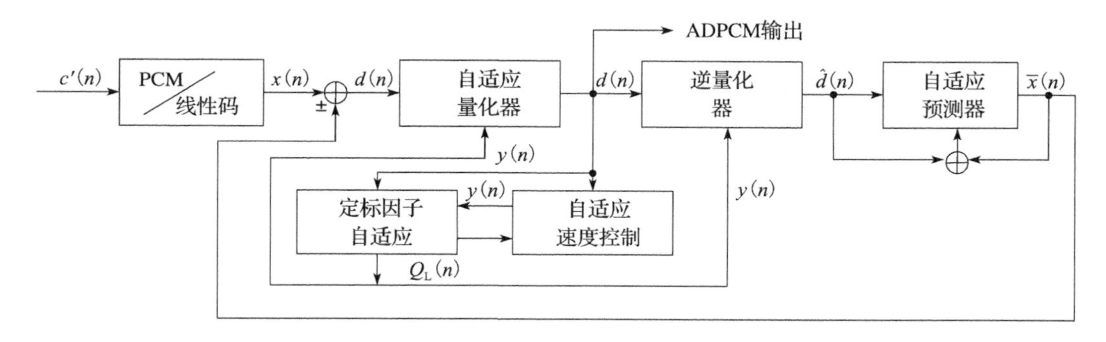

图5-16 32Kbps ADPCM编码原理图

32Kbps ADPCM译码原理如图5-17所示。

(2) 参量编码的基本原理

参量编码不直接传送语音波形，而是传送产生、激励语音波形的基本参量。根据语音产生机理，采用图5-18所示的物理模型。

典型参量编码的线性预测（LPC）方案如图5-19所示。

为了降低LPC的码率，提高稳定性，可采用以下两种方法：采用一类反射系数格形算法、采用矢量量化技术。

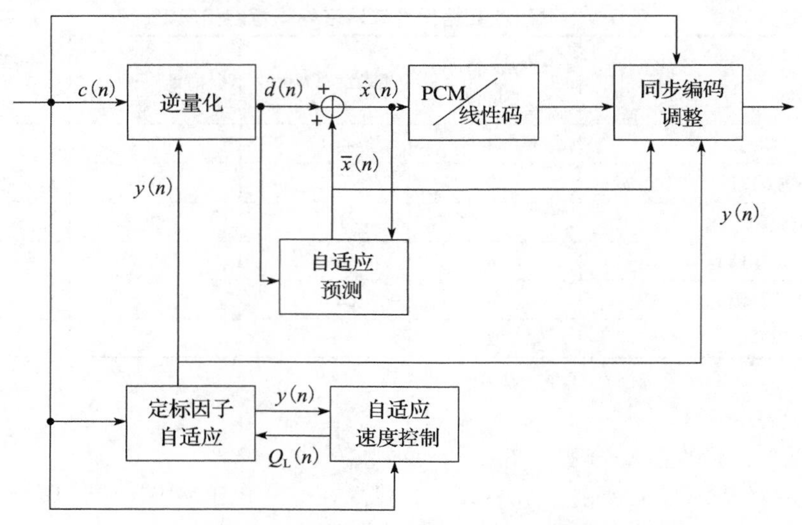

图 5-17　32Kbps ADPCM 译码原理图

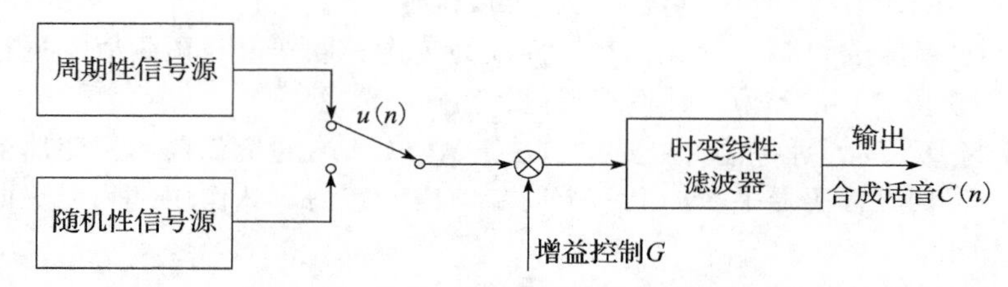

图 5-18　参量编码物理模型

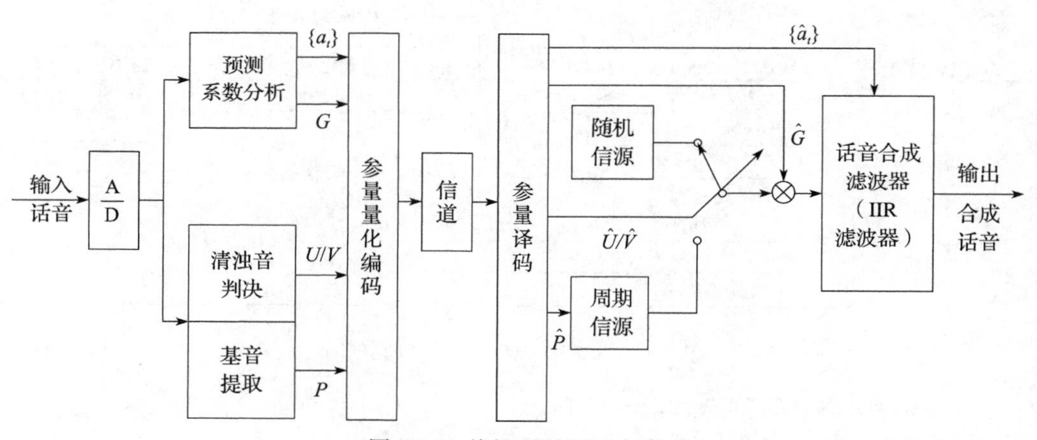

图 5-19　线性预测 LPC 方案

（3）混合编码的基本原理

混合编码是介于波形编码与参量编码之间的一种编码方法，兼有参量编码低速率与波形编码高质量的优点。

实现混合编码的基本思想是以参量编码原理，特别是以 LPC 原理为基础，保留参量编码低速率的优点，并适当地吸收波形编码中能部分反映波形个性特征的因素，重点改善自然度性能。

改进 LPC 主要从三方面入手：改进语音生成物理模型、激励源结构和合成滤波器结构，提高语音质量；改进参量量化和传输方法，进一步压缩传输速率；采用自适应技术，进一步解决系统与信源和信道之间的统计匹配。

5.4.2 移动通信中的语音编码

本节将结合第二代的 GSM 与 IS-95 系统以及第三代的 WCDMA 和 CDMA2000 等不同系统所采用的语音编码具体方案，着重从原理上来阐述移动通信中的语音编码。

1. GSM 系统的 RPE-LTP 声码器原理

RPE-LTP 声码器采用等间隔，相位与幅度优化的规则脉冲作为激励源，以便使合成后的波形更接近原始信号。该方案结合长期预测以消除信号的冗余度，降低编码速率，同时其算法较简单，计算量适中且易于硬件实现。

RPE-LTP 编码器包括下列 5 个部分：预处理、线性预测分析、短时分析滤波、长时预测以及规则脉冲激励编码，其编码器原理如图 5-20 所示。RPE-LTP 编码器的核心任务是给接收端传送一组 6 个基本参量 M、$X_M(i)$、X_{max}、N_j、b_j、LAR(i)。6 个基本参量的信息比特分配如表 5-4 所示。

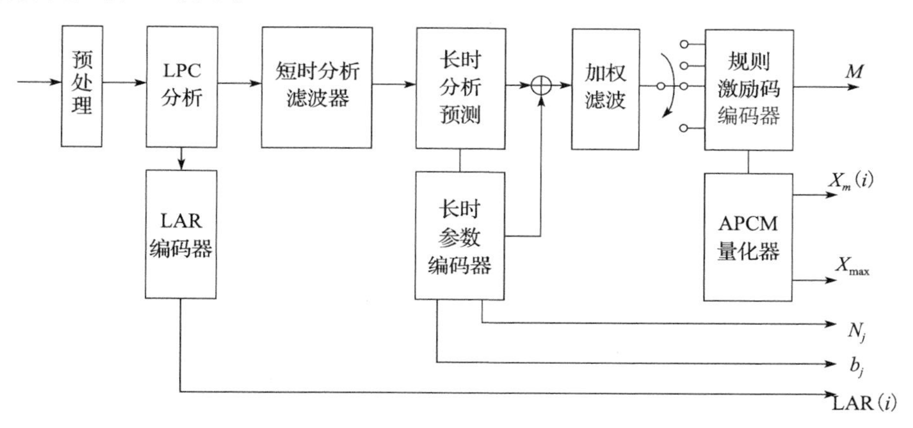

图 5-20 RPE-LTP 编码器原理

RPE-LTP 的译码器原理如图 5-21 所示，由图可见 RPE-LTP 译码主要包含 4 个部分：RPE 译码、长时预测、短时合成滤波以及后处理。

表 5-4 RPE-LTP 编码器基本参量的信息比特分配

参数	数量	比特/参数	比特数
LPC 系数 LAR(i)	8	3，4，5，6	36
LTP 增益 b_j	4	2	8
LTP 滞后 N_j	4	7	28
RPE 网络位置 M	4	2	8
最大值 X_{max}	4	6	24
RPE 样点值 $X_M(i)$	52	3	156
合计			260

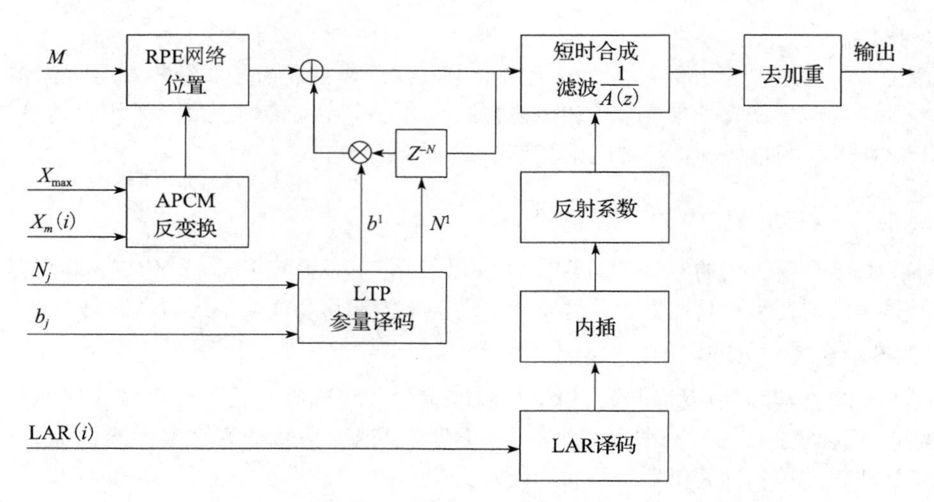

图 5-21　RPE-LTP 译码器原理

2. IS-96 系统的 QCELP 声码器

QCELP 声码器是 Qualcomm 公司提出的用于 IS-96 系统的语音编码标准。QCELP 方案的编码原理如图 5-22 所示。

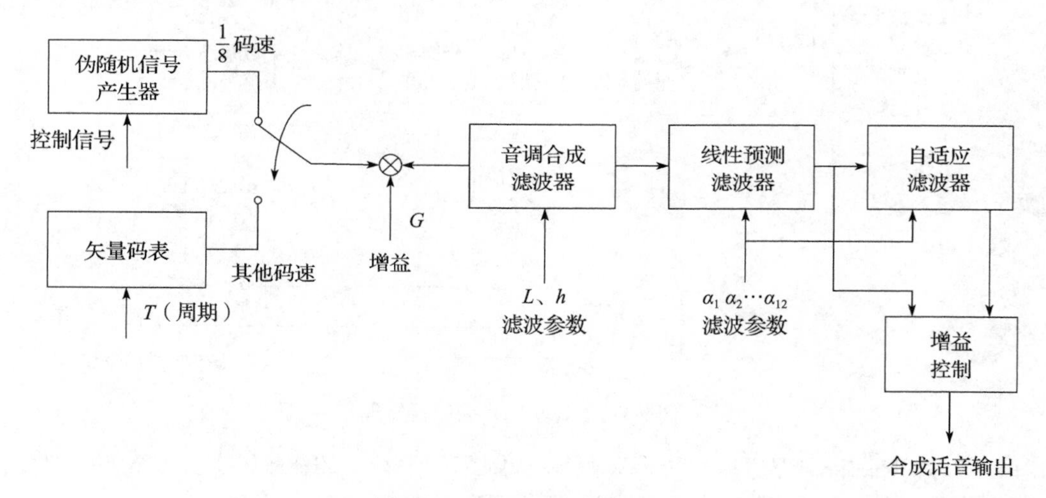

图 5-22　QCELP 的编码原理

TIA/EIA IS-96 的 QCELP 语音编译码系统如图 5-23 所示。

3. CDMA2000 系统的 EVRC 声码器

EVRC（enhanced variable rate codec，增强型可变速率语音编码器）是由美国电信工业协会 TIA/EIA 于 1996 年提出的 CDMA2000 系统的语音编码方案。

EVRC 编码器基于码激励线性预测，与传统 CELP 算法主要区别为：它能基于语音能量、背景噪声和其他语音特性动态调整编码速率。

EVRC 编码器结构如图 5-24 所示，具体由以下几部分组成：高通滤波器、线性预测器的参数提取模块、速率确定模块、参数量化模块、参数编码模块。

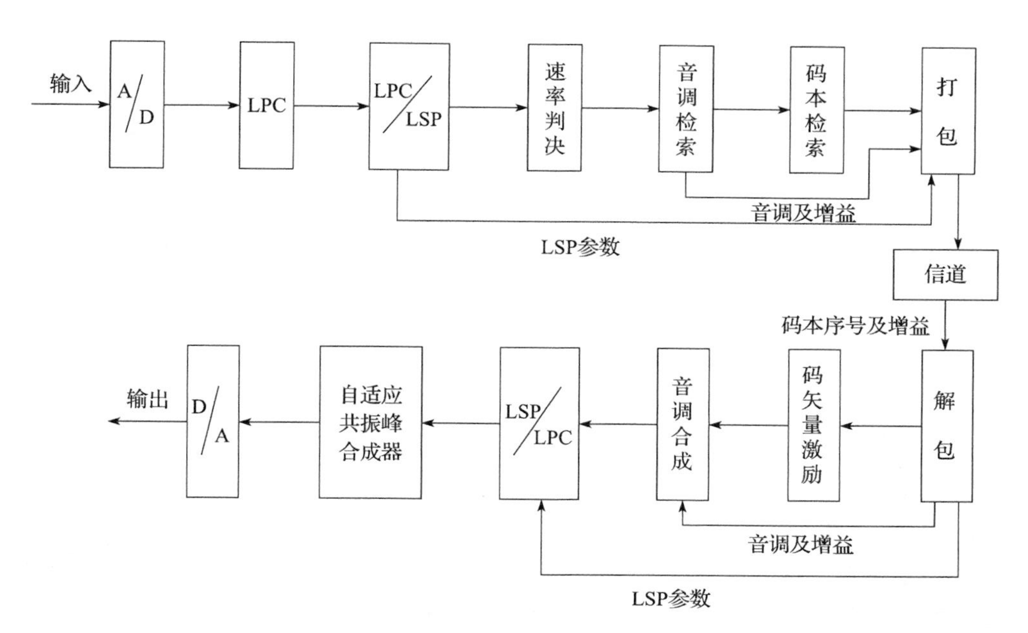

图 5-23　QCELP 语音编译码系统

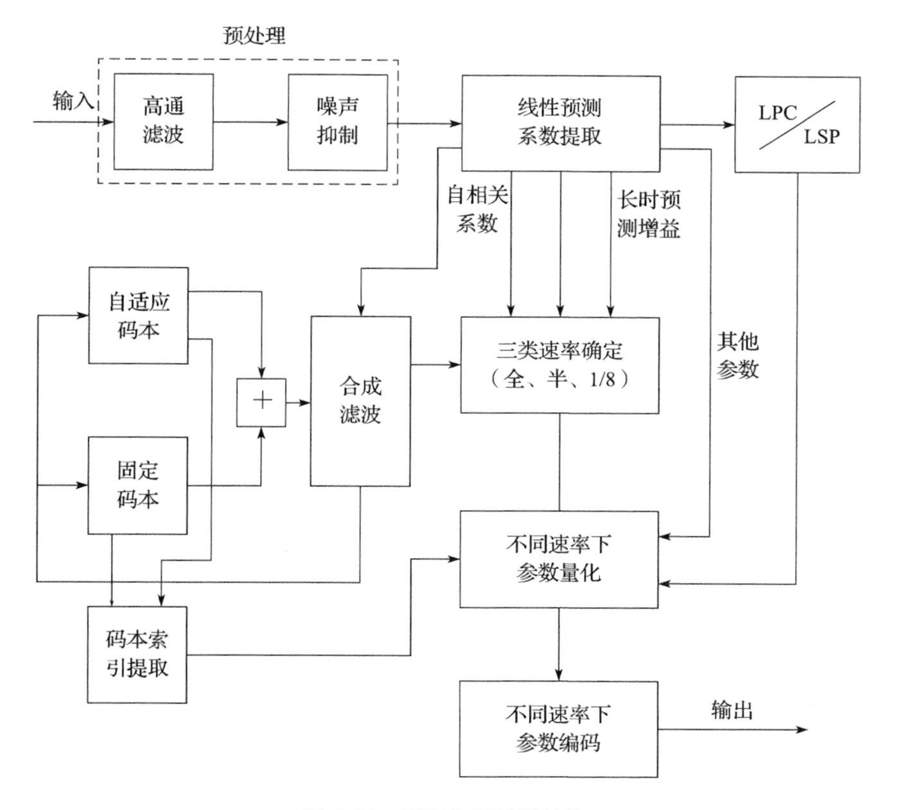

图 5-24　EVRC 编码器结构

EVRC 译码器结构如图 5-25 所示。

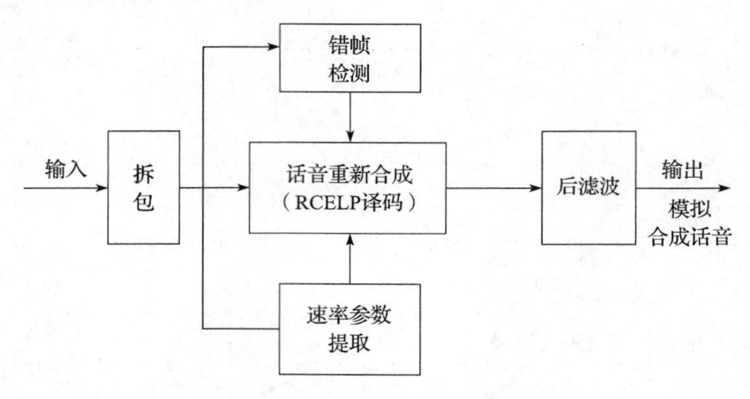

图 5-25　EVRC 译码器结构

4. WCDMA 系统中的 AMR 声码器

AMR 是第三代移动通信中 WCDMA 优选的语音编码方案，其基本思路是联合自适应调整信源和信道编码模式来适应当前信道条件与业务量大小。

AMR 编码器结构如图 5-26 所示。

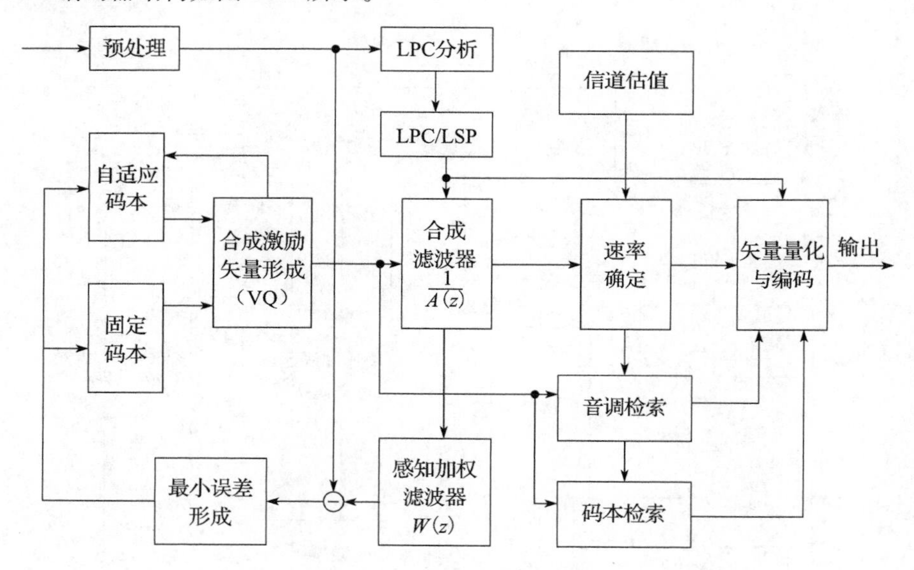

图 5-26　AMR 编码器结构

AMR 译码器结构如图 5-27 所示。

5.4.3　图像压缩编码

在第一、二代移动通信中主要是语音业务，从 2.5G 开始逐步引入数据业务，第三代业务拓展为含语音、数据与图像的多媒体业务。为了适应第三代业务的需求，本节介绍图像压缩编码。

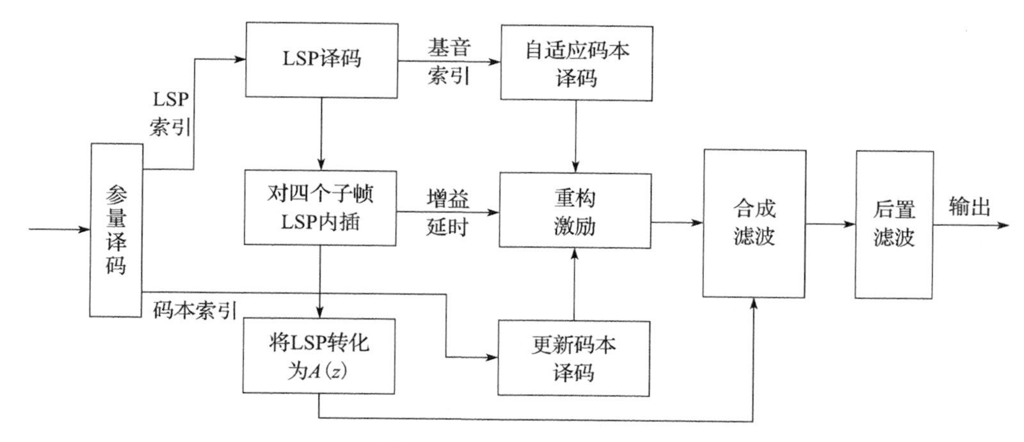

图5-27　AMR译码器结构

1. 图像编码标准简介

图像的信息量远大于语音、文字、传真和一般数据，它所占用的频带也比其他类型业务宽。经过40余年的努力，图像编码已形成了如表5-5所示的系列化标准。

表5-5　图像编码标准

标准	压缩比与数据比特率	应用范围
JPEG	2～30倍	有灰度级的多值静止图片
JPEG-2000	2～50倍	移动通信中静止图片、数字照相与打印、电子商务
H.261	$p\times64$Kbit/s，其中$p=1, 2, \cdots, 30$	ISDN视频会议
H.263	8Kbit/s～1.5Mbit/s	POTS视频电话、桌面视频电话、移动视频电话
MPEG-1	不超过1.5Mbit/s	VCD、光盘存储、视频监控、消费视频
MPEG-2	1.5Mbit/s～35Mbit/s	数字电视、有线电视、卫星电视、视频存储、HDTV
MPEG-4	8Kbit/s～35Mbit/s	交互式视频、因特网、移动视频、2D/3D计算

目前制定视频压缩编译码国际标准的有两大国际组织：一个是ITU-T（以前称CCITT），即国际电联的电信标准部，它制定的标准通常称为建议标准，一般用H.26X表示；另一个是ISO/IEC，即国际标准化组织和国际电工委员会，它所制定的一般称为标准。通常采用JPEG和MPEGX表示。

视频压缩编码大致可以分为两代：第一代视频压缩编码包括JPEG、MPEG-1、MPEG-2、H.261、H.263等；第二代视频压缩编码包括JPEG-2000、MPEG-4、MPEG-7、H.264等。

2. 静止图像压缩标准JPEG

对于静止图像，国际标准化组织（ISO）和原来的国际电报电话咨询委员会（CCITT，现改名为ITU-T）以及国际电工委员会（IEC）共同组织了一个图片专家联合小组（joint photographic experts group）研究制定标准，称它为JPEG标准。

JPEG标准分为两类：基于DPCM与熵编码的无失真编码系统；基于离散余弦变换DCT的限失真编码系统。

（1）基于DPCM的无失真编码

无失真编码又称为无损信源编码，它是一种不产生信息损失的编码，一般其压缩倍数比较低，为4倍左右。JPEG 无失真编码的发送与接收系统实现原理如图5-28所示。

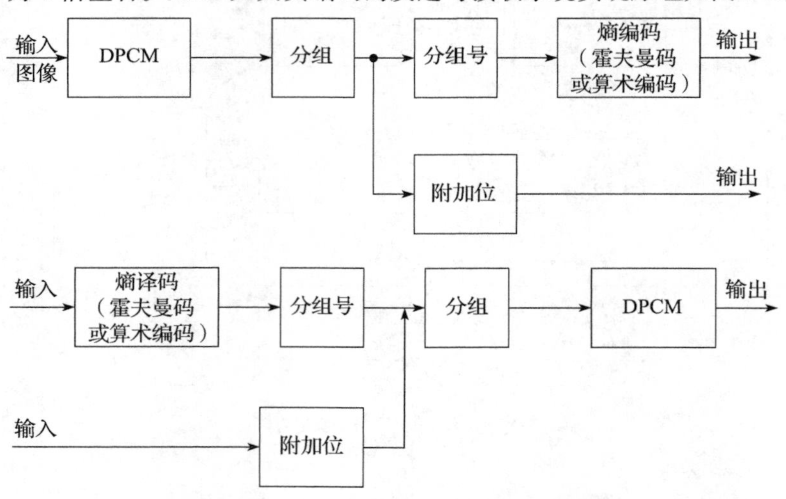

图5-28　JPEG 无失真编码的发送与接收系统

（2）基于离散余弦变换的限失真编码

限失真编码属于有损信源编码，以离散余弦变换（DCT）为基础，再加上限失真量化编码和熵编码，它能够以较少的比特数获得较好的图像质量。限失真 JPEG 编码器原理如图5-29所示。

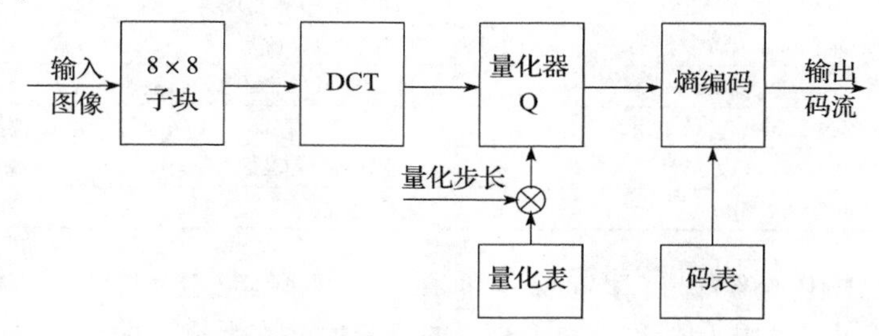

图5-29　限失真 JPEG 编码器原理

限失真 JPEG 译码器原理如图5-30所示。

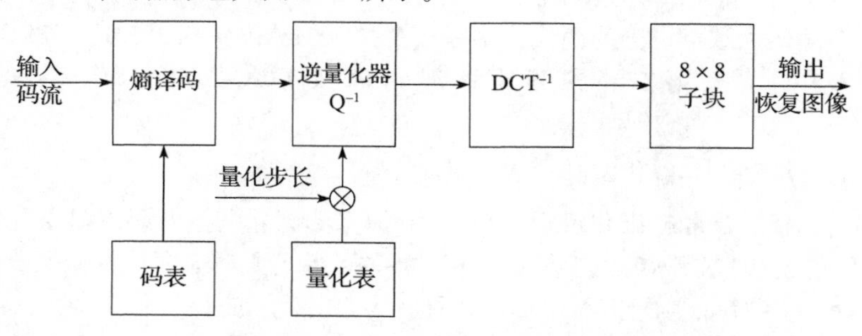

图5-30　限失真 JPEG 译码器原理

3. 准活动图像视频压缩标准 H.26X

编码标准 H.26X 是由 ITU-T 制定的建议标准，自20世纪80年代中期开始，现已制定了 H.261、H.262、H.263、H.264 标准。其中 H.262 和 MPEG-2 视频编、译码标准是同一个标准，这是两大国际组织的共同成果。而 H.264 也是两大组织联手制定的，被称为“MPEG-4 Visual Part 10”，也就是“MPEG-4 AVC”（advanced video coding），2003 年 3 月被正式确定为国际标准。

（1）H.261 编码标准简介

H.261 主要用于传输会议电话及可视电话信号，它将码率确定为：$p\times64$Kbit/s，其中 $p=1$，2，…，30。其对应的数据比特率为 64Kbit/s ~ 1.92Mbit/s。H.261 编码器原理如图 5-31 所示。

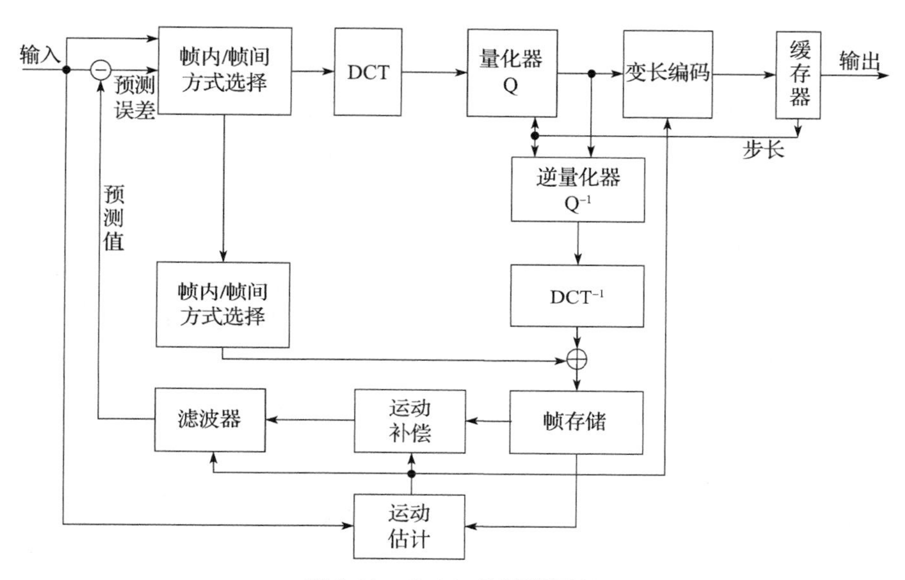

图 5-31　H.261 编码器原理

H.261 的译码器原理如图 5-32 所示。

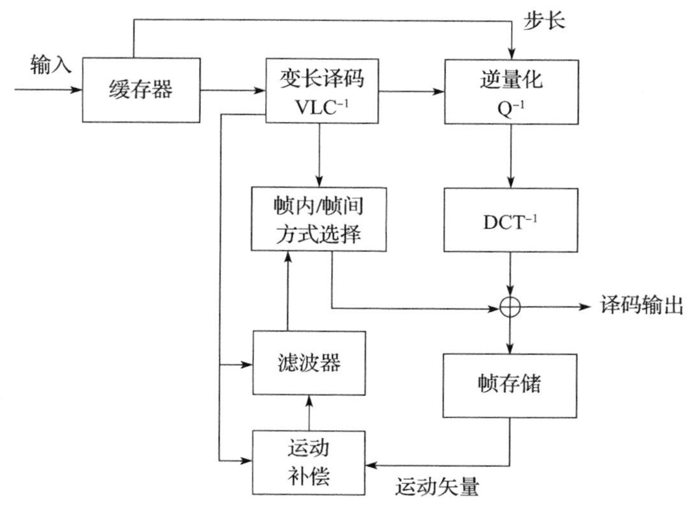

图 5-32　H.261 译码器原理

H. 261 编译码中采用的关键技术有：通过帧间预测消除图像在时间域内的相关性；通过DCT 消除图像在空间域内的相关性；利用人眼视觉特性进行可变步长及自适应量化；利用变长码（VLC）实现与信源统计特性匹配；利用输出（入）的缓存实现平滑数据流传输。

（2）H. 263 编码标准简介

H. 263 系列适合于 PSTN、无线网络和因特网。H. 263 信源编码算法的核心仍然是 H. 261 标准中所采用的编码算法，其原理框图也与 H. 261 基本一样。

H. 263 与 H. 261 的区别如下：

1）H. 261 只能工作于 CIF 与 QCIF 两类格式，而 H. 263 则可工作于 5 种格式：CIF、QCIF、SubQCIF、4CIF、16CIF；

2）H. 263 吸收了 MPEG 等标准中有效、合理的部分；

3）H. 263 在 H. 261 基本编码算法基础上又提供了 4 种可选模式，以进一步提高编码效率。

4. 活动图像视频压缩标准 MPEG

这类标准是由国际标准化组织 ISO 和国际电工委员会于 1998 年成立的一个研究活动图像的专家组 MPEG（moving picture experts group）负责制定的。现已制定了 MPEG-1、MPEG-2、MPEG-4 以及补充标准 MPEG-7 与 MPEG-21 等，其中 MPEG-2 与 MPEG-4 是与 ITU-T 联合研制的。

在 MPEG 系列标准中，MPEG-1、MPEG-2 属于第一代视频压缩标准，而 MPEG-4 则属于第二代视频压缩标准。

（1）MPEG-1 编码标准简介

MPEG-1 主要是针对 1. 5Mbit/s 速率的数字存储媒体运动图像及其伴音制定的国际标准，用于 CD-ROM 的数字视频以及 MP3 等。MPEG-1 视频编译码系统的原理性框图如图 5-33所示。

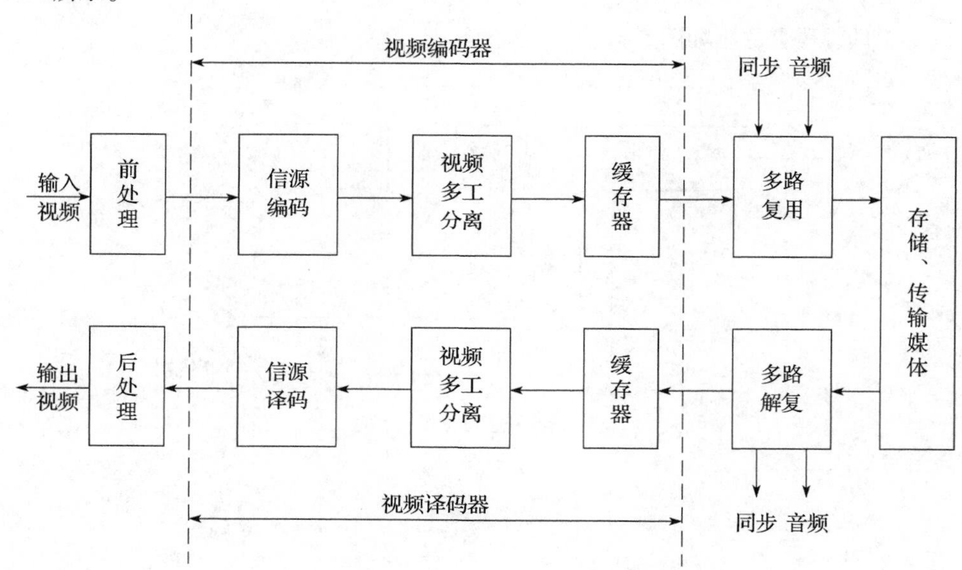

图 5-33　MPEG-1 视频编译码系统的原理框图

上述框图中，核心部件是视频编译码器，视频编码器的结构如图5-34所示。

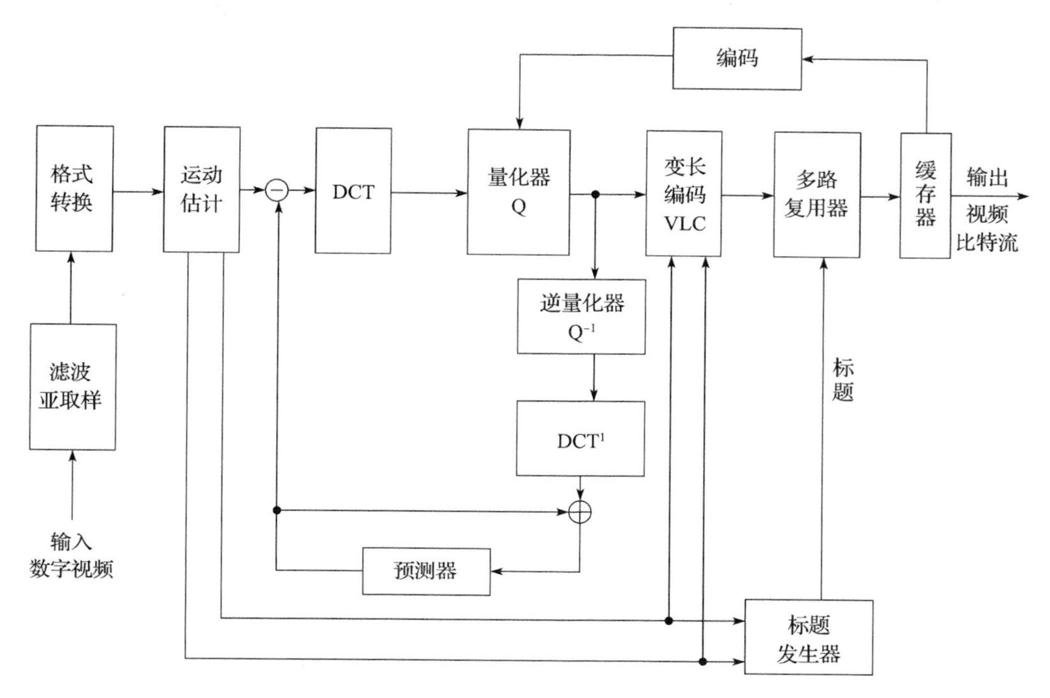

图5-34 MPEG-1 视频编码器的结构图

MPEG-1 视频流采用分层式数据结构，其分层方法及功能如表5-6所示。

表5-6 MPEG-1 视频流采用分层式数据结构

分层名称	功能
块层	进行离散余弦变换（DCT）的基本单元
宏块层	预测单元
分片层	同步恢复单元
帧（图片）层	基本编码单元
帧组（图片组）层	视频随机存取单元
视频序列层	节目内容随机存取单元

MPEG-1 视频流分层结构图如图5-35所示。

MPEG-1 中视频图像分成4种帧类型：I、P、B与D帧。

I帧为帧内编码帧（intracoded frame），编码时采用类似H.261的DCT编码；

P帧为预测编码帧（predictively coded frame），采用前向运动补偿预测和误差的DCT编码，由其前面的I帧或P帧进行预测；

B帧为双向预测编码帧（bidirectionally predictively coded frame），采用双向运动补偿预测和误差DCT编码；

D帧为直流编码帧（DC coded frame），它只包含每个块的直流分量。

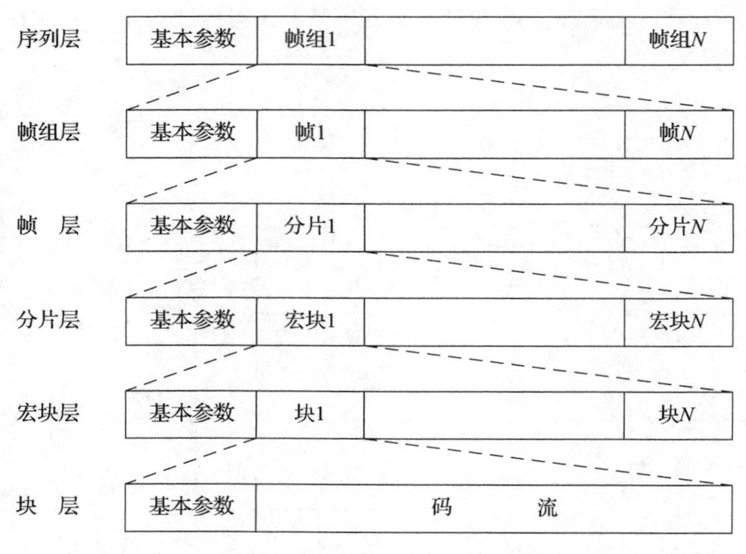

图 5-35 MPEG-1 视频流分层结构图

（2）MPEG-2 编码标准简介

ISO/IEC 的 MPEG 组织于 1995 年推出 MPEG-2 标准，它是主要针对数字视频广播、高清晰度电视（HDTV）和数字视盘等制定的 4～9Mbit/s 运动图像及其伴音的编码标准。

MPEG-2 与 MPEG-1 的差异如下：

1）MPEG-2 专门设置了“按帧编码”和“按场编码”两类模式，并相应地对运动补偿和 DCT 方法进行了扩展；

2）MPEG-2 压缩编码在一些方面进行了扩展；

3）空间分辨率、时间分辨率、信噪比可分为不同等级以适合不同等级用途的需求，并可给予不同等级优先级；

4）视频流结构具有可分级性；

5）输出码率可以是恒定的也可以是变化的，以适应同步与异步传输。

MPEG-2 视频是一个多格式系统，允许对 4 种源格式进行 5 种类型 11 种单独技术规范进行编码。11 种单独技术规范如表 5-7 所示。

表 5-7 MPEG-2 视频 11 种单独技术规范

等级	简单规范（无 B 帧，不可缩放）	主规范（B 帧，不可缩放）	SNR 缩放（B 帧，SNR 缩放）	空间可缩放的规范（B 帧，空间或 SNR 可缩放）	高级规范（B 帧，空间或 SNR 可缩放）
高层 1 1920×1152×60		80Mbit/s			100Mbit/s
高层 2 1440×1152×60		60Mbit/s		60Mbit/s	80Mbit/s
高层 3 720×576×30	15Mbit/s	15Mbit/s	15Mbit/s		20Mbit/s
低层 352×288×30		4Mbit/s	4Mbit/s		

5. 第二代视频压缩编码标准

本小节将介绍三类代表性标准，即已应用于移动通信的 JPEG-2000、MPEG-4 编码标准和 H.264 编码标准。

（1）JPEG-2000 编码标准简介

JPEG-2000 标准的主要特点如下：

1）用以小波变换为主的多分辨率编码方式代替 JPEG 中采用的传统 DCT 变换；

2）采用了渐进传输技术；

3）用户在处理图像时可以指定感兴趣区域（region of interest，ROI），对这些区域可以选取特定的压缩质量和解压缩质量；

4）利用预测法可以实现无损压缩；

5）具有误码鲁棒性，抗干扰性好；

6）考虑了人眼的主观视觉特性，增加了视觉权重和掩膜。

（2）MPEG-4 编码标准简介

视频编码大体上可以分为两代：第一代基于像素的方法；第二代基于内容的方法。MPEG-4 是基于对象的方法。图 5-36 给出了对于一个任意形状的视频对象进行通用编码的原理框架，主要包含三个模块：纹理编码、形状编码和运动编码。

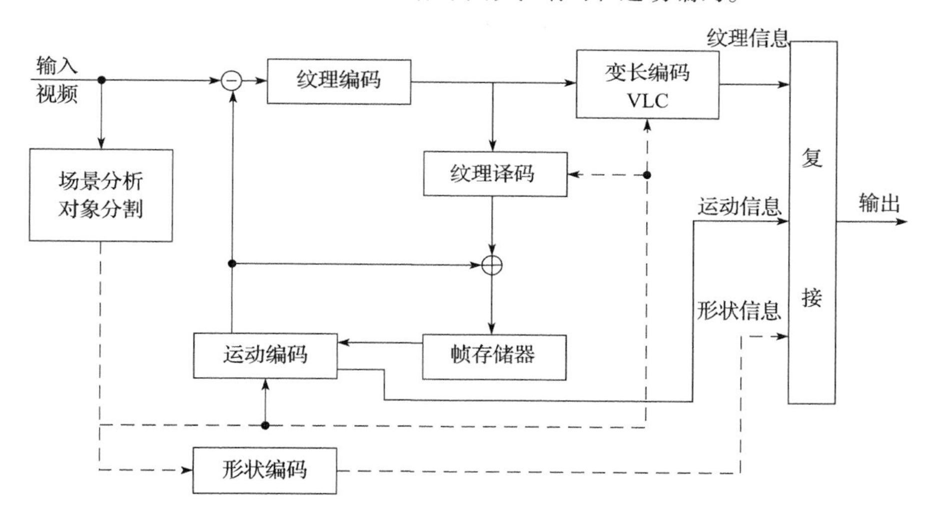

图 5-36　MPEG-4 通用编码原理框架

MPEG-4 标准中定义的中心概念是 AV 对象，其编码机制是基于 16×16 的像素宏块来设计的。MPEG-4 视频码流提供了对视频场景的分层描述，如图 5-37 所示。

MPEG-4 视频编译码的主要特点包括：

1）图像信息处理的基本单元，由第一代像素块像素帧转变到以纹理、形状和运动三类主要数据的取样值构成视频对象平面 VOP_i；

2）视频编码基础转变成既取决于原有的客观统计特性，而更重要的则是取决于视频对象、内容的各种主客观以及图像瞬时特性；

3）基于对象、基于内容；

4）对于不同的信源与信道，以及各个 VO 和 VOP_i 在总体图像中的重要性和地位，可以分别采用不同等级的保护与容错措施；

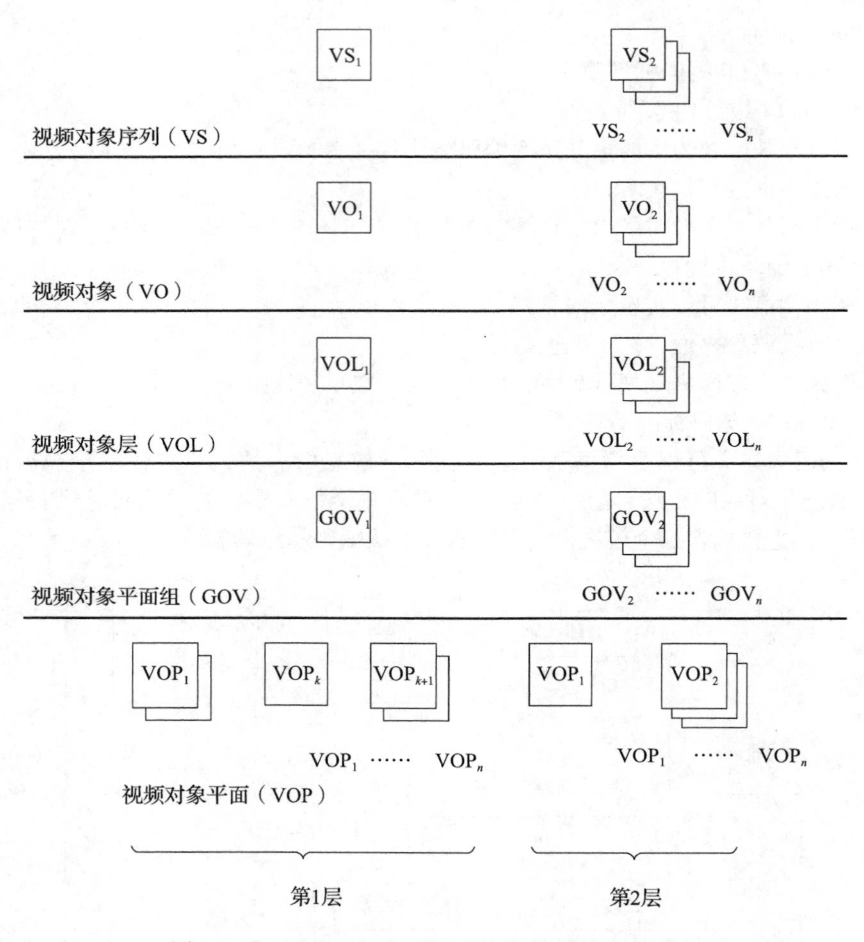

图 5-37 MPEG-4 视频码流对视频场景的分层描述

5）图像处理中具有时间、空间可伸缩性（尺度变换）。

（3）新一代的视频编、译码标准 H. 264

ITU-T 与 ISO/IEC 联手成立的 VCEG 在 H. 263 及其改进型与 MPEG-4 的基础上进行技术融合、改进和优化，共同提出 H. 264 建议标准。

VCEG 从图像质量与实时性两方面出发，给出以下几个方面的要求：数据比特率与图像质量、时延、复杂性、差错恢复、语法定义、网络友好性。

H. 264 与以往编码的主要差异包括：

1）运动估值和运动补偿；

2）采用内部预测；

3）采用系数变换技术；

4）采用变换系数量化；

5）熵编码；

6）在扫描顺序、去块滤波器、新的图片类型、熵编码模式和网络适应层等方向，都有与以往编码不一样的特色。

5.5 移动通信中的鉴权与加密

随着移动通信的迅速普及和业务类型的与日俱增，特别是电子商务、电子贸易等数据业务的需求，使移动通信中的信息安全地位日益显著。

在20世纪八九十年代，模拟手机盗号问题给电信部门和用户带来了巨大的经济损失，并增加了运营商与用户之间不必要的矛盾；移动通信体制的数字化，为通信的安全保密，特别是鉴权与加密，提供了理论与技术基础；数据业务与多媒体业务的开展进一步促进了移动安全保密技术的发展；移动台与手持设备的认证也推动了移动安全技术的发展。

5.5.1 移动环境中的安全威胁

移动通信最有代表性的是第三代移动通信系统（3G）。其系统安全结构一共定义了5种类型。3G系统安全体系结构如图5-38所示，5类信息安全问题为：网络接入安全、网络域安全、用户域的安全、应用程序域安全、安全的可见度与可配置性。

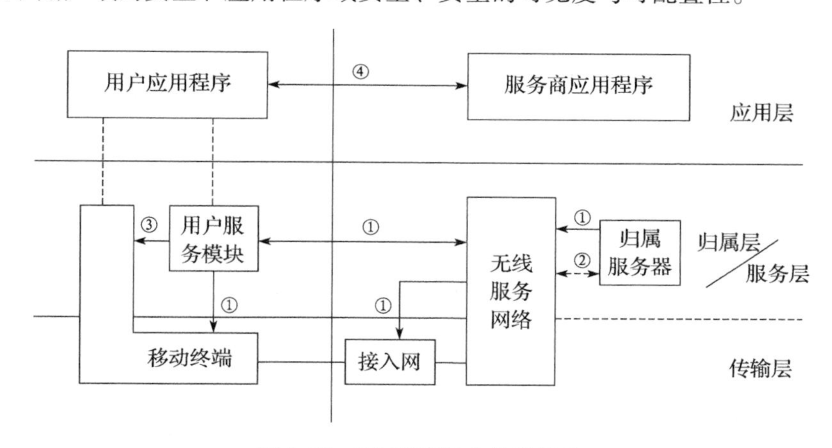

图5-38 3G系统安全体系结构

以空中接口为主体的安全威胁包括如下几类情况：窃听、假冒、重放、数据完整性侵犯、业务流分析、跟踪。

来自网络和数据库的安全威胁包括以下3类情况：网络内部攻击、对数据库的非法访问、对业务的否认。

5.5.2 GSM系统的鉴权与加密

为了保障GSM系统的安全，在系统设计中采用了很多安全、保密措施，其中最主要的有以下4类：

1）防止未授权的非法用户接入的鉴权（认证）技术；

2）防止空中接口非法用户窃听的加、解密技术；

3）防止非法用户窃取用户身份码和位置信息的临时移动用户身份码（TMSI）更新技术；

4）防止未经登记的非法用户接入和防止合法用户过期终端（手机）在网中继续使用的设备认证技术。

1. 防止未授权非法用户接入的鉴权（认证）技术

鉴权（认证）的目的是防止未授权的非法用户接入 GSM 系统。其基本原理是利用认证技术在移动网端访问寄存器 VLR 时，对入网用户的身份进行鉴别。GSM 系统中鉴权的原理如图 5-39 所示。

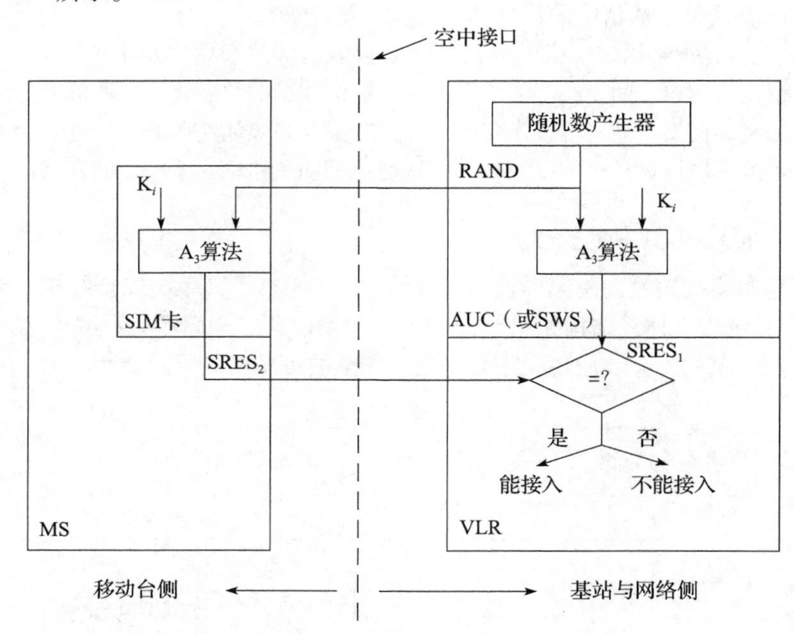

图 5-39　GSM 系统中鉴权的原理

本方案的核心思想是在移动台与网络两侧各产生一个供鉴权（认证）用鉴别响应符号 $SRES_1$ 和 $SRES_2$，然后送至网络侧 VLR 中进行鉴权（认证）比较，通过鉴权的用户是合理用户，可以入网，不能通过鉴权的用户则是非法（未授权）用户，不能入网。

在移动台的用户识别卡 SIM 中，分别给出一对 IMSI 和个人用户密码 K_i。在 SIM 卡中利用个人密码 K_i 与从网络侧鉴权中心 AUC 和安全工作站 SWS 并经 VLR 传送至移动台 SIM 卡中的一组随机数 RAND 通过 A_3 算法产生输出的鉴权响应符号 $SRES_2$。

在网络侧，也分为鉴权响应符号 $SRES_1$ 的产生与鉴权比较两部分。

2. 防止空中接口窃听的加解密技术

这种加密技术的目的是防止非法窃听用户的机密信息，它的基本原理遵循密码学中序列（流）加密原理。其加解密原理框图如图 5-40 所示。

本方案基本思路是在移动台以及网络侧分别提供话音/数据业务加密、解密用序列（流）和加密、解密密钥，以供用户加解密用。

3. 临时移动用户身份码更新技术

为了保证移动用户身份的隐私权，防止非法窃取用户身份码和相应的位置信息，可以不断更新临时移动用户身份码（TMSI）取代每个用户唯一的国际移动用户身份码（IMSI）。

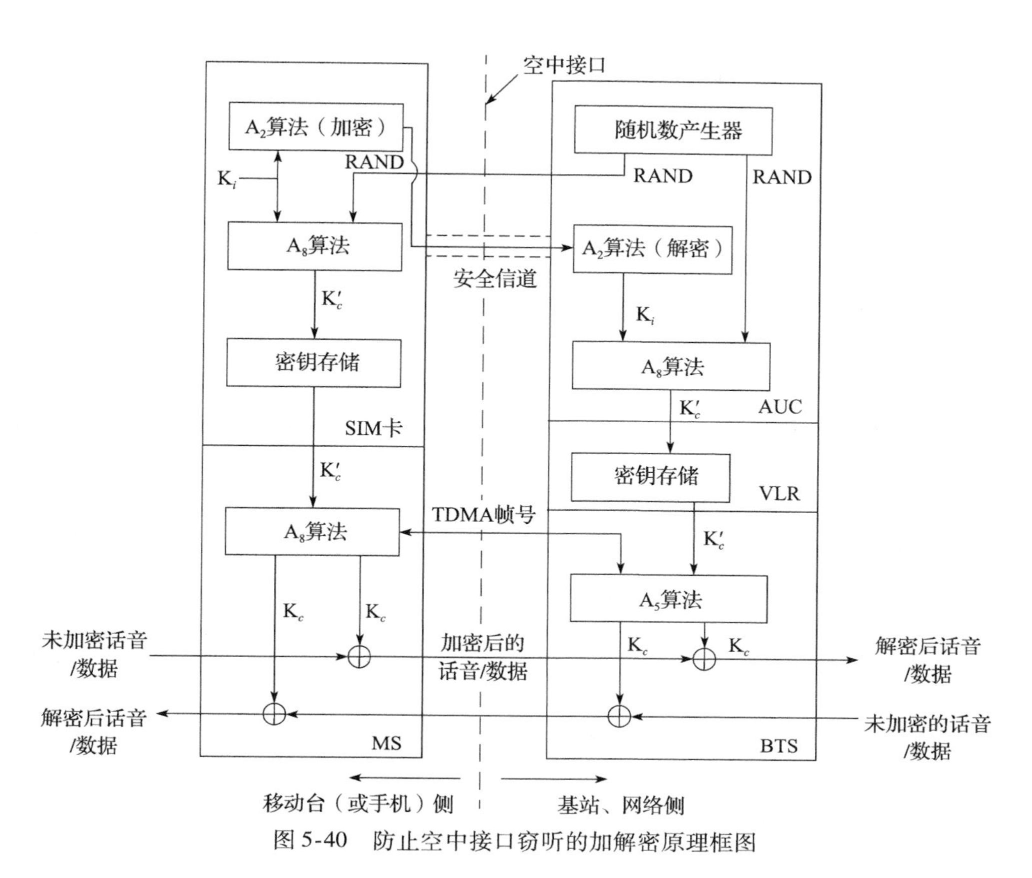

图 5-40　防止空中接口窃听的加解密原理框图

TMSI 的具体更新过程原理如图 5-41 所示，由移动台侧与网络侧配合进行。

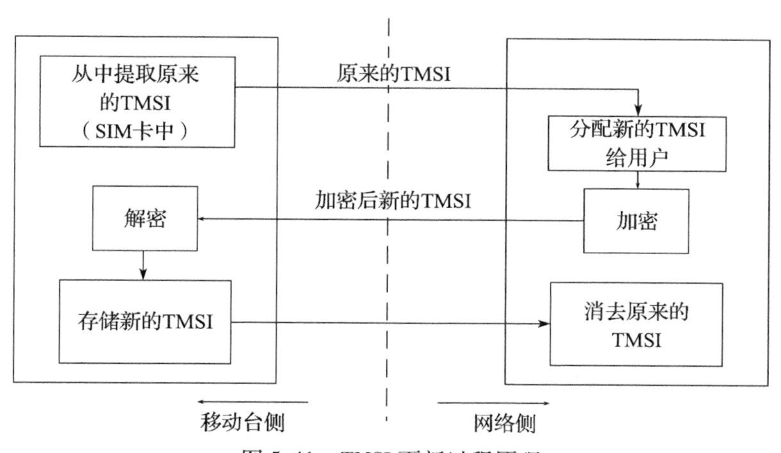

图 5-41　TMSI 更新过程原理

4. 防止非法或过期设备接入的用户设备识别寄存器

这项技术的目的是防止非法用户接入移动网，同时也防止已老化的过期手机接入移动网。在网络端采用一个专门用于用户设备识别的寄存器（EIR），它实质上是一个专用数据库，负责存储每个手机唯一的国际移动设备号码（IMEI）。根据运营者的要求，

MSC/VLR 能够触发检查 IMEI 的操作。

5.5.3 IS-95 系统的鉴权与加密

IS-95 中的信息安全主要包含鉴权（认证）与加密两个方面的问题，而且主要是针对数据用户，以确保用户的数据完整性和保密性。鉴权（认证）技术的目的是确认移动台的合理身份、保证数据用户的完整性、防止错误数据的插入和防止正确数据被篡改。加密技术的目的是防止非法用户从信道中窃取合法用户正在传送的机密信息，它包括信令加密、话音加密、数据加密。

1. 鉴权认证技术

在 IS-95 标准中，定义了下列两个鉴权过程：全局查询鉴权和唯一查询鉴权。鉴权基本原理是要在通信双方都产生一组鉴权认证参数，这组数据必须满足下列特性：

1）通信双方、移动台与网络端均能独立产生这组鉴权认证数据；

2）必须具有被认证的移动台用户的特征信息；

3）具有很强的保密性能，不易被窃取，不易被复制；

4）具有更新的功能；

5）产生方法应具有通用性和可操作性，以保证认证双方和不同认证场合产生规律的一致性。

满足上述 5 点特性的具体产生过程如图 5-42 所示。

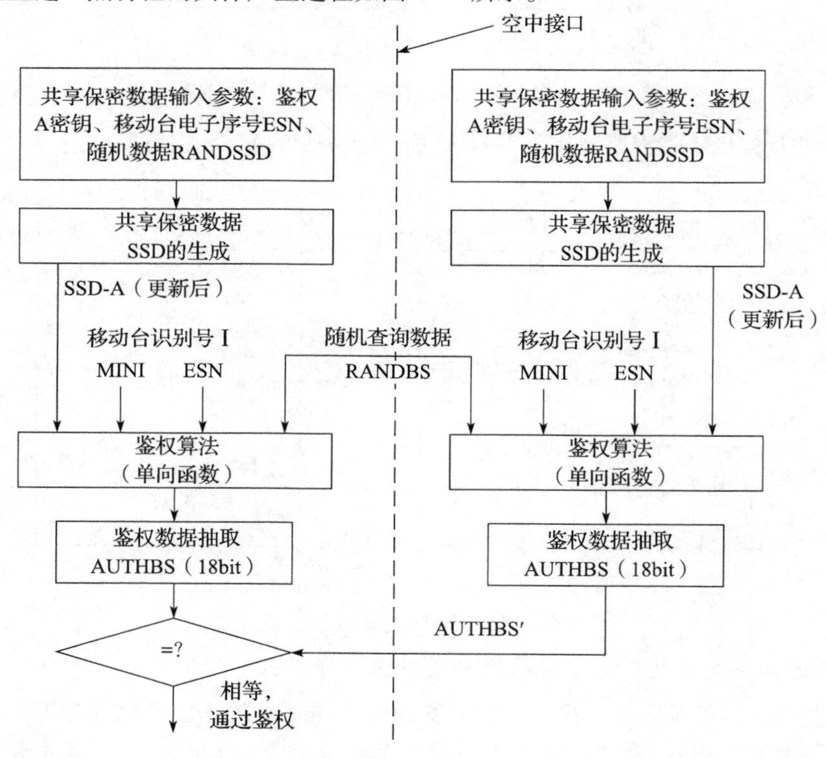

图 5-42 IS-95 鉴权认证过程

IS-95 系统的鉴权认证过程涉及以下几项关键技术：共享保密数据 SSD 的产生、鉴权认证算法、共享保密数据 SSD 的更新。

（1） SSD 的产生

SSD 是存储在移动台用户识别 UIM 卡中半永久性 128bit 的共享加密数据，其产生框图如图 5-43 所示。

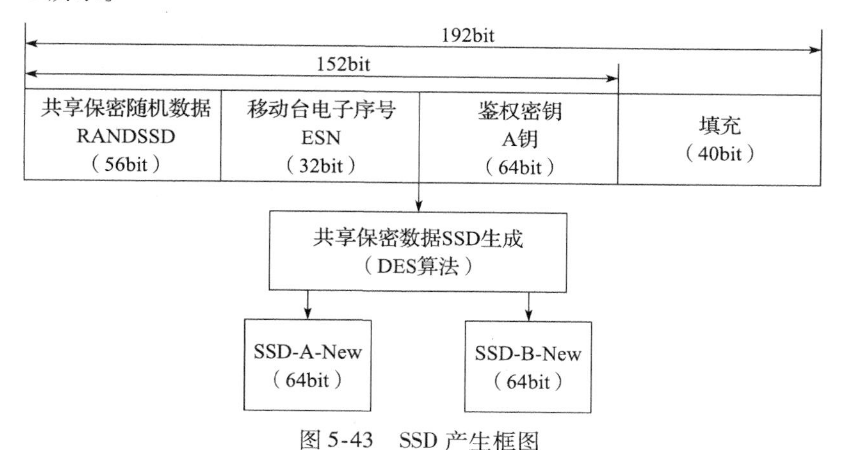

图 5-43 SSD 产生框图

SSD 的输入参数组包括三部分：共享保密的随机数据 RANDSSD、移动台电子序号 ESN、鉴权密钥（A 钥）、填充。

SSD 输出两组数据：SSD-A-New 是供鉴权用的共享加密数据；SSD-B-New 是供加密用的共享加密数据。

（2） 鉴权认证算法

这一部分是鉴权认证的核心，鉴权认证输入参数组含有 5 组参数：随机查询数据 RANDBS、移动台电子序号 ESN、移动台识别号第一部分、更新后的共享保密数据 SSD-A-New、填充。

鉴权核心算法（如图 5-44 所示）包含以下两步：

1）利用单向 Hash 函数，产生鉴权所需的候选数据组；

2）从鉴权认证的候选数据组中摘要抽取正式鉴权认证数据，供鉴权认证比较时使用。

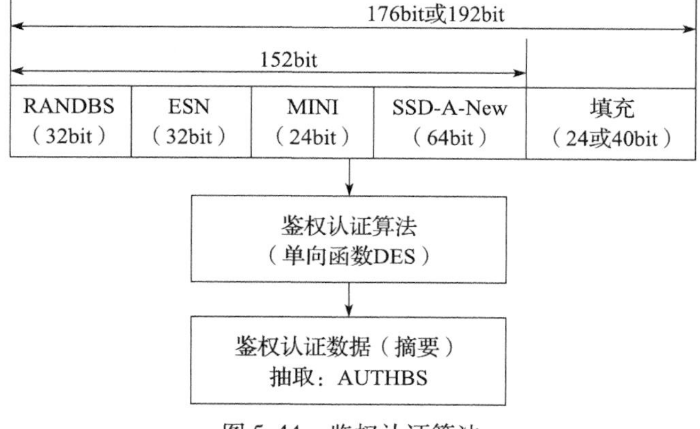

图 5-44 鉴权认证算法

（3）SSD 的更新

为了使鉴权认证数据 AUTHBS 具有不断随用户变化的特性，要求共享保密数据应具有不断更新的功能。SSD 更新框图如图 5-45 所示。

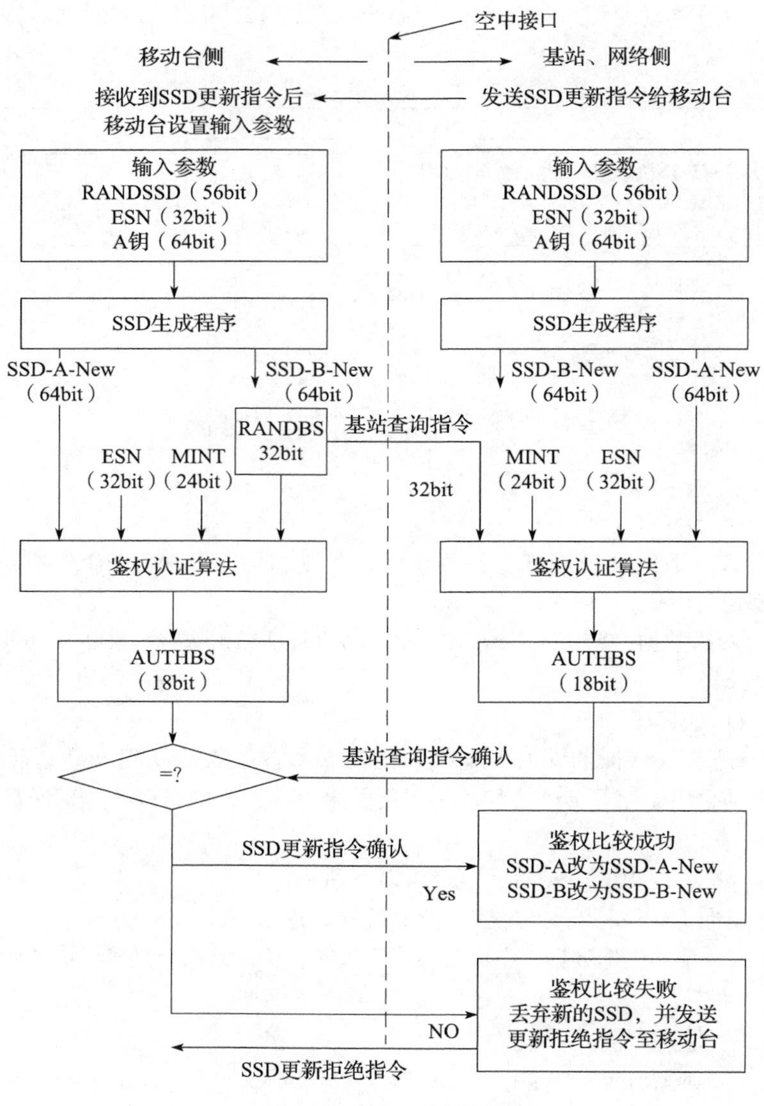

图 5-45　SSD 更新框图

2. 加密技术

IS-95 系统可以对下列不同业务进行加密：

1）信令消息加密。

2）话音消息加密。

3）数据消息加密。

IS-95 系统就业务而言，可以分为信令、话音与数据，但是就加密模式而言，则可分为两大类型：

1）信源消息加密：包括外部加密方式和内部加密方式。

2）信道输入信号加密。

5.5.4 WCDMA系统信息安全

本节主要介绍WCDMA系统的鉴权与认证，3G安全体系目标为：

1）确保用户信息不被窃听或盗用；

2）确保网络提供的资源信息不被滥用或盗用；

3）确保安全特征充分标准化，且至少有一种加密算法是全球标准化；

4）安全特征的标准化，以确保全球范围内不同服务网之间的相互操作和漫游；

5）安全等级高于目前的移动网或固定网的安全等级（包括GSM）；

6）安全特征具有可扩展性。

1. 认证与密钥分配（协商）

认证是识别通信参与者身份真伪的主要手段，密钥的安全有效分配（协商）是保证通信安全的重要前提。WCDMA系统中认证与密钥分配协商机制如图5-46所示。

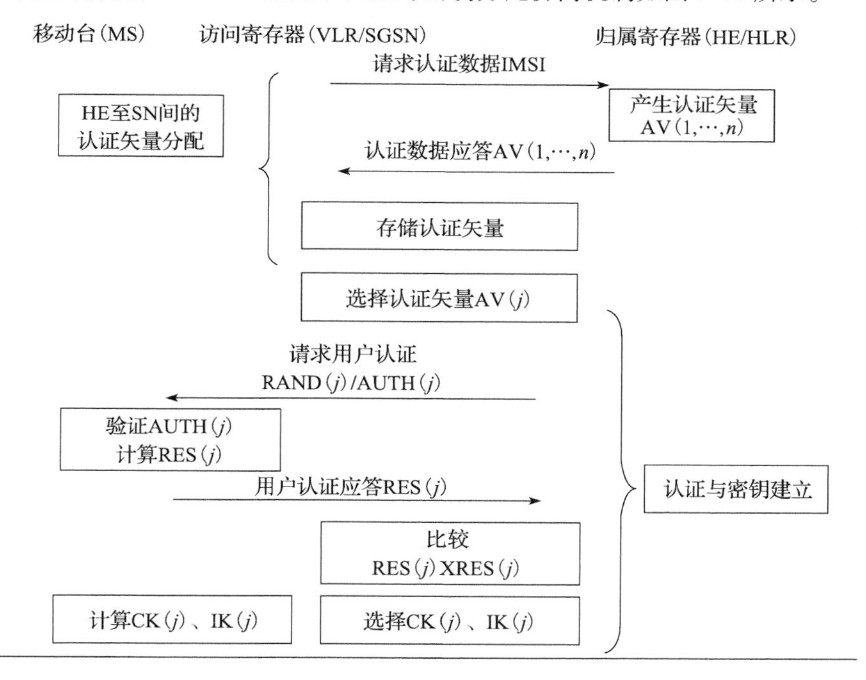

图5-46 WCDMA系统中认证与密钥分配协商机制

（1）认证矢量的生成

HE收到来自VLR/SGSN的认证数据请求后，产生新的序列号SQN和RAND，其生成过程如图5-47所示。

（2）USIM卡中用户认证函数的产生

WCDMA中USIM中用户认证函数的产生如图5-48所示。

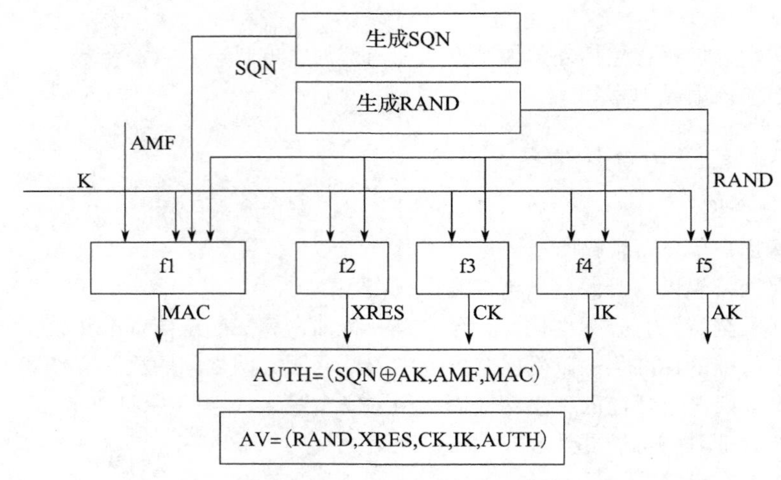

图 5-47 认证矢量的生成

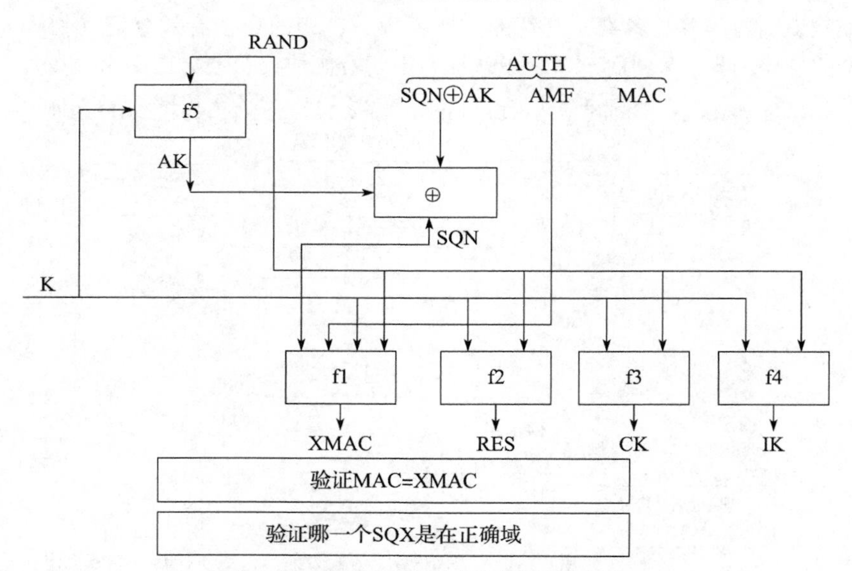

图 5-48 USIM 中用户认证函数的产生

AUTS 参数结构如图 5-49 所示。

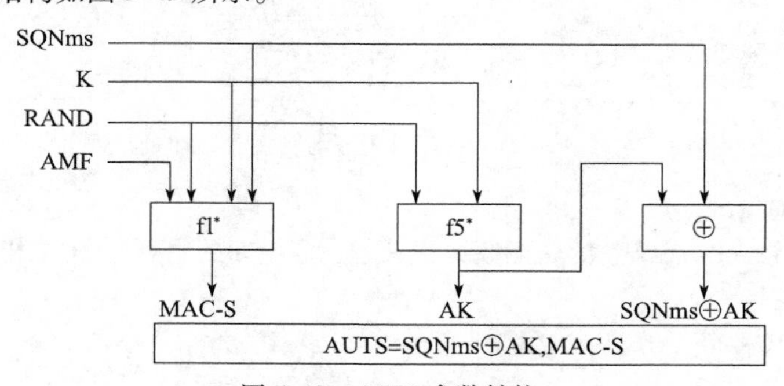

图 5-49 AUTS 参数结构

同一网络之间的 IMSI 和临时认证数据的分配可以用图 5-50 表示。

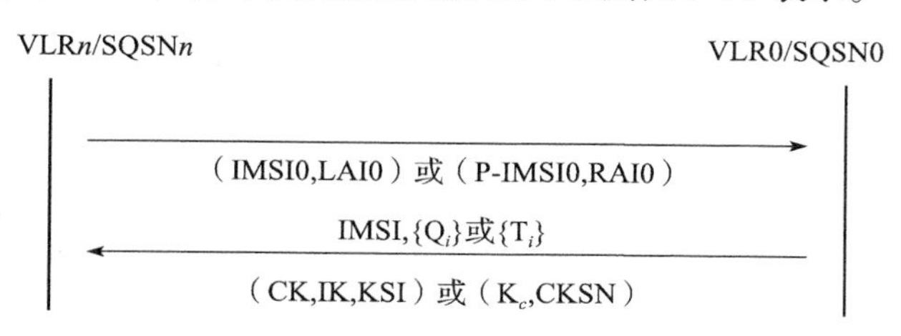

图 5-50　同一网络之间的 IMSI 和临时认证数据的分配

2. 空中接口安全算法

为了满足不同制造商设备（手机、基站）之间的互联互通，必须要求 3G 空中接口安全算法标准化，目前定义的标准算法是 Kasami 算法，它同时适用于数据加密和接入链路数据完整性的 f8 与 f9 算法。

（1）数据加密算法

f8 算法在 3G 用户终端设备（UE）与无线网络控制器（RNC）中的链路层（RLC/MAC 层）中实施。WCDMA 系统数据加密原理如图 5-51 所示。

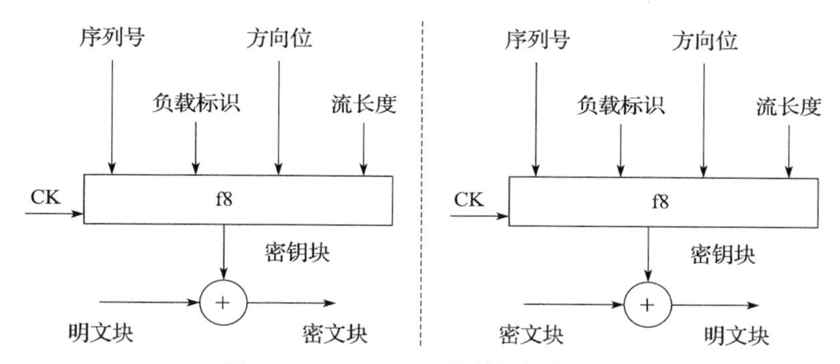

图 5-51　WCDMA 系统数据加密原理

（2）接入链路数据完整性保护

f9 算法为数据完整性保护算法，在 UE 与 RNC 之间实施，可以选用 16 种不同算法，应该采用标准化算法。WCDMA 系统中消息认证码 MAC-1 或 XMAC-1 产生原理图如图 5-52 所示。

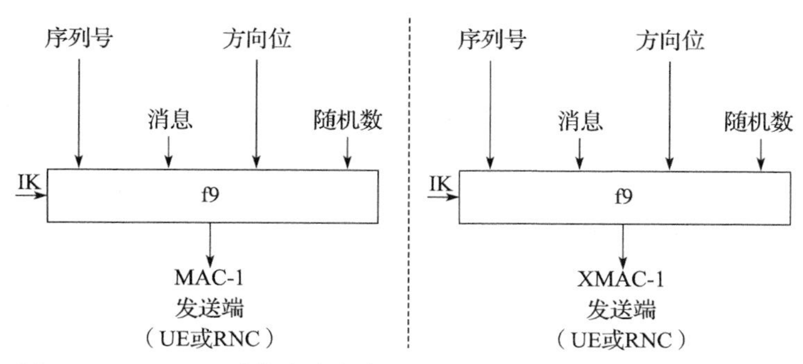

图 5-52　WCDMA 系统中消息认证码 MAC-1 或 XMAC-1 产生原理图

5.6 调制理论

无线通信系统中所采用的调制方式多种多样，从信号空间观点来看，调制实质上是从信道编码后的汉明空间到调制后的欧式空间的映射或变换。这种映射可以是一维的，也可以是多维的，既可以采用线性变换方式，也可以采用非线性变换方式。本节首先引入移动通信系统的抽象物理模型，然后从最基本的调制方式开始讨论，主要侧重各种调制方式接收性能。同时结合各类无线通信系统，介绍实际应用的调制方式的基本原理和结构。

5.6.1 移动通信系统的物理模型

在移动通信中，若假设信道满足线性时变特性，则根据不同环境条件，可以给出下列各种类型的移动信道与相应的移动通信系统的物理模型，如图 5-53 所示。

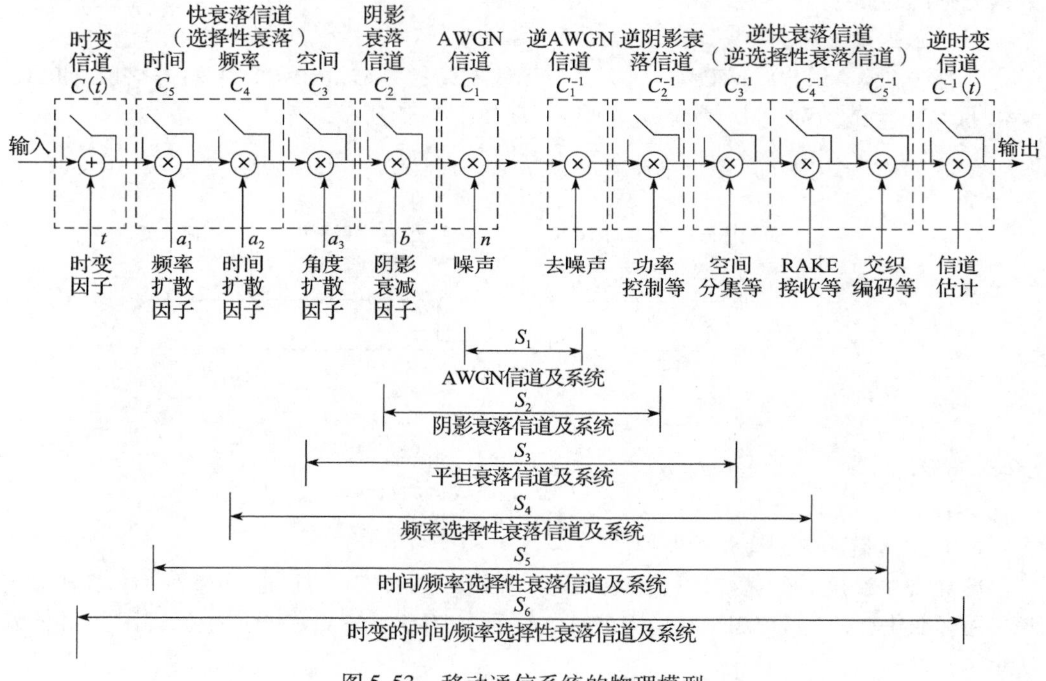

图 5-53 移动通信系统的物理模型

1. 理想加性白色高斯（AWGN）信道 C_1

移动通信中研究 AWGN 信道 C_1 的目的首先是由于它是最基本、最典型的恒参信道，是研究各类信道的基础。

实际的移动信道是具有时变特性的衰落信道，提高这类信道的抗干扰性能主要有两类方法：一类是适应信道，另一类是改造信道，即将信道改造为 AWGN 信道，这时研究 AWGN 信道将更具有现实意义。

2. 慢衰落信道 C_2

慢衰落信道是移动信道区别于有线信道的最基本特征之一，也是进一步研究各类快衰落信道的基础，慢衰落信道在有些文献资料中称为中尺度或大尺度传播特性，或称为阴影衰落信道。

克服慢衰落的典型方法有：

1）对电路交换型业务，特别是话音业务采用功率控制技术；

2）对分组交换型业务，特别是数据业务采用自适应速率控制更合适。

3. 快衰落信道 C_3、C_4、C_5 与 C_6

快衰落信道在一些文献中称为小尺度传播特性。快衰落是移动信道最主要的特色，它又可划分为以下三类。

1）由于传播中天线的角度扩散引起的空间选择性衰落。其最有效的克服手段是空间分集和其他空域处理方法。

2）由于多径传播带来的时延功率谱的扩散而引起的频率选择性衰落，它在宽带移动通信中尤为突出。其最有效的克服方法有自适应均衡、正交频分复用（OFDM）以及CDMA系统中的Rake接收等。

3）由于用户高速移动导致的频率扩散（即多普勒频移）而引入的时间选择性衰落。它在高速移动通信中尤为突出。其最为有效的克服方法是采用信道交织编码技术，即将由于时间选择性衰落带来的大突发性差错信道改造成近似性独立差错的AWGN信道。

上述三种类型快衰落信道可分别记为 C_3、C_4 和 C_5。若将时变因子单独予以考虑，则可以构成时变信道。但是实际的衰落信道（特别是各类快衰落信道）与时变特性是密不可分的，仅有慢衰落的时变特性可以单独考虑。

上述移动信道物理模型在实际问题中可以分为下列4个常用信道模型：

1）AWGN信道模型：这类信道服从正态（高斯）分布，是恒参信道中最典型的一类信道，也是无线移动信道等变参信道的努力方向和改造目标。

2）阴影衰落信道：这类信道服从对数正态分布，它是研究无线移动信道的基础。

3）平坦瑞利衰落信道：这类信道遵从瑞利或者莱斯分布，它是最典型的宽带无线和慢速移动的信道模型。在快衰落中仅仅考虑了空间选择性衰落。

4）选择性衰落信道：可分为①频率选择性衰落信道，是典型的宽带无线和慢速移动信道；②时间选择性衰落信道，是典型的宽带无线和快速移动信道。

4. 传输可靠性与抗衰落、抗干扰性能

无线传输的质量主要取决于下列因素。

1）传播损耗：它是从宏观角度考虑的损耗，又称为大尺度特性。传播损耗随着距离的2~5.5次方迅速衰减，克服它唯一的方法是增大设备能力，比如增加发射功率，提高发送与接收天线增益等。

2）慢衰落：它是由阴影效应引起的，又称为中尺度特性，慢衰落若按90%出现概率，考虑其深度大约在10dB左右，对于IS-95，其特性约有20dB的抗慢衰落潜在增益。

3）快衰落：它是由传输中角度域、时间域和频率域扩散而引起的空间、频率与时间选择性衰落，又称为小尺度特性。

- 空间选择性衰落：它是由系统及传输中角度扩散而引起的，通常又称为平坦瑞利衰落。

- 频率选择性衰落，它是由传播中多径产生的时延功率谱（即时域的扩散）而引入的。
- 时间选择性衰落：它是由移动终端快速运动形成的多普勒频移（即频域扩散）而引入的。

以上三类快衰落及其抵抗措施与性能的改善而带来的抗衰落潜在增益和抗白噪声干扰的潜在增益可以利用图5-54表示。

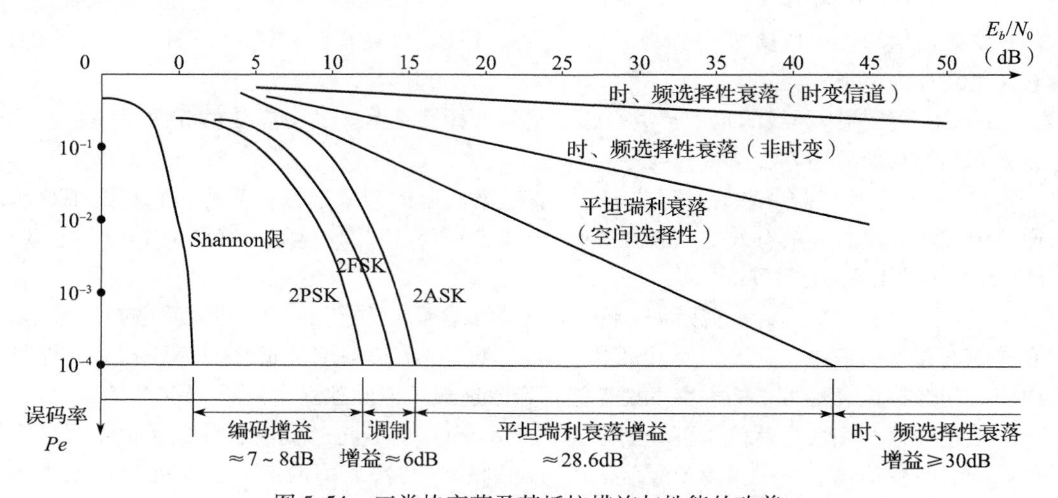

图5-54　三类快衰落及其抵抗措施与性能的改善

从以上图形及分析可以很清楚地看出，移动信道是一类极其恶劣的信道，必须采用多种抗衰落、抗干扰手段才能保证可靠通信，从总体上来看：

1）对付大尺度传播特性所引入的衰耗仅能靠增大设备能力的方式来克服。

2）对付中尺度传播特性的慢衰落，一般可采用链路自适应方式，对于电路型话音业务适宜采用功控的功率自适应；而对于分组型数据业务则适宜采用链路的速率自适应。其潜在抗慢衰落能力（增益）大约为20dB左右。

对付小尺度的快衰落，如克服平坦瑞利（空间选择性）衰落，大约有28dB左右的潜在增益；若再进一步考虑频率与时间选择性衰落，有大于30dB的潜在增益。

对于加性白噪声（AWGN）信道，调制潜在增益大约为6dB，编码潜在增益大约为7～8dB左右。

上述分析对于慢时变信道，必须依据准确的信道估计技术，否则将带来一定程度的性能恶化。

5.6.2　调制/解调的基本功能与要求

1. 调制/解调的基本功能

在移动通信中对调制方式的选择主要有三条准则：首先是可靠性，即抗干扰性能，选择具有低误比特率的调制方式，其功率谱密度集中于主瓣内；其次是有效性，它主要体现在选取频谱有效的调制方式上，特别是多进制调制；第三是工程上易于实现，它主要体现在恒包络与峰平比的性能上。

2. 数字式调制的分类

数字式调制是将数字基带信号通过正弦型载波相乘调制成为带通型信号。其基本原理是用数字基带信号0与1去控制正弦载波中的一个参量。若控制载波的幅度，称为振幅键控（ASK）；若控制载波的频率，称为频率键控（FSK）；若控制载波的相位，称为相位键控（PSK）；若联合控制载波的幅度与相位两个参量，称为幅度相位调制，又称为正交幅度调制（QAM）。

若将上述由0与1组成的基带二进制调制进一步推广至多进制信号，将产生相应的MASK、MFSK、MPSK和MQAM调制。

在实际的移相键控方式中，为了克服在接收端产生的相位模糊度，往往将绝对移相改为相对移相DPSK以及DQPSK。另外，在实际移相键控调制方式中，为了降低已调信号的峰平比，又引入了偏移QPSK(OQPSK)、π/4-DQPSK、正交复四相移键控CQPSK，以及混合相移键控HPSK等。

在二进制基带调制中，为了彻底消除由于相位跃变带来的峰平比增加和频带扩展，引入了有记忆的非线性连续相位调制（CPM）、最小频移键控（MSK）、GMSK（高斯型MSK）以及平滑调频（TFM）等。

上述各类调制中仅有后一类（即CPM、MSK、GMSK和TFM）属于有记忆的非线性调制，其余各类调制均属于无记忆的线性调制。

上述调制中最基本的调制为2ASK、2FSK、BPSK。在三种基本调制方式中，2PSK（即BPSK）抗干扰性能最佳。所以在移动通信中也不例外，其调制方式均以BPSK为基础。

移动通信中最常用的调制方式有两大类：

1）1986年以前，由于线性高功放未取得突破性的进展，移动通信中调制技术青睐于恒包络调制的MSK和GMSK，比如GSM系统采用的就是GMSK调制，但是它实现较复杂，且频谱效率较低。

2）1986年以后，由于实用化的线性高功放已取得了突破性的进展，人们又重新对简单易行的BPSK和QPSK予以重视，并在它们的基础上改善峰平比、提高频谱利用率，比如OQPSK、CQPSK和HPSK。

在CDMA系统中，由于有专门的导频信道或者导频符号传送，因此CDMA体制中不采用相对移相的DPSK和DQPSK等。

5.6.3 MSK/GMSK调制

1. 为什么采用GMSK调制

在1986年线性高功放未取得突破性进展以前，移动通信中的调制是以恒包络调制技术为主体。MSK调制是一种恒包络调制，这是因为MSK是属于二进制连续相位移频键控（CPFSK）的一种特殊的情况，它不存在相位跃变点，因此在限带系统中，能保持恒包络特性。恒包络调制具有以下优点：极低的旁瓣能量；可使用高效率的C类高功率放大器；容易恢复用于相干解调的载波；已调信号峰平比低。

MSK是CPFSK满足移频系数时的特例：当时满足在码元交替点相位连续的条件，是移频键控为保证良好的误码性能所允许的最小调制指数；且此时波形的相关系数为0，待传送的两个信号是正交的。

GMSK是MSK的进一步优化方案。数字移动通信中，当采用较高传输速率时，寻求更为紧凑的功率谱和更高的频谱利用效率，因此要求对MSK进一步优化。GMSK是属于MSK简单的优化方案，它只需在MSK调制前附加一个高斯型前置低通滤波器，进一步抑制高频分量，防止过量的瞬时频率偏移以及满足相干检测的需求。

2. MSK信号形式

一个二进制移频键控信号中的第i个码元的波形可以表达为：

$$X(t) = A\cos(\omega_0 t + \varphi_k(t)), \quad kT \leqslant t \leqslant (k+1)T$$

式中附加相位为$\varphi_k(t)$，且$\frac{d\varphi_k(t)}{dt} = \alpha_k\omega_d$，$\omega_d$为频差，而$\alpha_k = \pm 1$。

瞬时频率为$\omega = \omega_0 + \alpha_k\omega_d = \omega_0 \pm \omega_d$。

当载波频移量最小时（即频差最小），调制指数$h = \frac{\omega_2 - \omega_1}{\omega_b}$为频差与数据速率之比。

而将$\omega_2 = \omega_0 + \omega_d$，$\omega_1 = \omega_0 - \omega_d$带入上式求得：

$$h = \frac{\omega_0 + \omega_d - \omega_0 + \omega_d}{\omega_b} = \frac{2\omega_d}{\omega_b}$$

MSK是CPFSK的$h=0.5$时的特例，将其带入上式可得：

$$h = \frac{2\omega_d}{\omega_b} = 0.5 = \frac{1}{2}$$

这时，$\omega_b = 4\omega_d$，而$\frac{d\varphi_k(t)}{dt} = \alpha_k\omega_d = \alpha_k \times \frac{\omega_b}{4} = \alpha_k \times \frac{2\pi f_b}{4} = \alpha_k \frac{\pi}{2T_k}$。

$$\varphi_k(t) = \int \frac{d\varphi_k(t)}{dt}dt = \alpha_k \frac{\pi}{2T_k} \times t + \varphi_k$$

φ_k是积分常数，上式代入第一式可得：

$$X(t) = A\cos\left[\omega_0 t + \alpha_k \frac{\pi t}{2T_k} + \varphi_k\right]$$

展开得：

$$X(t) = A\cos\left[\alpha_k \frac{\pi t}{2T_k} + \varphi_k\right]\cos\omega_0 t - A\sin\left[\alpha_k \frac{\pi t}{2T_k} + \varphi_k\right]\sin\omega_0 t$$

以上两式为MSK基本表达式。

3. MSK调制器结构

如图5-55所示为MSK调制器原理方框图，主要实现步骤如下：输入为二元码$\alpha_k = \pm 1$，经预编码（差分编码）后得$b_k = \alpha_k \oplus \alpha_{k-1}$，再经串并变换后变成两路并行双极性不归零码，且相互间错开一个T_b波形，分别为$b_I(t)$和$b_Q(t)$，符号宽度为$2T_b$。$b_I(t)$和$b_Q(t)$分别乘以$\cos\left(\frac{\pi t}{2T_b}\right)$和$\sin\left(\frac{\pi t}{2T_b}\right)$，再乘以载波分量$\cos(\omega_0 t)$与$\sin(\omega_0 t)$，上、下两路信号相加，即求得MSK信号。即

$$X(t) = b_I(t)\cos\left[\frac{\pi t}{2T_b}\right]\cos\omega_0 t - b_Q(t)\sin\left[\frac{\pi t}{2T_b}\right]\sin\omega_0 t$$

再经三角变换可得：

$$X(t) = A\cos\left[\omega_0 t - b_I(t)b_Q(t)\frac{\pi t}{2T_b} + \varphi(t)\right]$$

式中，当 $b_I(t)=1$ 时 $\varphi(t)=0$，$b_I(t)=-1$ 时 $\varphi(t)=\pi$。这时，上式可写成：

$$X(t) = \cos\left\{\omega_0 t + [b_I(t) \oplus b_Q(t)]\frac{\pi t}{2T_b} + \varphi(t)\right\} = \cos\left[\omega_0 t + \alpha(t)\frac{\pi t}{2T_b} + \varphi(t)\right]$$

显然上式也是 MSK 的一种等效信号表示式。

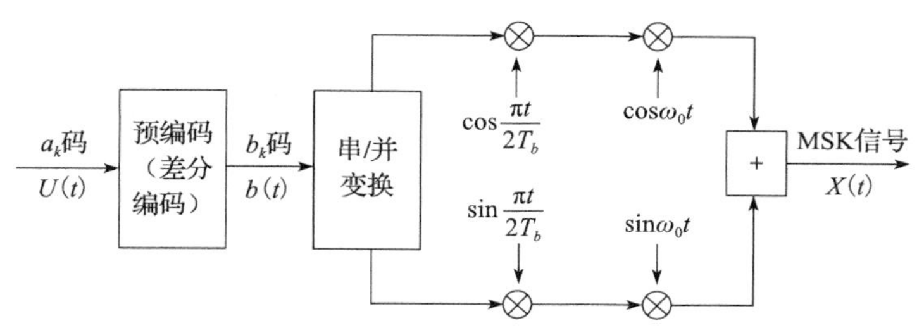

图 5-55 MSK 调制器原理方框图

4. MSK 信号的特点

MSK 已调信号幅度是恒定的，在一个码元周期内，信号应包含 1/4 载波周期的整数倍。码元转换时，相位是连续无突变的。信号频偏严格的等于 $\pm\frac{1}{4T_b}$，相应调制指数：$h=(\omega_2-\omega_1)/\omega_b=(f_2-f_1)/T_b=0.5$。以载波相位为基准的信号相位在一个码元周期内准确地线性变化 $\pm\frac{\pi}{2}$。

5. MSK 解调器结构

实际解调器中往往需要解决载波恢复的相位模糊问题，因此在编码器中采用差分编码的预编码是必要的，同时接收端也必须在正交相干解调器的输出端附加一个差分译码器。MSK 解调器原理方框图如图 5-56 所示。

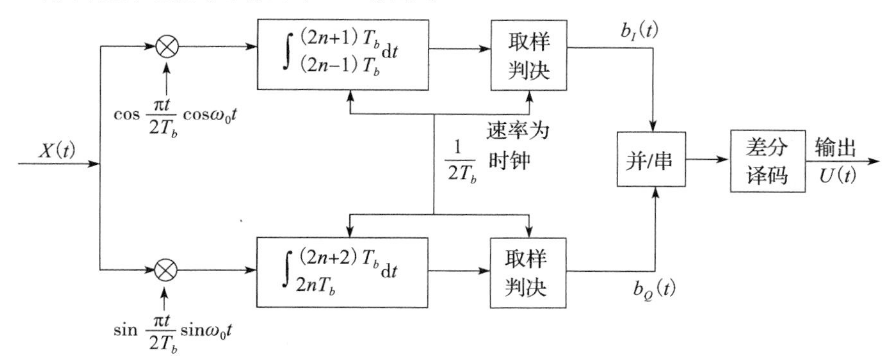

图 5-56 MSK 解调器原理方框图

其中，$X(t)=b_I(t)\cos\left(\frac{\pi t}{2T_b}\right)\cos\omega_0 t - b_Q(t)\sin\left(\frac{\pi t}{2T_b}\right)\sin\omega_0 t$，定时时钟速率为$\frac{1}{2T_b}$，需要有一个专门的同步电路来提取，比如用平方环、科斯塔斯环、判决反馈环、逆调制环等。

6. MSK 与 GMSK 信号的功率谱密度

QPSK 和 MSK 均是由 BPSK 演变形成的，BPSK、OQPSK、MSK 功率谱密度如图 5-57 所示。

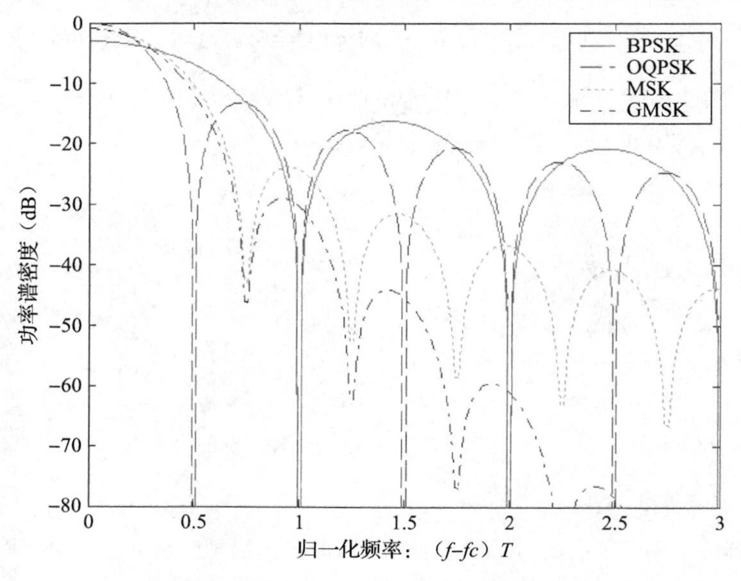

图 5-57　BPSK、OQPSK、MSK 功率谱密度

由上述功率谱密度图形可见，MSK、GMSK 的频谱效率介于 BPSK 与 QPSK 之间，即比 BPSK 好，但不如 QPSK，因为 QPSK 第一零点在归一化频率 $fT_b=0.5$ 处，而 BPSK 的第一零点在 $fT_b=1$ 的位置，MSK 与 GMSK 的第一零点在 $fT_b=0.75$ 的位置。从抗干扰性（即功率效率）看，GMSK 最好，MSK 次之，QPSK 与 BPSK 性能最差。

GMSK 信号的功率谱密度如图 5-58 所示。

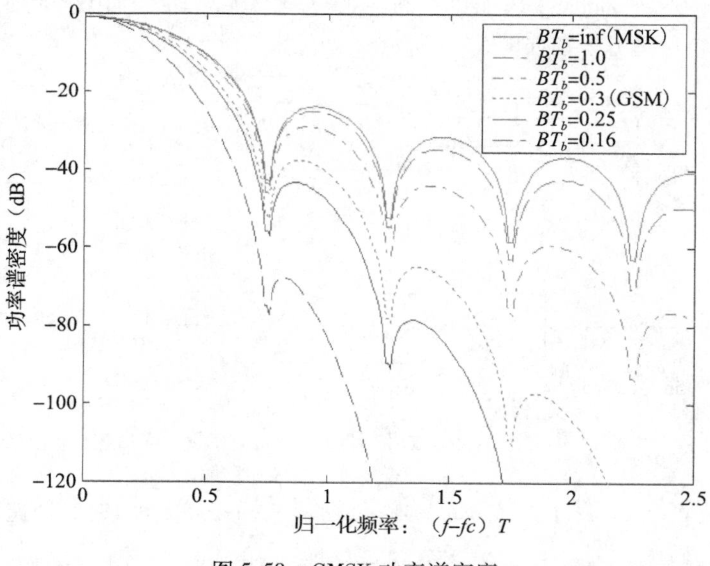

图 5-58　GMSK 功率谱密度

其中 B 为高斯滤波器的3dB带宽，T_b 为比特周期。

7. MSK、GMSK误码（比特）公式

对于AWGN信道，接收端采用相干解调时：

$$P_b = \frac{1}{2}\text{erfc}\left[\sqrt{\frac{2\gamma E_b}{N_0}}\right] = Q\left[\sqrt{\frac{2\gamma E_b}{N_0}}\right]$$

其中系数：

$$\lambda = \begin{cases} 0.68, & \text{对于 GMSK}, BT_b = 0.25 \\ 0.85, & \text{对于 MSK}, BT_b = \infty \end{cases}$$

8. GMSK调制小结

GMSK抗干扰性能接近于最优的BPSK，$P_b = Q\left[\sqrt{\frac{2\gamma E_b}{N_0}}\right] = Q\left[\sqrt{\frac{0.68 \times 2E_b}{N_0}}\right]$，频谱效率比BPSK好（就归一化频率而言）。

BPSK：归一化频率 $fT_b = 1$（对于第一个零点，即带宽）。

GMSK：归一化频率 $fT_b = 0.75$（对于第一个零点，即带宽）。

GMSK是恒定包络调制，这是因为它属于连续相位调制，不存在相位跃变点，而BPSK、QPSK由于存在明显的相位跃变点，因此不属于恒定包络调制，在工程实现上，GMSK对高功率放大器要求低（线性度），功放效率高。综上所述，GMSK是一类性能最优秀的二进制调制方式。

5.6.4 其他调制方法简介

1. π/4-DQPSK

调制方式的选择对于数字移动通信系统是非常重要的。北美的IS-54 TDMA标准、日本的PDC、PHS标准均采用了DQPSK作为调制方式。

DQPSK调制是一种正交差分移相键控调制，它的最大相位跳变值介于OQPSK和QPSK之间。对于QPSK而言，最大相位跳变值为180°，而OQPSK调制的最大相位跳变值为90°，DQPSK调制则为135°。

DQPSK调制是前两种调制方式的折中，一方面，它保持了信号包络基本不变的特性，降低了对于射频器件的工艺要求；另一方面，它可以采用非相干检测，从而大大简化了接收机的结构。但采用差分检测方法，其性能比相干QPSK有较大的损失，因此利用DQPSK的有记忆调制特性，也可以采用Viterbi算法的检测方法。

π/4-DQPSK信号各种检测方法性能比较如图5-59所示。

由图可知，在误比特率为 10^{-3} 处，π/4-DQPSK采用差分检测与QPSK采用相干检测相比，信噪比相差约2.5dB，而采用Viterbi检测，则仅相差0.5dB，因此Viterbi检测比差分检测可以获得2dB的增益。可见在略微增加复杂度的条件下，采用Viterbi检测可以提高π/4-DQPSK调制系统的接收性能。一致界与Viterbi检测的仿真性能比较吻合，在高信噪比条件下，两条曲线趋于一致。

2. π/8-DQPSK

在GPRS系统的增强性技术EDGE中，存在两种调制方式，其一是GMSK调制，与

GSM/GPRS 系统的调制方式相同，其二是为了提高数据传送率，采用的 3π/8 相位旋转的 8PSK 调制技术。我们首先介绍 8PSK 调制。

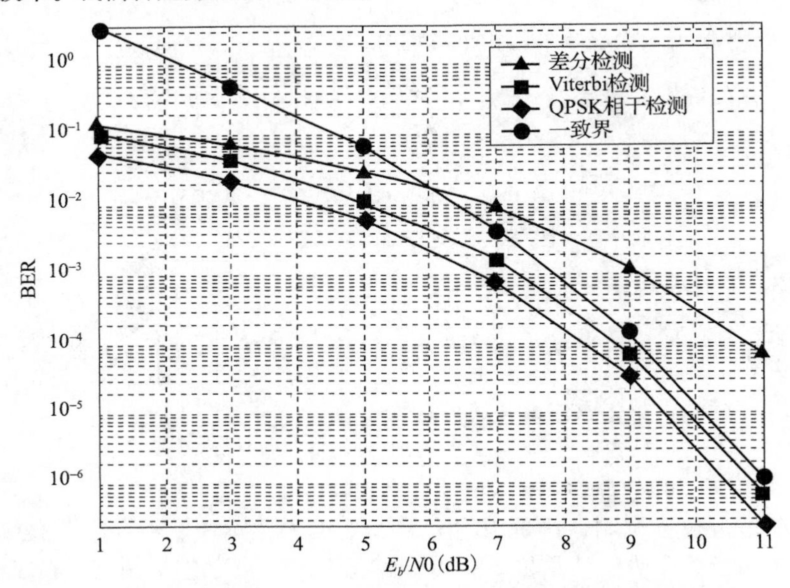

图 5-59 π/4-DQPSK 信号各种检测方法性能比较图

对于一般的 MPSK 调制信号可以表示为：

$$m(t) = A_0\cos[2\pi f_0 t + \varphi(t)]$$

上式中 A_0 和 f_0 是载波信号的幅度与频率，相位信号为：

$$\varphi(t) = \sum_k \phi_k \delta(t - kT)$$

其中 T 是符号周期，ϕ_k 是第 k 个调制符号，可以取 M 个值，$\phi_k = \theta_0 + 2m\pi/M$，$m \in [0, M-1]$，$\theta_0$ 是相位偏移量，$\delta(t)$ 是冲激函数。在上述方案中，每个符号承载 $n = \log_2 M$ 个信息比特。

将上式代入上上式可得，

$$\begin{aligned} m(t) &= A_0\cos[2\pi f_0 t + \sum_k \phi_k \delta(t - kT)] \\ &= A_0 \sum_k [\cos(\phi_k)\cos(2\pi f_0 t) - \sin(\phi_k)\sin(2\pi f_0 t)]\delta(t - kT) \\ &= \sum_k [I_k \cos(2\pi f_0 t) - Q_k \sin(2\pi f_0 t)]\delta(t - kT) \end{aligned}$$

其中，$I_k = A_0\cos(\phi_k)$，$Q_k = A_0\sin(\phi_k)$ 是信号的同相分量和正交分量。

已调信号送入成型滤波器，最后得到基带发送信号：

$$s(t) = m(t) * g(t) = \sum_k [I_k \cos(2\pi f_0 t) - Q_k \sin(2\pi f_0 t)]g(t - kT)$$

为了提高传输的可靠性，一般的，多进制调制符号所携带的比特信息均采用 Gray 映射，图 5-60 给出了 8PSK 调制符号和比特映射之间的关系。由于采用了 Gray 映射，相邻符号所携带的信息只相差一个比特。

由图 5-61 可知，传统的 8PSK 调制在符号边界处最大的相位跳变为 ±π，这样造成信号包络的起伏非常大。由于 8PSK 调制是线性调制，为了使信号畸变尽可能小，对于射频功放的要求非常苛刻。因此在 EDGE 系统中，采用了修正的 8PSK 调制，即 $3\pi/8$ 相位旋转的 8PSK 调制。通过相位旋转的修正，矢量图轨迹就不再过原点，减小了信号包络的起伏变化，从而减小了功放非线性导致的信号畸变。

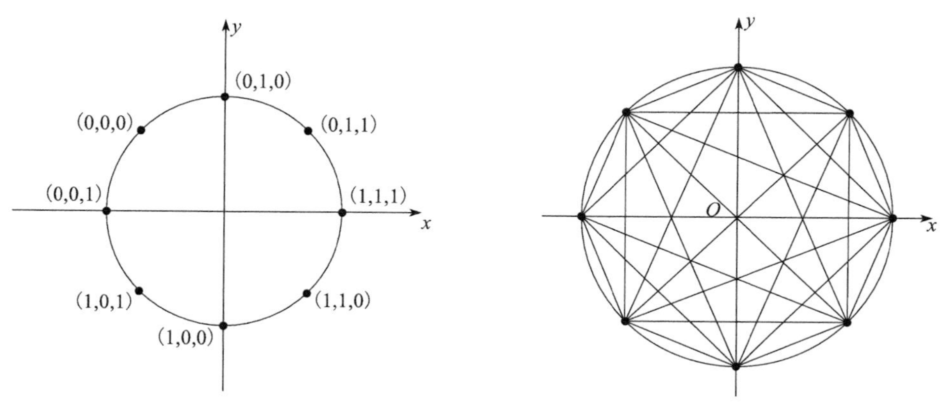

图 5-60　8PSK 符号和比特映射关系

图 5-61　8PSK 调制的矢量图

为了避免 $\pm\pi$ 相位跳变，可以在每个符号周期将星座旋转 $3\pi/8$，如图 5-62 所示。

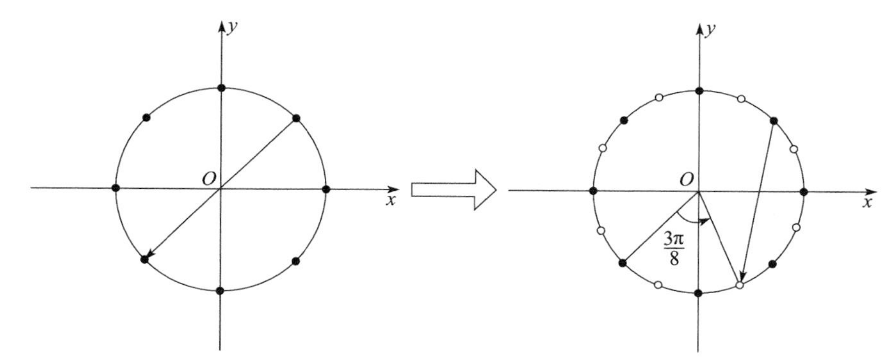

图 5-62　符号周期星座旋转 $3\pi/8$

图 5-63 给出了整个旋转星座的矢量图。由图可知，星座图上增加了 8 个信号点，连续两个符号之间的最大相位差是 $7\pi/8$。

为了进一步减小带外辐射干扰，降低旁瓣信号的功率，EDGE 系统对已调制的 8PSK 信号采用了高斯滤波。其滤波器的冲激响应为：

$$g(t) = \frac{1}{2\pi}\int_t^{\infty} e^{-\frac{s^2}{2}} ds$$

经过高斯滤波后的信号瞬时功率有一些波动。图 5-64 给出了滤波后信号的功率谱。由图可见，经过高斯滤波，8PSK 的信号频谱更集中。

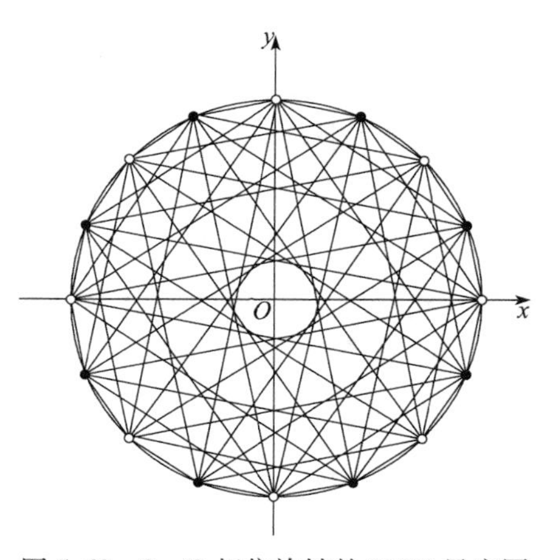

图 5-63　$3\pi/8$ 相位旋转的 8PSK 星座图

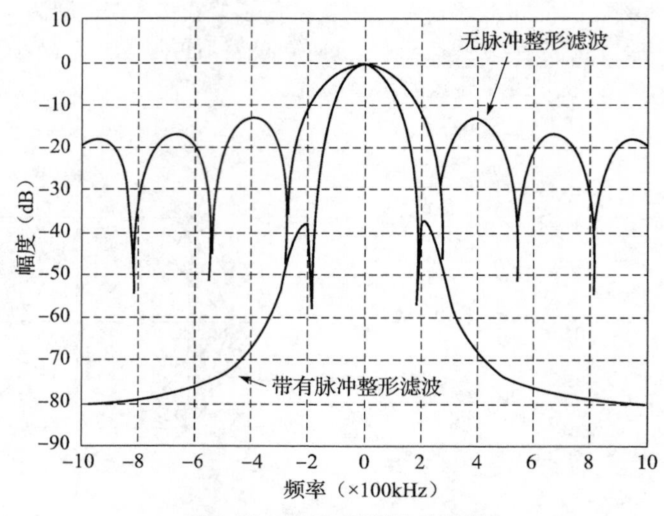

图 5-64 8PSK 调制的功率谱

5.6.5 用于 CDMA 的调制方式

在 CDMA 系统中，利用扩频与调制（即两次调制）的巧妙组合，力图实现在抗干扰性，即误码（比特）率达到最优的 BPSK 性能，在频谱有效性上达到两倍 BPSK（即 QPSK）性能。同时在工程实现上可以采用使高功放的峰平比降至最低的各种 BPSK 和 QPSK 的改进方式。

CDMA 扩频系统中的调制与解调和一般非扩频系统中的调制与解调方式大同小异。不同之处在于，扩频系统要进行两次调制和两次解调，一般首先进行扩频码调制，再进行载波调制，解调时则先进行载波解调，再进行扩频码解调。

在 CDMA 中，往往要采用专门的信道或者符号传送导频分量，这些分量的传送起到了给接收端传送相干解调的参考相位的作用，因此在 CDMA 中，无需考虑相对移相和接收端的相位模糊。

为了对各类相移键控的扩频调制方式的性能进行比较，首先需要寻找一个可比的基准参考点。常用的基准参考点有两类。一种是以信道的输入码率为基准；另一类则是以信源输出码率为基准。这两类基准对于二进制是等效的，但对于多进制（比如四相）两者是不等效的。本节以信道输入码率为基准进行分析。

1. 直扩系统（DS-SS）中 BPSK 调制

调制解调基本结构如图 5-65 所示。

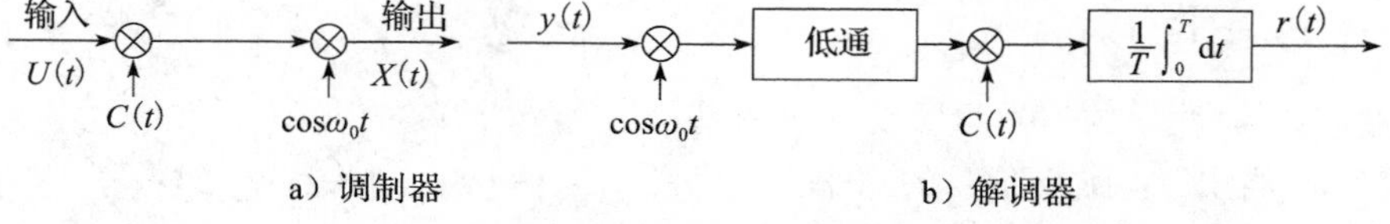

图 5-65 DS-SS 中 BPSK 调制解调基本结构

调制器输入的基带信号为 $U(t)$，其功率为：

$$P_0 = \frac{1}{T}\int_0^T U^2(t)\,\mathrm{d}t$$

其中 T 为基带信号周期。

扩频序列的波形为 $C(t)$，其功率为：

$$P_s = \frac{1}{T}\int_0^T C^2(t)\,\mathrm{d}t$$

其中扩频码的速率为$\frac{1}{T_c}$，且 $P_s = \frac{T}{T_c}$。

在发送端由调制器框图可求得归一化功率的信道输入为：$X(t) = U(t)C(t)\cos\omega_0 t$。

接收端接收到的信号为：$Y(t) = X(t) + n(t) = U(t)C(t)\cos\omega_0 t + n(t)$。

经过低通后的（带宽为$\frac{1}{T_c}$）输出为：$f(t) = \frac{1}{2}U(t)C(t) + \frac{1}{2}n(t)$。其中噪声的方差为：$D[n(t)] = \frac{N_0}{T_c}$。

解调器输出为：$r(t) = \frac{1}{2}P_s U(t) + \frac{1}{2}n'(t) = r'(t) + n'(t)$。

其中噪声功率为：$D[n'(t)] = \frac{1}{4}P_s D[n(t)] = \frac{P_s N_0}{4T_c}$。

这时输出的信噪比为：

$$\mathrm{SNR}_{\mathrm{BPSK}} = \frac{输出信号功率}{输出噪声功率} = \frac{\frac{1}{T}\int_0^T [r'(t)]^2\mathrm{d}t}{D[n'(t)]} = \frac{\frac{1}{T}\int_0^T \left[\frac{1}{2}P_s U(t)\right]^2\mathrm{d}t}{P_s N_0/4T_c}$$

$$= \frac{\frac{P_s^2}{4}P_0}{P_s N_0/4T_c} = \frac{P_s T_c P_0}{N_0} = \frac{\frac{T}{T_c}T_c P_0}{N_0} = \frac{TP_0}{N_0} = \frac{E_b}{N_0}$$

BPSK 扩频解调后的误码（比特）率为：

$$P_b = \frac{1}{2}\mathrm{erfc}\left[\sqrt{\frac{E_b}{N_0}}\right] = Q\left[\sqrt{\frac{2E_b}{N_0}}\right]$$

因此在理想扩频、解扩条件下，直扩（DS-SS）的 BPSK 与未经直扩的 BPSK 误码性能是一样的。

2. 平衡四相扩频调制

DS-SS 中 QPSK 调制器与解调器结构如图 5-66 所示。

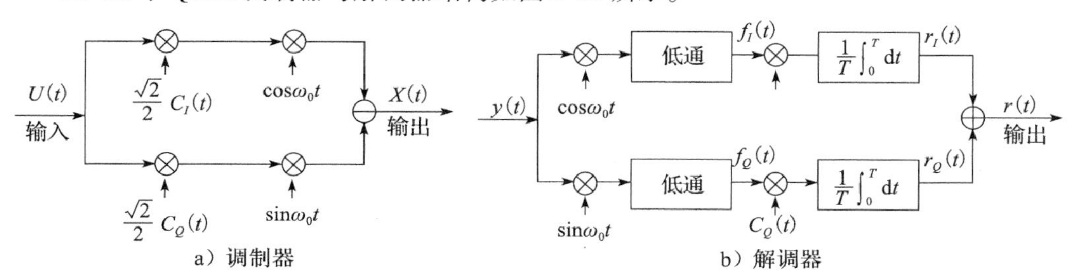

图 5-66　DS-SS 中 QPSK 调制解调原理图

在发送端，由调制器框图可求得归一化功率的信道输入为：

$$X(t)=\frac{\sqrt{2}}{2}U(t)[C_I(t)\cos\omega_0 t+C_Q(t)\sin\omega_0 t]$$

在接收端，解调器输入（信道输出）信号为：

$$Y(t)=X(t)+n(t)=\frac{\sqrt{2}}{2}U(t)[C_I(t)\cos\omega_0 t+C_Q(t)\sin\omega_0 t]+n(t)$$

经过低通后的输出信号为：

$$\begin{cases}f_I(t)=\dfrac{1}{2\sqrt{2}}U(t)C_I(t)+\dfrac{1}{2}n_I(t)\\ f_Q(t)=\dfrac{1}{2\sqrt{2}}U(t)C_Q(t)+\dfrac{1}{2}n_Q(t)\end{cases}$$

其中，$D[n_I]=D[n_Q]=\frac{N_0}{T_c}$。再经解调积分器输出信号为：

$$r(t)=\frac{\sqrt{2}}{2}P_sU(t)+n_I'+n_Q'$$

其中 $D[n_I']=D[n_Q']=\frac{P_s}{4}D[n_I]=\frac{P_s}{4}\times\frac{N_0}{T_c}=\frac{P_sN_0}{4T_c}$。最后输出信噪比为：

$$\mathrm{SNR}_{\mathrm{QPSK}}=\frac{\text{输出信号功率}}{\text{输出噪声功率}}=\frac{\frac{1}{T}\int_0^T\left[\frac{\sqrt{2}}{2}P_sU(t)\right]^2\mathrm{d}t}{D[n_I]+D[n_Q]}=\frac{\frac{P_s^2}{2}\times\frac{1}{T}\int_0^T U^2(t)\,\mathrm{d}t}{2\times P_sN_0/4T_c}$$

$$=\frac{\frac{1}{2}\times\frac{T}{T_c}\times P_0}{\frac{N_0}{2T_c}}=\frac{TP_0}{N_0}=\frac{E_b}{N_0}$$

DS-SS QPSK 的误比特率为：

$$P_b=\frac{1}{2}\mathrm{erfc}\left[\sqrt{\frac{E_b}{N_0}}\right]=Q\left[\sqrt{\frac{2E_b}{N_0}}\right]$$

DS-SS 中 QPSK 与未扩频 QPSK 误码性能是一样的，它等于 BPSK 误码率。

3. 复四相扩频调制（CQPSK）

DS-SS 中复四相扩频调制与解调结构如图 5-67 所示。

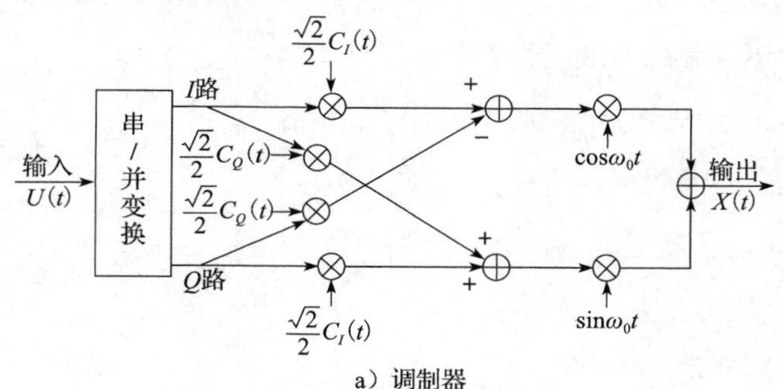

a）调制器

图 5-67 DS-SS 中 CQPSK 调制解调原理图

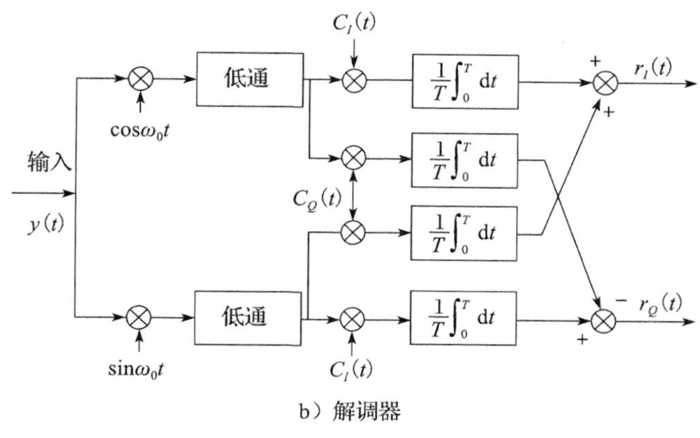

b）解调器

图5-67 （续）

在发送端，由解调器框图可求得归一化信号功率的信道输入信号为：

$$X(t)=\frac{\sqrt{2}}{2}\{[U_I(t)C_I(t)-U_Q(t)C_Q(t)]\cos\omega_0 t+[U_I(t)C_Q(t)-U_Q(t)C_I(t)]\sin\omega_0 t\}$$

在接收端，解调器输入信号为：

$$\begin{aligned}Y(t)=&\frac{\sqrt{2}}{2}\{[U_I(t)C_I(t)-U_Q(t)C_Q(t)]\cos\omega_0 t\\&+[U_I(t)C_Q(t)-U_Q(t)C_I(t)]\sin\omega_0 t\}+n(t)\end{aligned}$$

经过低通以后输出信号为：

$$\begin{cases}f_I(t)=\dfrac{1}{2\sqrt{2}}[U_I(t)C_I(t)-U_Q(t)C_Q(t)]+\dfrac{1}{2}n_I\\[2ex]f_Q(t)=\dfrac{1}{2\sqrt{2}}[U_Q(t)C_I(t)+U_I(t)C_Q(t)]+\dfrac{1}{2}n_Q\end{cases}$$

其中，$D[n_I]=D[n_Q]=\dfrac{N_0}{T_c}$。再经解调积分器输出信号为：

$$r_I(t)=\frac{\sqrt{2}}{2}P_sU_I(t)+n_I'$$

$$r_Q(t)=\frac{\sqrt{2}}{2}P_sU_Q(t)+n_Q'$$

其中 $D[n_I']=D[n_Q']=\dfrac{P_s}{4}D[n_I]=\dfrac{P_sN_0}{4T_c}$。最后输出信噪比为：

$$\begin{aligned}\mathrm{SNR}_{\mathrm{QPSK}}&=\frac{\text{输出信号功率}}{\text{输出噪声功率}}=\frac{\dfrac{1}{T}\displaystyle\int_0^T\left[\dfrac{\sqrt{2}}{2}P_sU_I(t)\right]^2\mathrm{d}t+\dfrac{1}{T}\displaystyle\int_0^T\left[\dfrac{\sqrt{2}}{2}P_sU_Q(t)\right]^2\mathrm{d}t}{D[n_I']+D[n_Q']}\\&=\frac{\dfrac{P_s^2}{2}\times\left[\dfrac{1}{T}\displaystyle\int_0^T U_I^2(t)\mathrm{d}t+\dfrac{1}{T}\displaystyle\int_0^T U_I^2(t)\mathrm{d}t\right]}{2\times P_sN_0/4T_c}=\frac{P_s\times P_0T_C}{N_0}\\&=\frac{\dfrac{T}{T_c}\times P_0T_c}{N_0}=\frac{TP_0}{N_0}=\frac{E_b}{N_0}\end{aligned}$$

DS-SS 中 CQPSK 误码（比特）率为：

$$P_b = \frac{1}{2}\text{erfc}\left[\sqrt{\frac{E_b}{N_0}}\right] = Q\left[\sqrt{\frac{2E_b}{N_0}}\right]$$

DS-SS 中 CQPSK 与未扩频 CQPSK 误码率一样，它等于 BPSK 误码率。

根据上述分析，可以得到如下结论：

理想的扩频、解扩的第一次调制，不影响第二次调制、解调性能。扩频系统中与未扩频的常规调制、解调（第二次调制与解调）具有相同的理论性能。

以上的分析是以最基本的调制方式 BPSK 为参考基准。BPSK 为二进制调制，其信道输出的波特率与信道输入的比特率是一致的。

对于 DS-SS 中的平衡四相 QPSK，将信源输出的基带信号分为同相 I 路与正交 Q 路分别进行 BPSK 调制，然后相加送入信道。若二者发送的信息波特率、信号发送功率、噪声功率、谱密度完全相同，其平均误码（比特）率是相同的。

对于复四相 CQPSK，它属于正交四相调制。实现时，发送端首先将信源输出的基带信号分为 I、Q 正交的两路，然后再分别对每路进行复四相调制。这就是说，CQPSK 相当于 I、Q 两路独立的四相调制，其中每路都具有一般 QPSK 的性能，因此频谱效率比 QPSK 高一倍。

4. 控制峰平比——OQPSK 与 CQPSK 调制

前面分析了 BPSK、QPSK、CQPSK 的误码性能和频谱效率，这里将着重分析在工程实现时，特别是在高功率放大时需要解决的峰平比问题，它在 CDMA 的多码信道中尤为突出。第二代 IS-95 中上行（反向）信道中采用 OQPSK 调制以降低峰平比。下面将简要介绍这两类技术。

（1）OQPSK

它是基于 QPSK 的一类改进型。为了克服 QPSK 中过 0 点的相位跃变特性，以及由此带来的幅度起伏不恒定和频带的展宽（通过限带系统后）等一系列问题。若将 QPSK 中并行的 I、Q 两路码元错开时间，比如半个码元，称这类 QPSK 为偏移 QPSK 或 OQPSK。通过 I、Q 路码元错开半个码元，调制之后波形的载波相位跃变由 180 度降至 90 度，避免了过 0 点，从而大大降低了峰平比和频带的展宽。

下面通过一个具体的例子说明某个带宽波形序列的 I 路、Q 路波形，以及经载波调制以后的相位变化情况。

若给定基带信号序列为：

$$1 \quad -1 \quad -1 \quad 1 \quad 1 \quad 1 \quad 1 \quad -1 \quad -1 \quad 1 \quad 1 \quad -1$$

对应的 QPSK 与 OQPSK 发送波形如图 5-68 所示。

图中 I 信道为 $U(t)$ 的奇数数据码元，Q 信道为 $U(t)$ 的偶数数据码元，而 OQPSK 的 Q 信道与其 I 信道错开（延时）半个码元。QPSK、OQPSK 载波相位变化公式为：

$$\left\{\varphi_{ij} = \left[a\tan\left(\frac{Q_j(t)}{I_i(t)}\right)\right]\right\} = \left\{\frac{\pi}{4}, \frac{3\pi}{4}, -\frac{\pi}{4}, -\frac{3\pi}{4}\right\}$$

QPSK 数据码元对的对应相位变化如图 5-69 所示。

OQPSK 数据码元对的对应相位变化如图 5-70 所示。

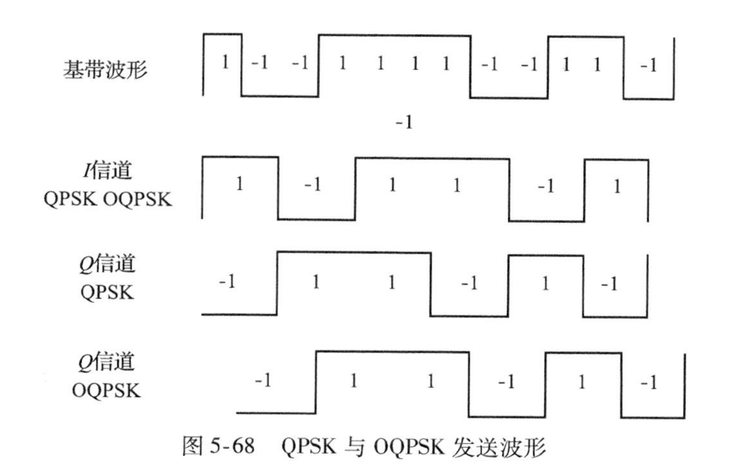

图 5-68　QPSK 与 OQPSK 发送波形

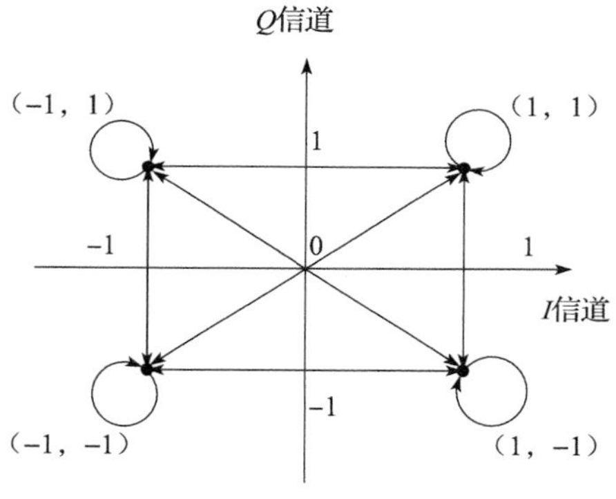

图 5-69　QPSK 数据码元对的对应相位变化

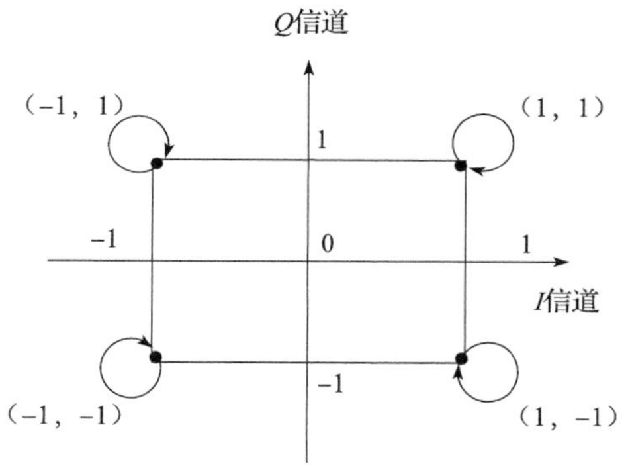

图 5-70　OQPSK 数据码元对的对应相位变化

QPSK 数据码元对的相位变化如图所示，在 QPSK 中存在过 0 点的 180 度的跃变。而在 OQPSK 中，仅存在小于 ± 90°的相位跃变，而不存在过 0 点跃变。

（2）CQPSK

在 CDMA2000 以及 WCDMA 的扩频调制中，广泛采用 CQPSK 及其进一步组合改进的混合相移键控（hybrid phase shift keying，HPSK），其结构如图 5-71 所示。

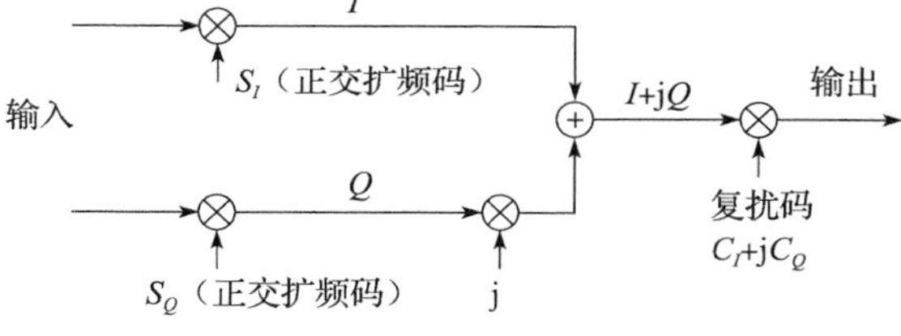

图 5-71　HPSK 原理结构图

表 5-8 给出用于单码信道的各类扩频调制性能参数。

表 5-8　单码信道的各类扩频调制性能参数

调制方式	数据速率	包络变化
QPSK	X	5. 6dB
OQPSK	X	5. 1dB
CQPSK、HPSK	2X	4. 1dB

注：上述表格针对单码信道。对于多码信道，其优点随着信道数增加将更为突出。

5.7 移动通信中的信道编码

5.7.1 GSM 系统的信道编码

在 GSM 系统中，移动信道按其功能可以划分为两大类型：业务信道（TCH）和控制信道（CCH），前者用于传送话音与数据业务，后者则用于传送信令和同步等辅助信息。

GSM 中的业务信道 TCH 可分为：

1）话音业务信道，包括全速率话音业务信道 TCH/FS 和半速率话音业务信道 TCH/HS。

2）数据信道，包括 9.6Kbit/s 全速率数据业务信道 TCH/F9.6；4.8Kbit/s 全速率数据业务信道 TCH/F4.8；4.8Kbit/s 半速率数据业务信道 TCH/H4.8；<2.4Kbit/s 全速率数据业务信道 TCH/F2.4；<2.4Kbit/s 半速率数据业务信道 TCH/H2.4。

GSM 系统的控制信道可分为三大类：

1）广播信道，包括频率纠错信道（FCCH）、同步信道（SCH）、广播控制信道（BCCH）。

2）公共控制信道，包括寻呼信道（PCH）、随机接入信道（RACH）、准予接入信道（AGCH）。

3）专用控制信道，包括独立专用控制信道（SDCCH）、慢速相关信道（SACCH）以及快速相关信道（FACCH）。

1. GSM 的信道编码方案

GSM 中不同类型的信道会采用不同类型的信道编码方案。

GSM 中典型信道编、译码方案的原理性方框图如图 5-72 所示。

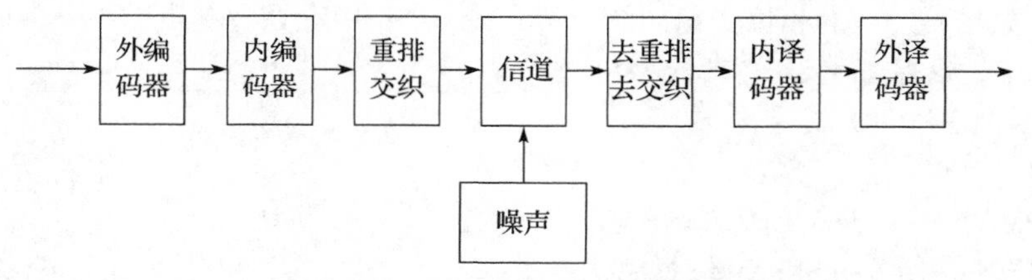

图 5-72 GSM 中典型编译码器框图

由上述原理图可见，它包含以下三步：用分组码进行外编码；用卷积码进行内编码；采用重排和交织技术以改造突发信道。

2. 全速率话音业务信道（TCH/FS）的信道编码

话音编码是逐帧进行的，全速率话音为 13Kbps，一个话音帧 20ms，因此一个话音帧中含有 20ms × 13000bit/s = 260bit。若一帧中数据序列可以表示为：

$$d = \{d(0), d(1), d(2), \cdots, d(181), d(182), \cdots, d(189)\}$$

其中，前 182 比特（0 ~ 181）称为一级比特，之后的 78 比特称为二级比特。全速率话音编码与交织的流程如图 5-73 所示。

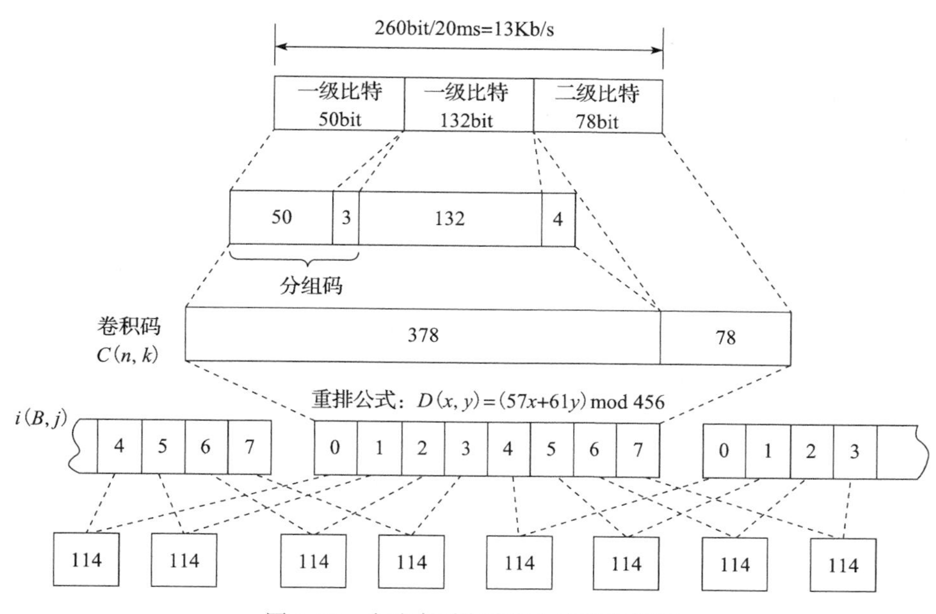

图 5-73　全速率话音编码与交织流程图

（1）外编码（分组循环码）

260bit 话音帧中的前 50bit 称为一级比特 A 类，进行（53，50，2）截短循环码编码，其生成多项式为 $g(x)=1+x+x^3$，并由它求得 3 位奇偶校验比特 $p(0)$、$p(1)$ 和 $p(2)$，（53，50，2）截短循环码构成的外编码器结构如图 5-74 所示。

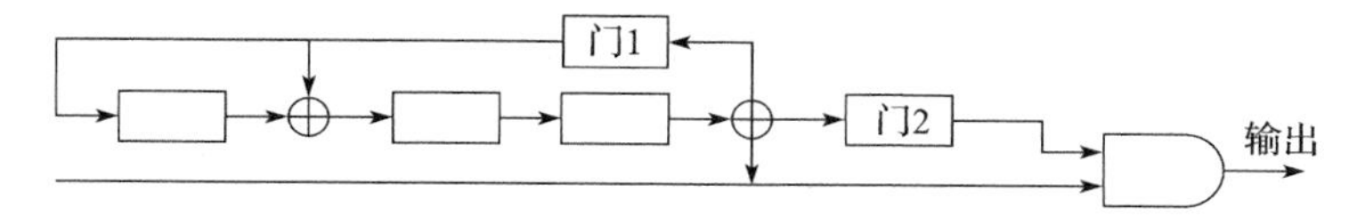

图 5-74　全速率话音外编码器结构

输出码的多项式为：$d(0)\ x^{52}+d(1)\ x^{51}+\cdots+d(49)\ x^3+p(0)\ x^2+p(1)\ x+p(2)$

（2）内编码（卷积码）

对 260bit 话音帧中前 182bit 另加 3bit 校验位、4bit 尾比特，共计 189bit，进行（2，1，4）卷积编码（见图 5-75），其卷积码的生成多项式为：

$$g^1(x)=1+x^3+x^4$$

$$g^2(x)=1+x+x^3+x^4$$

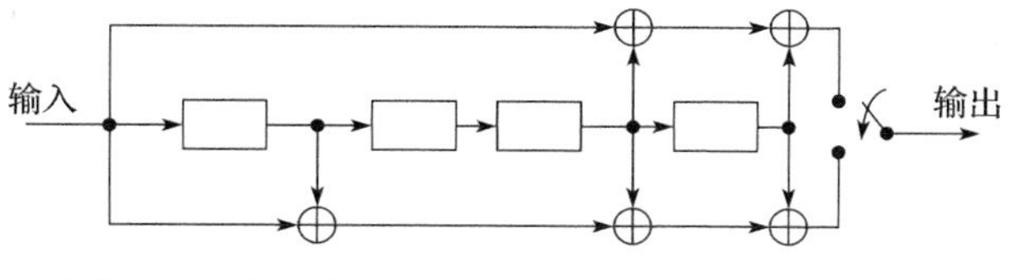

图 5-75　全速率话音（2，1，4）卷积内编码结构

卷积码编码器输入为 189bit = 50 + 3 + 132 + 8，经上述（2，1，4）卷积编码后，输出

为 $2\times189\text{bit}=378\text{bit}$，再加上二级比特 78bit，共计 $378+78=456\text{bit}$，这时 20ms 话音帧由 260bit 增至 456bit，码速率也由 13Kbps 增加至 456bit/20ms = 22.8Kbit/s。

（3）重排与交织

首先将每个话音帧 456bit 分成 8 个子块，每个子块 57bit，然后再按照下列重排公式进行重排：$d(x,\ y)=(57x+64y)\bmod 456$。其中，$x=0,\ 1,\ 2,\ \cdots,\ 7$，表示子块数的序号，$y=0,\ 1,\ 2,\ \cdots,\ 57$，表示每个子块中的比特序号。重排后，进行 TDMA 帧（114bit）交织。

交织规则如下：将每个 20ms 话音帧分为 8 个子块，每个子块 57bit；然后前一个话音帧的后 4 个子块与当前话音帧中前 4 个子块进行交织，而后一个话音帧的前 4 个子块与当前话音帧的后 4 个子块进行交织，这样由话音帧间的交织实现每个 TDMA 为 114bit 帧。

显然，上述交织是在 20ms 话音帧的 8 个数据块基础上进行的，因此交织深度为 8，而且交织是在 20ms 话音帧间进行的，称它为帧间数据块交织。

5.7.2 IS-95 系统的信道编码

1. 检错 CRC

IS-95 中的下行（前向）信道包括：

1）导频信道，它不需要信道编码与交织；

2）同步信道（1.2Kbit/s），它需要信道编码；

3）寻呼信道（2.4Kbit/s，4.8Kbit/s，9.6Kbit/s），它需要信道编码；

4）业务信道（1.2Kbit/s，2.4Kbit/s，4.8Kbit/s，9.6Kbit/s），它需要信道编码。

同步信道采用的 CRC 是 30 比特 CRC，记为 CRC30，其生成多项式为：

$$g^{30}(x)=1+x+x^2+x^6+x^7+x^8+x^{11}+x^{12}+x^{13}+x^{15}+x^{20}+x^{21}+x^{29}+x^{30}$$

与其对应的信道 CRC 编码结构如图 5-76所示。

寻呼与业务信道，其 CRC 分为两类：

9.6Kbit/s 的 CRC12，即 12 比特 CRC，其生成多项式为：

$$g^{12}(x)=1+x+x^4+x^8+x^9+x^{10}+x^{11}+x^{12}$$

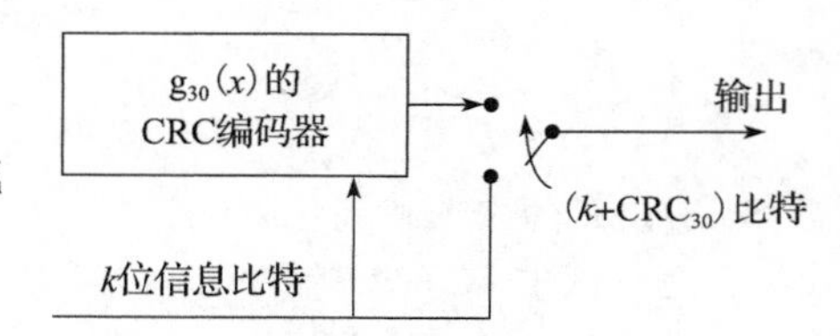

图 5-76 同步信道 CRC 编码器

4.8Kbps 的 CRC8，即 8 比特 CRC，其生成多项式为：

$$g^{8}(x)=1+x+x^3+x^4+x^7+x^8$$

其 CRC 编码器结构与同步信道相同。

2. 前向纠错码（FEC）

（1）下行（前向）信道中的纠错码

下行的同步、寻呼和业务三类信道均采用同一类型的（2，1，8）卷积码，其码率为 1/2，约束长度 $K=m+1=8+1=9$。（2，1，8）卷积码生成多项式如下（见图 5-77）：

$$g^1=(753)_8=(111101011)\Leftrightarrow g^1(x)=1+x+x^2+x^3+x^5+x^7+x^8$$

$$g^2=(561)_8=(101110001)\Leftrightarrow g^1(x)=1+x^2+x^3+x^4+x^8$$

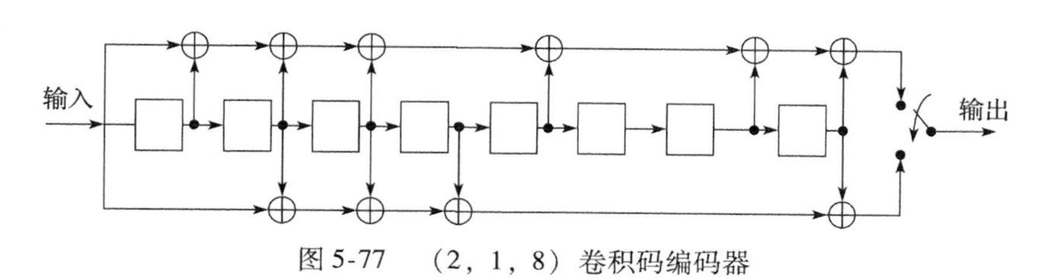

图 5-77 （2，1，8）卷积码编码器

（2）上行（反向）信道中的纠错码

上行有接入和业务两类信道，它们均采用比下行纠错能力更强的同一类型的（3，1，8）卷积码，其码率为1/3，约束长度为 $K=m+1=9$。（3，1，8）卷积码生成多项式如下（见图 5-78）：

$$g^1=(557)_8=(101101111)\Leftrightarrow g^1(x)=1+x^2+x^3+x^5+x^6+x^7+x^8$$

$$g^2=(663)_8=(110110011)\Leftrightarrow g^2(x)=1+x+x^3+x^4+x^7+x^8$$

$$g^3=(711)_8=(111001001)\Leftrightarrow g^3(x)=1+x+x^2+x^5+x^8$$

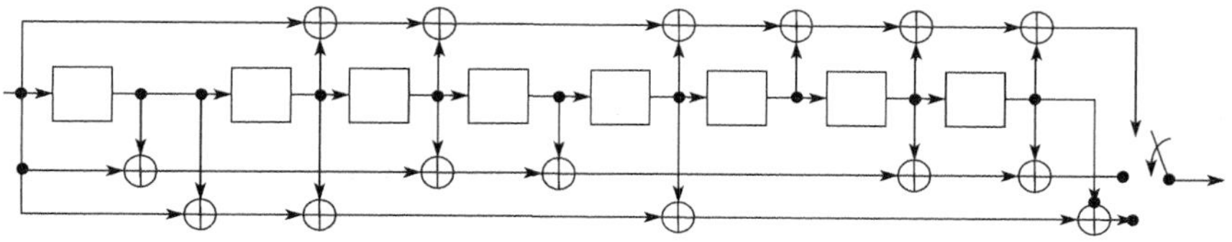

图 5-78 （3，1，8）卷积码编码器

（3）交织编码

在 IS-95 中是采用分组（块）交织方式。上行（反向）与下行（前向）有所区别，而且不同类型业务也有所区别。

在 IS-95 中，业务分为 4 种类型：

1）9. 6Kbit/s 称为全速率，其帧长 192 位（20ms）= 信息码元 172 位 + CRC 12 位 + 尾比特 8 位；

2）4. 8Kbit/s 称为半速率，其帧长 96 位（20ms）= 信息码元 80 位 + CRC 12 位 + 尾比特 8 位；

3）2. 4Kbit/s 称为 1/4 速率，其帧长 48 位（20ms）= 信息码元 40 位 + 尾比特 8 位；

4）1. 2Kbit/s 称为 1/8 速率，其帧长 24 位（20ms）= 信息码元 16 位 + 尾比特 8 位。

为了交织矩阵的归一性，IS-95 中的所有数据率，每个编码符号重复应按照表 5-9 进行。

表 5-9 编码符号重复表

数据率	重复次数/符号	连续发生次数/符号
9. 6Kbps	0	1
4. 8Kbps	1	2
2. 4Kbps	3	4
1. 2Kbps	7	8

（4）下行（前向）信道中的信道交织

下行信道共有 4 类：导频信道、同步信道、寻呼信道和不同类型的业务信道，除了导频信道以外，都采用了信道交织。业务信道交织器在业务信道中的位置如图 5-79 所示。

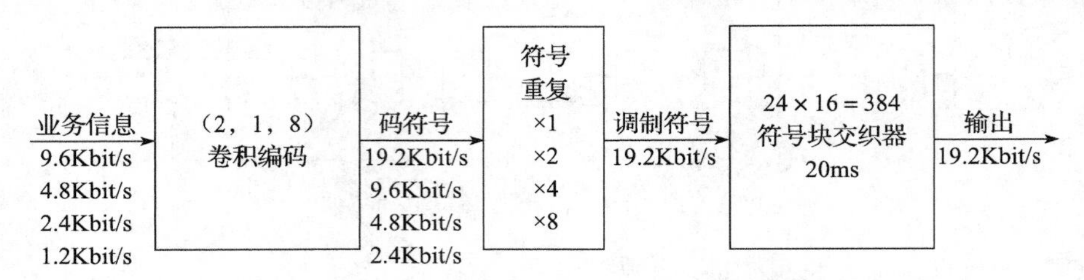

图 5-79　业务信道交织器在业务信道中的位置

交织器的分组（块）的周期，除了同步信道为 26.66ms 以外，其他信道周期均按话音周期 20ms。

全速率信道交织算法可以描述如下：

将 384 分组块按列写入，每列 24 行，一共构成 16 列（16×24=384）的输入矩阵；输入、输出两矩阵间的元素序号变换遵从以下规则：输出矩阵元素的序号是根据输入矩阵元素的符号先自上而下，再自左而右，逐列逐行进行变换；在求出输出交织矩阵后，仍按列读出全部交织矩阵中的元素并送入信道中传输；在接收端进行与图 5-79 相反过程的去交织变换。

上述变换取决于两个因素：一是相应输入矩阵元素序号的二进制反转（倒置），二是根据反转变换值，再从一个 6 列 64 行矩阵中选取对应列的 6 个元素序号值。

（5）上行（反向）信道中的信道交织

上行信道包含接入信道与业务信道两类。

交织算法可以描述如下：将 576 符号分组（块）按列写入，每列 32 行，一共 18 列，即 18×32=576 的输入矩阵，输入至输出矩阵相应元素序号变换如下：

1）首先输出矩阵第一行元素序号取输入矩阵第一行相应元素序号不动，作为起始参考信号；

2）输出矩阵从第二行起，行序号需要重排列，其规律是按输入矩阵中从第一列第一行开始自上而下，将逐个元素序号的二进制反转（倒置）码号再加上 1 作为重新排列后的新行序号；并写入对应输入矩阵该序号的全部列元素序号。下一行依此类推，直至完成全部 32 行的行序及其相应行元素（各列）序号的变换。

二进制反转（倒置）变换是以 $2^5=32$（共计 32 行）的二进制变换为依据的。

5.7.3　CDMA2000 系统的信道编码

1. 检错 CRC

CDMA2000 所采用的 CRC 生成多项式如下：

16 比特 CRC：$g^{16}(x)=1+x+x^2+x^5+x^6+x^{11}+x^{14}+x^{15}+x^{16}$

12 比特 CRC：$g^{12}(x)=1+x+x^4+x^8+x^9+x^{10}+x^{11}+x^{12}$

10 比特 CRC：$g^{10}(x)=1+x^3+x^4+x^6+x^7+x^8+x^9+x^{10}$

8 比特 CRC：$g^{8}(x)=1+x+x^3+x^4+x^7+x^8$

6 比特 CRC：$g^{6}(x)=1+x+x^2+x^6$

2. 前向纠错码（FEC）

（1）下行（前向）信道中的FEC

CDMA2000 下行（前向）信道中的 FEC 如表 5-10 所示。

表 5-10 CDMA2000 下行（前向）信道中的 FEC

扩频速率 SR（载波数）	无线配置 RC	最大数据率 Kbps	FEC 速率	FEC 类型
1.2288Mbps（单载波）兼容 IS-95	1 2	9.6 14.4	1/2 1/2	卷积码
1.2288Mbps（单载波）CDMA20001x	3 4 5	153.6 307.2 230.4	1/4 1/2 1/4	卷积码或 Turbo 码

（2）上行（反向）信道中的FEC

CDMA2000 上行（反向）信道中的 FEC 如表 5-11 所示。

表 5-11 CDMA2000 上行（反向）信道中的 FEC

扩频速率 SR（载波数）	无线配置 RC	最大数据率 Kbps	FEC 速率	FEC 类型
1.2288Mbps（单载波）兼容 IS-95	1 2	9.6 14.4	1/2 1/2	卷积码
1.2288Mbps（单载波）CDMA20001x	3 4	153.6 （307.2） 230.4	1/4 （1/2） 1/4	卷积码/Turbo 码

3. CDMA2000 中使用的卷积码

在 CDMA2000 中使用的卷积码有三种类型：（2，1，8）、（3，1，8）、（4，1，8）。

（4，1，8）卷积码的码率为1/4，约束长度 $K=m+1=8+1=9$ 位。（4，1，8）卷积码的生成多项式如下：

$$g^1=(765)_8=(111110101)\Leftrightarrow g^1(x)=1+x^2+x^3+x^4+x^6+x^8$$
$$g^2=(671)_8=(110111001)\Leftrightarrow g^2(x)=1+x+x^3+x^4+x^5+x^8$$
$$g^3=(513)_8=(101001011)\Leftrightarrow g^3(x)=1+x^2+x^5+x^7+x^8$$
$$g^4=(473)_8=(100111011)\Leftrightarrow g^4(x)=1+x^3+x^4+x^5+x^7+x^8$$

4. CDMA2000 中使用的 Turbo 码

传递函数为：

$$G(x)=\left[1,\frac{g^1(x)}{g^3(x)},\frac{g^2(x)}{g^3(x)}\right]$$

式中：

$$g^1(x)=1+x+x^3$$
$$g^2(x)=1+x+x^2+x^3$$
$$g^3(x)=1+x^2+x^3$$

CDMA2000 的 Turbo 码编码器如图 5-80 所示。

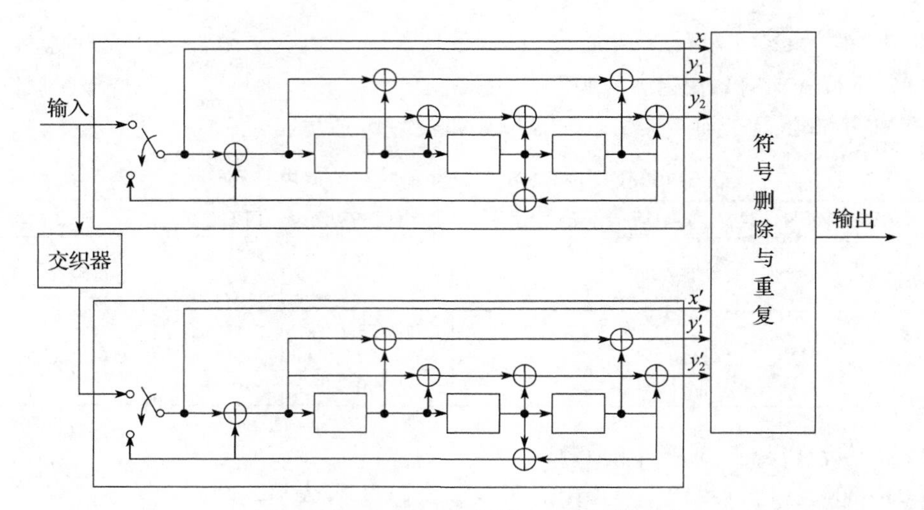

图 5-80　CDMA2000 中的 Turbo 码编码器

5. 交织编码

（1）下行（前向）链路中的信道交织

在下行链路中，除了导频信道、前向公共功率控制信道（F-CPCCH）以外，前向同步信道（F-SYNCH）、前向寻呼信道（F-PCH）、前向广播信道（F-BCCH）、前向公共指配信道（F-CACH）、前向公共控制信道（F-CCH）和前向业务信道的数据流都要在卷积编码、符号重复及删除之后经过交织编码。

交织是按分组块进行的，每 N 个信息位分为一个分组交织块，若在三载波（$3\times1.2288=3.6864$Mbps）系统，需要将一个分组 N 位一分为三，每个子块为 $N/3$。

在单载波（1.2288Mbps）方式下，对于 F-SYNCH、F-PCH 和前向业务信道（RC1 和 RC2），即与 IS-95 相兼容的信道，在 IS-95 中已比较详细地介绍了其交织器，这里引用一个简单的公式加以总结：

$$A_i = 2^m(i \bmod j) + \mathrm{BRO}_m(\lfloor i/j \rfloor)$$

其中：A_i 表示被读出的符号地址，$i=0\sim N-1$，$\lfloor x \rfloor$ 表示取不大于 x 的最大整数值，$\mathrm{BRO}_m(y)$ 表示 y 的 m 位比特反转（倒置）值，比如 $\mathrm{BRO}_3(6)=3$。

对于 CDMA2000-1x 中的 RC3 和 RC5，当 i 为偶数时：

$$A_i = 2^m(i/2 \bmod j) + \mathrm{BRO}_m\left(\left\lfloor \frac{i}{2j} \right\rfloor\right)$$

当 i 为奇数时：

$$A_i = 2^m\left\{\left(N-\frac{i+1}{2}\right)\bmod j\right\} + \mathrm{BRO}_m\left(\left\lfloor N-\frac{i+1}{2} \right\rfloor\right)$$

（2）上行（反向）链路中的信道交织

在反向链路中，除了导频信道以外，反向接入信道（R-ACH）、反向增强接入信道（R-EACH）、反向公共控制信道（R-CCCH）和反向业务信道的数据流都要经过交织编码。对于配置为 RC1、RC2 的反向业务信道是与 IS-95 兼容的，因此其算法也与 IS-95 相同，是按照分组长 $N=18\times32=576$ 位矩阵块进行交织。

对于接入信道 R-ACH、增强接入信道 R-EACH、公共控制信道 R-CCCH 以及业务配置 RC3-RC4 和多载波 RC5、RC6，交织算法也与 RC1 和 RC2 算法相同。

（3）Turbo 码中的交织器

Turbo 码中交织器序号地址计算过程如图 5-81 所示。

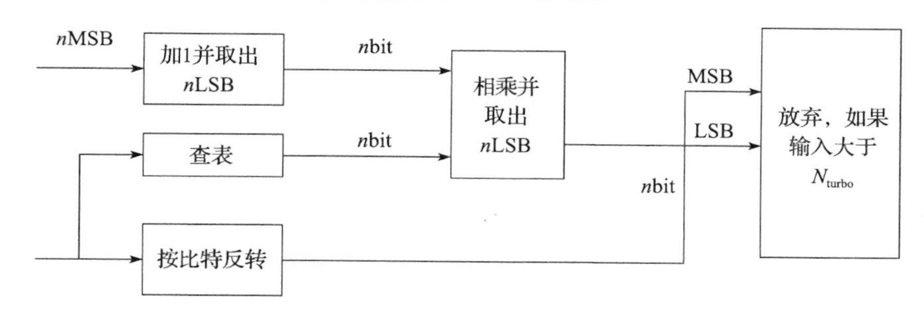

图 5-81　Turbo 码交织器序号地址计算过程

交织器就是对输入的数据分组帧顺序写入，再按一定变换规律将整帧数据读出。CDMA2000交织规律主要由下列 4 个因素决定：确定交织器参量 n；根据交织参量 n 可将被交织数据划分为高 n 位和低 n 位；将被交织数据进行二进制反转（倒置）变换；按一定规律将反转后的数据高、低 n 位互换。

5.7.4　WCDMA 系统的信道编码

1. 信道编码/复用流程

对应于每个传输时间间隔（TTI），数据以传输块（分组）形式进行处理，在 3G 中 TTI 允许的取值间隔是 10ms、20ms、40ms、80ms 等，而对每个传输块需要进行下列主要基带处理步骤：1）对每个传输块加 CRC 检验比特；2）传输块级联和码块分段；3）信道编码；4）无线帧均衡；5）速率匹配；6）插入不连续传输（DTX）指示比特；7）交织（分两步进行）；8）无线帧分段；9）传输信道的复用；10）物理信道分割；11）至物理信道的映射。

2. WCDMA 中的信道检错、纠错编码

（1）检错码

信道编码中的检错功能是通过在传输块上加上循环冗余校验位来实现的。在 WCDMA 中，CRC 长度（即所含比特数目）为 24、16、12、8、0 比特，每个传输信道 TrCH 使用多长的 CRC 是由高层信令给出。

长度为 24、16、12、8 比特的 CRC 生成多项式如下：

$$\text{CRC 24：} g(x) = 1 + x + x^5 + x^6 + x^{23} + x^{24}$$

$$\text{CRC 16：} g(x) = 1 + x^5 + x^{12} + x^{16}$$

$$\text{CRC 12：} g(x) = 1 + x + x^2 + x^3 + x^{11} + x^{12}$$

$$\text{CRC 8：} g(x) = 1 + x + x^3 + x^4 + x^7 + x^8$$

（2）纠错码

在 WCDMA 中使用两种类型信道纠错编码：

- 卷积码，主要用于实时业务；
- Turbo 码，主要用于非实时业务。

（3）卷积码

在 WCDMA 中采用（2，1，8）与（3，1，8）两类卷积码，它们的结构与 IS-95 和 CDMA2000 相同。

（4）Turbo 码

WCDMA 中的 Turbo 编码方案采用 8 状态并行级联码，它的传输函数为：

$$G(x) = \left[1, \frac{g^1(x)}{g^2(x)}\right]$$

式中：

$$g^1(x) = 1 + x^2 + x^3$$
$$g^2(x) = 1 + x + x^3$$

当输入数据流为 $X(t)=(X(0),\ X(1),\ X(2),\ \cdots,\ X(k),\ \cdots)$ 时，Turbo 码对应输出由于编码速率为 1/3，即每输入 1 比特，在输出端应输出 3 比特，所以输出序列应为：

$$Y(t) = (X(0), y(0), y'(0), X(1), y(1), y'(1), \cdots)$$

且当每个需编码的码块数据流结束时，要继续输入 3 个值为“0”的尾比特。

5.8 分集

本节将讨论和介绍抗平坦瑞利衰落（空间选择性衰落）和抗频率选择性衰落（多径引起的）的传统性典型抗衰落技术。为了对抗这些衰落，传统的方法是采用分集接收、RAKE 接收和均衡技术。分集接收技术是传统的抗空间衰落的方法；RAKE 技术是经典的抗多径衰落，提高接收信噪比的手段；均衡技术是另一种抗对径衰落的常用技术。在第二代移动通信系统中，这些经典接收技术得到了广泛应用。

5.8.1 分集技术的基本原理

分集技术是一项典型的抗衰落技术，它可以大大提高多径衰落信道下的传输可靠性。其中空间分集技术早已成功应用于模拟的短波通信与模拟移动通信系统，对于数字式移动通信，特别是第二代移动通信，分集技术有了更加广泛的应用。在 GSM 系统的上行链路基站端，广泛采用二重空间分集接收。在 IS-95 系统中，除上行采用二重空间分集接收以外，上下行链路均采用隐分集形式的 RAKE 接收，另外在小区软切换中也利用 RAKE 接收的宏分集。本节将主要讨论分集的基本概念、分类以及分集合并技术。

1. 基本概念与分类

移动信道中存在着传播衰耗、慢衰落和各类快衰落，对传输可靠性影响较大的是各类快衰落。值得注意的是，这里的“快”是针对不同的参量而言，即空间、频率与时间。它们分别是空间选择性衰落、频率选择性衰落和时间选择性衰落。在对抗这些衰落的各种技术措施中，分集技术是其中最有效的方法。

（1）分集技术的基本概念

移动通信中由于传播的开放性，使信道的传输条件比较恶劣，发送出的已调制的信号经过恶劣的移动信道在接收端会产生严重的衰落，使接收的信号质量严重下降。

分集技术是抗衰落的最有效措施之一。它是利用接收信号在结构上和统计特性的不同特点加以区分并按一定规律和原则进行集合与合并处理来实现抗衰落的。

分集的必要条件是在接收端必须能够接收到承载同一信息且在统计上相互独立（或近似独立）的若干不同的样值信号，这若干个不同样值信号可以通过不同的方式获得，比如空间、频率、时间等，它主要是指如何有效地区分可接收的含同一信息内容但统计上独立的不同样值信号。

分集技术的充分条件是将可获得含有同一信息内容但是统计上独立的不同样值，加以有效且可靠的利用，它是指分集中的集合与合并的方式，最常用的有选择式合并（SC）、等增量合并（EGC）和最大比值合并（MRC）等。

分集技术的初始阶段是研究如何将客观存在的分散在多条路径统计上独立的不同样值信号能量加以充分利用，即有效收集的主要措施。分集技术发展到今天，主要是将被动改变为主动，从被动利用客观存在的统计独立的不同样值信号，到主动利用信号设计与信号处理技术来有效区分统计独立的样值信号，比如扩频信号的 RAKE 接收、空时编码等。

（2）分集技术的分类

按“分”划分，即按照接收信号样值的结构与统计特性，可分为空间、频率、时间三大基本类型；按“集”划分，即按集合、合并方式划分，可分为选择合并、等增益合并与最大比值合并；若按照合并的位置可分为射频合并、中频合并与基带合并，而最常用的为基带合并；分集还可以划分为接收端分集、发送端分集以及发/收联合分集，即多入/多出（MIMO）系统；分集从另一个角度也可以划分为显分集与隐分集。一般称采用多套设备来实现分集为传统的显分集，空间分集是典型的显分集；称采用一套设备而利用信号设计与处理来实现的分集为隐分集。

2. 典型的分集与合并技术

（1）空间分集

空间分集是利用不同接收地点（空间）位置的不同，以及不同地点接收到的信号在统计上的不相关性，即衰落性质上的不一样，实现抗衰落的性能。

空间分集还有两类变化形式：极化分集和角度分集。

在空间分集中，由于在接收端采用了 N 副天线，若它们尺寸、形状、增益相同，那么空间分集除了可以获得抗衰落的分集增益以外，还可以获得由于设备能力的增加而获得的设备增益，比如二重空间分集的两套设备，可获 3dB 设备增益。

（2）频率分集

频率分集利用位于不同频段的信号经衰落信道后在统计上的不相关特性，即不同频段衰落统计特性上的差异，来实现抗衰落（频率选择性）的功能。实现时可以将待发送的信息分别调制在频率不相关的载波上发射，所谓频率不相关的载波是指不同的载波之间的间隔 Δf 大于频率相干区间 ΔF，即

$$\Delta f \geqslant \Delta F \approx \frac{1}{L}$$

其中 L 为接收信号的时延功率谱宽度。

(3) 时间分集

时间分集利用的是随机衰落信号的特点，即当取样点的时间间隔足够大时，两个样点间的衰落是统计上互不相关的，也就是说，利用衰落统计特性在时间上的差异来实现抗时间选择性衰落的功能。

时间分集与空间分集相比，优点是减少了接收天线及相应设备的数目，缺点是占用时隙资源，增大了开销，降低了传输效率。

(4) 最大比值合并（MRC）

在接收端由 N 个统计不相关的分集支路经过相位校正并按适当的可变增益加权再相加后送入检测器进行相干检测。最大比值合并的原理图如图 5-82 所示。

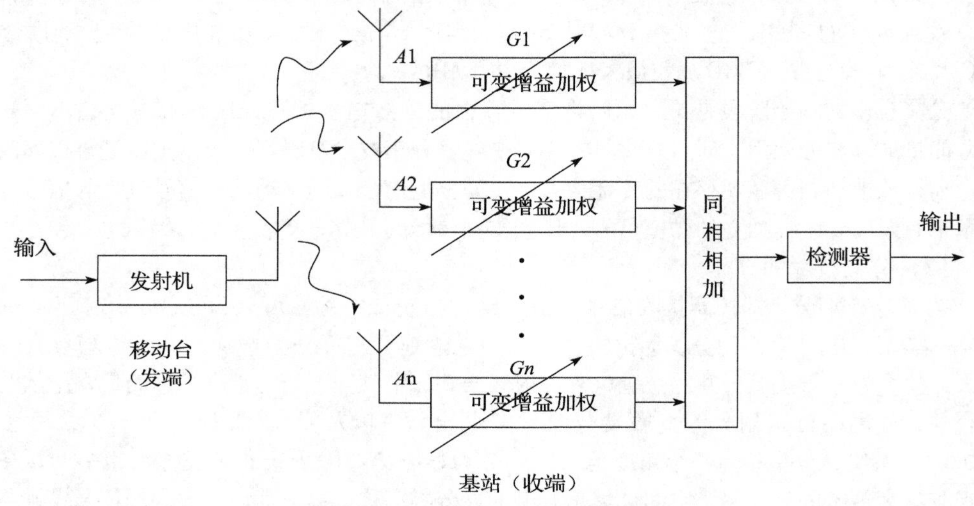

图 5-82 最大比值合并的原理图

(5) 等增益合并（EGC）

若在上述最大比值合并中，取 $G_i=1$，当 $i=1$，2，…，N，即为等增益合并。等增益合并后的平均输出信噪比为：

$$\overline{\mathrm{SNR}_{\mathrm{E}}} = \overline{\mathrm{SNR}}\left[1+(N-1)\frac{\pi}{4}\right]$$

等增益合并的增益为：

$$K_{\mathrm{E}} = \frac{\overline{\mathrm{SNR}_{\mathrm{E}}}}{\overline{\mathrm{SNR}}} = \left[1+(N-1)\frac{\pi}{4}\right]$$

显然，当 N（分集重数）较大时，$K_{\mathrm{E}} \approx K_{\mathrm{M}}$，即两者相差不多，大约在 1dB 左右。等增益合并实现比较简单。

(6) 选择式合并

选择式合并原理图如图 5-83 所示。

5.8.2 RAKE 接收与多径分集

RAKE 接收不同于传统的空间、频率与时间分集技术，它是一种典型的利用信号统计与信号处理技术将分集的作用隐含在被传输的信号之中，因此又称它为隐分集或带内分集。

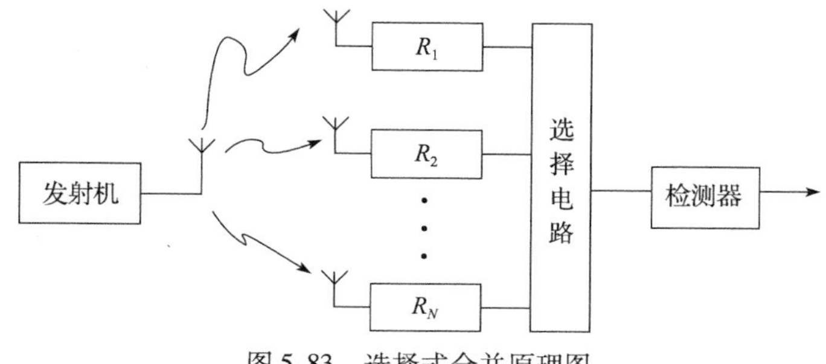

图5-83 选择式合并原理图

由于移动通信传播中多径引起了接收信号时延功率谱的扩散，其中最典型的有两类。一类是连续型时延功率谱，它一般出现在繁华的市区，由密集建筑物反射而形成，如图5-84所示。另一类是离散型时延功率谱，它一般出现在非繁华市区，非密集型建筑群区，如图5-85所示。

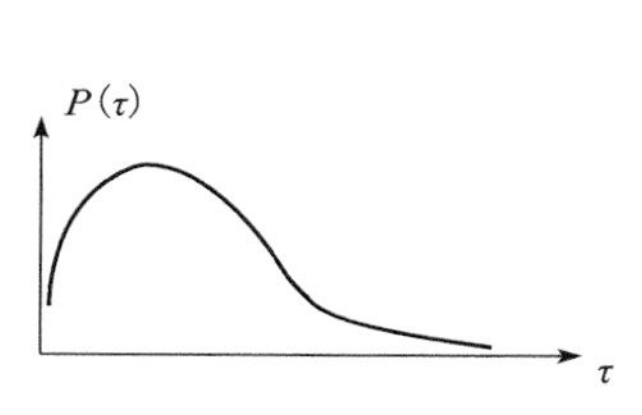

图5-84 连续型时延功率谱

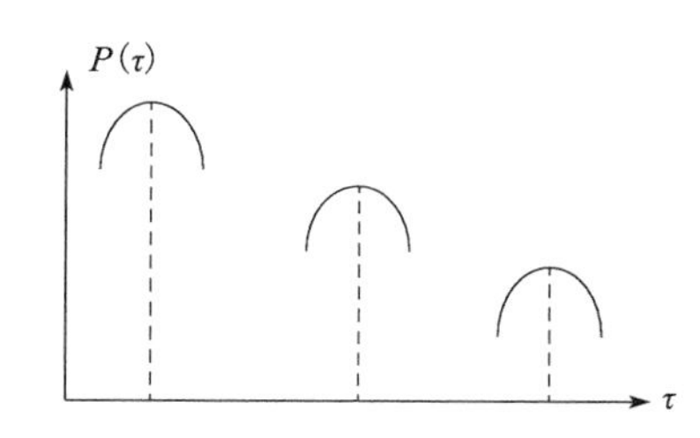

图5-85 离散型时延功率谱

在接收端的多径传播信号可以用如图5-86a所示的矢量图表示，假设有三条主要传播路径。若采用扩频信号设计与RAKE接收的信号处理后，三条路径信号矢量图可改变成如图5-86b所示的形式。

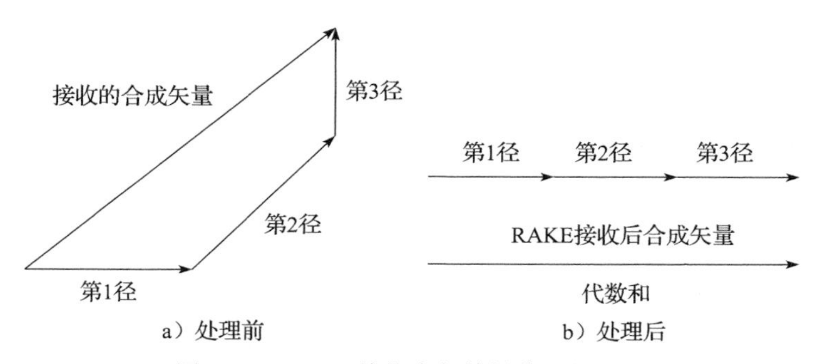

图5-86 RAKE接收多径传播信号矢量图

RAKE接收就是设法将上述被扩散的信号能量充分利用起来。其主要手段是扩频信号设计与RAKE接收的信号处理手段。在实际的移动通信中由于用户的随机移动性，接收到的多径分量的数量、大小（幅度）、时延（到达时间不同）、相位均为随机变量，因此合成后的合成矢量亦为一个随机变量。但是如果能利用扩频信号设计将各条路径信号加以分离，再利用RAKE接收将被分离的各条路径信号相位校准、幅度加权，并将矢量和变成代数和，就可以加以充分利用。当然，这一分离、处理和利用的设想，特别是对于连续型时延功率谱是受分辨率（即扩频增益）和 RAKE 接收信号处理方式及能力所限。

上述时延功率谱的利用效率主要决定于实际信道多径时延展宽的程度以及多径分离的能力。而多径分离的能力则主要取决于扩频增益与扩频带宽。

上面分析 RAKE 接收的多径分集，从理论上看它应属于频率分集，但是从现象上看，它是利用多径时延进行的分集。实际上在 5.2 节信道分析中已指出，正是由于时延扩散才引入了频率选择性衰落。它们之间是一对因果关系，因此，有人认为称它为多径分集更为恰当。

5.9 OFDM 技术

实际上，OFDM（orthogonal frequency division multiplexing，正交频分复用）技术是 MCM（multi carrier nodulation，多载波调制）的一种。

系统的通信能力实际上受制于信道的传播特性。对于高速数据业务，发送符号的周期可以与时延扩展相比拟，甚至小于时延扩展，此时将引入严重的码间干扰，导致系统性能的急剧下降。

OFDM 的主要思想是：将信道分成若干正交子信道，将高速数据信号转换成并行的低速子数据流，调制到在每个子信道上进行传输。正交信号可以通过在接收端采用相关技术来分开，这样可以减少子信道之间的相互干扰（ISI）。每个子信道上的信号带宽小于信道的相关带宽，因此每个子信道上可以看成平坦性衰落，从而可以消除码间串扰，而且由于每个子信道的带宽仅仅是原信道带宽的一小部分，信道均衡变得相对容易。

信道均衡是经典的抗码间干扰技术，许多移动通信系统中都采用了均衡技术消除码间干扰。但是如果数据速率非常高，采用单载波传输数据，往往要设计几十甚至上百个抽头的均衡器，这不啻是硬件设计的噩梦。

OFDM 系统既可以维持发送符号周期远远大于多径时延，又能够支持高速的数据业务，并且不需要复杂的信道均衡。

5.9.1 OFDM 的基本原理

OFDM 的基本原理是将高速的数据流分解为多路并行的低速数据流，在多个载波上同时进行传输。对于低速并行的子载波而言，由于符号周期展宽，多径效应造成的时延扩展相对变小。当每个 OFDM 符号中插入一定的保护时间后，码间干扰几乎就可以忽略。

1. 时域上的 OFDM

OFDM 的“O”代表“正交”，关于正交的定义如下：

设 $\rho = \dfrac{\int_0^T s_2(t)s_1(t)\,\mathrm{d}t}{\sqrt{E_{s1}E_{s2}}}$ 为信号的相关系数，其中 $s_1(t)$ 和 $s_2(t)$ 代表两种不同的信号，E_{s1} 和 E_{s2} 分别为 $s_1(t)$ 和 $s_2(t)$ 的码元内能量。ρ 的取值在（-1，1）之间，当 $\rho=0$ 时，称 $s_1(t)$ 和 $s_2(t)$ 正交。

首先说说最简单的情况，$\sin(t)$ 和 $\sin(2t)$ 是正交的，因为 $\sin(t)\cdot\sin(2t)$ 在区间 $[0,\ 2\pi]$ 上的积分为 0。

在图 5-87 中，在 $[0,\ 2\pi]$ 的时长内，采用最易懂的幅度调制方式传送信号：$\sin(t)$

传送信号 a，因此发送 $a \cdot \sin(t)$；$\sin(2t)$ 传送信号 b，因此发送 $b \cdot \sin(2t)$。其中，$\sin(t)$ 和 $\sin(2t)$ 用来承载信号，是收发端预先规定好的信息，称为子载波；调制在子载波上的幅度信号 a 和 b，才是需要发送的信息。因此在信道中传送的信号为 $a \cdot \sin(t) + b \cdot \sin(2t)$（见图5-88）。在接收端，分别对接收到的信号做关于 $\sin(t)$ 和 $\sin(2t)$ 的积分检测，就可以得到 a 和 b 了。

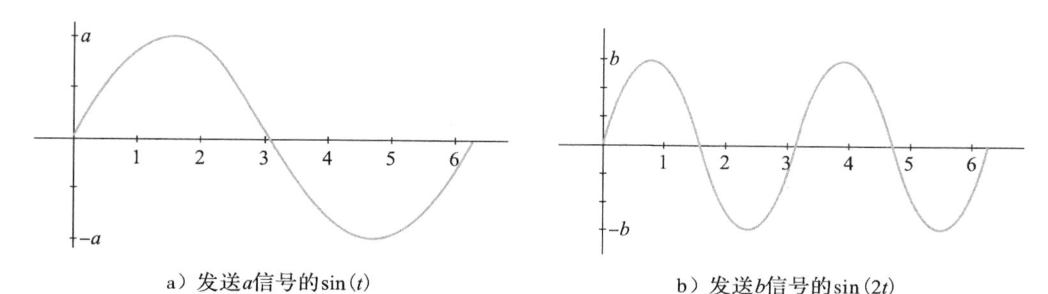

a）发送a信号的sin(t)　　b）发送b信号的sin(2t)

图5-87　正交信号 $\sin(t)$ 和 $\sin(2t)$

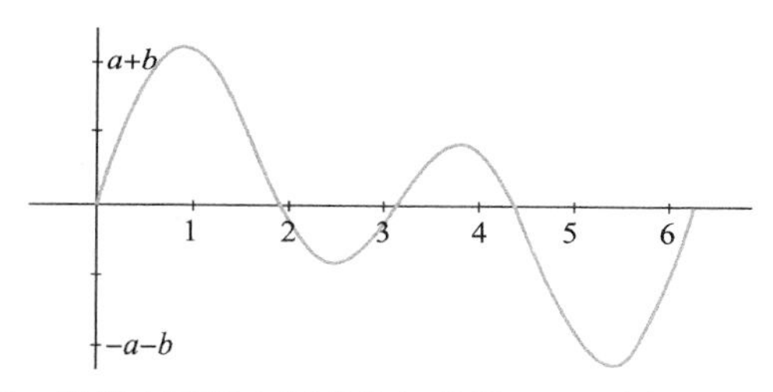

图5-88　发送在无线空间的叠加信号 $a \cdot \sin(t) + b \cdot \sin(2t)$

接收信号乘 $\sin(t)$，积分解码出 a 信号，此时传送 b 信号的 $\sin(2t)$ 项，在积分后为0，如图5-89a所示；接收信号乘 $\sin(2t)$，积分解码出 b 信号，此时传送 a 信号的 $\sin(t)$ 项，在积分后为0，如图5-89b所示。

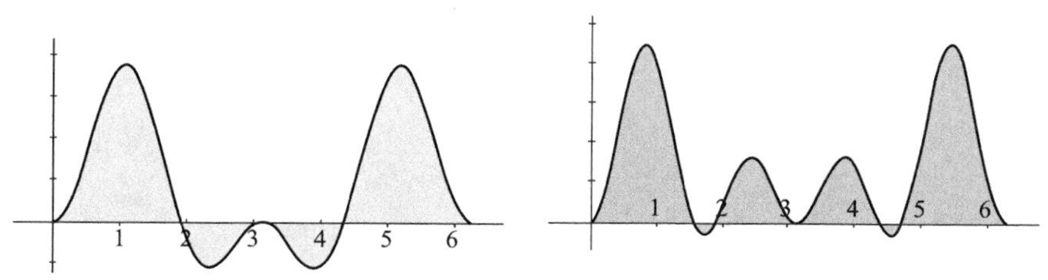

a）接收信号乘sin(t)，积分解码出a信号　　b）接收信号乘sin(2t)，积分解码出b信号

图5-89　接收信号作关于 $\sin(t)$ 和 $\sin(2t)$ 的积分检测

简单的OFDM调制、解调原理如图5-90所示。

上面的例子虽然简单，但却是所有复杂例子的基础。

将 $\sin(t)$ 和 $\sin(2t)$ 扩展到更多的子载波序列 $\{\sin(2\pi \cdot \Delta f \cdot t), \sin(2\pi \cdot \Delta f \cdot 2t), \sin(2\pi \cdot \Delta f \cdot 3t), \cdots, \sin(2\pi \cdot \Delta f \cdot kt)\}$（例如 $k=16, 256, 1024$ 等），应该是很好理解的事情。其中，2π 是常量；Δf 是事先选好的载频间隔，也是常量；$1t, 2t, 3t, \cdots, kt$ 保证了正弦波序列的正交性。

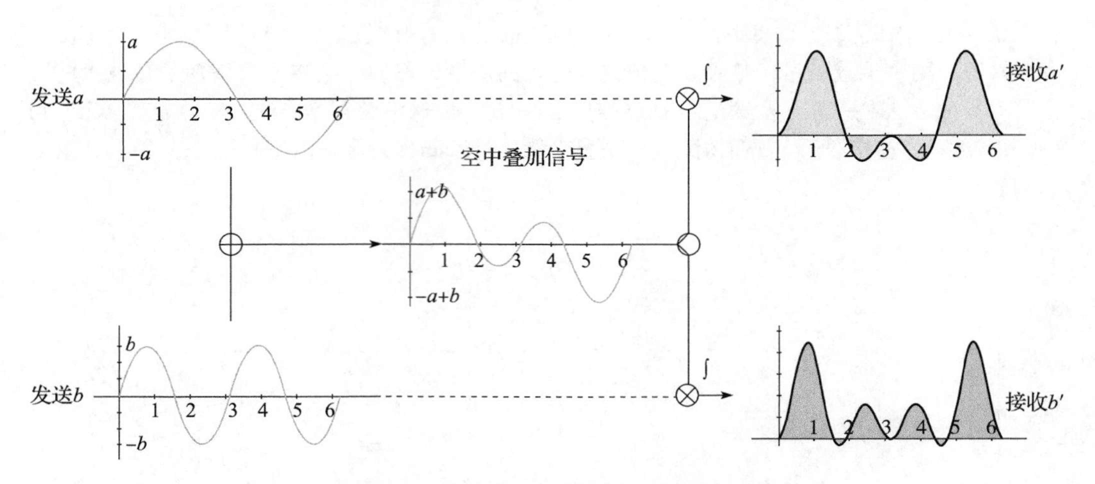

图 5-90 简单 OFDM 调制、解调原理图

将 $\cos(t)$ 也引入。容易证明，$\cos(t)$ 与 $\sin(t)$ 是正交的，也与整个 $\sin(kt)$ 的正交族相正交。同样，$\cos(kt)$ 也与整个 $\sin(kt)$ 的正交族相正交。因此发射序列扩展到 $\{\sin(2\pi\cdot\Delta f\cdot t)$，$\sin(2\pi\cdot\Delta f\cdot 2t)$，$\sin(2\pi\cdot\Delta f\cdot 3t)$，…，$\sin(2\pi\cdot\Delta f\cdot kt)$，$\cos(2\pi\cdot\Delta f\cdot t)$，$\cos(2\pi\cdot\Delta f\cdot 2t)$，$\cos(2\pi\cdot\Delta f\cdot 3t)$，…，$\cos(2\pi\cdot\Delta f\cdot kt)\}$也就顺理成章了。

选好了 2 组正交序列 $\sin(kt)$ 和 $\cos(kt)$，这只是传输的“介质”。真正要传输的信息还需要调制在这些载波上，即 $\sin(t)$，$\sin(2t)$，…，$\sin(kt)$ 分别幅度调制 a_1，a_2，…，a_k 信号，$\cos(t)$，$\cos(2t)$，…，$\cos(kt)$ 分别幅度调制 b_1，b_2，…，b_k 信号。这 $2n$ 组互相正交的信号同时发送出去，在空间上会叠加出怎样的波形呢？做简单的加法如下：

$$
\begin{aligned}
f(t) = {} & a_1\cdot\sin(2\pi\cdot\Delta f\cdot t) + \\
& a_2\cdot\sin(2\pi\cdot\Delta f\cdot 2t) + \\
& a_3\cdot\sin(2\pi\cdot\Delta f\cdot 3t) + \\
& ... \\
& a_k\cdot\sin(2\pi\cdot\Delta f\cdot kt) + \\
& b_1\cdot\cos(2\pi\cdot\Delta f\cdot t) + \\
& b_2\cdot\cos(2\pi\cdot\Delta f\cdot 2t) + \\
& b_3\cdot\cos(2\pi\cdot\Delta f\cdot 3t) + \\
& ... \\
& b_k\cdot\cos(2\pi\cdot\Delta f\cdot kt) + \\
= {} & \sum a_k\cdot\sin(2\pi\cdot\Delta f\cdot kt) + \sum b_k\cdot\cos(2\pi\cdot\Delta f\cdot kt)
\end{aligned}
$$

为了方便进行数学处理，上式有复数表达形式如下：

$$f(t) = \sum F_k\cdot e^{j2\pi\Delta fkt}$$

上面的公式可以这样看：每个子载波序列都在发送自己的信号，互相交叠在空中，最终在接收端看到的信号就是$f(t)$。接收端收到混合信号 $f(t)$ 后，再在每个子载波上分别作相乘后积分的操作，就可以取出每个子载波分别承载的信号了。

以上表示$f(t)$ 的两个公式实际上就是傅里叶级数公式。如果将 t 离散化，那么就是离散傅里叶变换。所以 OFDM 可以用 FFT 来实现。

一般 F 表示频域，f 表示时域，所以可以从以上公式中看出，每个子载波上面调制的幅度就是频域信息。类似的说法是：OFDM 传输的是频域信号。

从时域上面来看 OFDM，其实是相当简洁明快的，如图 5-91 所示。不过，一个系统若要从时域上来实现 OFDM，难度太大，时延和频偏都会严重破坏子载波的正交性，从而影响系统性能。

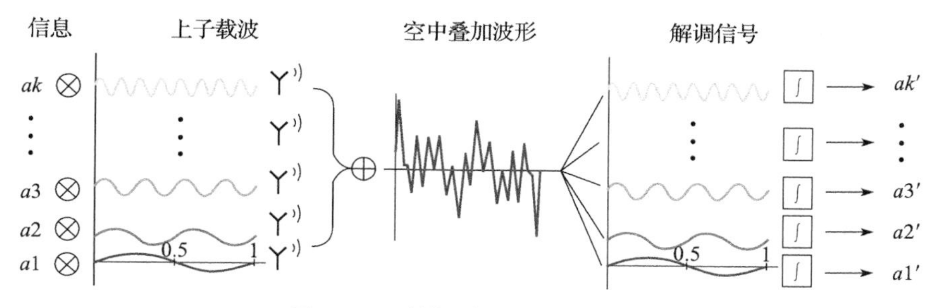

图 5-91　时域上的 OFDM 系统图

2. 频域上的 OFDM

时域上的讨论开始于 OFDM 中的“O”；频域上我们从“FDM”开始。

频分复用 FDM 是指把通信系统使用的总频带划分为若干个占用较小带宽的频道，这些频道在频域上互不重叠，每个频道就是一个通信信道，分配给一个用户使用，如图 5-92 所示。

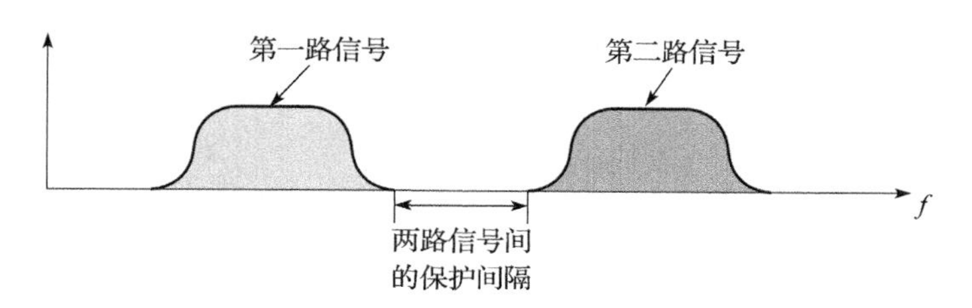

图 5-92　常规 FDM，两路信号频谱之间有间隔，互相不干扰

为了更好地利用系统带宽，子载波的间距可以尽量靠近些。靠得很近的 FDM，实际中考虑到硬件实现，解调第一路信号时，已经很难完全去除第二路信号的影响了，两路信号互相之间可能已经产生干扰了，如图 5-93 所示。

但是在 OFDM 中，子载波的间距近到完全等同于奈奎斯特带宽，使频带的利用率达到了理论上的最大值。

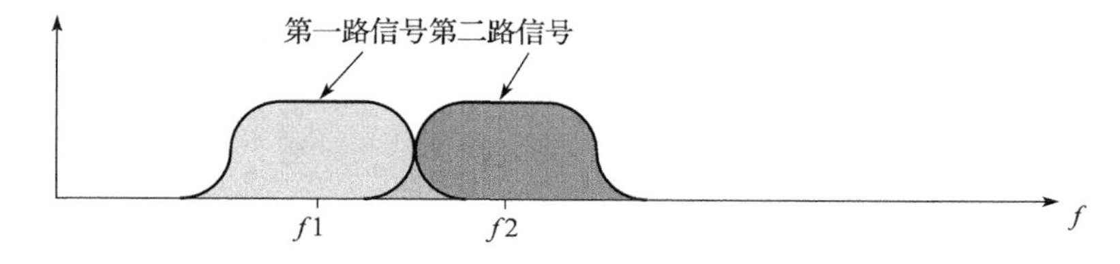

图 5-93　OFDM 中间隔频率互相正交，频谱虽然有重叠，但是仍然是没有互相干扰

在时域上，对于波形的调制、叠加接收以及最终的解码（见图 5-92 ~ 图 5-96），其中每个步骤在频域上的表现如下：

首先来看 sin(*t*)。sin(*t*) 是个单一的正弦波，代表着单一的频率，所以其频谱自然是一个冲激。不过这时的 sin(*t*) 并不是真正的 sin(*t*)，而只是限定在［0，2π］之内的一小段。无限长度的信号被限制在一小段时间之内，其频谱也不再是一个冲激了。

对限制在［0，2π］内的 sin(*t*) 信号，相当于无限长的 sin(*t*) 信号乘以一个［0，2π］上的门信号（矩形脉冲），其频谱为两者频谱的卷积。sin(*t*) 的频谱为冲激，门信号的频谱为 sinc 信号（即 sin(*x*)/*x* 信号）。冲激信号卷积 sinc 信号，相当于对 sinc 信号的搬移。分析到这里，可以得出时域波形其对应的频谱如图 5-94 所示。

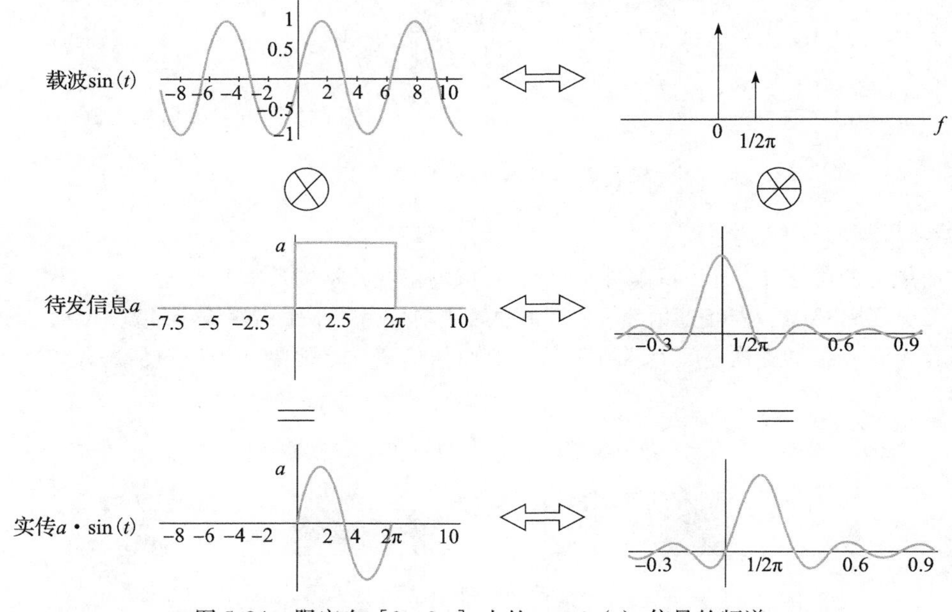

图 5-94　限定在［0，2π］内的 *a* · sin(*t*) 信号的频谱

sin(2*t*) 的频谱分析基本相同。需要注意的是，由于正交区间为［0，2π］，因此 sin(2*t*)在相同的时间内发送了两个完整波形。相同的门函数保证了两个函数的频谱形状相同，只是频谱被搬移的位置变了，如图 5-95 所示。

将 sin(*t*) 和 sin(2*t*) 所传信号的频谱叠加在一起，如图 5-96 所示。

图 5-96 和图 5-93 均是频域上两个正交子载波的频谱图，但并不太一样！这是基带信号在传输前，一般会通过脉冲成型滤波器而导致的。比如使用“升余弦滚降滤波器”后，图 5-96 所示的信号就会被修理成图 5-93 所示的信号了。这样可以有效地限制带宽外部的信号，在保证本路信号没有码间串扰的情况下，既能最大限度地利用带宽，又能减少子载波间的各路信号的相互干扰。

OFDM 的子载波间隔最低能达到奈奎斯特带宽（对于理想低通信道，奈奎斯特带宽 $W=1/(2T)$，对于理想带通信道，奈奎斯特带宽 $W=1/T$)，也就是说，在不考虑最旁边的两个子载波的情况下，OFDM 达到了理想信道的频带利用率（低通信道频带利用率为 2Baud/Hz；带通信道频带利用率同样为 2Baud/Hz）。

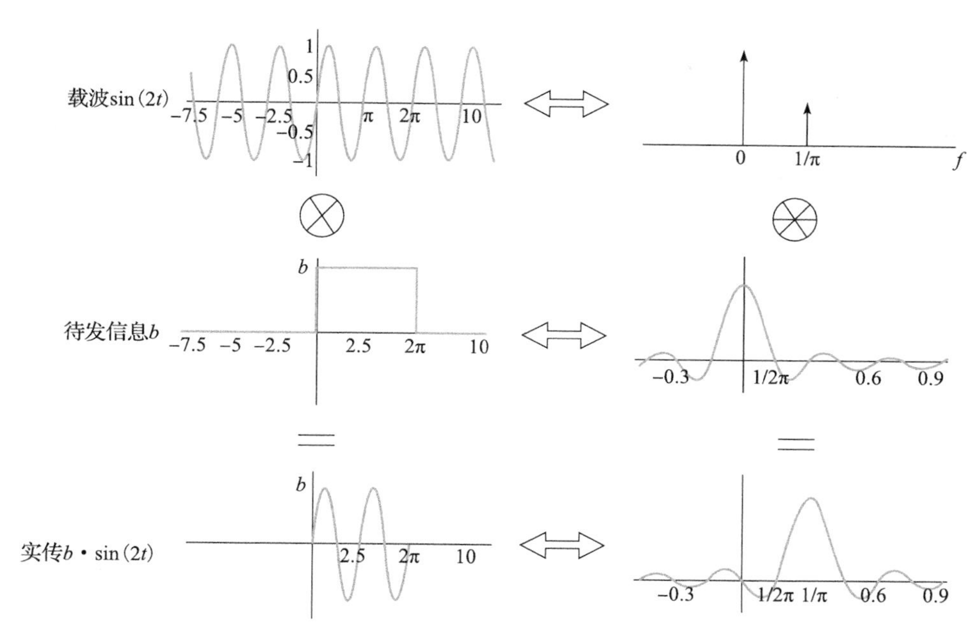

图5-95 限定在［0，2π］内的 $a \cdot \sin(2t)$ 信号的频谱

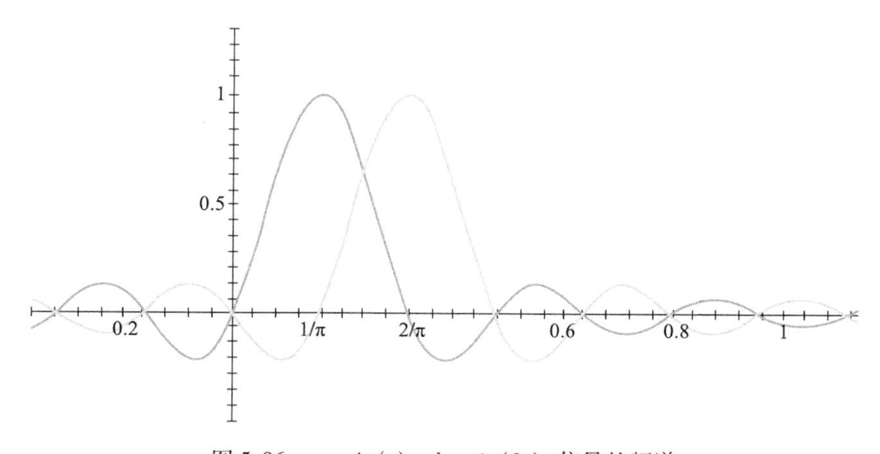

图5-96 $a \cdot \sin(t) + b \cdot \sin(2t)$ 信号的频谱

OFDM系统满足奈奎斯特无码间干扰准则。但此时的符号成型不像通常的系统，不是在时域进行脉冲成型，而是在频域实现的。因此时频呈对偶关系，通常系统中的码间干扰（ISI）变成了OFDM系统中的子载波间干扰（ICI）。为了消除ICI，要求OFDM系统在频域采样点无失真。

5.9.2 OFDM的信道估计

OFDM系统的接收既可以采用相干检测也可以采用非相干检测。采用相干检测就需要利用信道信息，因此在接收端首先要进行信道估计。在多载波系统中，当采用差分调制方案时，在接收端可以做非相干解调，但这一般适用于较低数据速率。

采用训练序列的信道估计方法可以分为基于导频信道和基于导频符号这两种，IS-95

就采用了基于导频信道的方法，但多载波系统具有时频二维结构，因此采用导频符号辅助信道估计更灵活。

导频符号辅助方法是在发送端的信号中某些固定位置插入一些已知的符号和序列，在接收端利用这些导频符号和导频序列按照某些算法进行信道估计。

在单载波系统中，导频符号和导频序列只能在时间轴方向插入，在接收端提取导频符号估计信道脉冲响应 $h(\tau, t)$。在多载波系统中，导频符号可以同时在时间轴和频率轴两个方向插入，在接收端提取导频符号估计信道传输函数 $H(f, t)$。只要导频符号在时间和频率方向上的间隔相对于信道相干时间和相干带宽足够小，就可以采用二维内插滤波的方法来估计信道传输函数。

5.9.3 OFDM 的同步技术

接收机正常工作以前，OFDM 系统至少要完成两类同步任务：

- 时域同步，要求 OFDM 系统确定符号边界，并且提取出最佳的采样时钟，从而减小载波干扰（ICI）和码间干扰（ISI）造成的影响。
- 频域同步，要求系统估计和校正接收信号的载波偏移。

1. 频率同步误差的影响

载波频率同步误差造成接收信号在频域的偏移。如果频率误差是子载波间隔的整数倍，则接收到的承载 QAM 信号的子载波频谱将平移 n 个载波位置。子载波之间还是相互正交的，但 OFDM 信号的频谱结构错位，从而导致误码率 $p_b = 0.5$ 的严重错误。

如果频率误差不是载波间隔的整数倍，则一个子载波的信号能量将分散到相邻的两个载波中，导致子载波丧失正交性，引入 ICI，也会造成系统性能的下降（见图 5-97）。

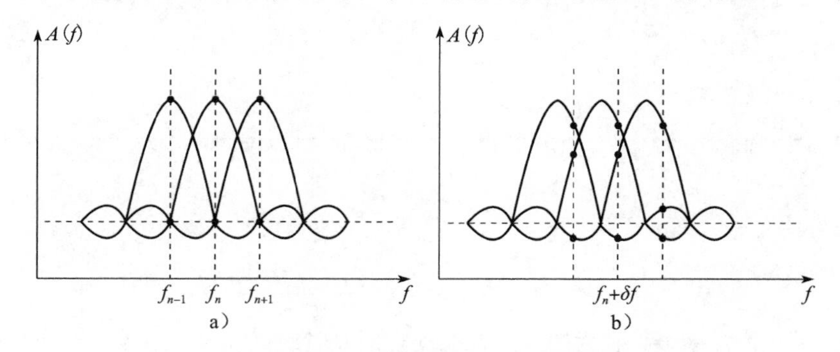

图 5-97 频率误差造成 OFDM 系统产生载波间干扰

在 OFDM 系统中，只有发送和接收的子载波完全一致，才能保证载波间的正交性，从而可以正确接收信号。任何频率偏移必然导致 ICI。实际系统中，由于本地时钟源（如晶体振荡器）不能精确地产生载波频率，总要附着一些随机相位调制信号。结果接收机产生的频率不可能与发送端的频率完全一致。对于单载波系统，相位噪声和频率偏移只是导致信噪比损失，而不会引入干扰。但对于多载波系统，却会造成子载波间干扰（ICI），因此 OFDM 系统对于载波偏移比单载波系统要敏感，必须采取措施消除频率偏移。

2. 时间同步误差的影响

与频率误差不同，时间同步误差不会引起子载波间干扰（ICI），但时间同步误差将导致FFT处理窗包含连续的两个OFDM符号，从而引入了OFDM符号间干扰（ISI），并且即使FFT处理窗位置略有偏移，也会导致OFDM信号频域的偏移，从而造成信噪比损失，BER性能下降。

OFDM信号的频谱引入了相位偏移。时域偏移误差τ在相邻子载波间引入的相位误差为$2\pi\Delta f\tau/T_s$。

如果时域偏移误差是采样时间间隔T_s的整数倍，即$\tau=nT_s$，则对应的相位偏移为$2\pi m/N$，其中N是FFT数据处理的长度。这种相位误差对OFDM系统性能有显著影响。在时域扩散信道中，时域同步误差造成的相位误差与信道频域传递函数叠加在一起，严重影响系统正常工作。如果采用差分编码和检测，可以减小这种不利因素。

如果时域同步误差较大，FFT处理窗已超出了当前OFDM符号的数据区域和保护时间区域，包括了相邻的OFDM符号，则引入码间干扰，严重恶化了系统性能。

FFT处理窗位置与OFDM符号的相对关系如图5-98所示。

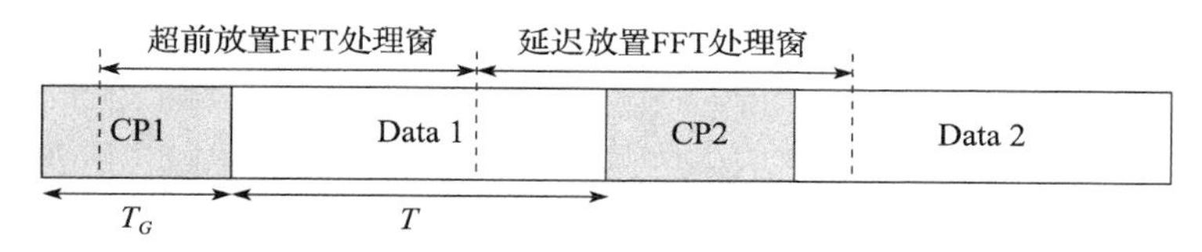

图5-98　FFT处理窗位置与OFDM符号的相对关系

一个OFDM符号由保护间隔和有效数据采样构成，保护间隔在前，有效数据在后。如果FFT处理窗延迟放置，则FFT积分处理包含了当前符号的样值与下一个符号的样值。而如果FFT处理窗超前放置，则FFT积分处理包含了当前符号的数据部分和保护时间部分。后者不会引入码间干扰，而前者却可能严重影响系统性能。

图5-99中采用的是512个子载波的OFDM系统，在白噪声信道下仿真，子载波体制方式为差分QPSK（DQPSK）。不用信道均衡，超前放置FFT处理窗最多达6个样值，几乎不影响系统性能，但如果延迟放置FFT处理窗，如图中的实心图标所示，由于存在码间干扰，将会严重影响系统性能。对于较小的时域同步误差，如果增加一个短循环后缀，可以减轻ISI的影响。

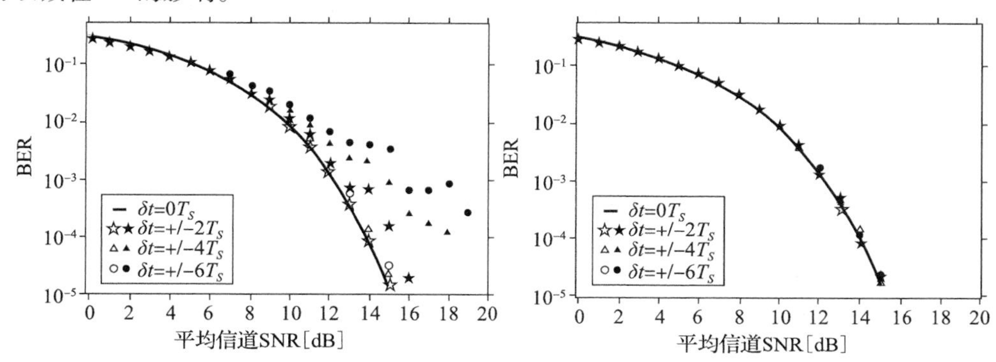

图5-99　时域同步误差对OFDM系统性能的影响

3. OFDM 同步算法分类

OFDM 系统的时频同步处理分为捕获和跟踪两个阶段：在捕获阶段，系统使用比较复杂的同步算法，对较长时段的同步信息进行处理，获得初步的系统同步；在跟踪阶段，可以采用比较简单的同步算法，对于小尺度的变化进行校正。

OFDM 同步算法分类：

1）OFDM 数据帧和符号的粗同步算法。

2）OFDM 符号的精细同步算法。

3）OFDM 频域捕获算法。

4）OFDM 频域跟踪算法。

4. 常用 OFDM 同步算法

常用的 OFDM 同步算法主要分为两类：利用循环前缀实现 OFDM 同步和插入专门的训练序列实现 OFDM 同步。采用循环前缀实现 OFDM 同步如图 5-100 所示。

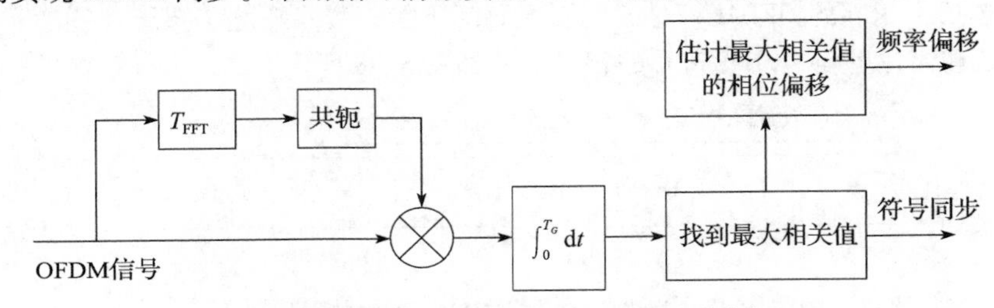

图 5-100 采用循环前缀实现 OFDM 同步

由于 OFDM 符号中含有循环前缀，因此每个符号的前个样值实际上是后个样值的副本。利用这种信号结构的冗余特性可以实现时频同步。接收信号的前端信号经过 T_{FFT} 时延，与后端信号 T_G 进行时间的相关运算，可以表示为：

$$R(t) = \int_0^{T_G} y(t-\tau)y^*(t-\tau-T_{FFT})\mathrm{d}\tau$$

则 OFDM 符号边界的估计为：$\hat{t} = \mathrm{argmax}\,R(t)$。

一旦得到符号同步后，相关器的输出也可以用于频偏校正。相关器的输出相位等于相距时间的数据采样之间的相位偏移。因此频率偏移的估计为：$\hat{f} = \dfrac{R(\hat{t})}{2\pi T_{FFT}}$。

基于循环前缀的同步技术，其估计精度与同步时间相互制约。如果要获得较高的估计精度，则需要耗费很长的同步时间。因此在没有特定训练序列的盲搜索环境中或者系统跟踪条件下比较适用。而对于分组传输，同步精度要求比较高，同步时间尽可能短。为了完成这种条件下的同步，一般采用发送特殊的 OFDM 训练序列。此时整个 OFDM 接收信号都可以用于同步处理。

采用训练序列进行 OFDM 同步的原理如图 5-101 所示。

在匹配滤波器输出的相关峰值处，可以同时进行符号同步和频偏校正。注意上述的匹配滤波器操作是在接收信号进行 FFT 变换之前进行的。因此这一同步技术与 DS-CDMA 接收机中的同步非常类似。

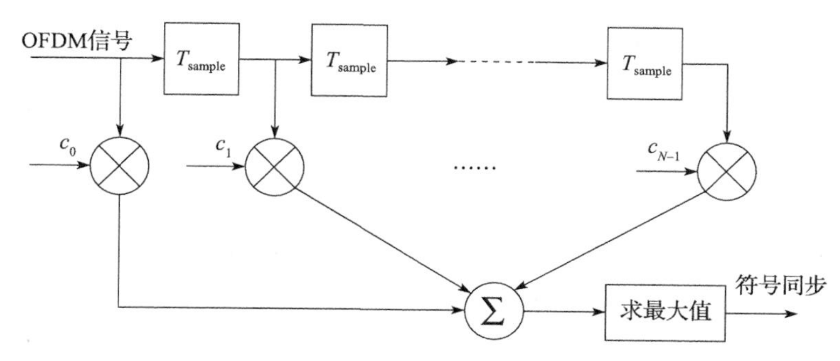

图5-101 采用训练序列进行OFDM同步

5.9.4 多载波码分多址技术

1. OFDM与CDMA结合的必要性

CDMA系统是一个干扰（或信噪比）受限系统。其容量主要受限于移动信道中的主要干扰：多径干扰和多址干扰；其速率也受限于多径干扰产生的时延功率谱扩展与信息符号码元之间的比值，即相对多径干扰比值。

正交多载波技术OFDM是克服多径干扰最有效的手段，它通过并行传送降低传送速率，增大信息码元周期，大大削弱了多径干扰的影响。它既可以增大系统容量又可以提高系统传送速率，即可以克服CDMA系统中存在的这两方面的主要缺点。

在移动通信系统中，需要在每个小区同时支持多个用户的通信，而CDMA就是一种较理想的多用户的多址通信方式，它利用地址码来正交（或准正交）地区分用户；另一方面，OFDM又可以在多个载波上进行并行传送，既可以提高频谱利用效率，又可以实现较理想的频率分集的效果，提高抗衰落、抗干扰的能力。

由于在移动通信中，移动用户随机分布在小区内，各自具有完全不同的信道传输条件，因此很难找到合适的信道分配方法来保证每一个用户的业务性能。然而OFDM可以灵活地采用与信道特性相匹配的速率自适应方式（利用信息论中注水定理）来解决这个难题。

在直接序列扩频系统DS-SS中，信息是在多个码片上采用同一载波频率发送的，接收端需一组码片序列进行分集合并。在多载波扩频系统MC-SS中，信息是同时调制在不同子载波频率分量上，接收端需对子载波进行分集合并。显然，直扩系统（DS-SS）与多载波扩频系统（MC-SS）之间有“时间－频率”的对偶关系。

类似于DS-SS与MC-SS之间的时－频对偶关系，在离散型中也存在着跳时TH与跳频FH的时－频对偶关系。连续型与离散型的主要差别在于：连续型是对干扰进行统计平均处理，而离散型是对干扰进行躲避式处理。扩频系统的完整体系结构如图5-102所示。

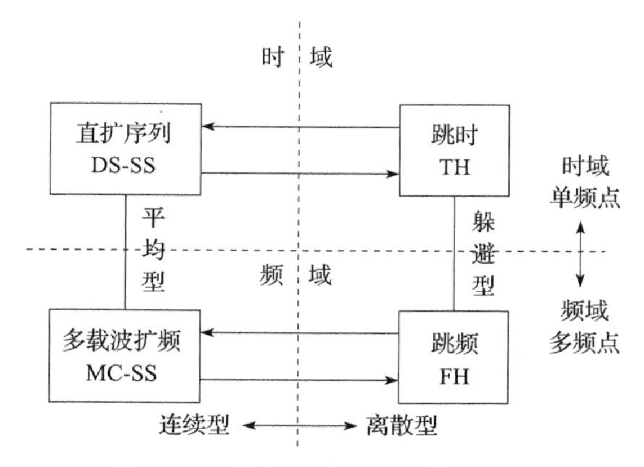

图5-102 扩频系统的完整体系结构

2. CDMA 和 OFDM 结合方案分类

（1） MC-CDMA（multi carrier CDMA 或 OFDM-CDMA）

图 5-103 中，每个信息符号先经过扩频，扩频后将每个码片（chip）调制到一个子载波上，若 PN 码长度为 N，则调制到 N 个子载波上，即不同的码片信号分别调制到不同的子载波上，可见它是在频域上进行扩频，也可以认为数据信息在许多载波码片上同时进行发送。图中调制方式为 BPSK，G_{MC} 为扩频增益，N_C 为子载波数目，而 $C^j(t)=(C_1^j, C_2^j, \cdots, C_{G_{MC}}^j)$ 表示第 j 个用户的扩频码，且这里假设子载波数目和扩频增益相等，即 $N_C=G_{MC}$。

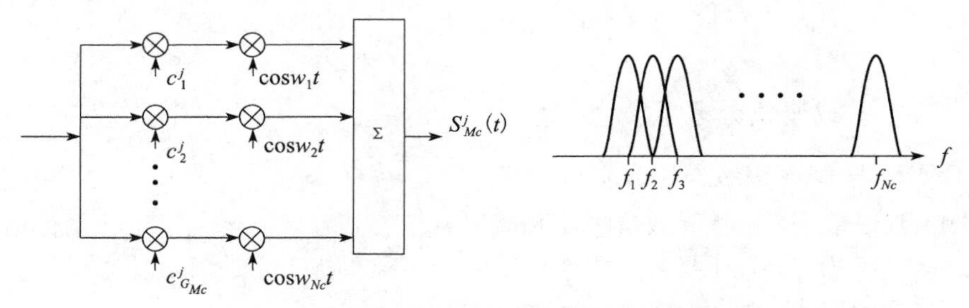

图 5-103　MC-CDMA 发送框图和功率谱图

（2） MC-DS-CDMA（multi carrier DS-CDMA）

图 5-104 中，调制方式为 BPSK，N_C 为载波数，而 $C^j(t)=(C_1^j, C_2^j, \cdots, C_{G_{MC}}^j)$ 为第 j 个用户的扩频码，G_{MC} 为扩频增益。输入信息比特先经过串/并变换后，并行的每路经过相同的短扩频码扩频再调制到不同的子载波上，相邻子带间有 1/2 重叠且保持正交关系。由于它是每路先经过相同短扩频码扩频再调制到不同的子载波上，也可以认为数据信息在许多时间码片上用同一载波发送，所以属于时域扩频，且扩频后的带宽限制在一个子带内，因而一般只能选择短码扩频。

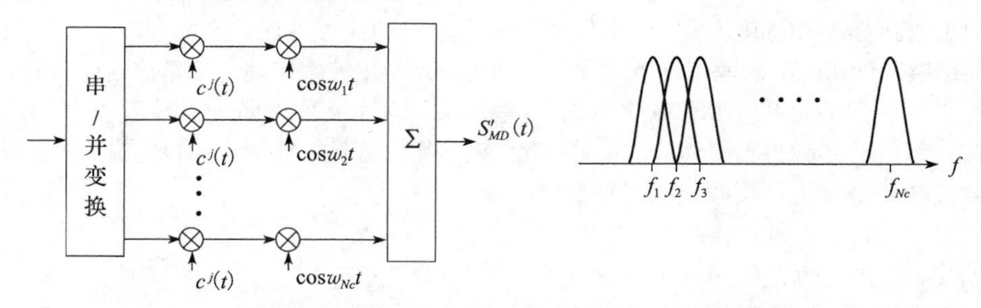

图 5-104　MC-DS-CDMA 发送框图与功率谱图

（3） MT-CDMA（multi tone CDMA）

图 5-105 中，调制方式为 BPSK，N_C 为载波数，而 $C^j(t)=(C_1^j, C_2^j, \cdots, C_{G_{MC}}^j)$ 为第 j 个用户的扩频码，G_{MC} 为扩频增益。

MT-CDMA 子载波间有更多的重叠，子载波之间已不再保证正交。一般采用较长的扩频码，它比 DS-CDMA 能容纳更多的用户。MT-CDMA 技术中，虽然首先将数据进行串/并变换，再进行多载波调制，然后在求和以后再对求和信号进行时域扩频，本质上仍是属于时域扩频。

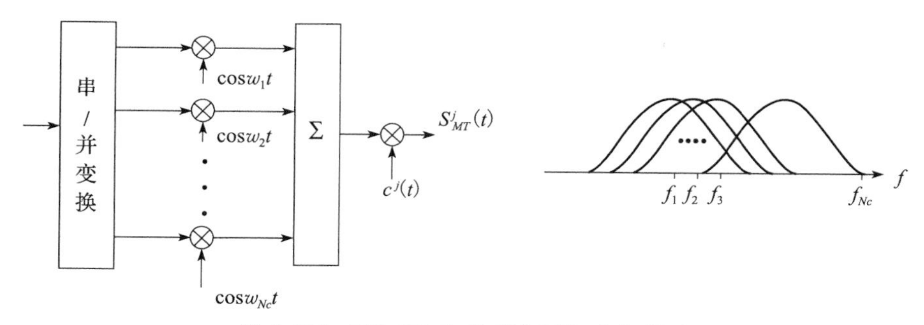

图 5-105 MT-CDMA 发送框图与功率谱图

三类多载波扩频的码分多址方式中，MC-CDMA 的性能最佳，它不仅具有最好的频谱利用效率，而且抗干扰、误码性能也很好，已成为 B3G 主要候选技术方案之一。

5.10 移动网络的结构与组成

5.10.1 移动网络概述

1. 移动通信网组成

移动通信网是现代通信网中的一个重要组成部分，现代通信网主要是由下列 4 个主要部分组成：

1）终端机：其主要功能是将待传送的信息转换成电信号并送入网内，同时从网上提取所需的信息，比如电话机、手机、传真机、数传机、视频终端摄像机与显示器等。

2）信道：它是载荷信息的信号所传送的通道，主要包含固体介质的传输线、电缆、光缆；空气介质的无线信道等。从特性上可以分为恒参量非时变信道与变参量的时变信道，移动信道属于后者。

3）变换设施：要将简单的点对点的通信组成多点对多点的通信网就必须有交换设备。

4）信令与协议：仅有硬件设备还不能在通信网内高效地互相交换信息，尤其是对自动化程度高，使用的环境条件（信源、业务、信道、用户等方面）复杂时，必须有一些规范性的约定。这些约定在电话网中称为信令，而在计算机与数据网中则被称为协议。其实，这就是网内使用专用“语言”用来协调网内、网间、运行以达到互通互控的目的。

现代电信网一般是指全局性核心、干线网络，其最大特性是静态固定的网络。相对于 PSTN 网，移动通信网属于接入网，即核心网外围面向移动用户的接入网络。移动通信网不同于静态的 PSTN 网，其网络配置是动态的。

固定网使用的资源，比如带宽是可以通过增加设备而不断增大的，即可通过增加光纤线数量和电缆芯线而增大；但是移动网中带宽与功率都受到严格限制。

2. 蜂窝式网络结构

20 世纪 70 年代美国贝尔实验室提出了蜂窝网概念，使移动通信正式走向商用化。

移动通信网利用蜂窝小区结构实现了频率的空间复用，从而大大提高了系统的容量。蜂窝的概念也真正解决了公用移动通信系统要求容量大与有限的无线频率资源之间的矛盾。

蜂窝网不仅成功地用于第一代模拟移动通信系统，第二代、第三代也继续延用了蜂窝网的概念，并在原有基本蜂窝网基础上进一步改进和优化，比如多层次的蜂窝网结构等。

为了实现无缝隙覆盖，一个个天线辐射源产生的覆盖圆形必然会产生重叠。在通信中重叠区就是干扰区。那么在理论上采用什么样的多边形无缝隙结构才能使实际的天线覆盖圆圈重叠最小呢？

无缝隙的正多边形来逼近圆形覆盖小区的一些例子与参数如表 5-12 所示。

表 5-12　小区参数表

小区形状	正三角形	正方形	正六边形（蜂窝）
邻区距离	r	$\sqrt{2}r$	$\sqrt{3}r$
小区面积	$1.3r^2$	$2r^2$	$2.6r^2$
重叠区面积	$1.2\pi r^2$	$0.73\pi r^2$	$0.35\pi r^2$

由此可见，在服务区面积一定的情况下，蜂窝式的正六边形重叠面积最小，是最佳形式的小区形状。

移动通信网中，在蜂窝移动通信系统中为了避免干扰，显然相邻近小区不能采用相同的信道。若想要实现同一信道在服务区内重复使用，同信道小区之间应有足够的空间隔离距离。满足空间隔离距离的区域称为空间复用区，而在同一个空间复用区内的小区组成了一个蜂窝区群，且只有在不同的区群间的小区才能实现信道再用。

区群组成的基本条件是区群之间可以互相邻接，且无缝隙、无重叠地进行覆盖；相互邻接的区群应保证各个相邻同信道小区之间的距离相等。

经证明，区群内的小区数目应满足下列表达式：

$$N = a^2 + ab + b^2$$

其中，$a \geqslant 0$，$b > 0$ 且 a、b 为整数。

图 5-106 给出了几种简单区群结构的组成。

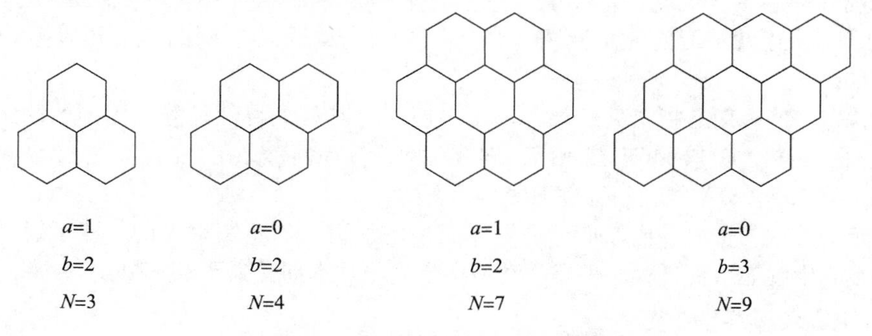

a=1　b=2　N=3

a=0　b=2　N=4

a=1　b=2　N=7

a=0　b=3　N=9

图 5-106　几种简单区群结构

在第一代模拟移动通信网中，经常采用7/21区群结构，即每个区群中包含7个基站，而每个基站覆盖3个小区，每个频率只用一次。在第二代数字式GSM系统中，经常采用4/12模式，其结构如图5-107所示。

蜂窝网的概念实质上是一种系统级的概念，它采用许多小功率的发射机形成的小覆盖区来代替采用大功率发射机形成的大覆盖区，并将大覆盖区内较多的用户分配给不同蜂窝小区的小覆盖区以减少用户间和基站间的干扰，同时再通过区群间空间复用的概念满足用户数量不断增长的需求。

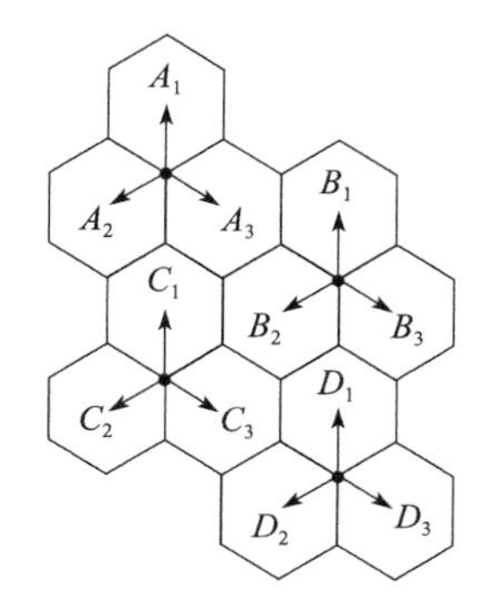

图5-107　GSM系统中采用4/12模式

3. 移动通信的服务质量（QoS）

ITU-T建议E-800对通信服务质量（QoS）作了如下定义："通信性能的综合效果决定了用户对其服务的满意程度"。在移动通信中，QoS的需求对网络规划设计以及网络成本均具有很大影响。

QoS主要取决于下列4个因素：

1）业务支撑。这主要通过辅助性服务（信息、供应和收费等）反映出来。

2）使用便利性。

3）传输的完整性。

4）适用性。它是指网络在需要时建立呼叫和维持通信的能力。

以上4个要素中适用性最为重要。

在移动话音通信网络中，QoS参数主要与话音呼叫过程和通话质量密切相关，它通常与下列4个阶段有关：

1）在开始呼叫阶段，网络无法提供服务，或者称为拒呼率。

2）在网络可用时呼叫失败，或称为呼损率。

3）呼叫成功建立后发生中断，话音通信中断并收到忙音或没有声音。

4）一次通话完成，但通话质量低劣。

在数字与数据通信系统中，一般采用平均误码率BER（或$\overline{p_e}$）来描述QoS性能，它又可分为：平均误码率（BER）、平均误帧率（FER）或者平均误包（分组）率（PER）。

若为数字话音，按前面呼叫通话的4个阶段又可细分为：多信道冲突概率（一般小于20%），虚、假呼叫（告警）概率，呼叫失败（呼损）概率，错误呼叫（同步丢失）概率，平均误帧率，信号处理时延（一般为1～10ms）。

话音的QoS除了上述数字化传送过程的以客观测试指标为主的一系列指标以外，还与人的主观接受系统的性能有关。话音的最终评判准则一般采用与主观用户评估的MOS得分来度量。

5.10.2　从GSM网络到GSM/GPRS网络

1. GSM网络结构

GSM是欧洲电信标准委员会ETSI为第二代移动通信制定的，可以国际漫游的泛欧数字式蜂窝移动通信系统的标准。

GSM 信道可以分为物理信道和逻辑信道。所谓物理信道，是指实际物理承载的传输信道；而逻辑信道则是按信道的功能来划分的，逻辑信道是通过物理信道传送的。

（1）物理信道与帧结构

GSM 是一类数字式移动通信体制，它主要是通过时分多址 TDMA 方式来实现的，即用户间是以时间分割的不同时隙方式来传送不同用户信息的。

GSM 仅有 8 个时隙，它不足以满足每个小区内的实际用户数的需求，因此 GSM 系统是采用以时分为主体，时分、频分相结合的方式（TDMA/FDMA 方式）。

GSM 最大特色是时分多址，而时分是利用帧结构来实现的，其结构如图 5-108 所示。

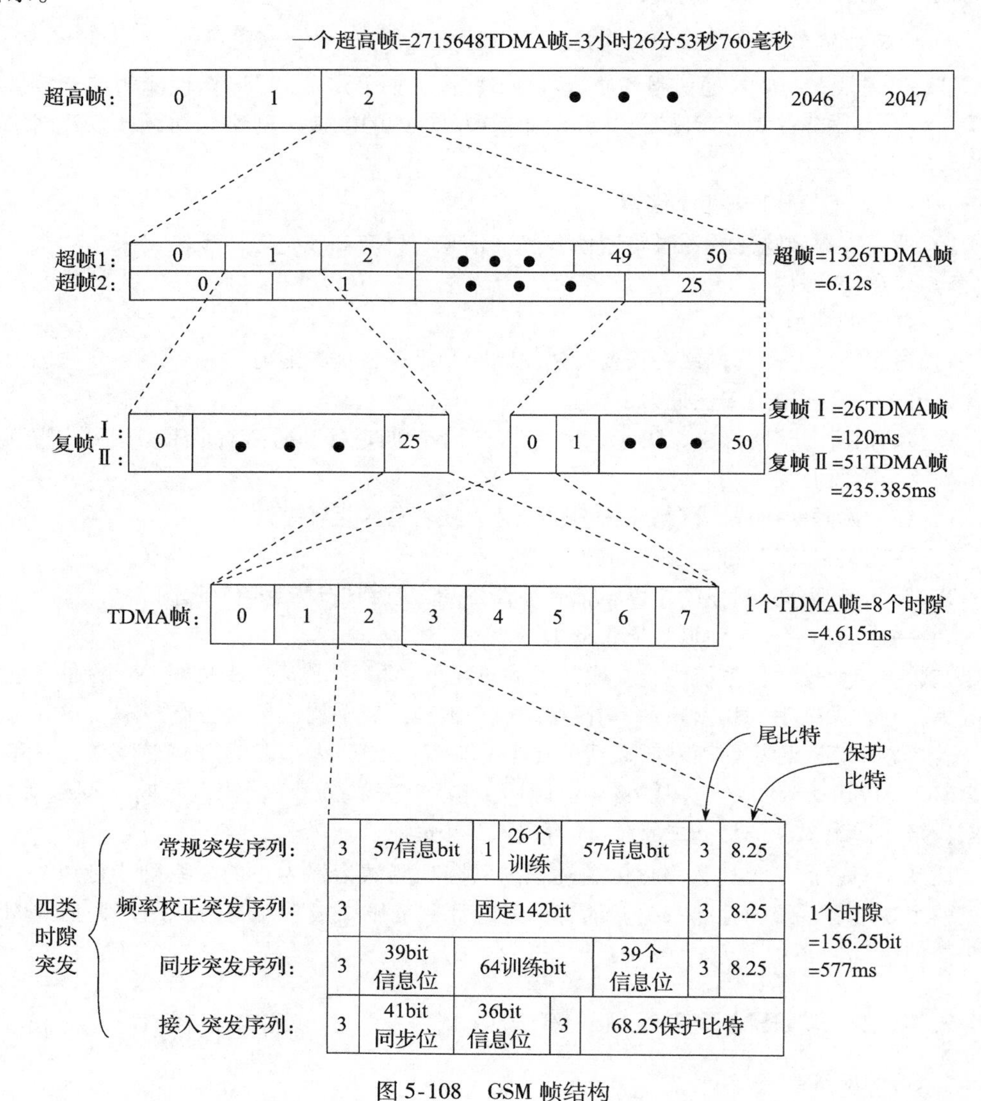

图 5-108　GSM 帧结构

（2）GSM 逻辑信道

GSM 逻辑信道结构如图 5-109 所示。

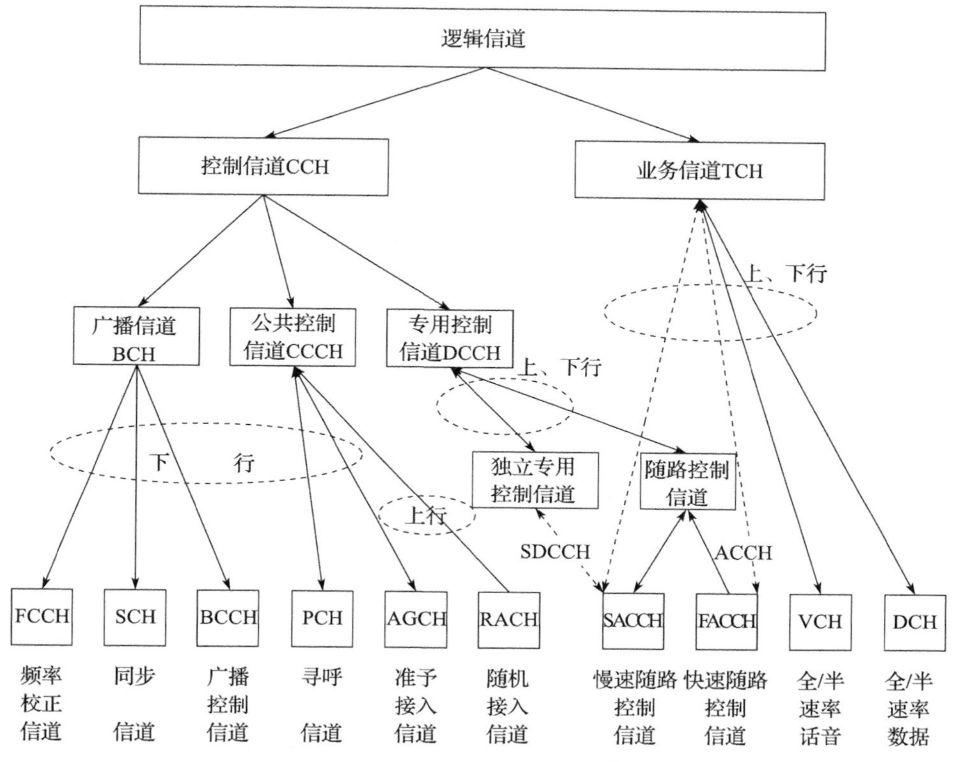

图 5-109　GSM 逻辑信道结构

（3）GSM 网络组成

GSM 总体体系结构图如图 5-110 所示。GSM 网络由三个面向和四个组成部分构成，即面向用户的移动台 MS 与基站系统的两个组成部分；面向外部网络（一般为本地核心网 PSTN）的网络子系统 NSS 部分；面向运营者的操作支撑系统 OSS 部分。

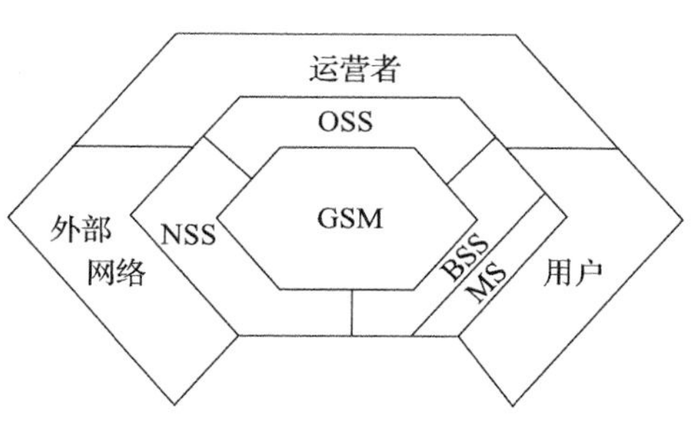

图 5-110　GSM 总体体系结构图

GSM 的网络结构如图 5-111 所示。

由图 5-111 可见，GSM 的网络结构由下列 4 个主要部分组成：MS、BSS、NSS 和 OSS。

1）移动台（mobile station，MS）：它主要包含手机、车载台（便携式）两种类型。

2）基站子系统（base station subsystem，BSS）：它由基站收/发信台 BTS 和基站控制器 BSC 两个部分组成，它是组成蜂窝小区的基本组成部分。一个 BSC 可以控制数十个 BTS。

3）网络子系统（network subsystem，NSS）：它主要满足 GSM 的话音与数据业务的交换功能以及相应的辅助控制功能。

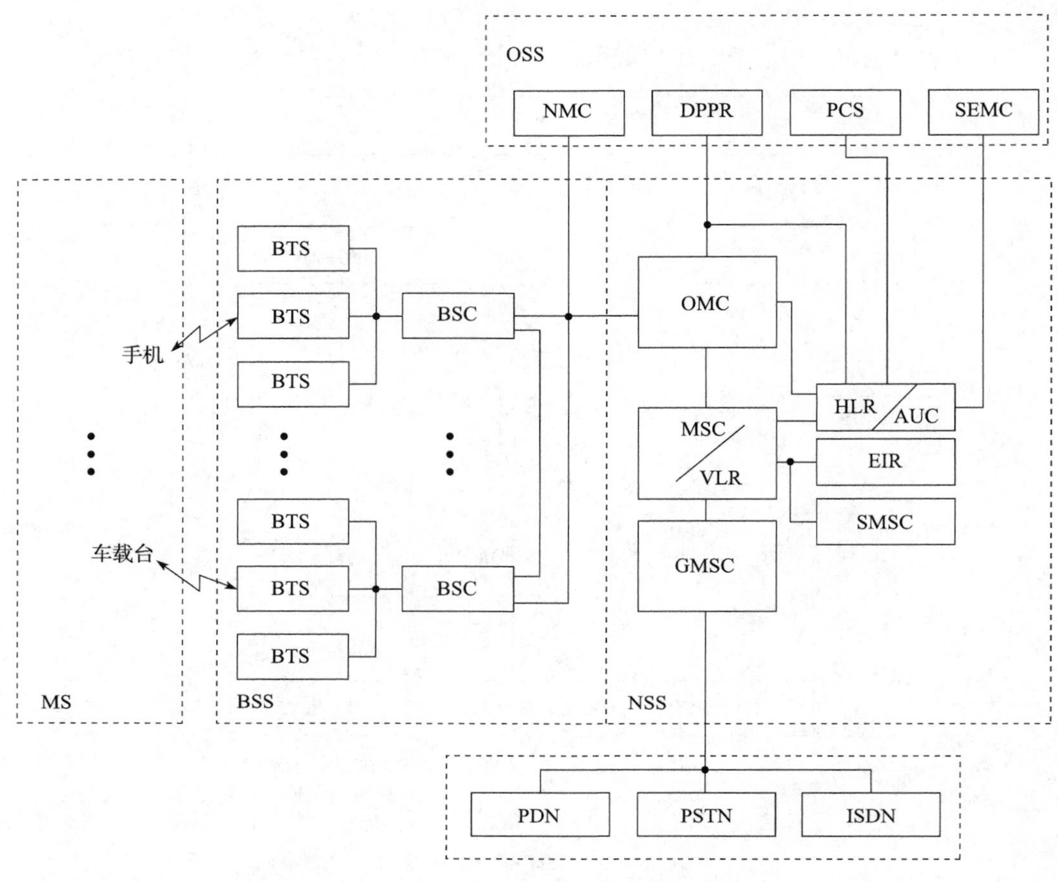

图 5-111　GSM 网络结构图

4）操作支持子系统（operation support system，OSS）：它主要面向运营商，是相对独立于 GSM 的核心 BSS 与 NSS 的一个管理服务中心。

GSM 系统取得成功的最主要因素之一是将它设计成一个开放的系统，在 GSM 系统中统一规定了国际上建议的接口标准和协议要求，并对所有国家、地区、厂家开放，以此可实现网络系统中不同功能实体的不同厂家设备的互联互通。

(4) GSM 系统的协议栈

GSM 规范对各接口所使用的分层协议也做了详细的规定。GSM 系统各接口采用的分层协议结构是符合开发系统互联 OSI 参考模型的。

GSM 协议分层结构由以下三层组成：

1）L_1 层，又称为物理层，它是无线接口的最低层，提供传送比特流所需的物理（无线）链路，为高层提供各种不同功能的逻辑信道。

2）L_2 层，又称为链路层，它的主要目的是在移动台与基站之间建立可靠的专用数据链路。

3）L_3 层，又称为网络高层，它主要是负责控制和管理的协议层。

GSM 系统主要接口的协议分层示意图如图 5-112 所示。

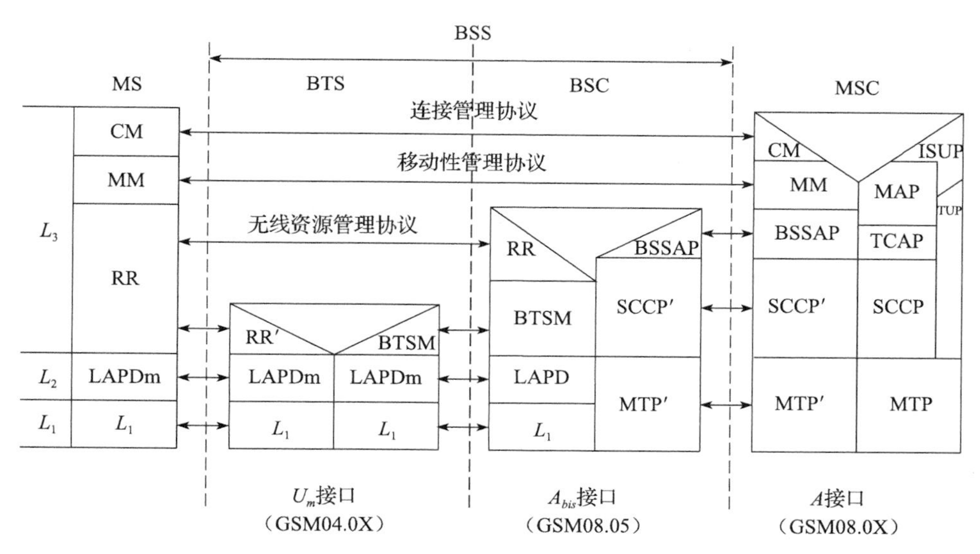

图5-112 GSM主要接口协议分层示意图

2. GSM/GPRS网络

GPRS(general packet radio service，通用分组无线业务）的标准是欧洲电信标准化协会ETSI从1993开始制订并于1998年完成的。

GPRS是在GSM系统基础上发展起来的，与GSM共用频段、共用基站并共享GSM系统与网络中的一些设备和设施。GPRS拓宽了GSM业务的服务范围，在GSM原有电路交换的话音与数据业务的基础上，提供了一个平行的分组交换的数据与话音业务的网络平台。

GPRS的主要功能是在移动蜂窝网中支持分组交换业务，按时隙（而不是占用整个通路）将无线资源分配给所需的移动用户，收费亦按占用时隙计算，故能为用户提供更为经济的低价格服务；利用分组传送实现快速接入、快速建立通信线路大大缩短用户呼叫建立时间，实现了几乎“永远在线”服务，并利用分组交换提高网络效率。

GPRS不仅可应用于GSM系统，还可以用于其他基于X.25与IP的各类分组网络中，为无线因特网业务提供一个简单的网络平台，为第三代3GPP WCDMA提供了过渡性网络演进平台。

（1）GPRS的物理信道结构

与GSM一样，GPRS信道可以分为物理信道和逻辑信道两大部分。GPRS物理信道的总体结构与GSM是一样的，只是在具体实现的帧结构上有所差别。GPRS物理信道中的分组数据信道PDCH的具体结构如图5-113所示。

（2）GPRS逻辑信道

GPRS逻辑信道结构如图5-114所示。

（3）GPRS网络结构

GPRS网络结构如图5-115所示。

由图可见，GPRS网络的主要功能实体为：

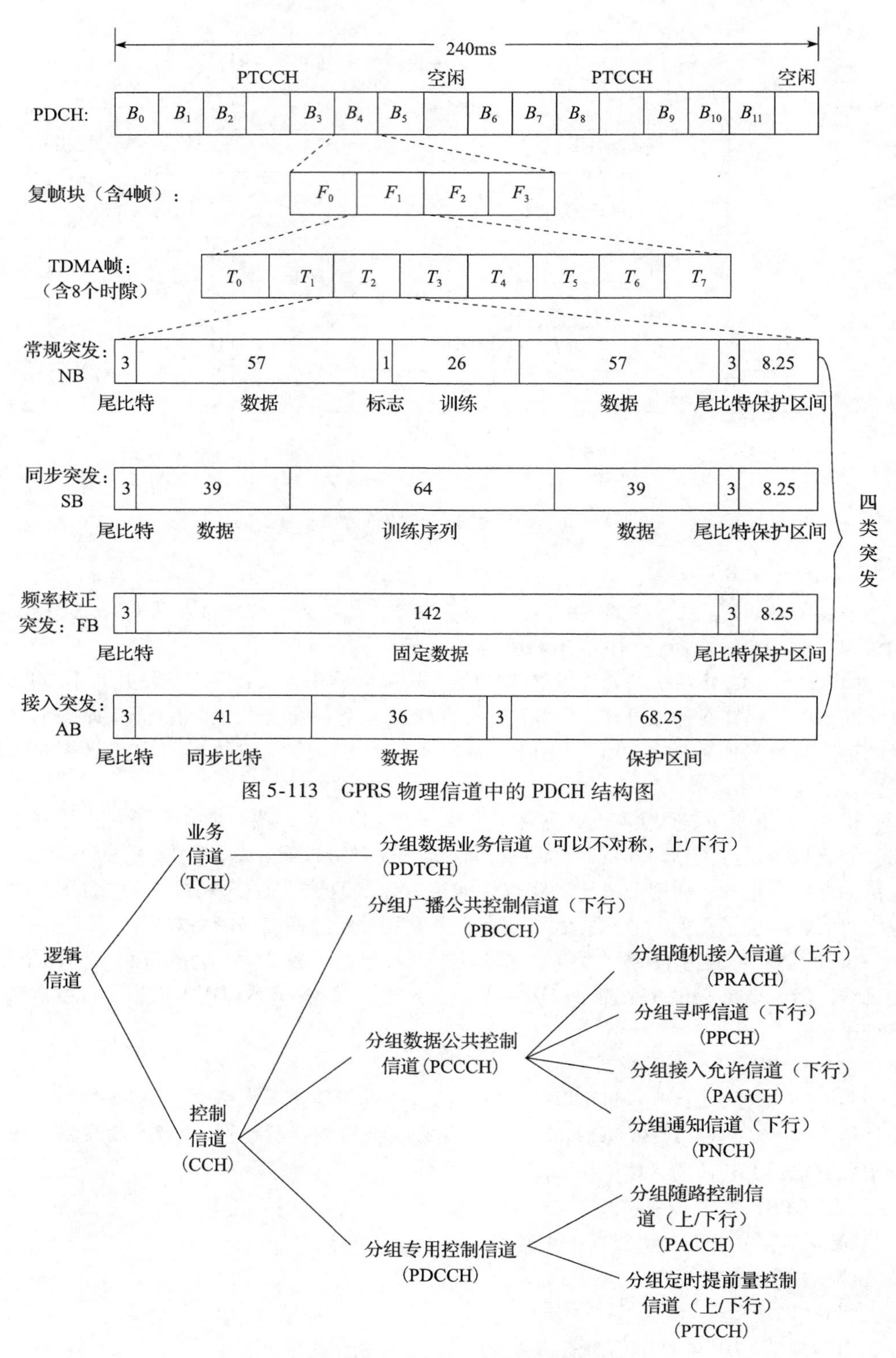

图 5-113　GPRS 物理信道中的 PDCH 结构图

图 5-114　GPRS 逻辑信道结构图

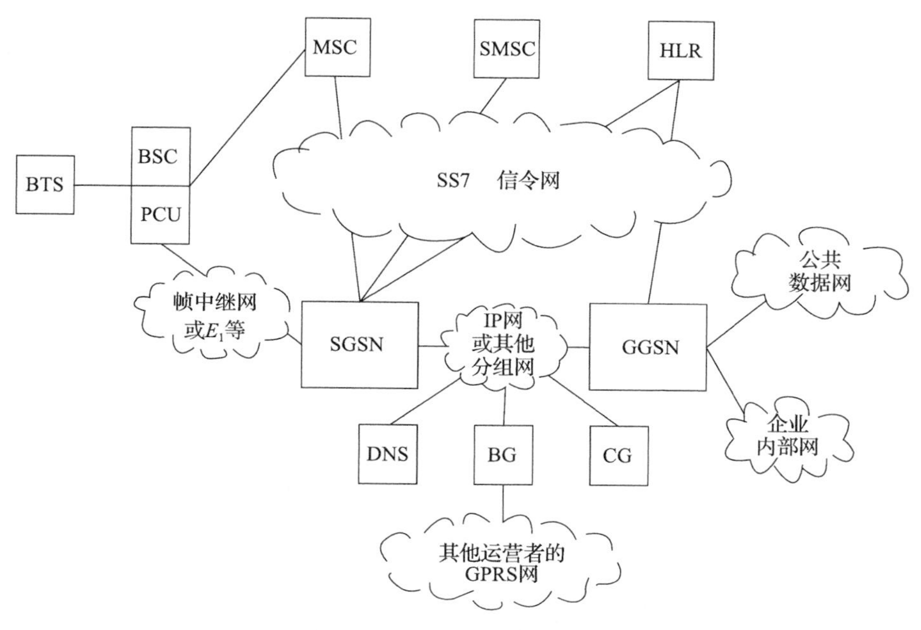

图5-115 GPRS网络结构图

1）分组控制单元（PCU）：完成无线链路控制（RLC）与媒体接入控制（MAC）的功能；完成PCU与SGSN之间Gb接口分组业务的转换；

2）服务GPRS支持节点（SGSN）：负责GPRS与无线端的接入控制、路由选择、加密、鉴权、移动管理；完成它与MSC、SMS、HLR、IP及其他分组网之间的传输与网络接口；

3）网关GPRS支持节点（GGSN）：GGSN是与外部因特网以及X.25分组网连接的网关，可看作提供移动用户IP地址的网关路由器；GGSN还可以包含防火墙和分组滤波器等；提供网间安全机制；

4）边界网关（BG）：其他运营者的GPRS网与本地GPRS主干网之间互连的网关，应具有基本的安全功能，此外还可以根据漫游协定增加相关功能；

5）计费网关（CG）：它通过相关接口Ga与GPRS网中的计费实体相连接，用于收集各类GSN的计费数据并记录和进行计费；

6）域名服务器（DNS）：它负责提供GPRS网内部SGSN、GGSN等网络节点域名解析以及接入点名APN的解析。

（4）GPRS网络逻辑结构与接口

GPRS在逻辑功能上可以通过原有的GSM网络增加两个核心节点：SGSN与GGSN，因此需要定义一些新的接口，其基本逻辑结构与接口如图5-116所示。图中，实线表示数据和信令传输及接口，虚线仅表示信令传输及接口。

MAP-C、MAP-D、MAP-H、MAP-F以及S_m、U_m和A表示原有GSM信令传输及接口，而其他接口则为GPRS新增接口。

（5）GPRS系统的协议栈

GPRS协议栈在传输平面和信令平面之间是有区别的，图5-117给出传输平面的协议栈，它提供用户信息传递分层协议结构和相关信息传递过程。

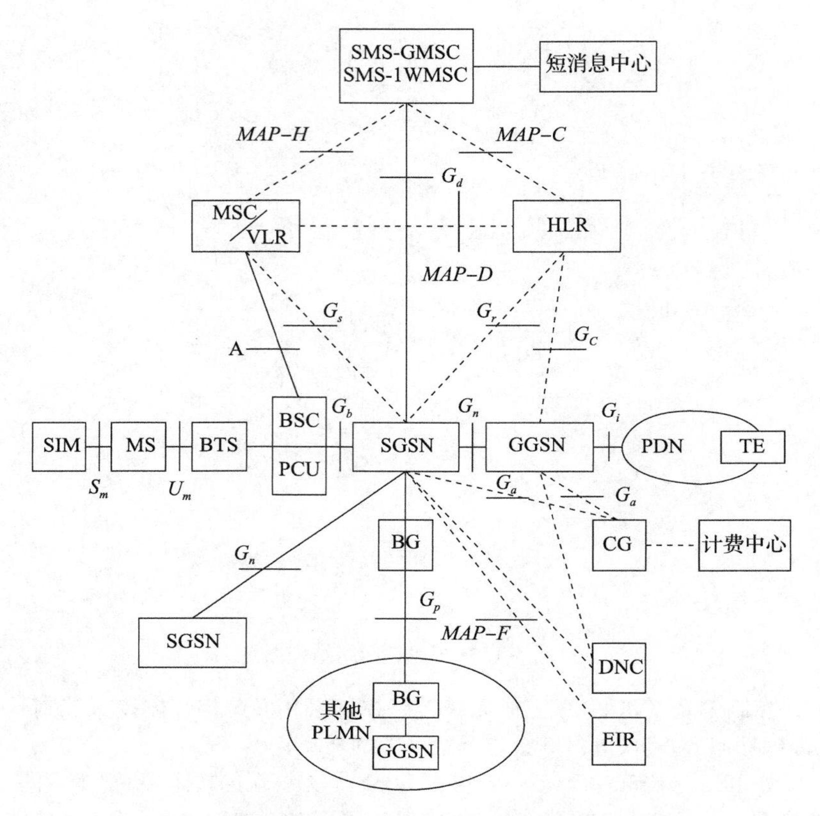

图 5-116 GPRS 网络逻辑结构与接口

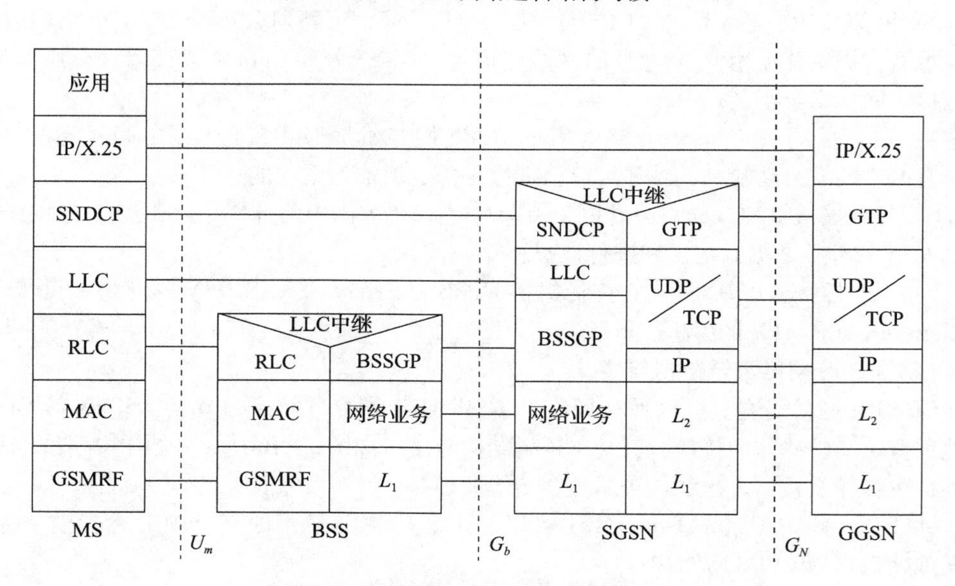

图 5-117 GPRS 传输平面的协议栈

GPRS 传输平面的协议栈结构与 GSM 的主要区别如下：

1）GSM 协议主要针对电路交换业务，而 GPRS 协议则针对分组交换业务。GPRS 允许移动用户占用多个时隙，但在 GSM 中移动用户一般仅能占用一个时隙。

2）GPRS 的信道分配很灵活，可以是对称的，也可以是不对称的，然而 GSM 中信道分配必须是对称的。

3）GPRS 的资源分配也与 GSM 有些不同，在 GSM 中小区可以支持 GPRS，也可以不支持 GPRS。对于支持 GPRS 的小区，其无线资源应在 GSM 和 GPRS 业务之间动态分配。

4）GPRS 中上行链路和下行链路的传输是独立的，而在 GSM 中由于话音的对称性，这两者是不独立的。

GPRS 信令平面由控制和支持传输平面功能的协议组成。它主要包含以下功能：控制 GPRS 网络接入连接；控制一个已建立的网络接入连接过程；控制一个已建立的网络连接的路由通道；控制网络资源安排，指派网络资源；短消息业务（SMS）的网络和分层协议。

图 5-118 是控制信令平面的协议栈结构。

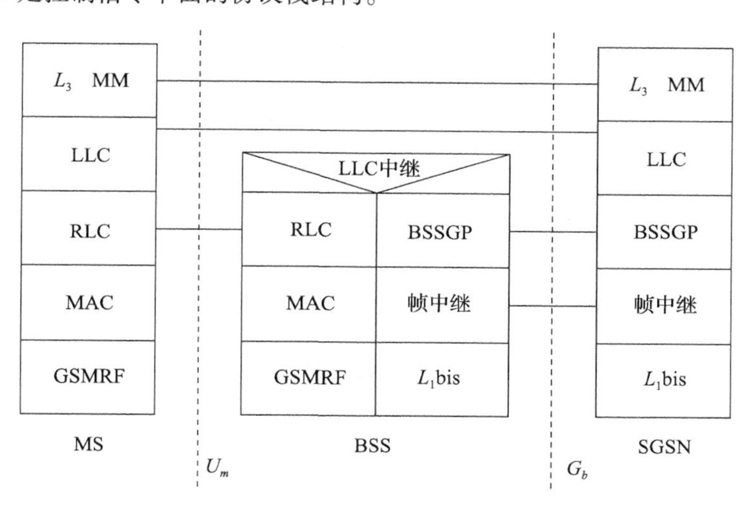

图 5-118 GPRS 控制信令平面的协议栈

（6）短消息业务（SMS）

短消息业务类似于因特网中对等实体间的立即消息业务。SMS 用户可交换 160 个字符（映射域 140byte）的包括字母和数字的消息，并且消息的提交在几秒内即可完成。只要有 GSM 就可提供 SMS 服务。

SMS 主要有两类业务：小区广播服务和点对点 PTP 服务。

SMS 占用 GSM 的逻辑信道，不管是否有呼叫，消息都会被传送并可能得到确认。

SMS 采用 GSM/GPRS 网络结构协议和物理层来传送和管理消息，它具有存储转发特征。

SMS 的网络结构如图 5-119 所示。

SMSC 存储和传送每则消息，并对消息恰当地分类和路由，消息采用 SS7 在网中传送。

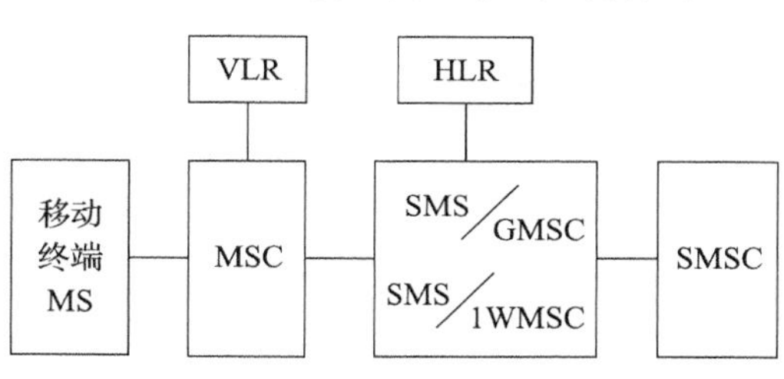

图 5-119 SMS 的网络结构

在 GSM 中，SM 在 HLR 中排队或直接发送给接收方的本地 MSC 中的 SMS-GMSC，然后 SM 再转发给恰当的 MSC，再由这个 MSC 将消息传送至 MS。

SMS 协议包含四层：应用层 AL、传输层 TL、中继层 RL 和链路层 LL。SMAL 显示包含字母、数字和单字的消息；SMTL 为 SMAL 提供服务，与 SM 交换消息，并接受接收方 SM 的确认消息，它在每个方向上都可获得传递报告或发送 SM 的状态；SMRL 通过 SMLL 中继短消息协议数据单元（SMSPDU）。SMS 的网络协议栈如图 5-120 所示。

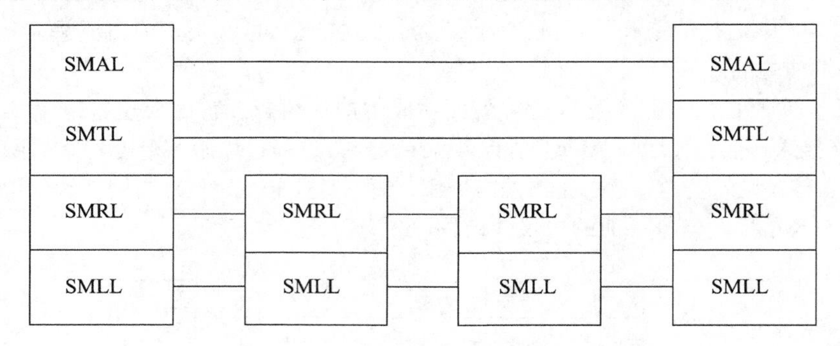

图 5-120 SMS 的协议栈

在空中接口，SMS 占用控制信道的时隙来传送，它可分为以下几种情况：

1）若 MS 处于空闲状态，则在独立专用控制信道 SDCCH 上传送短消息；

2）若 MS 处于激活状态，这时 SDCCH 用于呼叫建立和维持，则采用慢速随路控制信道 SACCH 来传送短消息；

3）若 SMS 在传送过程中，MS 状态产生了变化，则报告传送失败，短消息需重传；

4）在小区广播情况下，比如发送天气预报或广播其他短消息给多个 BSC 的 MS，则采用小区广播信道 CBCH 来传送 MS。

5.10.3 第三代（3G）移动通信与 3GPP 网络

1. IMT-2000 简介

IMT-2000 原意为 international mobile telecommunications，工作于 2000MHz 频段，大约于 2000 年左右商用。

IMT-2000 的目标与要求包括：

1）全球同一频段、统一体制标准、无缝隙覆盖、全球漫游；

2）提供以下不同环境下的多媒体业务，车速环境 144Kbps，步行环境 384Kbps，室内环境 2Mbps；

3）具有接近固定网络的业务服务质量；

4）与现有移动通信系统相比，具有更高的视频利用率，可以很灵活地引入新业务；

5）易于从第二代平滑过渡和演变；

6）具有更高的保密性能；

7）较低价格袖珍多媒体实用化手机。

国际电联 ITU-R/TG8-1 组于 1999 年 10 月 25 日至 11 月 5 日在芬兰赫尔辛基会议上通过建议草案“IMT-2000 无线接口规范”，共列出以下 5 项：

1）IMT-2000 CDMA-DS，它含 UTRA/WCDMA 和美、日、韩提出的 W-CDMA 等；

2）IMT-2000 CDMA-MS，主要含 CDMA2000-1x；

3）IMT-2000 CDMA-TDD，主要含 UTRA-TDD 和我国提出的 TD-SCDMA；

4）IMT-2000 TDMA-SC，主要含 UMC136；

5）IMT-2000 TDMA-MC，主要含 DECT。

1992 年，在世界无线电大会上将 2GHz 频段上大约 230MHz 频段分配给当时的 FPLMTS 和卫星业务。其核心频段为 1885～2025MHz 和 2110～2200MHz。其中1980～2010MHz 和 2170～2200MHz 仅供卫星使用。后来 WARC’2000 又为第三代增加了 806～960MHz、1710～1885MHz、2500～2690MHz 三个新频段，各国可根据市场需求和各国情况具体选择，但需要进行统一协调。IMT-2000 的核心频段如图 5-121 所示。

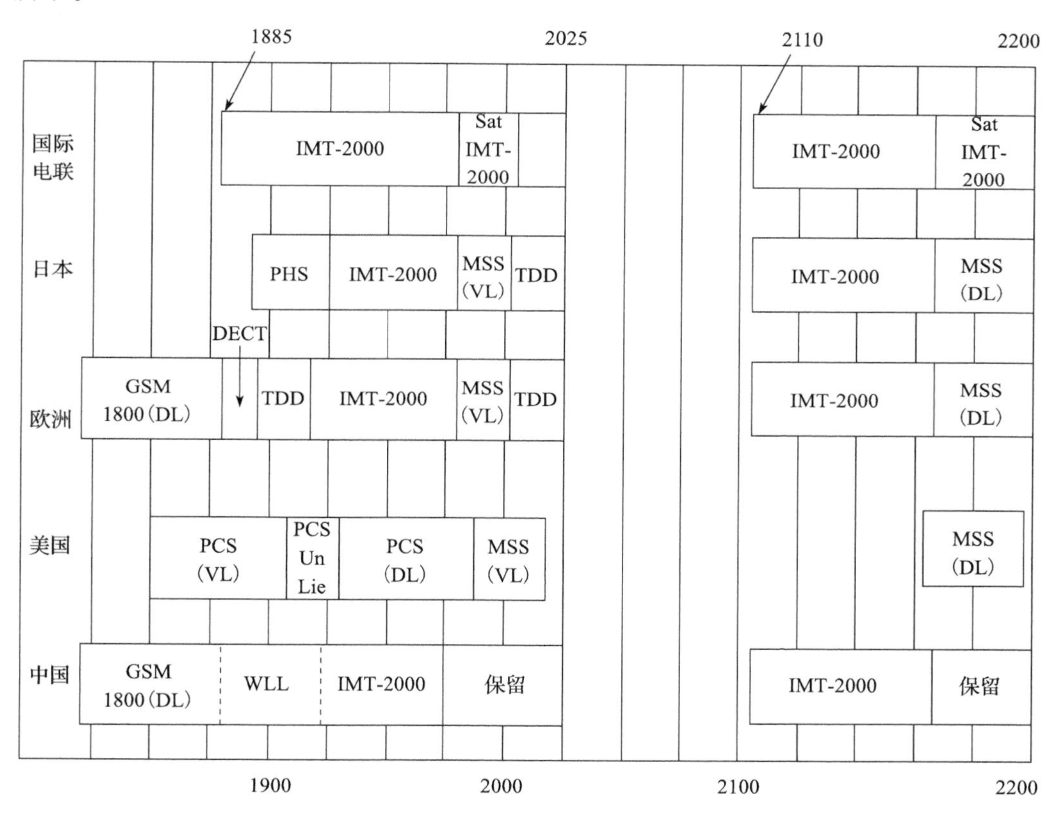

图 5-121 IMT-2000 的核心频段

3GPP 与 3GPP2 是一个跨国的标准化组织的第三代伙伴计划。

3GPP 由欧洲 ETSI，日本 ARIB、TTC，韩国 TTA 以及美国 TI 等组成。其宗旨是制定以 GSM 网络为核心网、以 UTRA(universal terrestrial radio access) 为无线接口的标准。它于 1998 年 12 月正式成立。

3GPP2 由美国 ANSI(TIA)，日本 ARIB、TTC，韩国 TTA 等组成。其宗旨是制定以北美 ANSI/IS-41 网络为核心网、以 CDMA-2000 以及 UMC-136 为无线接口的标准。它于

1999 年 1 月正式成立。

2. WCDMA 简介

WCDMA 是一类直接序列扩频的码分多址（DS-CDMA）技术。1998 年 6 月，提交到 ITU 的第三代移动通信无线传输技术（RTT）共有 10 个提案，其中涉及 DS-CDMA 的有 6 个，它们是：欧洲 ETSI UTRA-UMTS(WCDMA)；日本 ARIB J. W-CDMA；美国 TIA WIMS WCDMA 和 TIPI WCDMA/NA；韩国 TTA CDMAII；中国 TD-SCDMA(TDD 方式)。以欧洲提案为主体，融合其他方案形成最后的 3GPP WCDMA 方案。

3GPP 的 WCDMA 方案分为 WCDMA-FDD 方式和 WCDMA-TDD 方式，TDD 方式主要包含我国 TD-SCDMA 与 UTRA WCDMA-TDD 方案（以德国西门子公司为代表）。

WCDMA 信道可以划分为物理信道、传输信道和逻辑信道。其中物理信道是以物理承载特性定义的，比如占用频带、时隙、码资源等，而传输信道则以数据通过空中接口的方式和特征来定义，逻辑信道则是按信道的功能来划分。

在 WCDMA 系统中是采用码分为主体，码分、频分相结合的方式来实现。WCDMA 上/下行在 IMT-2000 占用一定频段，然后将这一频段分配给不同的 5MHz 的信道，即每个码分信道只占用 5MHz，而且在组网时，不仅可以在使用频段中占用不同的 5MHz 信道，而且还可以类似于 GSM 进行空间小区群复用，不过复用的不是频率而是导频码的相位。

(1) 物理信道与帧结构

物理信道主要是以物理承载特性加以区分。在 WCDMA 中，由于业务与控制类型都很复杂，所以物理信道也比较复杂。

WCDMA 中基本物理资源是每个频点（即载波频率）上的码子数，另外还包括无线帧结构、时隙结构、符号速率等。传输信道经过了信道编码，并且与物理信道提供的数据速率相一致，这样传输信道和物理信道就可以对应起来。

WCDMA 的上/下行物理信道如图 5-122 所示。

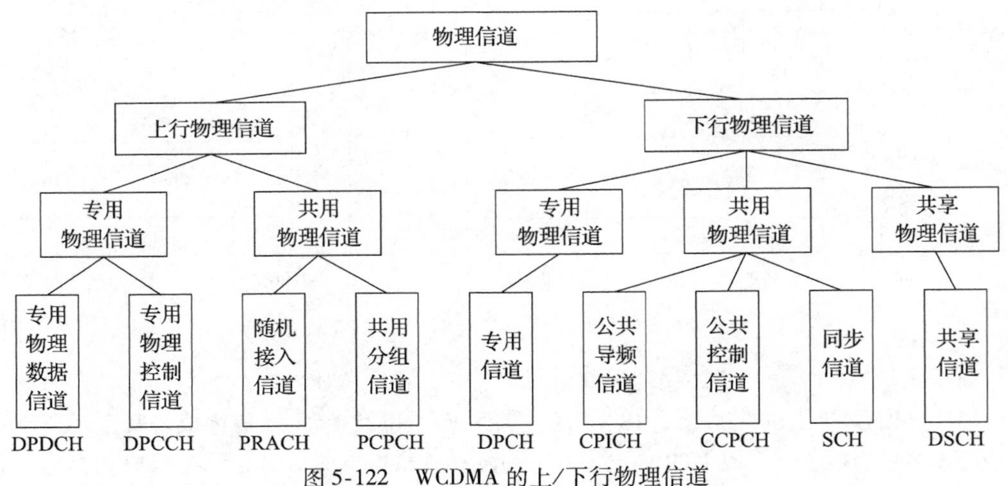

图 5-122 WCDMA 的上/下行物理信道

上行数据链路中仅给出 DPDCH/DPCCH 的帧结构，如图 5-123 所示。其中一个超帧含 72 帧，每帧长 10ms，含有 15 个时隙，每个时隙含有 2560 个码元（chip）且与一个功控周期相同。而每个时隙中比特的个数则与物理信道的扩散因子有关，即 SF = 256/2k，它可以取 256 ~ 4。256 码元中含有导频、功控、反馈和传输格式组合指示。

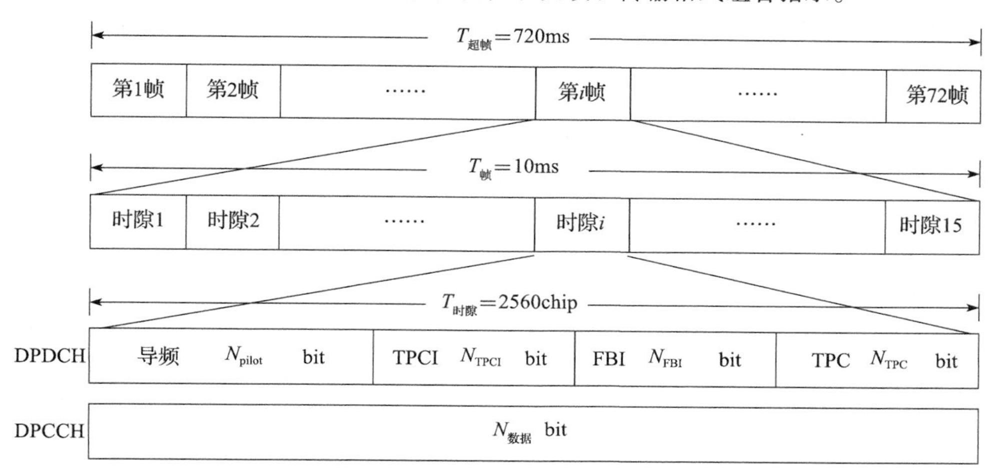

图 5-123　上行数据链路 DPDCH/DPCCH 的帧结构

下行链路中仅给出 DPCH 信道的帧结构。同样一个超帧含 72 帧，每帧长 10ms，含有 15 个时隙，每个时隙含有 2560 个码元（chip），其内容有两组数据、一组发送功率控制 TPC 命令、一组传输格式组合指示信息 TFCI 和一组导频，如图 5-124 所示。

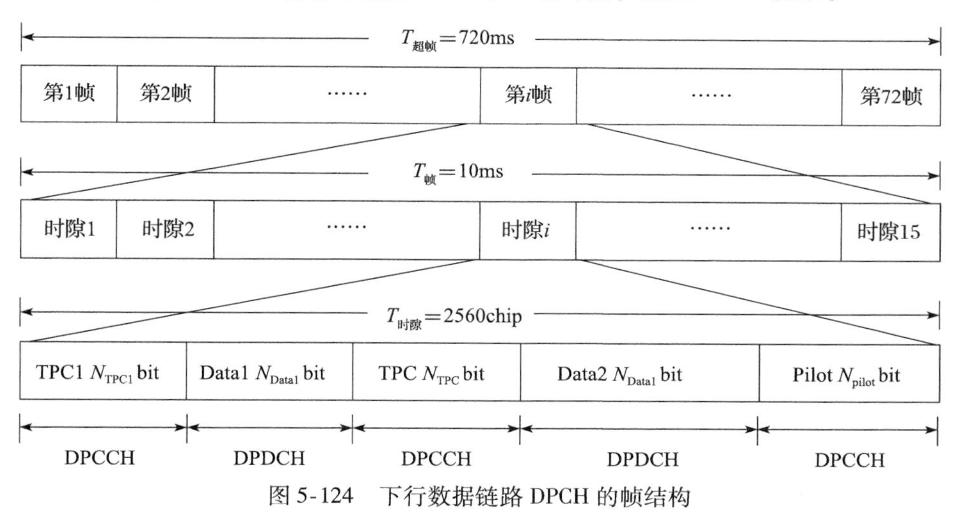

图 5-124　下行数据链路 DPCH 的帧结构

（2）逻辑信道

WCDMA 系统的逻辑信道如图 5-125 所示。

（3）传输信道

WCDMA 的传输信道结构如图 5-126 所示。

逻辑信道与传输信道间的映射关系如图 5-127 所示。

3. WCDMA 的网络结构

WCDMA 网络结构如图 5-128 所示，共有三个主要部分：用户设备、无线接入网和移动核心网。

WCDMA 系统与网络是分阶段实现的，目前是按 R99(Release 99) 标准来部署的。R99 标准基于 ATM，其 CN 采用 GSM/GPRS 增强型，UE 和 UTRAN 则是基于全新的 WCDMA 无线接口协议。

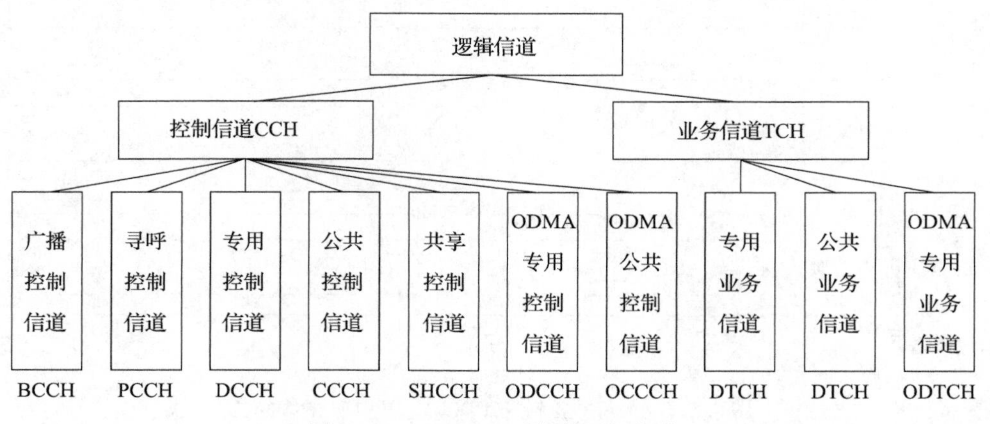

图 5-125　WCDMA 系统的逻辑信道

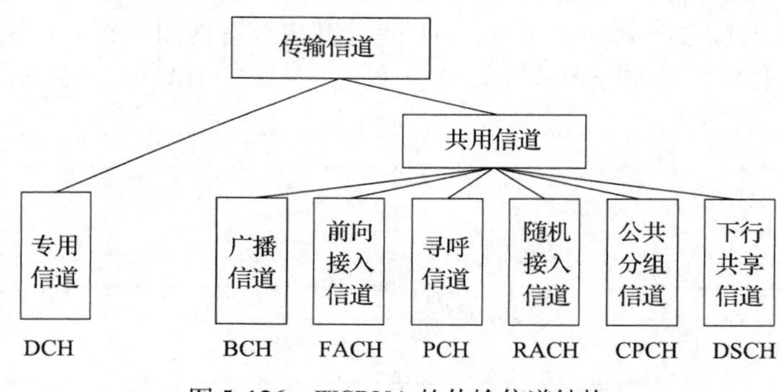

图 5-126　WCDMA 的传输信道结构

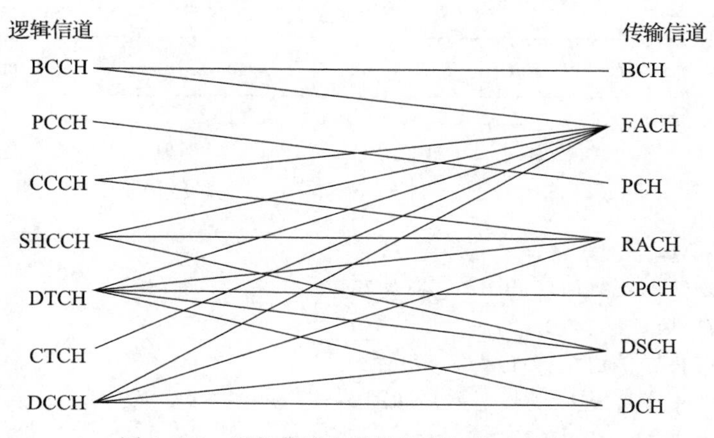

图 5-127　逻辑信道与传输信道间的映射关系

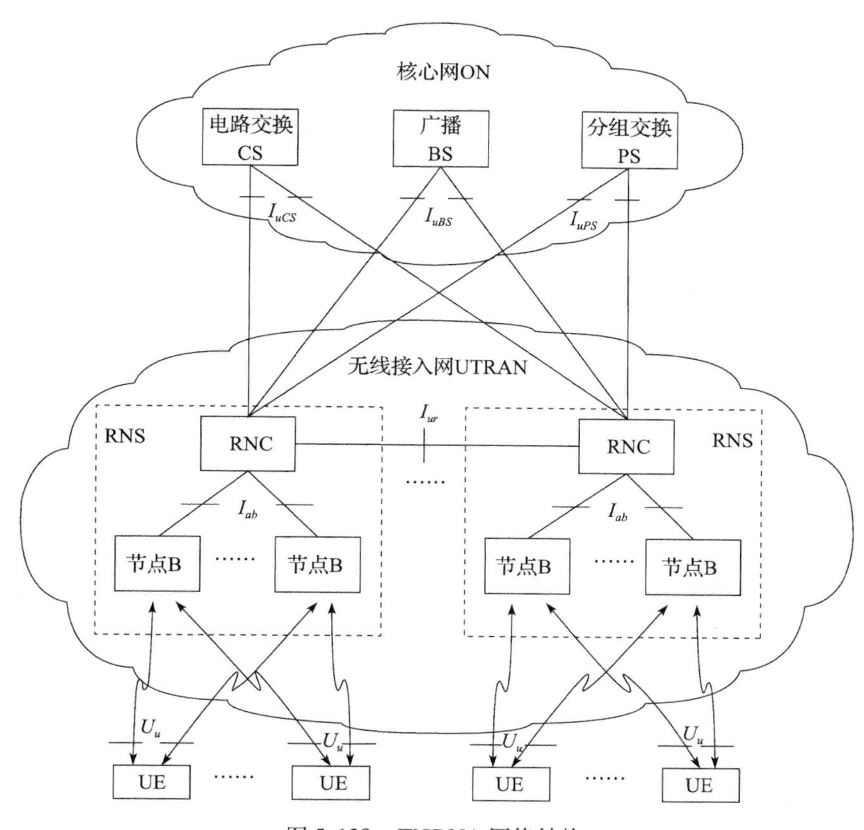

图 5-128 WCDMA 网络结构

与第二代 GSM 类似，第三代 WCDMA 网络主要接口有 Uu、Iub 和 Iu。另外在3G 中还增加了一个 RNC 之间的 Iur 接口，主要用于软切换。

4. 从 2G 网络向 3G 网络的平滑过渡与演进

从总体上来说，由 2G 向 3G 演进的步骤分为两步：第一步为过渡性方案，第二步实现 IP 核心网。

（1） R99 标准的 WCDMA 过渡性方案

该方案基本上是在二代的 GSM 与二代半的 GPRS 的网络平台基础上过渡和升级产生的。与 2G GSM PHASE2 + 以及 GPRS 标准相比，3G 的 R99 中的主要改动有：

1） 无线接口：2G 和 2.5G 的 GSM 和 GSM/GPRS 采用的是时分多址（TDMA）方式，而 3G 的 WCDMA 则采用码分多址（CDMA）方式。3G 在 2.5G 的 GPRS 基础上，分别支持电路交换 CS 和分组交换 PS 两类业务。3G 的传送数据能力有很大的增强，即从原来 2G 最低的 9.6kb/s 提高至 3G 最高达 2Mb/s。

2） 话音业务：引入了自适应多速率话音编码 AMR，从而进一步提高了话音质量和系统的容量。

3） 数据业务：特别是分组数据业务，在移动因特网的实现过程中取得了实质性的进展。

4）无线接入网系统：在3G中，基于2G原有结构与接口，引入了基于ATM的Iu、Iub和Iur接口。

5）核心网系统：将核心网粗分为两个域，即电路交换CS和分组交换PS两个部分，电路交换CS域供电路交换型业务，并负责电路交换业务的呼叫、控制和移动管理；分组交换PS域供分组交换型业务，即分组数据业务的接入、控制和移动性管理。

（2）3GPP的全IP核心网络

所谓全IP是指结构（含网络和终端）IP化、协议IP化到业务IP化的全过程。全IP化应首先从核心网IP化开始，并逐步从核心网开始延伸至无线接入网、无线接口直至移动终端。全IP核心网结构是基于分层结构的，并且控制域和传输域相互独立。

基本的全IP网络模型分为4层：

1）应用和服务层：包含应用，比如电子信件、日历和浏览；

2）服务控制层：维持用户的资料、位置信息、账单和个人设置；

3）网络控制层：实现安全和移动管理；

4）连接层：主要处理信令和业务的传输。

全IP可以有不同形式的实现方案，目前主要有两种方法，主要区别在于移动性管理。

1）基于2.5G的GSM/GPRS的移动性管理方法。该方法具有向下（即对2.5G）的兼容性。

2）基于IETF的移动IPv6的方案。然而移动IP技术还仅仅能初步解决用户漫游问题，尚不能解决移动用户最核心的快速无缝隙切换的技术难题。

将来的方案很可能是上述两种方案互补结合的综合体。

3GPP标准化组织提出的对全IP网络的目标要求是：建立一个能够快速增强服务的灵活环境，能够承载实时业务（包含多媒体业务），具有规范化和可裁剪性、接入方式独立性。无缝隙连接服务、公共服务扩展、专用网和公用网的共用、固定和移动汇集能力，将服务、控制和传输分开，将操作和维护集成，在不降低质量的前提下，减少IP技术成本，具有开放的接口，能够支持多厂家产品，至少能达到目前的安全性水平和QoS水平。

5.10.4 从IS-95到CDMA2000

1. IS-95和CDMA2000系统简介

美国Qualcomm公司于1990年提出了基于直扩码分的数字蜂窝通信系统，1993年正式成为北美数字蜂窝通信标准。IS-95是第一个码分多址（CDMA）的空中接口标准。

（1）CDMA ONE标准系列简介

CDMA ONE是以IS-95标准为核心的系列标准总称，它包含IS-95、IS-95A、TSB74、STD-008、IS-95B等。

IS-95是CDMA ONE系列标准中最先发布的标准，而IS-95A则是第一个商用化标准，它是IS-95的改进版本。

TSB-74标准是在IS-95A基础上将其中支持8Kbit/s的话音升级为能支持13Kbps话音，它可以看作IS-95A的话音升级后的标准。

STD-008标准是为了将IS-95A从800MHz频段扩展至1.9GHz的PCS系统而发布的新标准。

为了能支持较高速率的数据通信，TIA于1999年又制定了IS-95B标准，可以将IS-95A

的低速率 8Kbit/s 提高到 8 × 8Kbit/s = 64Kbit/s（或 8 × 9.6Kbit/s = 76.8Kbit/s，8 × 14.4Kbit/s = 115.2Kbit/s）。

（2）CDMA2000 标准系列简介

CDMA2000 是美国为了将 CDMA ONE 系列进一步升级至第三代移动通信而制定的标准。CDMA2000 系列标准主要包含 CDMA2000-1x、CDMA2000-1x-EV 和 CDMA2000-3x 等。

CDMA2000-1x 属于 2.5G 技术，可提供 144Kbit/s 以上速率的电路或分组数据业务，而且增加了辅助信道，可以对一个用户同时承载多个数据流信息，它提供的业务比 IS-95A 有很大提高，并为支持未来多种媒体和多媒体分组业务打下了基础。

CDMA2000-1x-EV 理论上属于 2.5G 技术，因为仅占用一个载波 1.25MHz 带宽与 1x 和 IS-95A 占用带宽相同，但是实际上属于 3G 技术，这是因为它虽仅占有 1.25MHz 带宽的一个载波，但是却能完全实现第三代的业务要求。它又可分为两个阶段：CDMA2000-1x-EV(Evolution) -DO(Data Only & Data Optimized) 在 1x 话音业务不同的独立单载波上（仍为 1.25MHz 带宽）提供分组数据业务，其峰值速率达 2.4Mbit/s，平均速率为 650Kbit/s；CDMA2000-1x-EV-DV(Data &Voice) 可以和 1x 话音业务共享单载波（1.25MHz）提供的分组数据业务。

CDMA2000-3x 占有三个载波，每个载波上都采用 1.2288Mcps 的直接（DS）扩频，故属于多载波（MC）方式，其码片速率为 3 × 1.2288Mcps = 3.6864Mcps。目前这一方案基本上被搁置，也没有制造商问津，因为它基本上已被性能更优越的 CDMA2000-1x-EV 所代替。

CDMA2000-1x 和 CDMA2000-3x 的主要空口接口参数是完全一样的。

2. 系统网络结构

（1）IS-95 系统的网络结构

IS-95 系统的网络结构和网元之间的接口如图 5-129 所示。

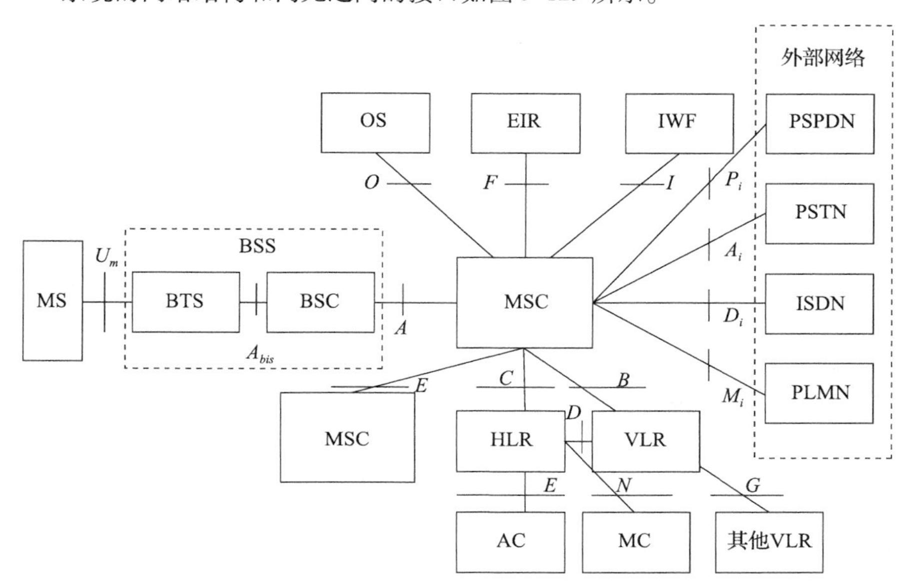

图 5-129 IS-95 系统的网络结构和网元之间的接口

(2) CDMA2000 网络结构

CDMA2000 的网络结构如图 5-130 所示。

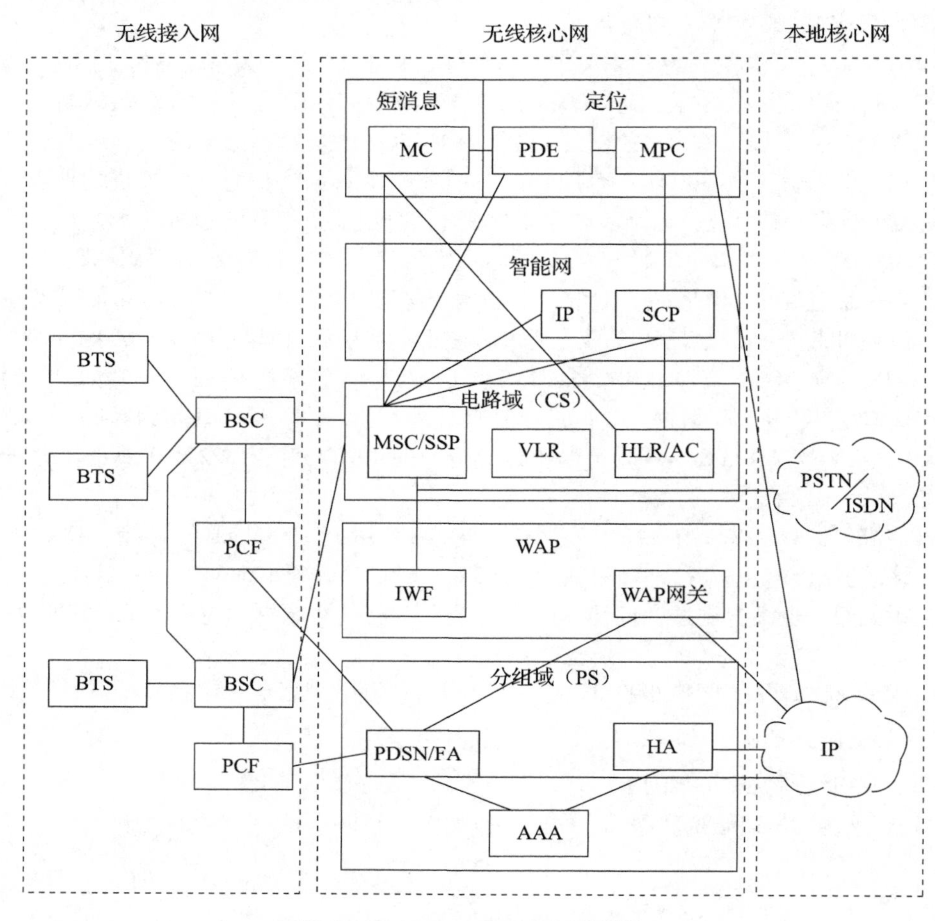

图 5-130　CDMA2000 的网络结构

(3) IS-95 与 CDMA2000 协议结构

如图 5-131 所示为 IS-95 与 CDMA2000 协议结构，其中阴影部分为 CDMA2000 所特有。

IS-95 和 CDMA2000 系统的协议结构大致上是一样的，只不过 CDMA2000 更加齐全、更加完善。它们基本上是按照横向三层，即物理层（L1）、链路层（L2）和高层（L3）和纵向两个平面，即用户业务平面（分别含有电路和分组域的话音与数据业务）和控制信令平面，来组织协议的。其主要组成包含：

1）物理层：它由一系列前/反向物理信道组成，其功能主要是完成各类物理信道中的软、硬件信息处理，比如信源编/译码、信道编/译码、调制/解调、扩频/解扩等。

2）链路层：它根据高层对不同业务的需求提供不同等级的 QoS 特性，并为业务提供协议支持和控制机制，同时要完成物理层与高层之间的映射和变换。它又可分为两个子层，媒体接入控制层和链路接入控制层。媒体接入控制层（MAC）可以进一步划分成两个子层：复用与 QoS 保证子层以及 RLP 子层，它们共同完成媒体接入功能。链路接入控制层（LAC）主要完成信令打包、分割、重装、寻址、鉴权以及重传控制等功能。

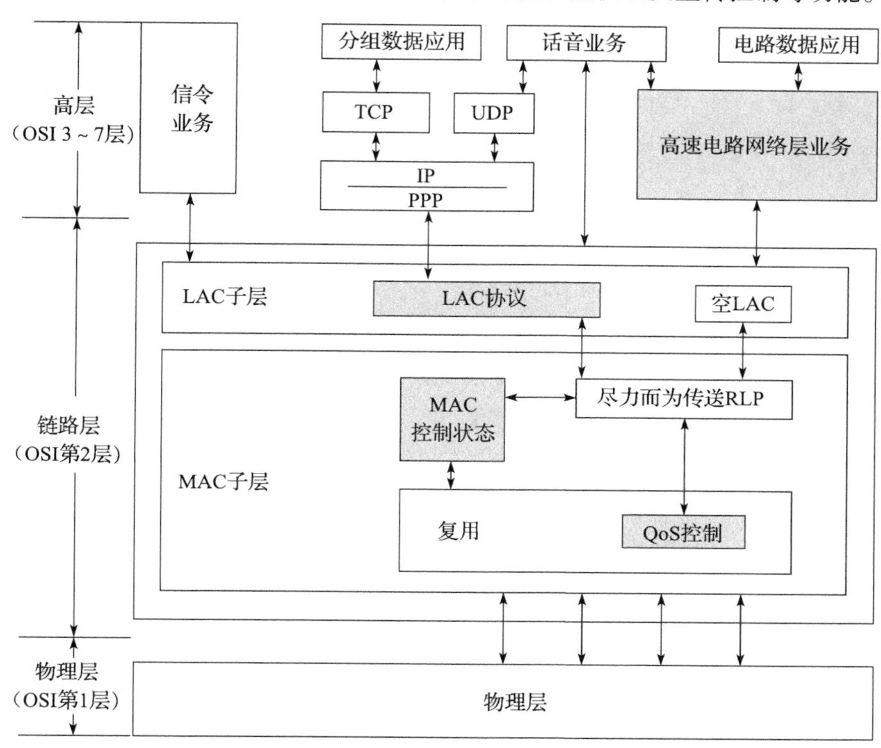

图 5-131　IS-95 与 CDMA2000 协议结构

3）高层：它包含 OSI 中的网络层、传输层、会话层、表示层和应用层，主要功能是负责对各类业务的呼叫、接续，无线资源管理，移动性管理以及相应的信令和协议的处理，并完成 2G 与 3G 间的高层兼容处理。

3. CDMA2000 中的分组数据业务与移动 IP

在 GSM 中，为了开展分组数据业务建立了一套独立、完整的通用分组无线业务 GPRS 系统，然而 CDMA2000 系统的思路则不一样，它本着尽可能利用已有的技术与成果的原则，大量利用 IP 技术，构造自己的分组数据网络。CDMA2000 中的分组数据业务的协议结构如图 5-132 所示，该图是简单 IP 中的协议结构。

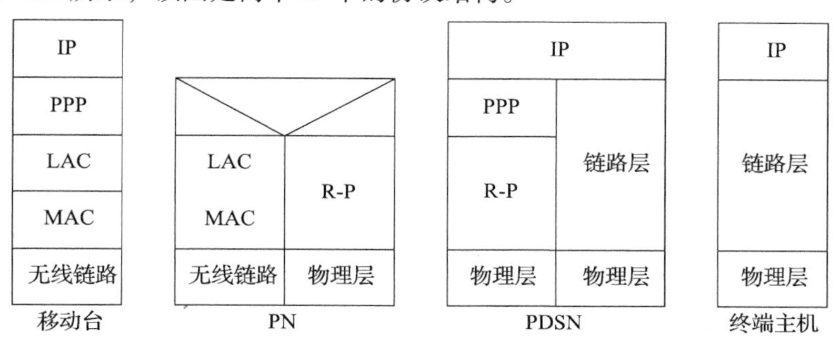

图 5-132　CDMA2000 中的分组数据业务的协议结构

(1) CDMA2000-1x 分组数据业务

CDMA2000 系统中，承载分组数据业务的基本信道速率为 9.6Kbit/s，附加信道速率最大可达 153.6Kbit/s。根据资源可用性进行动态分配，附加信道速率为 19.2、38.4、76.8、153.6Kbit/s，前/反向附加信道相互独立；支持空中链路睡眠状态以及睡眠模式下话音业务；支持简单（simple）IP 与移动（mobile）IP 两类模式；具有鉴权、计费等功能（利用 AAA 服务器）。

(2) 移动 IP 基本原理简介

在 IETF 的 RFC2002 定义移动 IP 协议的文件中定义了三个功能实体：移动节点 MN、本地代理 HA、外地代理 FA。

移动代理（含 HA 和 FA）通过代理广播消息向用户广播它们的存在，当移动节点 MN 收到广播后就能确定它目前是处于本地网还是外地网。

当 MN 确定它现在还处于本地网，若以前亦在本地网，则只需按照正常的节点工作。若以前不在本地网，目前是从外地网返回至本地网，则 MN 应首先到本地代理 HA 进行注册，然后再进行正常通信。

当 MN 确定目前位置已移至外地网，它就在本地网中获得一个转交地址，这个转交地址既可以从外地代理的广播消息中获得，也可以由某个外地分配机制中获得。

在外地网中的 MN 采用外地转交地址向 HA 注册，其注册过程也可能要经过 FA；凡传送给 MN 的分组数据均首先要被 HA 截获，然后再通过专用隧道送至 MN 的转交地址并达到隧道的终点，它可能是 FA 也可能是本身，最后送至 MN，对于由 MN 发出的分组数据则可根据标准 IP 路由送至目的地，而不需要经过 HA。

上述方式的效率很低，因此 IETF 提出了业务路由的优化方法：由目标用户主机发送至移动主机的第一个分组路由仍采用上述方式，在 HA 收到发送给移动主机的第一个分组后，除了通过 IP 隧道将分组发至转交地址或 FA，同时还发送一条绑定更新消息给这些目标用户的分组主机，更新消息中含有移动主机的转交地址，这些目标用户的分组主机收到这条绑定消息以后，即可在目标用户的分组主机至移动用户主机之间建立一条直接通往转交地址的 IP 隧道，从而后续分组可以在此隧道中传送。

(3) CDMA2000-1x 中的移动 IP

按照在 CDMA2000-1x 所采用协议的不同，其分组网的网络结构可以分为简单（simple）IP 和移动（mobile）IP 两类：

1）简单 IP 通常是通过调制/解调器 Modem 拨号上网，其特点是 IP 地址由漫游地的接入服务器分配，所以只能在当前接入服务器服务范围内使用，一旦用户漫游至另一个接入服务器，必须重新发起呼叫，重新获得新的 IP 地址。

2）移动 IP 的 IP 地址由归属地负责分配，因此无论漫游至哪一个接入服务器都能保证使用连续性，如果归属地采用固定 IP 地址，它还可以实现网络发起的业务。

MS 接入 CDMA2000-1x 中移动 IP 业务的基本步骤如下：

1）在 MS 与 PDSN 之间通过 A8/A9 和 A10/A11 接口，建立一条点对点 PPP 链路。

2）PDSN/FA 通过 PPP 链路和 BSS 进行代理广播。

3）MS 收到广播之后，可确定它在网中所处的位置。如果它现在与以前均位于归属的本地网，则按正常节点进行工作。如果 MS 是从外地返回本地网，则首先需要到

HA 注册，而 PDSN/FA 与 HA 之间通信采用 IP 基础上的 AAA 协议。若 MS 确定它已移动至外地网，则获得一个转交地址，并用外地转交地址向 HA 注册。凡送至 MS 的分组数据均首先被 HA 截获，然后通过专用隧道送至转交地址，并在隧道的终点得到分组数据，最终将它送至 MS。而 MS 发出的分组数据则可根据标准 IP 路由直接送至目的地，无需再经过 HA。

在 CDMA2000-1x 的初期实验网中，首先实现的不是移动 IP 而是简单 IP。

简单 IP 并不需要 HA，仅需要 PDSN/FA 即可。在最简单的情况下，MS 仅在同一个 PDSN/FA 区域内，它可以通过同一个 PCF 也可以通过多个 PCF 来实现，多个 PCF 也可以通过切换来实现，并建立 IP 链路。一旦 MS 移出原来 PDSN/FA 范围，则需要通过 PPP 重新向新的 PDSN/FA 申请新的转交地址，再建立新的 IP 链路，而原有的 IP 链路则经过一段时间后自动断开失效。

CDMA2000-1x 分组网与 WCDMA 分组网的主要区别在于：CDMA2000-1x 中对呼叫流程控制和无线资源管理等功能是在无线接入网中完成，而 WCDMA 中上述功能则集中在无线核心网中完成。

（4）CDMA2000-1x 中简单 IP 与移动 IP 的协议结构

前面已经介绍过简单 IP 中的协议结构。移动 IP 中的协议结构可以进一步分为控制协议与数据协议两类，其中控制协议栈如图 5-133 所示。

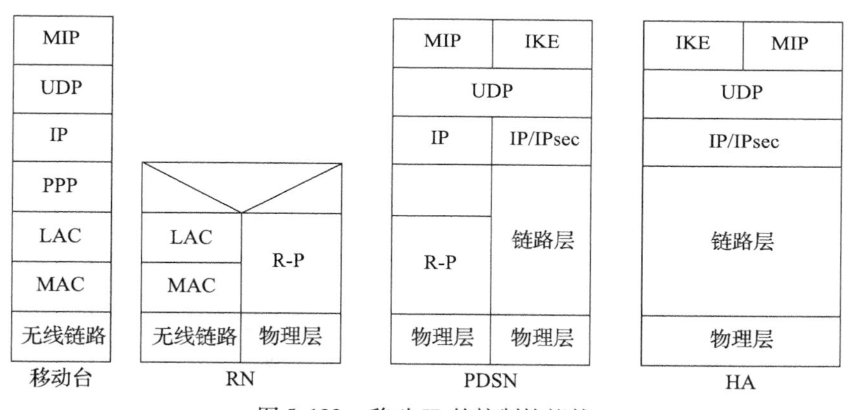

图 5-133　移动 IP 的控制协议栈

移动 IP 的数据协议栈如图 5-134 所示。

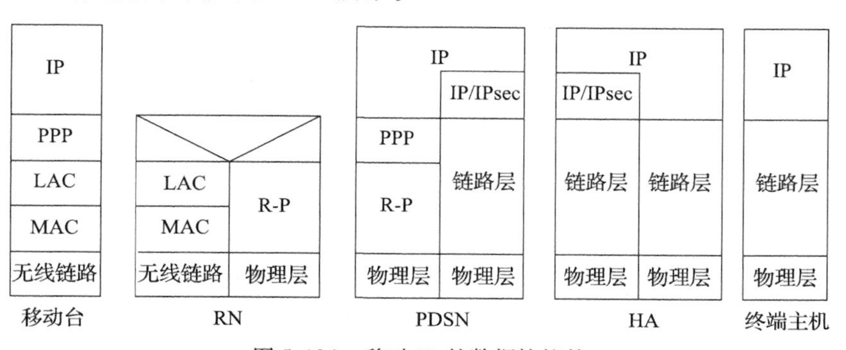

图 5-134　移动 IP 的数据协议栈

4. CDMA2000-1x-EV-DO 的网络协议

CDMA2000-1x-EV-DO 又称为高速率分组数据 HDR，其网络协议分层结构如图 5-135 所示。

注意，CDMA2000-1x-EV-DO 中的应用层和 OSI 中的应用层是不相同的。这里 EV-DO 中的 7 层是 OSI 协议栈的物理层和数据链路层的扩展。

CDMA2000-1x-EV-DO 应用层
业务流层
会话层
连接层
安全层
媒体接入控制（MAC）层
物理层

图 5-135　CDMA2000-1x-EV-DO 网络协议分层结构

各层的作用如下：

1）物理层定义了前/反向链路的信道，以及这些信道的结构、编码、调制、功率输出特性、频率等。

2）媒体接入控制（MAC）层控制物理层的收/发数据、对网络的接入以及优化空中接口链路的效率。

3）安全层主要保障空中接口信息安全保障。

4）连接层提高分组数据传送效率，预留资源并对业务优先级分类管理。

5）会话层为更低层提供支持，并管理支持低层工作的配置信息。

6）业务流层主要负责所有空中链路上传送的信息加上一定标记（比如报头），读取标记，提供优先级机制以及业务流的复用，以保证不同的 QoS 要求。

7）应用层主要是保证空中链路传输的高可靠性性能的实现，即使协议栈有好的鲁棒性（rubustness）。

5.10.5　TD-SCDMA 简介

1. 概述

TD-SCDMA 系统的物理层主要技术与 WCDMA 基本类似，而网络结构与后者是一样的，都采用了 UMTS 网络结构。两者之间的主要区别在于空中接口：TD-SCDMA 采用了 TDD 的时分双工方式，另外在物理层运用了一些有特色的技术，比如智能天线、联合检测、低码片速率与软件无线电，以及同步 CDMA 的一系列新技术。

在网络方面，TD-SCDMA 后向兼容 GSM 系统，支持 GSM/MAP 核心网，使网络能够由平滑演进到 TD-SCDMA。同时，它与 WCDMA 具有相同的网络结构和高层指令，两类制式可以使用同一核心网。而且，它们都支持核心网逐步向全 IP 方向发展。TD-SCDMA 网络层的主要特点是无线资源管理（RRM）中采用了先进的接力切换技术和动态信道分配 DCA 技术。

2. TD-SCDMA 物理层的主要特色

（1）TDD/CDMA 的基本概念与主要特点

移动通信使用两种双工方式：

1）FDD：发/收（或称上/下行）两个方向采用两个不同的频段，并采用频段间距来隔离两个方向的干扰。2G 的 GSM、IS-95 系统，3G 的 WCDMA、CDMA2000 系统均采用 FDD 方案。

2）TDD：发/收（上/下）两个方向采用同一频段，不同时隙，并利用时隙的不同来隔离两个方向的干扰。无线个人通信系统CT-2、CT-3、DECT、PHS等均采用TDD。3G标准中，我国提出的TD-SCDMA和欧洲提出的UTRA TDD均采用了TDD/CDMA技术。

TDD方式的优点：TDD在实现时不仅由于比FDD少一个射频频率双工隔离器而简化，而且由于发/收（上/下）双向采用同一频段更有利于智能天线、功率控制、发分集等新技术的实现。TDD方式的最大特色是更适合于传输不对称型业务，比如移动因特网等数据业务，另外由于TDD不需要成对的频率资源，使频段分配与划分更加简单灵活，有利于提高频谱利用率。

TDD方式的缺点：在移动速率与覆盖距离方面不及FDD；由于TDD/CDMA是间隙式发射，FDD/CDMA为全部时隙连续发射，导致TDD/CDMA脉冲功率大，对其他用户的干扰也就大。

（2）两种3G标准TDD方式的主要参数和工作频段

根据我国对无线频谱的规划，TD-SCDMA可使用频段为：

- 1900～1920MHz，上/下行共用；2010～2025MHz，上/下行共用。
- 1850～1910MHz，上/下行共用；1930～1990MHz，上/下行共用。
- 1910～1930MHz，上/下行共用。
- 1880～1900MHz，上/下行共用；2300～2400MHz，上/下行共用。

（3）TD-SCDMA系统在物理层采用的其他关键技术

除了TDD技术外，TD-SCDMA在物理层采用的关键技术还有：

1）智能天线技术：TD-SCDMA采用TDD，其上/下行的互易性使智能天线能产生最大的载干比（C/I）增益。

2）联合检测：CDMA系统（包括TDD/CDMA）由于采用正交码性能不理想，使得它通过时变信道以后会产生两种主要干扰：同一用户数据的符号间干扰ISI和不同用户数据之间的多址干扰MAI。克服这两类干扰的主要手段是采用联合检测。这里仅结合TD-SCDMA的TDD和智能天线的特色说明两点：

- 对于TDD/CDMA方式，由于上/下行采用同一频段，因而在时变信道中它便于实现较精确的信道估计，改善多用户联合检测的性能。
- 将智能天线与多用户联合检测结合起来，可以大为简化多用户检测实现的复杂度，还可以进一步改善多用户检测的性能。

3）低码片速率的接入技术：TD-SCDMA的多址接入方式为直扩码分多址DS-CDMA，扩频后的带宽为1.6MHz，因此被称为低码片速率（LCR），其双工方式采用TDD方式。

在TD-SCDMA低码片速率接入方式中，除了直扩码分多址方式以外，还包括了时分多址方式的部分，它可看成TDMA/CDMA相结合的产物，而且还可以进一步作FDMA划分。正由于这一特点，它比同样采用TDD方式的UTRA TDD占用带宽窄，而且效率更高。

3. TD-SCDMA网络层的主要特色

这里介绍的是TD-SCDMA在网络运营时的主要特色。TD-SCDMA系统的无线资源管理（RRM）设计比较灵活，其中最具有代表性的是RRM算法采用的接力切换和动态信道分配（dynamic channel allocation，DCA）技术。

(1) 接力切换

接力切换是TD-SCDMA中一项重要的网络层核心技术，主要解决小区间切换，其原理是利用动态用户的位置信息作为辅助信息来决定用户是否需要进行切换与向何处切换，其过程类似于田径比赛中的接力，故形象地称为“接力切换”。

实现接力切换的必要技术条件是TD-SCDMA系统网络如何获得动态用户的准确位置信息。动态用户的准确位置信息包含用户信号的到达方向DoA和它与基站之间的距离两个主要信息。

TD-SCDMA中的智能天线及其基带数字信号处理技术，使其能较精确计算用户的DoA，从而获得动态用户的方向信息。

TD-SCDMA中的精确上行同步技术使得系统可以获得动态用户信号传输的时间偏移，进而可计算出动态用户与基站之间的距离。

接力切换的主要过程分为三步：测量、判决与执行。

1) 切换的基础是对用户当前服务小区和其周围可能被切换的目标小区位置及相应QoS性能的及时监测与评估，并将其结果及时报告给所属无线网络控制器RNC。

2) RNC根据由动态用户或Node B传送来的监测报告，进行分析、处理与评估，并决定动态用户是否要进行切换，若动态用户在当前的服务小区的信号服务质量低于业务需求门限，立即选择RNC中一个信号最强的小区作为切换的目标小区。

3) 确定目标小区后，则RNC立即执行切换控制算法判断目标小区基站是否可以接受该切换申请。如果允许接入，则RNC通知目标小区对动态用户实时检测以确定信号最强方向，做好建立新信道的准备，并反馈给RNC，再通过原基站通知动态用户转入新信道，拆除原信道，最后与目标小区建立正常通信。

接力切换是介于软切换与硬切换之间的一类新切换技术。与软切换相比，两者均具有较高的切换成功率、较低掉话率以及较小的上行干扰，而不同之处在于接力切换并不需要多个基站为一个移动台用户提供服务，因而提高了对资源的利用率，改善了软切换信令复杂、下行干扰大的缺点。与硬切换比较，两者均具有较高的资源利用率、较简单的算法和较轻的信令负荷，不同之处在于硬切换是先断后切，而接力切换则是断开与切换几乎同时进行，从而降低了切换掉话率，提高了切换成功率。

(2) 动态信道分配技术

动态信道分配（DCA）是TD-SCDMA系统中的另一项网络层核心技术。通过DCA能够灵活地分配时隙资源，动态地调整上/下行时隙分配，从而灵活地支持对称和非对称型业务的需求。DCA的主要目标是优化系统资源，在保证QoS的前提下提高信道利用率。

DCA具有频带利用率高，无需信道预规划，并可自动适应网络负载和干扰变化的优点。其缺点是DCA算法相对于固定信道分配更复杂、系统开销也要大得多。

在DCA技术中，信道不是按传统方式固定地分配给某个小区，而是被集中在一起按一定规则和方式进行分配。只要能提供满足一定质量要求的足够多的链路，任何小区都可以将空闲信道分配给呼叫用户。在实际运行中，无线网络控制器（RNC）集中管理一些小区的可用资源，根据各小区的网络性能参数、系统负荷和业务的QoS参数，动态地将信道分配给用户。

动态信道分配一般可以分为两大类型：一类是将资源分配到小区，称为慢速 DCA；另一类是将资源分配给承载业务，称为快速 DCA。

慢速 DCA 包含对各小区进行资源分配以及小区内上/下行之间的资源分配，可以看作 TD-SCDMA 系统宏观范围的资源动态分配。它遵循下列原则：

1）在频域内，可进行频率再用，可以采用大于 1 的频率复用系数。

2）在 TDD 帧结构中，上/下行时隙可适应不同类型的不对称业务。

3）对不同小区、不同业务，小区的时隙分配可由干扰情况来决定。

4）可利用发/收数据的不连续空隙进行干扰测量，为 DCA 提供客观依据。

快速 DCA 是在小区范围内对可承载业务的资源动态分配。它一般包含信道分配和信道调整两部分。快速 DCA 一般遵循下列原则：

1）在 TD-SCDMA 中，信道分配的基本资源单元（RU）是一个物理层中码字/时隙/载频/波束的组合。

2）多速率业务通过对 RU 的集中分配获得，可以在码域/时域/空域中实现。

3）上/下行时隙中最大可用码字的数目，依赖于信道特性、环境、智能天线等。

4）对于实时与非实时业务信道分配有所不同，实时业务可根据可变速率业务占用相应的信道资源，而非实时业务信道分配遵循最有效策略。

5）对于小区内切换的信道重新分配可以由下列三个主要原因引起：时变信道的干扰变化；网络为接纳实时高速业务而进行的资源整合，以避免此类业务的码字被分散至过多的时隙中；采用智能天线时，DCA 可保证在同一时隙不同用户在空间上实现隔离。

快速 DCA 算法大致可以分成三类：随机分配、排序分配与重用最佳分配。

（3）TD-SCDMA 的组网

TD-SCDMA 作为 3G 三大制式之一，具有较灵活的组网方式，不仅能够用于建设大区制的宏蜂窝网络系统，而且特别适合高密度业务区组建微蜂窝和微微蜂窝网络，还可以与其他移动蜂窝网络实现网络资源共享。

TD-SCDMA 系统支持对称和不对称业务，包括话音、数据、各类 IP 业务、移动因特网业务、多媒体业务等。它具有系统容量大、频谱利用率高、抗干扰能力强、设备成本低等优点。

TD-SCDMA 近期组网是按照 3GPP R4 版本，即 R4 网络支持的电路交换（CS）和分组交换（PS）的公用陆地移动网 PLMN 的基本配置来实现的，它不包含 IP、多媒体核心网子系统 IMS 域的功能实体。

将来 TD-SCDMA 可以和 CDMA2000 共享核心网，即实现 3GPP 与 3GPP2 核心网融合。随着 IP 业务在电信网中地位日益重要，移动核心网也将向全 IP 方向演进。全 IP 核心网能够提供统一平台，节约投资。另外，全 IP 核心网能实现信令与承载分离，其接口定义更加明确，实体功能也能够独立，其中的呼叫控制协议均采用 IETF 的多媒体体系结构的会话初始化协议 SIP。

5.10.6 3G 的关键技术小结

1. 信道编码和交织

信道编码和交织依赖于信道特性和业务需求。不仅对于业务信道和控制信道应采用不同的编码和交织技术，而且对于同一信道的不同业务也应采用不同的编码和交织技术。

在 IMT-2000 中，在语音和低速率、对译码时延要求比较苛刻的数据链路中使用卷积码。

Turbo 码具有接近香农极限的纠错性能，在高速率（如 32kbit/s 以上）、对译码时延要求不高的数据链路中，使用 Turbo 码可以提供优异的纠错性能。

2. 智能天线

天线有两个特性：一是阻抗特性，研究阻抗特性的目的是使馈线与天线阻抗匹配，提高传输效率；二是天线的方向特性，研究方向性的目的是使天线发射的电磁波指向所希望的方向，提高天线的效率，减少对其他用户的干扰。

智能天线能根据外界信号的变化，通过信号处理对它本身的辐射和接收方向图自动进行优化，产生空间定向波束，使天线主波束对准用户信号到达方向，旁瓣或零陷对准干扰信号到达方向，达到高效利用有用信号、抑制干扰信号的目的。智能天线通常是由多个天线单元组成的天线系统。传统的多址方式有时分多址（TDMA）、频分多址（FDMA）和码分多址（CDMA）方式，智能天线引入了第四种多址方式：空分多址（SDMA）。在相同时隙、相同频率、相同地址码的情况下，用户还可以根据信号不同的空间传播路径加以区分。

智能天线分为两大类：多波束智能天线与自适应阵智能天线，简称多波束天线和自适应阵天线。

多波束天线利用多个并行波束覆盖整个用户区，天线方向图形状基本不变。它通过测向确定用户信号的到达方向，然后根据信号到达方向选取合适的阵元加权，将方向图的主瓣指向用户方向，从而提高用户的信噪比。因为用户信号并不一定在固定波束的中心处，当用户位于波束边缘，干扰信号位于波束中央时，接收效果最差，所以多波束天线不能实现信号最佳接收。但是与自适应阵天线相比，多波束天线具有结构简单、无须判定用户信号到达方向的优点。

用于基站的智能天线是一种由多个天线单元组成的自适应阵天线，一般采用 4 ~ 16 天线阵元结构，阵元间距 1/2 波长，阵元分布方式有直线形、圆环形和平面形。它可自动测出用户方向，并通过调节各阵元信号的加权幅度和相位来改变阵列的天线方向图，使主波束对准用户信号方向，实现波束随着用户走；而干扰信号方向恰为天线方向图零陷或较低的功率方向，从而抑制干扰，提高信噪比，提高天线增益，减少信号发射功率，延长电池寿命，减小用户设备的体积。

智能天线可以成倍地扩展通信容量，和其他复用技术相结合，能够最大限度地利用有限的频谱资源。在移动通信中，时延扩散、瑞利衰落、多径、共信道干扰等，使通信质量受到严重影响。采用智能天线可以有效地解决这些问题。

天线技术是当前移动通信发展最有活力的技术领域之一。目前有几个趋势值得注意：1）对天线不断提出各种要求，如小体积、宽频带、多频段、高方向性及低副瓣等；2）新材料天线层出不穷，如陶瓷介质、超导天线等；3）新的天线形式，如金属介质多层结构、复合缝隙阵、各种阵列天线等不断涌现；4）随着电磁环境的日益恶化，将空分多址（SDMA）技术和 TDMA、CDMA、智能天线和软件无线电技术综合运用，可能是解决问题的良好出路。

3. 软件无线电

软件无线电是近几年发展起来的技术，它基于现代信号处理理论，尽可能在靠近天线的部位（中频甚至射频）进行宽带 A/D 和 D/A 转换。无线通信部分把硬件作为基本平台，把尽可能多的无线通信功能用软件来实现。软件无线电为3G 手机与基站的无线通信系统提供了一个开放的、模块化的系统结构，具有很好的通用性、灵活性，使系统互联和升级变得非常方便。其硬件主要包括天线、射频部分、基带的模/数（A/D）和数/模（D/A）转换设备以及数字信号处理单元。在软件无线电设备中，所有的信号处理（包括放大、变频、滤波、调制/解调、信道编译码、信源编译码、信号流变换，信道、接口的协议/信令处理、加/解密、抗干扰处理、网络监控管理等）都以数字信号的形式进行。由于软件处理的灵活性，使其在设计、测试和修改方面非常方便，而且容易实现不同系统之间的兼容。

3G 所要实现的主要目标是提供不同环境下的多媒体业务，实现全球无缝覆盖；适应多种业务环境；与2G 兼容，并可从2G 平滑升级。因而3G 要求实现无线网与无线网的综合、移动网与固定网的综合、陆地网与卫星网的综合。

由于第三代移动通信标准的统一是非常困难的，IMT-2000 放弃了在空中接口、网络技术方面等一致性的努力，而致力于制定网络接口的标准和互通方案。

对于移动基站和终端而言，它面对的是多种网络的综合系统，因而需要实现多频、多模式、多业务的基站和终端。软件无线电基于统一的硬件平台，利用不同的软件来实现不同的功能，因而是解决基站和终端问题的利器。具体而言，软件无线电解决了以下问题：

1）为3G 基站与终端提供了一个开放的、模块化的系统结构。开放的、模块化的系统结构为3G 系统提供了通用的系统结构，功能实现灵活，系统改进与升级方便。模块具有通用性，在不同的系统及升级时容易复用。

2）解决了智能天线结构的实现，用户信号到来方向的检测，射频通道加权参数的计算，天线方向图的赋形问题。

3）各种信号处理软件的实现，包括各类无线信令处理软件，信号流变换软件，同步检测、建立和保持软件，调制解调算法软件，载波恢复、频率校准和跟踪软件，功率控制软件，信源编码算法软件，以及信道纠错算法编码软件等。

4. 多用户检测技术

CDMA 传输的普遍问题在于：大量码分的用户信号分别在每个载波和每个收发信机上同时传送。所有传送信号的功率汇总到基站的收发信机中。信号成功检测的先决条件是，各个接收信号的电平相互之间的偏差小于1.5dB。由于 MS 和基站间的距离不同，多个用户信号经不同的路径到达基站时有不同的衰减。另外，每个信号都有由用户移动所带来的不同延迟扩展和信号抖动。为了将基站收信机输入的所有接收信号电平控制在一定的范围内，必须进行多环路快速功率控制。经过平衡的多址接入信号，在基站的收信机输入中，会产生对每个被检测用户信号的较强干扰。这种多址接入干扰（MAI）限制了 CDMA 系统的频谱利用率。

目前的 CDMA 接收机都是基于 RAKE 接收原理，它的缺点是在对一个用户解调时，没有利用已知的其他用户的信息。多用户检测接收机正是充分考虑到多址干扰实质上是一种结构性的伪随机序列信号，设法将所有用户信号都检测出来，将其他用户信号从总信号中滤除，仅保存有用信号。这就是多用户检测（又称联合检测、干扰消除技术）的基本思想。CDMA 系统是干扰受限系统。多用户信号检测提供了一种有效地减少多址干扰的方法，从而增加了系统的容量。

由于最佳的多用户检测太复杂，难以实用。因此，一般在接收机的复杂度和性能之间寻找一个平衡点，这样便衍生出许多种次优的多用户检测方案，这些方案基本可以分成两大类：线性多用户检测和干扰抵消多用户检测。

5. 动态信道分配

CDMA 系统受到两种来自系统自身的干扰：1）小区内干扰，也称为多用户接入干扰（MAI），它是由小区内的多用户接入产生的；2）小区间相互干扰。

TD-SCDMA 系统通过多用户联合检测来减小小区内干扰。减小小区间干扰的方法之一是采用干扰逃逸程序，有动态信道分配功能的 TD-SCDMA 系统是典型的例子之一。

在 TDD 模式中，利用用户设备可以分析用户所在时隙和其他信道的干扰情况。据此，通过小区内切换，受干扰的移动用户可以避开各种干扰。有 3 种不同的动态信道分配方式：1）时域动态信道分配：如果在目前使用的时隙中发生干扰，通过改变时隙可避开干扰；2）频域动态信道分配：如果在目前使用的无线载波的所有时隙中发生干扰，通过改变无线载波可避开干扰；3）空域动态信道分配：空域动态信道分配是通过智能天线的定向性来实现的，它的产生与时域和频域动态信道分配有关。

通过合并时域、频域和空域的动态信道分配技术，TD-SCDMA 能够自动将系统自身的干扰最小化。

6. 高速下行分组接入技术

3G 业务上下行的不对称性使 FDD 系统需要一种有效的支持不对称业务的技术。高速下行分组接入（HSDPA）就是一种为多用户提供高速下行数据业务的技术，速率可达 9.8Mbit/s，特别适合于多媒体、Internet 等大量下载信息的业务。在以较高的速率传输数据时，HSDPA 在特定时隙中使用较高调制方式（8PSK，16QAM 甚至 64QAM）来进行传输。在 TD-SCDMA 中，已经使用 8PSK 来传输 2Mbit/s 的业务。在 CDMA2000-1x 中的某些时隙，使用 16QAM 传输高速数据，在 1.25MHz 的带宽下可以 2Mbit/s 的速率传输数据。采用若干新技术，可使下行速率达到 8Mbit/s 直至 20Mbit/s 以上。高速下行分组接入包括以下几种技术：自适应调制和编码（AMC）技术、混合 ARQ 协议（H-ARQ）技术、快速小区选择（FCS）技术、多入多出天线（MIMO）技术以及独立的 DSCH 信道技术等。

5.11 LTE 及 4G 移动通信

5.11.1 LTE

LTE（long term evolution，长期演进）也被通俗地称为 3.9G，具有 100Mbps 的数据下载能力，被视作从 3G 向 4G 演进的主流技术。

LTE 的研究包含了一些普遍认为很重要的部分，如等待时间的减少、更高的用户数据速率、系统容量和覆盖的改善以及运营成本的降低。3GPP[⊖](the 3rd generation partnership project) 长期演进（LTE）项目是近两年来3GPP启动的最大的新技术研发项目，这种以OFDM/FDMA为核心的技术可以被看作“准4G”技术。

3GPP LTE项目的主要性能目标包括：在20MHz频谱带宽下，能够提供下行100Mbps、上行50Mbps的峰值速率；改善小区边缘用户的性能；提高小区容量；降低系统延迟，用户平面内部单向传输时延低于5ms，控制平面从睡眠状态到激活状态迁移时间低于50ms，从驻留状态到激活状态的迁移时间小于100ms；支持100km半径的小区覆盖；能够为350km/h高速移动用户提供 > 100kbps的接入服务；支持成对或非成对频谱，并可灵活配置1.25 ~ 20MHz多种带宽。

3GPP从“系统性能要求”“网络的部署场景”“网络架构”“业务支持能力”等方面对LTE进行了详细的描述。与3G相比，LTE具有如下技术特征：

1）通信速率有了提高，下行峰值速率为100Mbps、上行为50Mbps。

2）提高了频谱效率，下行链路5(bit/s)/Hz，（3 ~ 4倍于R6版本的HSDPA）；上行链路2.5(bit/s)/Hz，是R6版本HSU-PA的2 ~ 3倍。

3）以分组域业务为主要目标，系统在整体架构上将基于分组交换。

4）QoS保证，通过系统设计和严格的QoS机制，保证实时业务（如VoIP）的服务质量。

5）系统部署灵活，能够支持1.25 ~ 20MHz间的多种系统带宽，并支持“paired”和“unpaired”的频谱分配，保证了将来在系统部署上的灵活性。

6）降低无线网络时延：子帧长度0.5ms和0.675ms，解决了向下兼容的问题并降低了网络时延，时延可达U-plan < 5ms，C-plan < 100ms。

7）增加了小区边界比特速率，在保持目前基站位置不变的情况下，增加小区边界比特速率。如MBMS（多媒体广播和组播业务）在小区边界可提供1bit/s/Hz的数据速率。

8）强调向下兼容，支持已有的3G系统和非3GPP规范系统的协同运作。

与3G相比，LTE更具技术优势，具体体现在：高数据速率、分组传送、延迟降低、广域覆盖和向下兼容。

5.11.2 4G移动通信

4G通信技术并没有脱离以前的通信技术，而是以传统通信技术为基础，并利用了一些新的通信技术，来不断提高无线通信的网络效率和功能。如果说3G能为人们提供一个高速传输的无线通信环境，那么4G通信会实现一种超高速无线网络，一种不需要电缆的信息超级高速公路，这种新网络可使电话用户以无线及三维空间虚拟实境连线。

与传统的通信技术相比，4G通信技术最明显的优势在于通话质量及数据通信速度。然而，在通话品质方面，移动电话消费者还是能接受的。随着技术的发展与应用，现有移动电话网中手机的通话质量还在进一步提高。数据通信速度的高速化的确是一个很大优点，它的最大数据传输速率能达到100Mbit/s。另外，由于技术的先进性确保了成本的

[⊖] 是领先的3G技术规范机构，是由欧洲的ETSI，日本的ARIB和TTC，韩国的TTA以及美国的T1在1998年年底发起成立的，旨在研究制定并推广基于演进的GSM核心网络的3G标准，即WCDMA、TD-SCDMA、EDGE等。中国无线通信标准组（CWTS）于1999年加入3GPP。

大大降低。

1. 4G系统网络结构及其关键技术

4G移动系统网络结构可分为三层：物理网络层、中间环境层、应用网络层。物理网络层提供接入和路由选择功能，它们由无线和核心网的结合格式完成。中间环境层的功能有QoS映射、地址变换和完全性管理等。物理网络层与中间环境层及其应用环境之间的接口是开放的，它使发展和提供新的应用及服务变得更为容易，提供无缝高数据率的无线服务，并运行于多个频带。这一服务能自适应多个无线标准及多模终端能力，跨越多个运营者和服务，提供大范围服务。

第四代移动通信系统的关键技术包括信道传输；抗干扰性强的高速接入技术、调制和信息传输技术；高性能、小型化和低成本的自适应阵列智能天线；大容量、低成本的无线接口和光接口；系统管理资源；软件无线电、网络结构协议等。第四代移动通信系统主要是以正交频分复用（OFDM）为技术核心。OFDM技术的特点是网络结构高度可扩展，具有良好的抗噪声性能和抗多信道干扰能力，可以提供无线数据技术质量更高（速率高、时延小）的服务和更好的性能价格比，能为4G无线网提供更好的方案。例如，无线区域环路（WLL）、数字音讯广播（DAB）等，预计都采用OFDM技术。4G移动通信对加速增长的宽带无线连接的要求提供技术上的回应，对跨越公众的和专用的、室内和室外的多种无线系统和网络保证提供无缝的服务。通过对最适合的可用网络提供用户所需求的最佳服务，能应付基于因特网通信所期望的增长，增添新的频段，使频谱资源大扩展，提供不同类型的通信接口，运用路由技术为主的网络架构，以傅里叶变换来发展硬件架构实现第四代网络架构。移动通信会向数据化、高速化、宽带化、频段更高化方向发展，移动数据、移动IP预计会成为未来移动网的主流业务。

2. 4G的优势

（1）通信速度快

由于人们研究4G通信的最初目的就是提高蜂窝电话和其他移动装置无线访问Internet的速率，因此4G通信给人印象最深刻的特征莫过于它具有更快的无线通信速度。从数据传输速率作比较，第一代模拟式移动通信系统仅提供语音服务；第二代数位式移动通信系统传输速率也只有9.6Kbit/s，最高可达32Kbit/s；而第三代移动通信系统数据传输速率可达到21Mbit/s；专家则预估，第四代移动通信系统可以达到10~20Mbit/s，甚至最高可以达到100Mbit/s速度传输无线信息。

（2）网络频谱宽

要想使4G通信达到100Mbit/s的传输，通信营运商必须在3G通信网络的基础上，进行大幅度改造和研究，以便使4G网络在通信带宽上比3G网络的蜂窝系统的带宽高出许多。据研究4G通信的AT&T的执行官们说，估计每个4G信道会占有100MHz的频谱，相当于W-CDMA3G网络的20倍。

（3）通信灵活

从严格意义上说，4G手机的功能，已不能简单划归“电话机”的范畴，毕竟语音资料的传输只是4G移动电话的功能之一而已，因此未来4G手机更应该算得上是一台小型计算机了，而且4G手机从外观和式样上，会有更惊人的突破，人们可以想象的是，眼镜、手表、化妆盒、旅游鞋，以方便和个性为前提，任何一件能看到的物品都有可能成为4G终端，只是人们还不知应该怎么称呼它。未来的4G通信使人们不仅可以随时随地通信，更可以双向下载传递资料、图画、影像，当然更可以和从未谋面的陌生人网上联线，对打游戏。也许有被网上定位系统永远锁定无处遁形的苦恼，但是与它据此提供的地图带来的便利和安全相比，这简直可以忽略不计。

（4）智能性能高

第四代移动通信的智能性更高，不仅表现在4G通信的终端设备的设计和操作具有智能化，例如对菜单和滚动操作的依赖程度会大大降低，更重要的是4G手机可以实现许多难以想象的功能。例如，4G手机能根据环境、时间以及其他设定的因素来适时地提醒手机的主人此时该做什么事，或者不该做什么事，4G手机可以把电影院票房资料直接下载到PDA之上，这些资料能够把售票情况、座位情况显示得清清楚楚，大家可以根据这些信息来在线购买自己满意的电影票；4G手机可以被看作是一台手提电视，用来看体育比赛之类的各种现场直播。

（5）兼容性好

要使4G通信尽快地被人们接受，不但要考虑它的功能强大，还应该考虑到现有通信的基础，以便让更多的现有通信用户在投资最少的情况下就能很轻易地过渡到4G通信。因此，从这个角度来看，未来的第四代移动通信系统应当具备全球漫游，接口开放，能跟多种网络互联，终端多样化以及能从第二代平稳过渡等特点。

（6）提供增值服务

4G通信并不是从3G通信的基础上经过简单的升级演变过来的，它们的核心建设技术根本就是不同的，3G移动通信系统主要是以CDMA为核心技术，而4G移动通信系统技术则以正交多任务分频技术（OFDM）最受瞩目，利用这种技术人们可以实现例如无线区域环路（WLL）、数字音讯广播（DAB）等方面的无线通信增值服务；不过考虑到与3G通信的过渡性，第四代移动通信系统不会在未来仅仅只采用OFDM一种技术，CDMA技术会在第四代移动通信系统中，与OFDM技术相互配合以便发挥出更大的作用，甚至未来的第四代移动通信系统也会有新的整合技术（如OFDM/CDMA）产生，其实前文所提到的数字音讯广播真正运用的技术是OFDM/FDMA的整合技术，同样是利用两种技术的结合。因此未来以OFDM为核心技术的第四代移动通信系统，也会结合两项技术的优点，一部分会是以CDMA的延伸技术。

（7）高质量通信

尽管第三代移动通信系统也能实现各种多媒体通信，但未来的4G通信能满足第三代移动通信尚不能达到的在覆盖范围、通信质量、造价上支持的高速数据和高分辨率多媒体服务的需要，第四代移动通信系统提供的无线多媒体通信服务包括语音、数据、影像等大量信息透过宽频的信道传送出去，为此未来的第四代移动通信系统也称为“多媒体移动通信”。第四代移动通信不仅仅是为了因应用户数的增加，更重要的是，必须要因应多媒体的传输需求，当然还包括通信品质的要求。总结来说，首先必须可以容纳市场庞大的用户数、改善现有通信品质不良，以及达到高速数据传输的要求。

（8）频率效率高

相比第三代移动通信技术来说，第四代移动通信技术在开发研制过程中使用和引入许多功能强大的突破性技术，例如一些光纤通信产品公司为了进一步提高无线因特网的主干带宽宽度，引入了交换层级技术，这种技术能同时涵盖不同类型的通信接口，也就是说，第四代主要是运用路由技术（routing）为主的网络架构。由于利用了几项不同的技术，所以无线频率的使用比第二代和第三代系统有效得多。按照最乐观的情况估计，这种有效性可以让更多的人使用与以前相同数量的无线频谱做更多的事情，而且做这些事情的时候速度相当快。研究人员说，下载速率有可能达到5～10Mbps。

（9）费用便宜

由于4G通信不仅解决了与3G通信的兼容性问题，让更多的现有通信用户能轻易地升级到4G通信，而且4G通信引入了许多尖端的通信技术，这些技术保证了4G通信能提供一种灵活性非常高的系统操作方式，因此相对其他技术来说，4G通信部署起来就容易、迅速得多；同时在建设4G通信网络系统时，通信营运商们会考虑直接在3G通信网络的基础设施之上，采用逐步引入的方法，这样就能够有效地降低运行者和用户的费用。据研究人员宣称，4G通信的无线即时连接等某些服务费用会比3G通信更加便宜。

5.11.3 4G核心技术

1. 接入方式和多址方案

OFDM（正交频分复用）是一种无线环境下的高速传输技术，其主要思想就是在频域内将给定信道分成许多正交子信道，在每个子信道上使用一个子载波进行调制，各子载波并行传输。尽管总的信道是非平坦的，即具有频率选择性，但是每个子信道是相对平坦的，在每个子信道上进行的是窄带传输，信号带宽小于信道的相应带宽。OFDM技术的优点是可以消除或减小信号波形间的干扰，对多径衰落和多普勒频移不敏感，提高了频谱利用率，可实现低成本的单波段接收机。OFDM的主要缺点是功率效率不高。

第四代移动通信系统主要是以正交频分复用（OFDM）为技术核心。

2. 调制与编码技术

4G移动通信系统采用新的调制技术，如多载波正交频分复用调制技术以及单载波自适应均衡技术等调制方式，以保证频谱利用率和延长用户终端电池的寿命。4G移动通信系统采用更高级的信道编码方案（如Turbo码、级联码和LDPC等）、自动重发请求（ARQ）技术和分集接收技术等，从而在低Eb/N0条件下保证系统足够的性能。

3. 高性能的接收机

4G移动通信系统对接收机提出了很高的要求。香农定理给出了在带宽为BW的信道中实现容量为C的可靠传输所需要的最小SNR。按照香农定理，可以计算出，对于3G系统，如果信道带宽为5MHz，数据速率为2Mb/s，所需的SNR为1.2dB；而对于4G系统，要在5MHz的带宽上传输20Mb/s的数据，则所需要的SNR为12dB。可见对于4G系统，由于速率很高，对接收机的性能要求也要高得多。

4. 智能天线技术

智能天线具有抑制信号干扰、自动跟踪以及数字波束调节等智能功能，被认为是未来移动通信的关键技术。智能天线应用数字信号处理技术，产生空间定向波束，使天线主波束对准用户信号到达方向，旁瓣或零陷对准干扰信号到达方向，达到充分利用移动用户信号并消除或抑制干扰信号的目的。这种技术既能改善信号质量又能增加传输容量。

5. MIMO 技术

MIMO（多输入多输出）技术是指利用多发射、多接收天线进行空间分集的技术，它采用的是分立式多天线，能够有效地将通信链路分解成为许多并行的子信道，从而大大提高容量。信息论已经证明，当不同的接收天线和不同的发射天线之间互不相关时，MIMO 系统能够很好地提高系统的抗衰落和噪声性能，从而获得巨大的容量。例如，当接收天线和发送天线数目都为 8 根，且平均信噪比为 20dB 时，链路容量可以高达 42bps/Hz，这是单天线系统所能达到容量的 40 多倍。因此，在功率带宽受限的无线信道中，MIMO 技术是实现高数据速率、提高系统容量、提高传输质量的空间分集技术。在无线频谱资源相对匮乏的今天，MIMO 系统已经体现出其优越性，也会在 4G 移动通信系统中继续应用。

6. 软件无线电技术

软件无线电是将标准化、模块化的硬件功能单元经过一个通用硬件平台，利用软件加载方式来实现各种类型的无线电通信系统的一种具有开放式结构的新技术。软件无线电的核心思想是在尽可能靠近天线的地方使用宽带 A/D 和 D/A 变换器，并尽可能多地用软件来定义无线功能，各种功能和信号处理都尽可能用软件实现。其软件系统包括各类无线信令规则与处理软件、信号流变换软件、信源编码软件、信道纠错编码软件、调制解调算法软件等。软件无线电使得系统具有灵活性和适应性，能够适应不同的网络和空中接口。软件无线电技术能支持采用不同空中接口的多模式手机和基站，能实现各种应用的可变 QoS。

7. 基于 IP 的核心网

移动通信系统的核心网是一个基于全 IP 的网络，同已有的移动网络相比具有根本性的优点，即可以实现不同网络间的无缝互联。核心网独立于各种具体的无线接入方案，能提供端到端的 IP 业务，能同已有的核心网和 PSTN 兼容。核心网具有开放的结构，能允许各种空中接口接入核心网；同时核心网能把业务、控制和传输等分开。采用 IP 后，所采用的无线接入方式和协议与核心网络（CN）协议、链路层是分离独立的。IP 与多种无线接入协议相兼容，因此在设计核心网络时具有很大的灵活性，不需要考虑无线接入究竟采用何种方式和协议。

8. 多用户检测技术

多用户检测是宽带通信系统中抗干扰的关键技术。在实际的 CDMA 通信系统中，各个用户信号之间存在一定的相关性，这就是多址干扰存在的根源。由个别用户产生的多址干扰固然很小，可是随着用户数的增加或信号功率的增大，多址干扰就成为宽带 CDMA 通信系统的一个主要干扰。传统的检测技术完全按照经典直接序列扩频理论对每个用户的信号分别进行扩频码匹配处理，因而抗多址干扰能力较差；多用户检测技术在传统检测技术的基础上，充分利用造成多址干扰的所有用户信号信息对单个用户的信号进行检测，从而具有优良的抗干扰性能，解决了远近效应问题，降低了系统对功率控制精度的要求，因此可以更加有效地利用链路频谱资源，显著提高系统容量。随着多用户检测技术的不断发展，各种高性能又不是特别复杂的多用户检测器算法不断提出，在 4G 实际系统中采用多用户检测技术将是切实可行的。

5.11.4 4G的标准

1. LTE

LTE项目是3G的演进，它改进并增强了3G的空中接入技术，采用OFDM和MIMO作为其无线网络演进的唯一标准。主要特点是在20MHz频谱带宽下能够提供下行100Mbit/s与上行50Mbit/s的峰值速率，相对于3G网络大大地提高了小区的容量，同时将网络延迟大大降低：内部单向传输时延低于5ms，控制平面从睡眠状态到激活状态迁移时间低于50ms，从驻留状态到激活状态的迁移时间小于100ms。并且这一标准也是3GPP长期演进（LTE）项目，是近两年来3GPP启动的最大的新技术研发项目，其演进的历史如下：

GSM→GPRS→EDGE→WCDMA→HSDPA/HSUPA→HSDPA+/HSUPA+→FDD-LTE

GSM：9K→GPRS：42K→EDGE：172K→WCDMA：364k→HSDPA/HSUPA：14.4M→HSDPA+/HSUPA+：42M→FDD-LTE：300M

由于WCDMA网络的升级版HSPA和HSPA+均能够演化到FDD-LTE这一状态，所以这一4G标准获得了最大的支持，也将是未来4G标准的主流。TD-LTE与TD-SCDMA实际上没有关系，不能直接向TD-LTE演进。该网络提供媲美固定宽带的网速和移动网络的切换速度，网络浏览速度大大提升。

2013年，黎巴嫩移动运营商Touch已与华为合作，完成了一项FDD-LTE800MHz/1800MHz载波聚合（CA）技术现场试验，实现了最高达250Mbps的下载吞吐量。

LTE终端设备当前有耗电太大和价格昂贵的缺点，按照摩尔定律测算，估计至少还要6年后，才能达到当前3G终端的量产成本。

2. LTE-Advanced

从字面上看，LTE-Advanced就是LTE技术的升级版，那么为何两种标准都能够成为4G标准呢？LTE-Advanced的正式名称为further advancements for E-UTRA，它满足ITU-R的IMT-Advanced技术征集的需求，是3GPP形成欧洲IMT-Advanced技术提案的一个重要来源。LTE-Advanced是一个后向兼容的技术，完全兼容LTE，是演进而不是革命，相当于HSPA和WCDMA的关系。LTE-Advanced的相关特性如下：

- 带宽：100MHz。
- 峰值速率：下行1Gbps，上行500Mbps。
- 峰值频谱效率：下行30bps/Hz，上行15bps/Hz。
- 针对室内环境进行优化。
- 有效支持新频段和大带宽应用。
- 峰值速率大幅提高，频谱效率有限改进。

如果严格地将LTE作为3.9G移动互联网技术，那么LTE-Advanced作为4G标准更加确切一些。LTE-Advanced的入围，包含TDD和FDD两种制式，其中TD-SCDMA将能够进化到TDD制式，而WCDMA网络能够进化到FDD制式。移动主导的TD-SCDMA网络期望能够直接绕过 HSPA + 网络直接进入 LTE。

3. WiMax

WiMax(worldwide interoperability for microwave access，全球微波互联接入）的另一个名字是 IEEE 802.16。WiMax 的技术起点较高，所能提供的最高接入速度是 70M，这个速度是 3G 所能提供的宽带速度的 30 倍。对无线网络来说，这的确是一个惊人的进步。WiMax 逐步实现宽带业务的移动化，而 3G 则实现移动业务的宽带化，两种网络的融合程度会越来越高，这也是未来移动世界和固定网络的融合趋势。

802.16 工作的频段采用的是无需授权频段，范围在 2～66GHz 之间，而 802.16a 则是一种采用 2～11GHz 无需授权频段的宽带无线接入系统，其频道带宽可根据需求在 1.5～20MHz 范围进行调整，具有更好高速移动下无缝切换的 IEEE 802.16m 的技术正在研发。因此，802.16 所使用的频谱可能比其他任何无线技术更丰富，WiMax 具有以下优点：

1）对于已知的干扰，窄的信道带宽有利于避开干扰，而且有利于节省频谱资源。

2）灵活的带宽调整能力，有利于运营商或用户协调频谱资源。

3）WiMax 所能实现的 50 千米的无线信号传输距离是无线局域网所不能比拟的，网络覆盖面积是 3G 发射塔的 10 倍，只要少数基站建设就能实现全城覆盖，能够使无线网络的覆盖面积大大提升。

不过 WiMax 网络在网络覆盖面积和网络的带宽上优势巨大，但是其移动性却有着先天的缺陷，无法满足高速（≥50km/h）下的网络的无缝链接，从这个意义上讲，WiMax 还无法达到 3G 网络的水平，严格地说并不能算作移动通信技术，而仅仅是无线局域网技术。但是 WiMax 的希望在 IEEE 802.11m 技术上，它将能够有效地解决这些问题，也正是因为有中国移动、英特尔、Sprint 各大厂商的积极参与，WiMax 成为呼声仅次于 LTE 的 4G 网络手机。关于 IEEE 802.16m 这一技术，我们将留在最后作详细的阐述。

WiMax 当前全球使用用户大约 800 万，其中 60% 在美国。WiMax 其实是最早的 4G 通信标准，大约出现于 2000 年。

4. Wireless MAN

WirelessMAN-Advanced 事实上就是 WiMax 的升级版，即 IEEE 802.16m 标准，802.16 系列标准在 IEEE 正式称为 WirelessMAN，而 WirelessMAN-Advanced 即为 IEEE 802.16m。其中，802.16m 最高可以提供 1Gbit/s 无线传输速率，还将兼容未来的 4G 无线网络。802.16m 可在“漫游”模式或高效率/强信号模式下提供 1Gbps 的下行的速率。该标准还支持“高移动”模式，能够提供 1Gbit/s 的速率。其优势如下：

1）提高网络覆盖，改建链路预算；

2）提高频谱效率；

3）提高数据和 VOIP 容量；

4）低时延 &QoS 增强；

5）节省功耗。

WirelessMAN-Advanced 有 5 种网络数据规格，其中极低速率为 16kbit/s，低速率数据及低速多媒体为 144kbit/s，中速多媒体为 2Mbit/s，高速多媒体为 30Mbit/s，超高速多媒体则达到了 30Mbit/s～1Gbit/s。但是该标准可能会率先被军方所采用，IEEE 方面表示军方的介入将能够促使 WirelessMAN-Advanced 更快成熟和完善，而且军方的今天就是民用的明天。不论怎样，WirelessMAN-Advanced 得到 ITU 的认可并成为 4G 标准的可能性极大。

2012 年 1 月 18 日下午 5 时，国际电信联盟在 2012 年无线电通信全会全体会议上，正式审议通过将 LTE-Advanced 和 WirelessMAN-Advanced(802.16m）技术规范确立为 IMT-Advanced（俗称“4G”）国际标准，中国主导制定的 TD-LTE-Advanced 和 FDD-LTE-Advance 同时并列成为 4G 国际标准。

4G 国际标准工作历时三年。从 2009 年年初开始，ITU 在全世界范围内征集 IMT-Advanced 候选技术。2009 年 10 月，ITU 共计征集到了 6 项候选技术，分别来自北美标准化组织 IEEE 的 802.16m、日本（两项分别基于 LTE-A 和 802.16m)、3GPP 的 FDD-LTE-Advance、韩国（基于 802.16m）和中国（TD-LTE-Advanced)、欧洲标准化组织 3GPP(FDD-LTE-Advance)。这 6 项技术基本上可以分为两大类：一类是基于 3GPP 的 FDD-LTE-Advance 的技术，中国提交的 TD-LTE-Advanced 是其中的 TDD 部分；另外一类是基于 IEEE 802.16m 的技术。

ITU 在收到候选技术以后，组织世界各国和国际组织进行了技术评估。2010 年 10 月，在中国重庆，ITU-R 下属的 WP5D 工作组最终确定了 IMT-Advanced 的两大关键技术，即 LTE-Advanced 和 802.16m。中国提交的候选技术作为 LTE-Advanced 的一个组成部分，也包含在其中。在确定了关键技术以后，WP5D 工作组继续完成了电联建议的编写工作，以及各个标准化组织的确认工作。此后 WP5D 将文件提交上一级机构审核，SG5 审核通过以后，再提交给全会讨论通过。

在此次会议上，TD-LTE 正式被确定为 4G 国际标准，也标志着中国在移动通信标准制定领域再次走到了世界前列，为 TD-LTE 产业的后续发展及国际化提供了重要基础。

日本软银、沙特阿拉伯 STC 和 mobily、巴西 sky Brazil、波兰 Aero2 等众多国际运营商已经开始商用或者预商用 TD-LTE 网络。印度 Augere 预计 2012 年 2 月开始预商用。审议通过后，将有利于 TD-LTE 技术进一步在全球推广。同时，国际主流的电信设备制造商基本全部支持 TD-LTE，而在芯片领域，TD-LTE 已吸引 17 家厂商加入，其中不乏高通等国际芯片市场的领导者。

FDD-LTE 已成为当前世界上采用的国家及地区最广泛的、终端种类最丰富的一种 4G 标准。目前，全球共有 285 个运营商在超过 93 个国家部署 FDD 4G 网络。

5. 速率对比

表 5-13 是无线蜂窝技术：CDMA2000-1x/EVDoRA、GSM EDGE、TD-SCDMA HSPA、WCDMA HSPA、TD-LTE、FDD-LTE 的速率对比。

表 5-13 无线蜂窝技术速率对比

无线蜂窝制式	GSM (EDGE)	CDMA2000 1x	CDMA2000 (EVDO RA)	TD-SCDMA (HSPA)	WCDMA (HSPA)	TD-LTE	FDD-LTE
下行速率	236kbit/s	153kbit/s	3.1Mbit/s	2.8Mbit/s	14.4Mbit/s	100Mbit/s	150Mbit/s
上行速率	118kbit/s	153kbit/s	1.8Mbit/s	2.2Mbit/s	5.76Mbit/s	50Mbit/s	40Mbit/s

5.12 5G移动通信发展趋势及关键技术

1G主要解决语音通信的问题；2G可支持窄带的分组数据通信，最高理论速率为236kbps；3G在2G的基础上，发展了诸如图像、音乐、视频流的高带宽多媒体通信，并提高了语音通话安全性，解决了部分移动互联网相关网络及高速数据传输问题，最高理论速率为14.4Mbit/s；4G是专为移动互联网而设计的通信技术，从网速、容量、稳定性上相比之前的技术都有了跳跃性的提升，传输速度可达100Mbit/s，甚至更高。那么，5G将为我们带来什么？

5.12.1 5G简介

5G，第五代移动通信技术，也是4G之后的延伸，目前正在研究中。目前还没有任何电信公司或标准制定组织（像3GPP、WiMax论坛及ITU-R）的公开规格或官方文件提到5G。

按照业内初步估计，包括5G在内的未来无线移动网络业务能力的提升将在3个维度上同时进行：

1）通过引入新的无线传输技术将资源利用率在4G的基础上提高10倍以上。

2）通过引入新的体系结构（如超密集小区结构等）和更加深度的智能化能力将整个系统的吞吐率提高25倍左右。

3）进一步挖掘新的频率资源（如高频段、毫米波与可见光等），使未来无线移动通信的频率资源扩展4倍左右。

1. 5G的特点

5G有以下特点：

1）5G研究在推进技术变革的同时将更加注重用户体验，网络平均吞吐速率、传输时延以及对虚拟现实、3D、交互式游戏等新兴移动业务的支撑能力等将成为衡量5G系统性能的关键指标。

2）与传统的移动通信系统理念不同，5G系统研究将不仅仅把点到点的物理层传输与信道编译码等经典技术作为核心目标，而是从更为广泛的多点、多用户、多天线、多小区协作组网作为突破的重点，力求在体系构架上寻求系统性能的大幅度提高。

3）室内移动通信业务已占据应用的主导地位，5G室内无线覆盖性能及业务支撑能力将作为系统优先设计目标，从而改变传统移动通信系统“以大范围覆盖为主、兼顾室内”的设计理念。

4）高频段频谱资源将更多地应用于5G移动通信系统，但由于受到高频段无线电波穿透能力的限制，无线与有线的融合、光载无线组网等技术将被更为普遍地应用。

5）可“软”配置的5G无线网络将成为未来的重要研究方向，运营商可根据业务流量的动态变化实时调整网络资源，有效地降低网络运营的成本和能源的消耗。

2. 5G与4G的对比

4G技术支持100~150Mbit/s的下行网络带宽，但仍处在3GHz以下的频段范围内；

4G 开启了全球移动通信标准全面融合的趋势，但仍存在 TD-LTE 与 LTE-FDD 的标准之争；是专为移动互联网而设计的通信技术，是单一的无线接入技术。

5G 将可提供超级容量的带宽，短距离传输速率是 10Gbit/s；高频段频谱资源将更多地应用于 5G；超高容量、超可靠性、随时随地可接入性，有望解决“流量风暴”；在通信、智能性、资源利用率、无线覆盖性能、传输时延、系统安全和用户体验方面都比 4G 有了数以倍计的增加；全球 5G 技术有望共用一个标准；5G 并不是一个单一的无线接入技术，也不是几个全新的无线接入技术，而是多种新型无线接入技术和现有无线接入技术集成后的解决方案的总称。所以说，5G 是一个真正意义上的融合网络。

总的来说，5G 相比 4G 有着很大的优势：

在容量方面，5G 通信技术将比 4G 实现单位面积移动数据流量增长 1000 倍；在传输速率方面，典型用户数据速率提升 10～100 倍，峰值传输速率可达 10Gbit/s（4G 为 100Mbit/s），端到端时延缩短 5 倍；在可接入性方面：可联网设备的数量增加 10～100 倍；在可靠性方面：低功率 MMC（机器型设备）的电池续航时间增加 10 倍。

由此可见，5G 将在方方面面全面超越 4G，实现真正意义的融合性网络。

3. 5G 的发展现状

欧盟宣布成立 METIS，投资 2700 万欧元用于 5G 技术应用研究。据了解，METIS 由 29 个成员组成，其中包括爱立信、华为、法国电信等主要设备商和运营商，欧洲众多的学术机构以及宝马集团。

中国工业和信息化部科技司司长闻库此前表示，工信部已成立工作小组进行 5G 研发，中国移动研究院等国内组织也有相关部门在推进。作为国家无线电管理技术机构，国家无线电监测中心正积极参与到 5G 相关的组织与研究项目中。目前，监测中心频谱工程实验室正在大力建设基于面向服务的架构（SOA）的开放式电磁兼容分析测试平台，实现大规模软件、硬件及高性能测试仪器仪表的集成与应用，将为无线电管理机构、科研院所及业界相关单位等提供良好的无线电系统研究、开发与验证实验环境。面向 5G 关键技术评估工作，监测中心计划利用该平台搭建 5G 系统测试与验证环境，从而实现对 5G 各项关键技术客观高效的评估。

三星已开展 5G 技术试验，透过 64 根天线，以 28GHz 频段进行最快达 1.056Gbit/s 的速度进行无线传输，最远传输距离可达 2 千米，其速度几乎是 4G 的百倍以上。

5.12.2 5G 的关键技术

5G 有以下六大关键技术：高频段传输；新型多天线传输技术；同时同频全双工技术；D2D 技术；密集和超密集组网技术；新型网络架构。

1. 高频段传输

移动通信传统工作频段主要集中在 3GHz 以下，这使得频谱资源十分拥挤，而在高频段（如毫米波、厘米波频段）可用频谱资源丰富，能够有效缓解频谱资源紧张的现状，可以实现极高速短距离通信，支持 5G 容量和传输速率等方面的需求。

高频段在移动通信中的应用是未来的发展趋势，业界对此高度关注。足够量的可用带宽、小型化的天线和设备、较高的天线增益是高频段毫米波移动通信的主要优点，但也存在传输距离短、穿透和绕射能力差、容易受气候环境影响等缺点。射频器件、系统设计等方面的问题也有待进一步研究和解决。

监测中心目前正在积极开展高频段需求研究以及潜在候选频段的遴选工作。高频段资源虽然目前较为丰富，但是仍需要进行科学规划，统筹兼顾，从而使宝贵的频谱资源得到最优配置。

2. 新型多天线传输技术

多天线技术经历了从无源到有源，从二维（2D）到三维（3D），从高阶 MIMO 到大规模阵列的发展，将有望实现频谱效率提升数十倍甚至更高，是目前 5G 技术重要的研究方向之一。

由于引入了有源天线阵列，基站侧可支持的协作天线数量将达到 128 根。此外，原来的 2D 天线阵列拓展成为 3D 天线阵列，形成新颖的 3D-MIMO 技术，支持多用户波束智能赋型，减少用户间干扰，结合高频段毫米波技术，将进一步改善无线信号覆盖性能。

目前研究人员正在针对大规模天线信道测量与建模、阵列设计与校准、导频信道、码本及反馈机制等问题进行研究，未来将支持更多的用户空分多址（SDMA），显著降低发射功率，实现绿色节能，提升覆盖能力。

3. 同时同频全双工技术

现有的无线通信系统中，由于技术条件的限制，不能实现同时同频的双向通信，双向链路都是通过时间或频率进行区分的，对应于 TDD 和 FDD 方式。由于不能进行同时、同频双向通信，理论上浪费了一半的无线资源（频率和时间）。

最近几年，同时同频全双工技术吸引了业界的注意力。利用该技术，在相同的频谱上，通信的收发双方同时发射和接收信号，与传统的 TDD 和 FDD 双工方式相比，从理论上可使空口频谱效率提高 1 倍。

由于接收和发送信号之间的功率差异非常大，导致严重的自干扰，因此实现全双工技术应用的首要问题是自干扰的抵消。目前为止，全双工技术已被证明可行，但暂时不适用于 MIMO 系统。

4. D2D 技术

device-to-device(D2D) 通信是一种在系统的控制下，允许终端之间通过复用小区资源直接进行通信的新型技术，它能够增加蜂窝通信系统频谱效率，降低终端发射功率，在一定程度上解决无线通信系统频谱资源匮乏的问题。由于短距离直接通信，信道质量高，D2D 能够实现较高的数据速率、较低的时延和较低的功耗；通过广泛分布的终端，能够改善覆盖，实现频谱资源的高效利用；支持更灵活的网络架构和连接方法，提升链路灵活性和网络可靠性。

目前，D2D 采用广播、组播和单播技术方案，未来将发展其增强技术，包括基于 D2D 的中继技术、多天线技术和联合编码技术等。

5. 密集和超密集组网技术

在未来的 5G 通信中，无线通信网络正朝着网络多元化、宽带化、综合化、智能化的方向演进。随着各种智能终端的普及，数据流量将出现井喷式的增长。未来数据业务将主要分布在室内和热点地区，这使得超密集网络成为实现未来 5G 的 1000 倍流量需求的主要手段之一。超密集网络能够改善网络覆盖，大幅度提升系统容量，并且对业务进行分流，具有更灵活的网络部署和更高效的频率复用。未来，面向高频段大带宽，将采用更加密集的网络方案，部署小小区/扇区将高达100个以上。

其中，干扰消除、小区快速发现、密集小区间协作、基于终端能力提升的移动性增强方案等，都是目前密集网络方面的研究热点。

6. 新型网络架构

目前，LTE接入网采用网络扁平化架构，减小了系统时延，降低了建网成本和维护成本。未来5G可能采用C-RAN接入网架构。C-RAN是基于集中化处理、协作式无线电和实时云计算构架的绿色无线接入网构架。C-RAN的基本思想是通过充分利用低成本高速光传输网络，直接在远端天线和集中化的中心节点间传送无线信号，以构建覆盖上百个基站服务区域，甚至上百平方公里的无线接入系统。C-RAN架构适于采用协同技术，能够减小干扰，降低功耗，提升频谱效率，同时便于实现动态使用的智能化组网，集中处理有利于降低成本，便于维护，减少运营支出。目前的研究内容包括C-RAN的架构和功能，如集中控制、基带池RRU接口定义、基于C-RAN的更紧密协作，如基站簇、虚拟小区等。

5.13 数字微波与卫星通信

5.13.1 数字微波通信系统

微波通信是利用微波作为载体并采用中继方式在地面进行的无线通信。微波频段的频率范围为300MHz ~300GHz。相距较远的甲、乙两地间的地面微波中继通信系统的示意图如图5-136所示。除甲、乙两地设置的微波站外，其中间也配置了若干中继站，中继站之间的距离为50km左右。

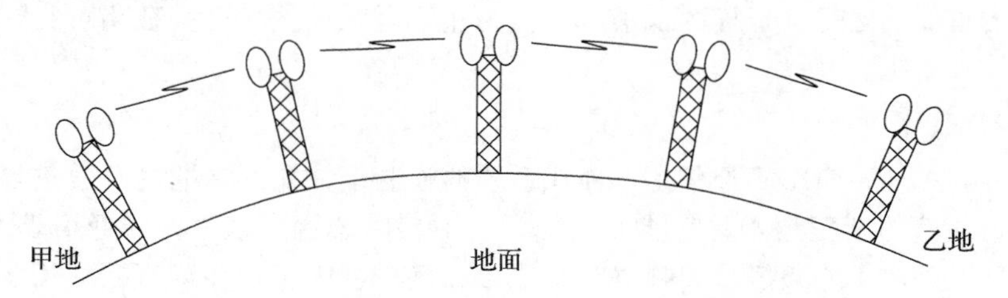

图5-136 远距离地面微波中继通信系统示意图

20世纪80年代以后的微波通信以数字微波通信为主流技术。数字微波通信兼有微波通信和数字通信的特点。数字微波通信、光纤通信和卫星通信是现代通信传输的三大主要手段。

相对于光纤通信和卫星通信，微波通信具有组网灵活、建设周期短、成本低等优点，特别适用于山区、铁路等不便于铺设光缆的地区。数字微波系统目前主要作为干线光纤传输的备份和补充，用于传输长途电话信号和电视信号。另外在边远地区的专用通信网、城市内短距离支线连接、宽带无线接入等方面也有广泛应用。

1. 数字微波通信系统的组成

数字微波通信系统的方框图如图5-137所示，整个系统由两个终端站和若干中间站构成。A地主叫用户的电话信号发出后，首先由用户所在地的市内电话局送至A地的长途电信局（或微波站），时分复用设备将多个用户电话信号组成时分复用的数字信号，然后在调制设备中对70MHz的中频载波进行调制。调制器送出的中频调制信号进入微波发信机，经发信混频后得到微波射频信号，由发端的天线馈线系统发射出去。若A与B两地相距较远，还要经过若干中间站对发端信号进行多次转发。数字微波信号达到B地接收端，由接收端的天线馈线系统进入微波收信机，经收信混频后变换为70MHz的中频调制信号，解调器对中频信号进行解调，得到时分复用的数字信号。接收端的时分复用设备对多路信号进行分路，经市内电话局送至B地的被叫用户，反之，B地用户的发话，经上述同样过程达到A地用户。

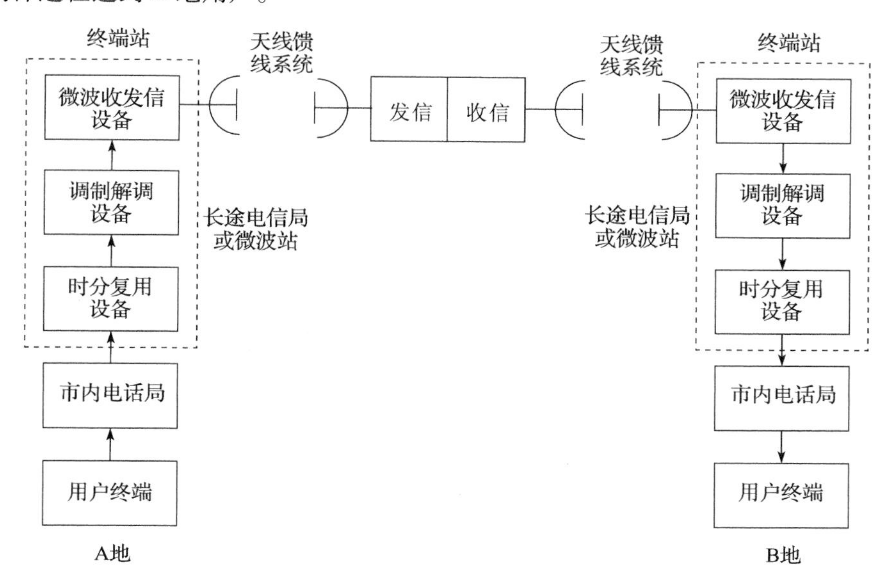

图5-137　数字微波通信系统

2. 数字微波收发信设备

数字微波站的核心设备是微波收发信设备。

发信设备分为直接调制式发信机和变频式发信机。小容量的数字微波设备使用直接调制式，中大容量的数字微波设备使用变频式。变频式微波发信机的原理方框图如图5-138所示。由中频调制器送来的中频（70MHz）数字调制信号经中频放大后送至发信混频器。发送端本振产生微波载波信号也送至混频器，经混频和滤波后得到数字微波调制信号。微波功率放大器将信号放大到所需的功率，再经过分路滤波器送至天线发射。

微波收信设备包括射频、中频和解调三部分。微波收信设备的组成方框图如图5-139所示。分路滤波器选出微波射频信号送入低噪声微波放大器，混频器将射频信号变为中频信号，中频信号经前置中放、中频滤波、延时均衡和主中放后进入解调部分。

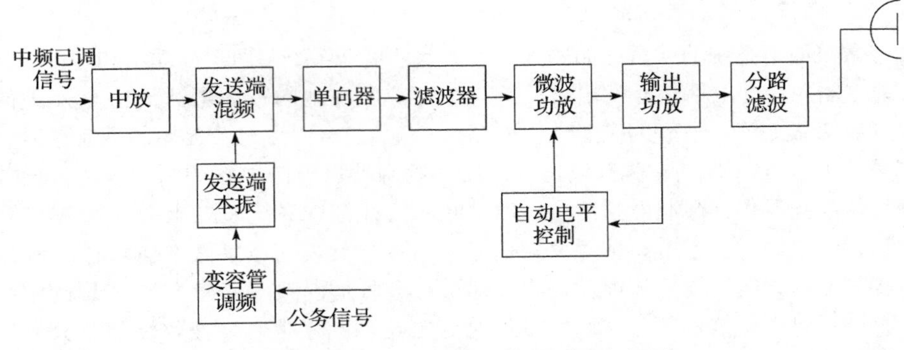

图 5-138　变频式微波发信机原理方框图

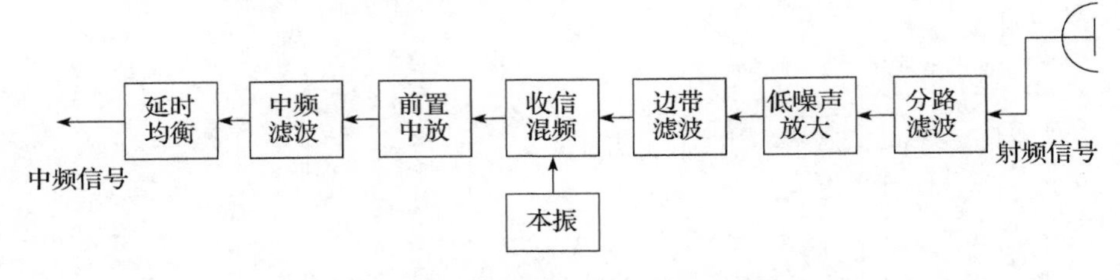

图 5-139　微波收信机原理方框图

3. 数字微波通信的调制方案

数字微波系统所采用的调制方案要根据系统的容量等级和载波频率等各种因素进行选择。小容量（二次群、8Mb/s、120 路）系统载波使用 2GHz，对微波载波选择 2PSK/2DPSK 调制。中容量（三次群、34Mb/s、480 路）系统载波使用 2GHz，对中频（70MHz 或 140MHz）选择 4PSK/4DPSK 调制。大容量系统载波使用 11GHz，对中频载波选择 MQAM 调制，其中 SDH 数字传输模块 STM-1 和 STM-4 选择 16QAM、64QAM 或 256QAM 调制。对于更高速率 SDH 数字传输模块，如达到 STM-16 以上，要采用更多电平的 QAM 技术，可能是 1024QAM 或 2048QAM 的调制技术。

5.13.2　卫星通信系统

卫星通信实质是微波中继技术和空间技术的结合。一个卫星通信系统是由空间分系统、地球站群、跟踪遥测及指令分系统和监控管理分系统四大部分组成的，如图 5-140 所示。其中有的直接用来进行通信，有的用来保障通信的进行。

1. 空间分系统

空间分系统即通信卫星，通信卫星内的主体是通信装置，另外还有星体的遥测指令、控制系统和能源装置等。

通信卫星的作用是进行无线电信号的中继，最主要的设备是转发器（即微波收、发信机）和天线。一个卫星的通信装置可以包括一个或多个转发器。它把来自一个地球站的信号进行接收、变频和放大，并转发给另一个地球站，这样将信号在地球站之间进行传输。

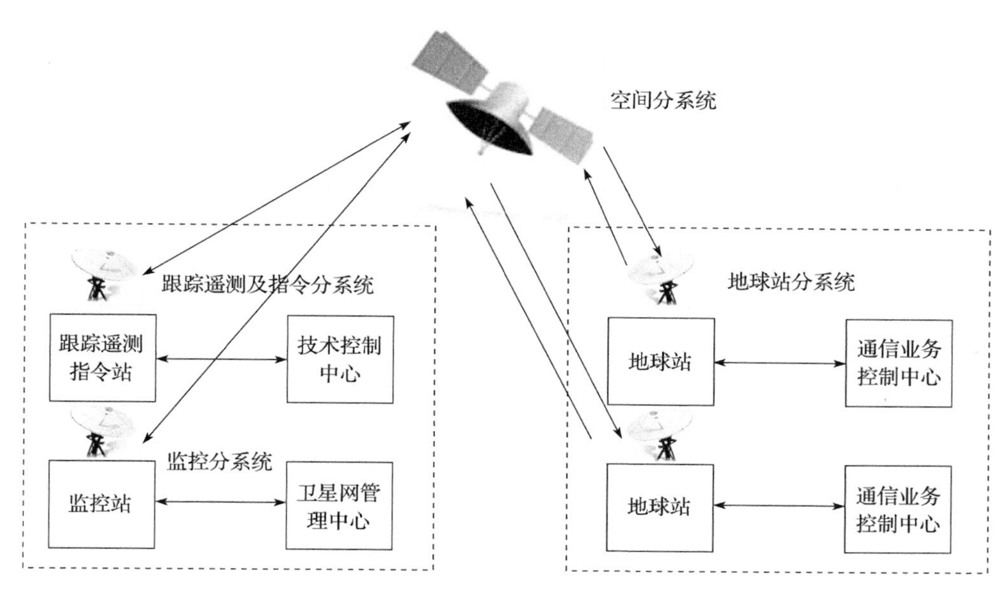

图5-140 卫星通信系统的基本组成

2. 地球站群

地球站群一般包括中央站（或中心站）和若干个普通地球站。中央站除具有普通地球站的通信功能外，还负责通信系统中的业务调度与管理，对普通地球站进行监测控制以及业务转接等。

地球站具有收、发信功能，用户通过它们接入卫星线路进行通信。地球站有大有小，业务形式也多种多样。一般来说，地球站的天线口径越大，发射和接收能力越强，功能也越强。

3. 跟踪遥测及指令分系统

跟踪遥测及指令分系统也称为测控站，它的任务是对卫星进行跟踪测量，控制其准确进入静止轨道上的指定位置；待卫星正常运行后，定期对卫星进行轨道修正和位置保持。

4. 监控管理分系统

监控管理分系统也称为监控中心，它的任务是对定点的卫星在业务开通前、后进行通信性能的监测和控制，例如对卫星转发器功率、卫星天线增益以及各地球站发射的功率、射频频率和带宽、地球站天线方向图等基本通信参数进行监控，以保证正常通信。

5.13.3 卫星移动通信的概念

卫星移动通信系统是指利用人造地球通信卫星上的转发器作为空间链路的一部分进行移动业务的通信系统。根据通信卫星轨道的位置可分为覆盖大面积地域的同步卫星通信系统和由多个卫星组成的中低轨道卫星通信系统。通常移动业务使用UHF、L、C波段。

20世纪80年代以来，随着数字蜂窝网的发展，地面移动通信得到了飞速的发展，但受到地形和人口分布等客观因素的限制，地面固定通信网和移动通信网不可能实现在全球各地全覆盖，如海洋、高山、沙漠和草原等成为地面网盲区。这一问题现在不可能解决，而且在将来的几年甚至几十年也很难得到解决。这不是由于技术上不能实现，而是由于在这些地方建立地面通信网络耗资巨大。相比较而言，卫星通信有着良好的地域覆盖特性，可以快捷、经济地解决这些地方的通信问题，恰好是对地面移动通信进行的补充。20 世纪 80 年代后期，人们提出了个人通信网（personal communication network，PCN）的新概念。实现个人通信的前提是拥有无缝隙覆盖全球的通信网，只有利用卫星通信技术，才能真正实现“无缝覆盖”这一要求，从而促进了卫星移动通信的发展。总之，卫星移动通信能提供不受地理环境、气候条件、时间限制和无通信盲区的全球通信网络，解决目前任何其他通信系统都难以解决的问题。因此，卫星通信作为地面移动通信的补充和延伸，在整个移动通信网中起着非常重要的作用。

自 1982 年 Inmarsat（国际移动卫星组织）的全球移动通信网正式提供商业通信以来，卫星移动通信引起了世界各国的浓厚兴趣和极大关注，各国相继提出了许多相同或不相同的系统，卫星移动通信系统呈现出多种多样的特点。其中比较著名的有 Motorola 公司的 Lridium（铱）系统、Qualcomm 等公司的 Globalstar（全球星）系统、Teledesic 等公司提出的 Teledesic 系统以及 Inmarsat 和其他公司联合提出的 ICO（中轨道）系统。

从卫星轨道来看，卫星移动通信系统一般可分为静止轨道和低轨道两类。

5.13.4 多址联接方式

多址联接的意思是同一个卫星转发器可以联接多个地球站，多址技术是根据信号的特征来分割信号和识别信号，信号通常具有频率、时间、空间等特征。卫星通信常用的多址联接方式有频分多址联接（FDMA）、时分多址联接（TDMA）、码分多址联接（CDMA）和空分多址联接（SDMA），另外频率再用技术亦是一种多址方式。

在微波频带，整个通信卫星的工作频带约有 500MHz 宽度，为了便于放大和发射及减少变调干扰，一般在卫星上设置若干个转发器。每个转发器的工作频带宽度为 36MHz 或 72MHz 的卫星通信多采用频分多址技术，不同的地球站占用不同的频率，即采用不同的载波。它对于点对点大容量的通信比较适合。已逐渐采用时分多址技术，即每一地球站占用同一频带，但占用不同的时隙，它比频分多址有一系列优点，如不会产生互调干扰，不需用上下变频把各地球站信号分开，适合数字通信，可根据业务量的变化按需分配，可采用数字话音插空等新技术，使容量增加 5 倍。另一种多址技术是码分多址（CDMA），即不同的地球站占用同一频率和同一时间，但有不同的随机码来区分不同的地址。它采用了扩展频谱通信技术，具有抗干扰能力强，有较好的保密通信能力，可灵活调度话路等优点。其缺点是频谱利用率较低。它比较适合于容量小，分布广，有一定保密要求的系统使用。

5.13.5 频段同步卫星通信业务简介

频段同步卫星通信业务有卫星固定通信业务（FSS）和星移动通信业务（MSS）之分，它们所分配的频段也不同。FSS 使用 C 频段和 Ku 频段。MSS 使用 L 频段（见同步卫星移动通信），工作在 Ku 频段的 Ku 转发器原来大多是点波束的，90 年代开始国际通信卫星组织（INTELSAT，简作 IS）的 Ku 星叫 ISK，提供较广的区域波束以适应需求。FSS 的 C、Ku 频段的频率划分如下（上行为地球站对卫星所用频率，下行为卫星对地球站所用频率）。

1. C 频段（MHz）

上行 5925 ~ 6425 带宽 500MHz

下行 3700 ~ 4200 带宽 500MHz

为扩展 FSS 用的频谱，自 1984 年 1 月 1 日开始调整为：

上行：第 1 区 5725 ~ 7075 带宽 1350MHz

第 2、3 区 5850 ~ 7075 带宽 1225MHz

下行：第 1、2、3 区

4500 ~ 4800 1100MHz

2. Ku 频段（GHz）

上行：第 1、2、3 区 14. 0 ~ 14. 25 带宽 250MHz

14. 25 ~ 14. 5 带宽 250MHz

下行：第 1、2、3 区 10. 95 ~ 11. 20 带宽 250MHz

11. 45 ~ 11. 7 带宽 250MHz

第 2 区 11. 7 ~ 11. 95 带宽 250MHz

11. 95 ~ 12. 2 带宽 250MHz

第 3 区 12. 2 ~ 12. 5 带宽 300MHz

第 1、3 区 12. 5 ~ 12. 75 带宽 250MHz

根据 1992 年国际无线电行政大会（WARC-92）的频率分配，国际通信卫星组织于 2000 年 1 月 1 日可启用新分配的 13. 75 ~ 14. 0GHz（上行），带宽 250MHz，以适应发展的需要。

C 频段的传输比较稳定，设备技术也成熟，但容易和同频段的地面微波系统相互干扰。卫星通信的上行链路干扰 6GHz 微波系统，下行链路受 4GHz 微波系统的干扰，这需预先协调并采取相应的屏蔽措施加以解决（见卫星通信系统干扰协调），Ku 频段传输受雨雾衰减较大，不如 C 频段稳定，尤其雨量大的地区更是如此。如在上、下行链路的计算中留有足够余量，配备上行功率调节功能，亦可获得满意效果。Ku 频段频谱资源较丰富，与地面微波系统的相互干扰小，其应用很有前途。

目前 C 和 Ku 频段已出现拥挤，FSS 将在 20 ~ 30GHz 的 Ka 频段开发业务，其频率为：

上行（GHz）29. 5 ~ 30 带宽 500MHz

下行（GHz）19. 7 ~ 20. 2 带宽 500MHz

小结

读者通过本章的学习，可以了解移动通信的基本概念及发展历史，掌握移动通信的基本工作原理，包括信道特性、多址/扩频技术、信源编码与安全鉴别、调制理论、信道编码、分集与均衡、OFDM 等移动通信关键技术原理；同时了解移动通信的结构与组成、

GSM、GPRS、CDMA 及3G 技术的概念、相互关系、主要技术特点、关键技术及相关标准，最后知晓 LET 及4G、5G 移动通信的基本概念、相关标准及关键技术；掌握数字微波通信原理及卫星通信系统的构成，了解卫星移动通信的概念及类别，为进一步学习打下基础。

习题

1. 移动通信中为什么要采用复杂的多址接入方式？多址方式有哪些？它们是如何区分每个用户的？
2. 无线信道主要有哪三类快衰落？
3. 移动通信中典型的多址接入方式有哪些？
4. 移动通信中的语音编码有哪些方法？
5. 移动通信中为什么使用 MSK/GMSK 调制？
6. 信道编码的作用是什么？移动通信中常用的信道编码方法有哪些？
7. 分集技术的基本原理是什么？
8. 简述 OFDM 的基本原理。
9. 3G/4G 的核心技术有哪些？
10. 5G 与以往的移动网络有哪些不同？
11. 卫星移动通信系统有哪些组成部分？

参考文献

[1] 屈军锁，高佛设．物联网通信技术 [M]. 北京：中国铁道出版社，2011.
[2] 朱晓荣，齐丽娜，孙君，等．物联网与泛在通信技术 [M]. 北京：人民邮电出版社，2010.
[3] 杨武军，郭娟，张继荣，等．现代通信网概论 [M]. 西安：西安电子科技大学出版社，2004.
[4] 南利平，李学华，张晨燕，等．通信原理简明教程 [M]. 2 版．北京：清华大学出版社，2008.
[5] 曾孝平，仲元昌，周科理，等．多用户检测对 CDMA 系统容量的影响 [J].《重庆大学学报（自然科学版）》，2002(9).
[6] 吴伟陵．无线通信原理 [M]. 2 版．北京：电子工业出版社，2009.

第6章 电信网络

电话通信是目前应用最广泛、业务量最大的通信业务之一，它通过语音进行信息的传递和交换。随着通信技术的发展，电话网络逐渐演变为提供多种业务的电信网络。本章将介绍通信网的基本概念和电话网的等级结构，详细讲述电话网的帧结构以及多网融合技术。

6.1 通信网

通信网是各种通信节点（端节点、交换节点、转接点）及连接各节点的传输链路互相依存的有机结合体，以实现两点及多个规定点间的通信体系。也就是说，通信网是由相互依存、相互制约的许多要素组成的有机整体，用以完成规定的功能。其功能就是要适应用户呼叫的需要，以用户满意的程度传输网内任意两个或多个用户之间的信息。

从硬件设施方面看，通信网由终端设备、交换设备及传输链路三大要素组成。终端设备是用户与通信网之间的接口设备，包括电话机、PC 机、移动终端、手机和各种数字传输终端设备，如 PDH 端机、SDH 光端机等。交换设备是构成通信网的核心要素，完成接入交换节点链路的汇集、转接接续和分配，实现一个用户终端和它所要求的另一个或多个用户终端之间的路由选择的连接，包括程控交换机、分组交换机、移动交换机、路由器、集线器、网关、交叉连接设备等。传输链路即各种传输信道，是连接网络节点的媒介，如电缆信道、光缆信道、微波、卫星信道及其他无线传输信道等。

6.1.1 通信网的基本结构

当前通信网主要的基本结构如图 6-1 所示，由它们可复合组成若干种网络。

星形网如同星状，以一点为中心向四周辐射，也称辐射网，中心节点分别与周围各辐射点用线相连，有 N 个点就有 $N-1$ 条传输链路。

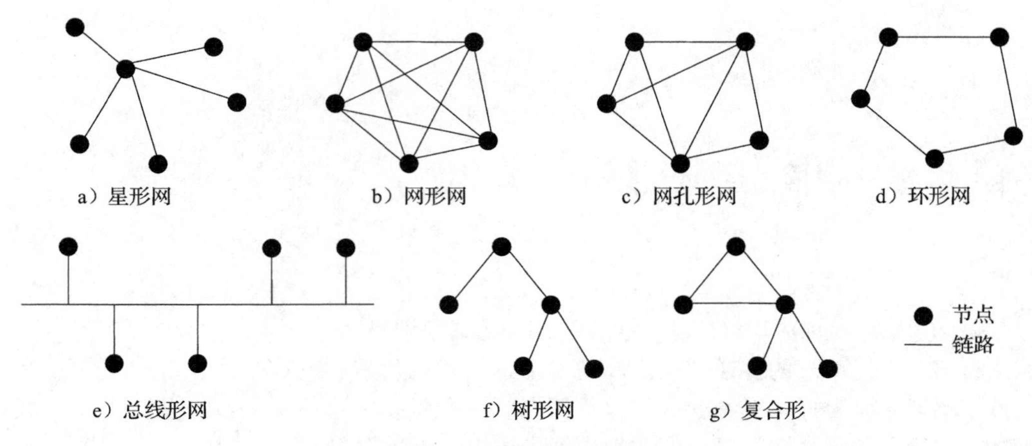

图 6-1　基本网络结构

网形网如果采用全连通的方式，任意节点间都有线相连，N 个节点就有 $N(N-1)/2$ 条传输链路。显然，当节点数增加时，传输链路数将迅速增加。在实际组网中，根据实际情况从经济效益考虑，可组成不全连通的网孔形网，这种网在实际通信组网中的大区一级干线网以及市话网中大量采用。

环形网是一种首位相接的闭合网络，N 个节点就有 N 条线。这种网结构简单，有自愈功能，现在的 SDH 光传输系统组网中经常采用。

总线形网是节点都连接到一条公共的传输线上，这条传输线经常被称为总线。这种网络增减节点很方便，设置的传输链路少。

树形网可看成星形网的扩展，节点按层次进行连接，信息交换主要在上、下节点之间进行，主要用于用户接入网或用户线路网中。另外，主从网同步方式中的时钟分配网也采用树形结构。

6.1.2　现代通信网的构成

一个完整的现代通信网除了有传递各种用户信息的业务网之外，还需要有若干支撑网，以使网络更好地运行。

1. 业务网

业务网也就是用户信息网，它是现代通信网的主体，是向用户提供诸如电话、电报、传真、数据和图像等各种电信业务的网络。业务网按其功能又可分为用户接入网、交换网和传输网三个部分，三者关系如图 6-2 所示。用户接入网负责将电信业务透明地传送到用户，即用户通过接入网的传输，能灵活地接入不同的电信业务节点。

图 6-2　接入网与传输网和交换网的位置关系

2. 支撑网

支撑网是使业务网正常运行、增强网络功能、提供全网服务质量以满足用户要求的网络。支撑网包括信令网、同步网和管理网，传送控制、监测信号。

1）信令网：在采用公共信道信令系统后，除原有的用户业务之外，还有一个寄生并存的起支撑作用的专门传送信令的网络，其功能是实现网络节点间信令的传输和转换。

2）同步网：实现数字传输后，在数字交换局之间、数字交换局和传输设备之间均需要实现信号时钟的同步。同步网的功能就是实现这些设备之间的信号时钟同步。

3）管理网：管理网是为提高全网质量和充分利用网络设备而设置的。网络管理是实时地监视业务网的运行，必要时采取控制措施，以达到在任何情况下都可以最大限度地使用网络中一切可以利用的设备，使尽可能多的通信得以实现。

6.1.3 电话网等级结构

电话网是一种传统的通信网，其主要是为语音业务传送、转接而设置的网络。电话网一般以 SDH 系统干线传输和中继传输为主，以数字程控交换机为语音信号的转接点而设置等级结构。

等级结构就是把全网的交换中心划分成若干个等级，本地交换中心位于较低等级，而转接交换中心和长途交换中心位于较高等级。低等级的交换局与管辖它的高等级的交换局相连，形成多级汇接辐射网（即星形网）；而最高等级的交换局间则直接互连，形成网状网。所以等级结构的电话网一般是复合型网。

电话网由长途网和本地网两部分组成，如图 6-3 所示。长途网设置一、二、三、四级长途交换中心，分别用 C_1、C_2、C_3 和 C_4 表示，本地网设置汇接局和端局两个等级的交换中心，分别用 T_m 和 C_5 表示，也可只设置端局一个等级的交换中心。

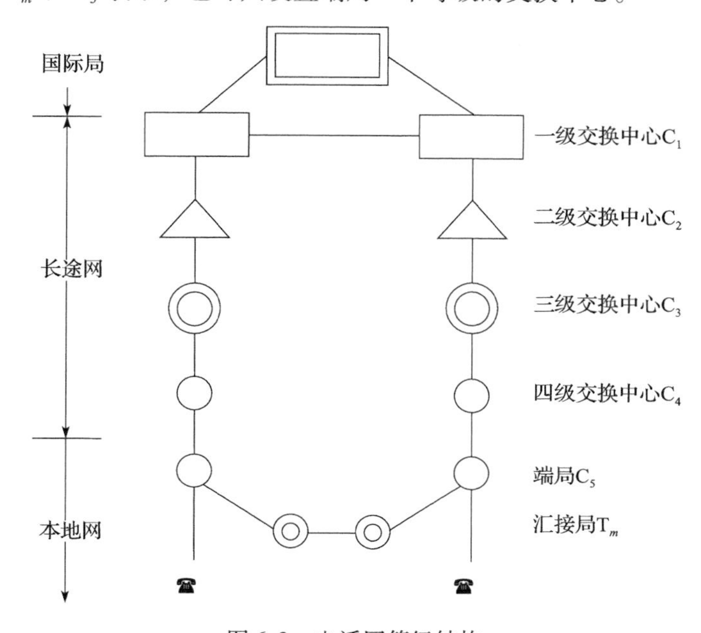

图 6-3 电话网等级结构

6.2 语音数字编码技术

6.2.1 采样定理

模拟数据编码为数字信号的第一步就是对模拟信号实施时域离散化。通常，信号时域离散化是用一个周期为 T 的脉冲信号控制采样电路对模拟信号 $f(t)$ 实施采样，得到样值序列 $f_s(t)$。如果取出的样值足够多，这个样值序列就能逼近原始的连续信号。但采样周期 T 取多大才能满足用样值序列 $f_s(t)$ 可代表模拟信号 $f(t)$ 的要求呢？采样定理可以解决这个问题。

低通采样定理：如果一个带限的模拟信号 $f(t)$ 的最高频率分量为 f_m，当满足采样频率 $f_s \geqslant 2f_m (f_s = 1/T)$ 时，所获得的样值序列 $f_s(t)$ 就可以完全代表原模拟信号 $f(t)$。

也就是说，利用 f_s 可以无失真地恢复原始模拟信号 $f(t)$。得到样值序列 $f_s(t)$ 后，就可以对每个样值进行编码了。编码的方法有很多，其中最基本的就是波形编码技术。波形编码是对离散化后的语音信号样值进行编码，又分为脉冲编码、差值脉冲编码、子带编码等。

6.2.2 脉冲编码

脉冲编码（pulse code modulation，PCM）是在时域中按照某种方法将离散的语音信号样值变换成一个一定位数的二进制码组的过程，由量化和编码两部分构成。量化是将样值幅度离散化的过程，也就是按某种规律将一个无穷集合的值压缩到一个有限集合中去。在脉冲编码中主要采用标量量化。标量量化又有均匀量化和非均匀量化，与其对应，脉冲编码可分为线性编码和非线性编码两种。

1. 线性编码

线性的 PCM 是先对样值进行均匀量化，再对量化值进行简单的二进制编码，即可获得相应码组。所谓均匀量化是以等间隔对任意信号值来量化，即将信号样值幅度的变化范围 $[-U, +U]$ 等分成 N 个量化级，记作 Δ，则

$$\Delta = \frac{2U}{N} \quad (U\text{ 称作信号过载点电压})$$

根据量化的规则，如果样值幅度落在某一量化级区间内，则由该级的中心值一个值来量化，如图 6-4 所示，量化器输入 u 与输出 v 之间的关系是一个均匀阶梯波关系，由于 u 在一个量化级内变化时 v 值不变，因此量化器输入与输出间的差值称为量化误差，记作

$$e = v - u$$

量化误差在 $0 \sim \pm\frac{\Delta}{2}$ 之间变化。

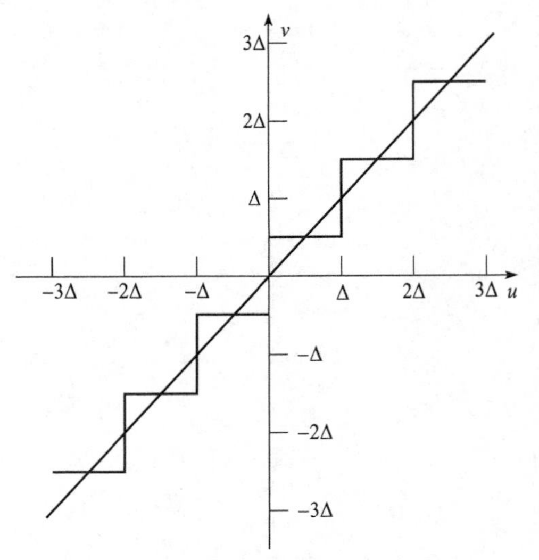

图 6-4 均匀量化曲线

获得量化值后，再用 n 位二进制码对其进行编码即可，码组的长度 n 与量化级数 N 之间的关系为

$$N = 2^n$$

2. 非线性编码

线性编码简单，容易实现，但是线性编码采用均匀量化，在量化时对大、小信号采用相同的量化级量化，这样对小信号而言，量化的相对误差将比大信号大，即均匀量化的小信号量化信噪比小，大信号的量化信噪比大，这对小信号是很不利的。从统计角度来看，语音信号中小信号是大概率事件，因此，如何改善小信号的量化信噪比是语音信号量化编码所需要研究的问题。解决的方法之一是采用非均匀量化，使得量化器对小信号的量化误差小。

在语音信号中常用的非均匀量化方法是压扩量化，信号经过一个具有压扩特性的放大系统后，再进行均匀量化。压扩系统对小信号的放大增益大，对大信号的放大增益小，这样可使小信号的量化信噪比大大提高。目前 ITU-T 推荐 A 压扩律和 μ 压扩律两种方法，前者是欧洲各国的 PCM30/32 路系统中采用的，后者是美国、加拿大和日本等国的 PCM24 路系统所采用的。我国采用欧洲标准。本书将介绍 A 压扩律。

从压扩特性来讲，要求扩张特性与压缩特性严格互逆，这一点用模拟器件实现是较难做到的，故目前应用较多的是以数字电路方式实现的 A 律特性折线近似方法。具体实现的方法是：对 x 轴在 0～1（归一化）范围内以 1/2 递减规律分成 8 个不均匀段，其分段点是 1/2，1/4，1/8，1/16，1/32，1/64 和 1/128；对 y 轴在 0～1（归一化）范围内以均匀分段方式分成 8 个均匀段，其分段点是 1/8，2/8，3/8，4/8，5/8，6/8，7/8 和 1；将 x 轴和 y 轴对应的分段线在 $x-y$ 平面上的相交点相连接的折线就是有 8 个线段的折线。这样，信号从大到小有 8 个直线段连成的折线，分别称作第 8 段、第 7 段……第 1 段，如图 6-5 所示。这 8 段折线的斜率如表 6-1 所示。

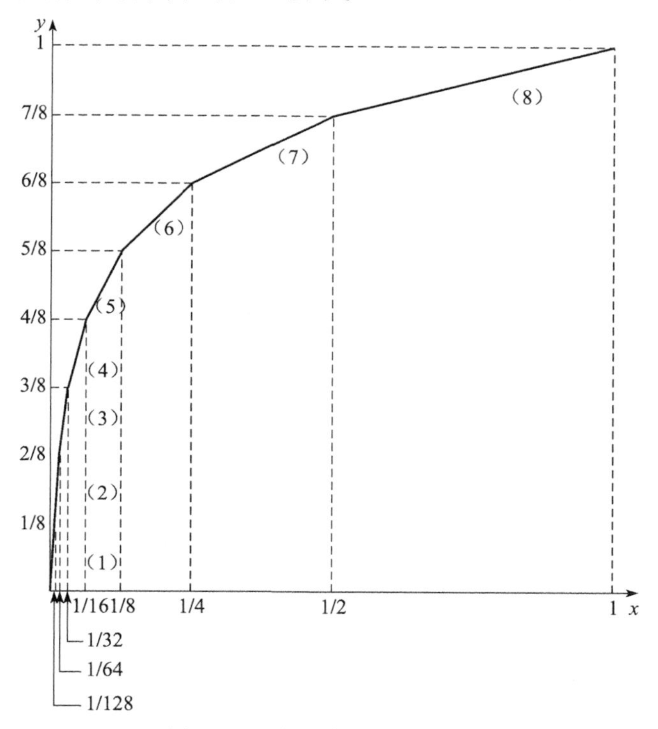

图 6-5　8 段折线的分段示意图

表 6-1 8 段折线的斜率

段号	1	2	3	4	5	6	7	8
斜率	16	16	8	4	2	1	1/2	1/4

按前述构成折线近似压缩特性的方法，对正、负定义域取值范围可构成如图 6-6 所示压缩特性。从折线的各段斜率计算可知，在 x 为正值的定义域内，第 1 段和第 2 段的斜率是相等的，都为 16；在 x 为负值的定义域内，相对应的这两条线段的斜率也为 16。这样，靠近零点的 4 条线段实际上是一条直线，因此，在 $-1 \sim +1$ 的范围内就形成了总数是 13 段的折线特性，通常就称为 A 律 13 折线压缩特性。

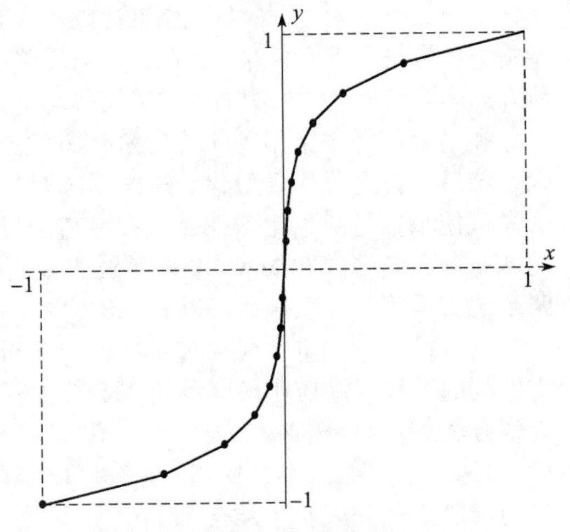

图 6-6 A 律 13 折线压缩特性

在每段折线上再按照线性编码的方法将每个样值编码为 8 位二进制串。码位的具体安排是：用 1 位码表示信号的极性，正信号为 1，反之为 0，称为极性码 A_1；用 3 位码表示 13 折线的 8 段，同时表示 8 种相应的段落起点电平，称为段落码 $A_2A_3A_4$；用 4 位码表示折线段内的 16 个小段，称为段内码 $A_5A_6A_7A_8$。由于各折线段长度不一，故各段内的小段所表示的量化值大小也不一样，如表 6-2 所示。段落码、各段段落起点电平和各段段内码所对应的电平值如表 6-3 所示。

表 6-2 各段段落长度和段内量化级

折线段序号	1	2	3	4	5	6	7	8
段落长度/Δ	16	16	32	64	128	256	512	1024
各段量化级/Δ	1	1	2	4	8	16	32	64

注：Δ 是所有段中的最小量化单位，称为最小量化级，$\Delta = 1/2048$

表 6-3 段落与电平关系

段落序号	段落码			段落起点电平/Δ	段内码对应电平/Δ				段落长度/Δ
	A_2	A_3	A_4		A_5	A_6	A_7	A_8	
1	0	0	0	0	8	4	2	1	16
2	0	0	1	16	8	4	2	1	16
3	0	1	0	32	16	8	4	2	32
4	0	1	1	64	32	16	8	4	64
5	1	0	0	128	64	32	16	8	128
6	1	0	1	256	128	64	32	16	256
7	1	1	0	512	256	128	64	32	512
8	1	1	1	1024	512	256	128	64	1024

6.2.3 差值脉冲编码

差值脉冲编码是对抽样信号当前样值的真值预估值的幅度差值进行量化编码调制。语音信号在时域上有较大的相关性，因此，采样后的相邻样值之间有明显的相关性，即前后样值的幅度间有较大的关联性。对这样的样值进行脉冲编码就会产生一些对信息传输并非绝对必要的编码，这是由于信号的相关性使取样信号中包含了一定的冗余信息。如能在编码前消除或减小这种冗余，就可得到较高效率的编码。差值脉冲编码就是考虑利用信号的相关性找出一个可以反映信号变化特征的差值量进行编码，根据相关性原理，这一差值的幅度范围一定小于原信号的幅度范围，因此，对差值进行编码就可以压缩编码速率，即提高编码效率。

1. 增量调制

增量调制（DM）是差值脉冲调制的一种特例，输入语音信号的当前值与按前一时刻信号样值编码经本地解码器得出的预测值之差，即对前一输入信号样值的增量用一位二进制码进行编码传输，如图6-7所示。

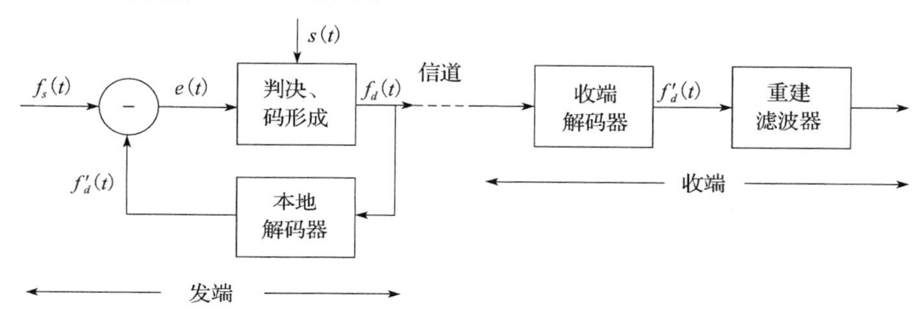

图6-7　DM原理框图

$f_s(t)$ 为输入信号，本地解码器由先前编出的DM码预测输出信号估值 $f'_d(t)$。本地解码器可用积分器实现，当积分器输入端上加上“1”码（+E）时，在一个码位结束时刻起输出电压上升Δ；当输入端上加上“0”码（-E）时，在一个码位结束时刻其输出电压下降Δ。收端解码器与本地解码器相同，其输出就是收端解码结果。相减电路输出为 $e(t)=f_s(t)-f'_d(t)$。$s(t)$ 为时钟脉冲信号，其频率与采样频率相同。判决和码形成电路在时钟到来时刻对 $e(t)$ 的正负进行判决并编码，当 $e(t)>0$ 时，判决为“1”码，码形成电路输出+E电平；当 $e(t)<0$ 时，判决为“0”码，码形成电路输出-E电平。

2. 差值脉冲编码调制

DM调制用一位二进制码表示信号样值差，若将该差值量化、编码成 n 位二进制码，则这种方式称为差值脉冲编码调制（DPCM），其原理如图6-8所示。

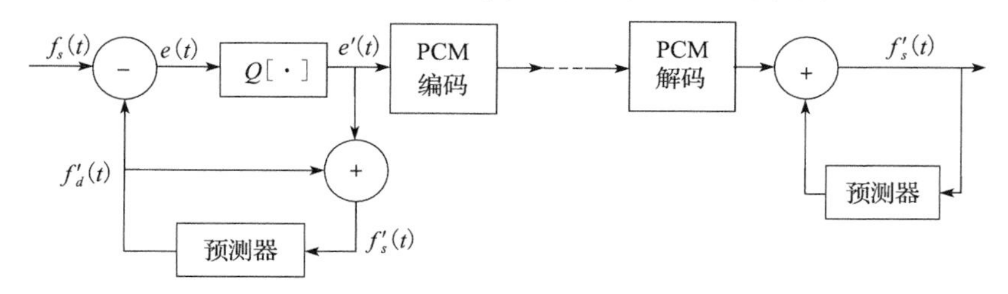

图6-8　DPCM原理框图

$Q[\cdot]$ 为多电平均匀量化器，预测器产生预测信号 $f'_d(t)$，差值信号 $e(t)=f_s(t)-f'_d(t)$，经过量化器后被量化成 2^n 个电平信号 $e'(t)$。$e'(t)$ 一路送至线性PCM编码器编

成 n 位 DPCM 码；另一路与 $f'_d(t)$ 相加后反馈到预测器，产生下一刻编码所需的预测信号。收端解码器中的预测器与发端预测器完全相同，因此，在无误码情况下，收端重建信号 $f'_s(t)$ 与发端 $f'_s(t)$ 信号相同。

DPCM 的基本特性有：

1）DPCM 码率为采样率的 n 倍；

2）DPCM 信噪比优于 DM 系统，而且 n 越大，信噪比越高；

3）DPCM 系统的抗误码能力不如 DM，但却优于 PCM 系统。

6.2.4 子带编码

将语音信号频带分割成若干个带宽较窄的子带，分别对这些子带信号进行独立编码的方式，称为子带编码。

子带编码首先通过一组带通滤波器把输入信号频带分拆成若干个子带信号，每个子带信号经过调制后，被变成低通信号，然后进行单独的编码，通常采用自适应 PCM 编码。为了传输，需再将各路子带码流用合路器复接起来。在接收端，采用完全类似的逆过程得到恢复的语音信号，其原理如图 6-9 所示。

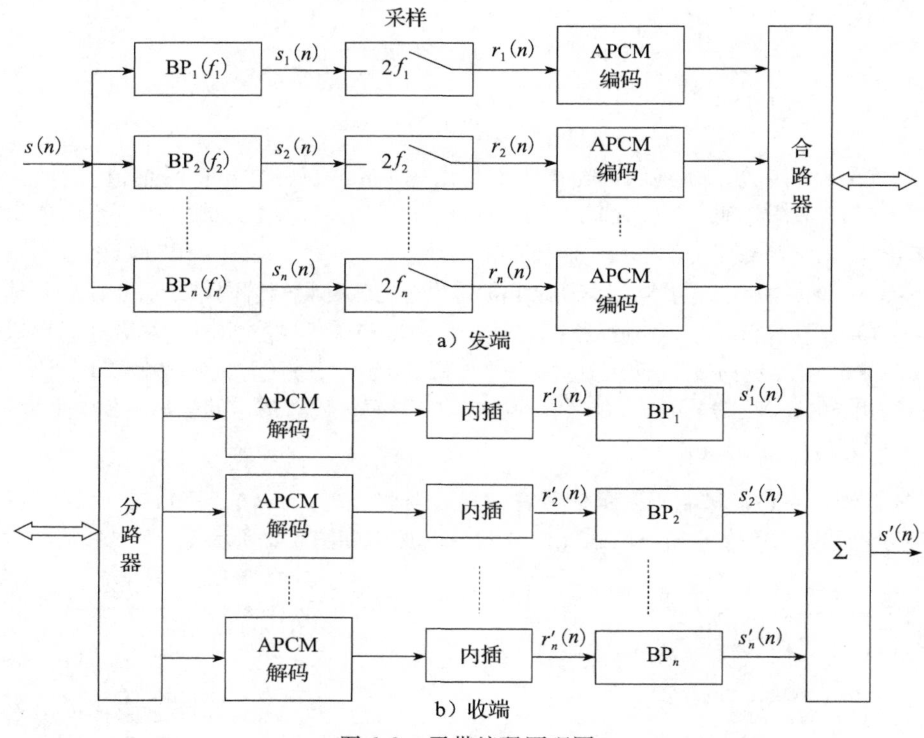

图 6-9 子带编码原理图

子带编码的主要特点是：首先，利用量化噪声在不同语音频带上具有不同的可检测性的特点，将量化噪声限制在各个子带内，从而阻止了一个子带的量化噪声被引入整个语音频带，控制了量化噪声失真；其次，在每个子带中可以使用独立的量化阶距，使低能量的子带用较小的量化阶距，产生较小的量化噪声，对具有较高能量的子带，可以用较大的量化阶距，从而使量化噪声的频谱与信号的短时频谱相匹配，这样，就能避免能量较小的频带内的信号被其他频段的量化噪声遮盖；最后，根据感性判断来分配各子带的编码比特数。由此，在相同的信号质量下，子带编码可以用明显低于整带编码的比特速率来编码传输。

6.3 电话网帧结构

在数字信号复用为高速码流时，为了在接收端辨别各支路信号的码元，数字通信传输中必须按规定的帧结构进行传输。帧结构一般采用世界电信组织建议的统一格式，在一帧的信号中应包括帧同步信号、信息信号、勤务信号以及其他特殊信号。

6.3.1 基群帧结构

ITU-T G7.32 协议中指出了两种最基本的数字基群系列，一种是我国及欧洲采用的PCM30/32 路一次群，一种是日本、美国等采用的 PCM24 路一次群。

1. PCM30/32 路基群帧结构

PCM30/32 路系统帧结构如图 6-10 所示。从图中可看出，一帧的时间（即一个周期）

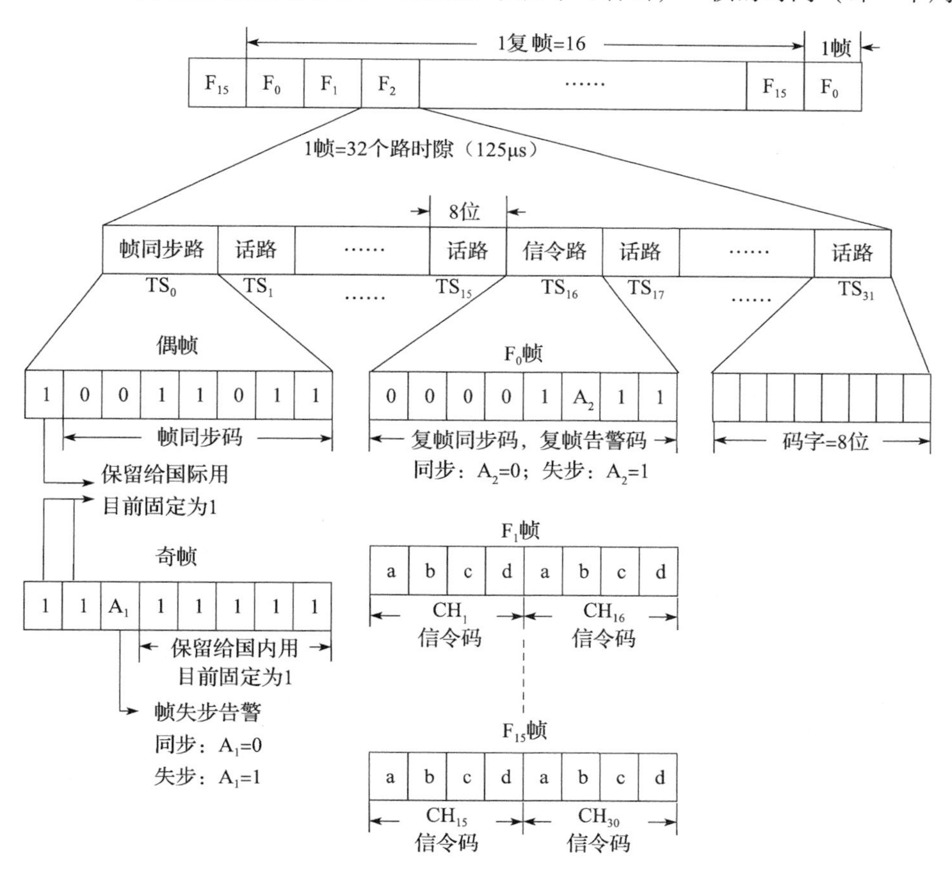

图 6-10 PCM30/32 制式帧结构

为 PCM 单路信号采样周期 125μs，每帧由 32 个路时隙 $TS_0 \sim TS_{31}$组成，每个时隙传送 8 位，话路占 30 个时隙，同步和信令各占一个时隙。每 16 个帧又构成了一个复帧。

（1）30 个话路时隙

$TS_1 \sim TS_{15}$和 $TS_{17} \sim TS_{31}$为 30 个话路时隙。复用支路共 30 路，每路每个时隙传送一个语音样值的 8 位码。$TS_1 \sim TS_{15}$分别传送 $CH_1 \sim CH_{15}$路的语音数字信号，$TS_{17} \sim TS_{31}$分别传送 $CH_{16} \sim CH_{30}$路的语音数字信号。

（2）帧同步时隙

TS_0 为帧同步时隙。复帧中，偶帧的 TS_0 发送帧同步码 0011011，第一位作为帧校验码。奇帧的 TS_0 传送帧失步告警码，当第 3 位 A_1 为“1”时表示接收端已出现帧失步，其余位保留，目前暂固定为“1”。

（3）信令复帧时隙

一个信令复帧共有 16 帧 $F_0 \sim F_{15}$，每个帧的 TS_{16}为信令复帧时隙。F_0 帧的 TS_{16}传送复帧同步码与复帧失步告警码，当第 6 位 A_2 为“1”时表示接收端已出现复帧失步，其余位作为复帧同步码。$F_0 \sim F_{15}$帧的 TS_{16}分别传送 30 个话路的信令码。

PCM30/32 路基群数码率 $= (32 \times 8)/(125 \times 10^{-6}) = 2048$kb/s，现在一般称这种帧结构的速率接口为 2Mb/s 速率接口，也称为 E1 速率。

2. PCM24 路基群帧结构

PCM24 路帧结构如图 6-11 所示。该帧包含 193 位，共分为 24 个时隙，分别对应 24 个信道，每个时隙传送 8 位语音信号。剩下一位称为分帧比特，用来实现同步。

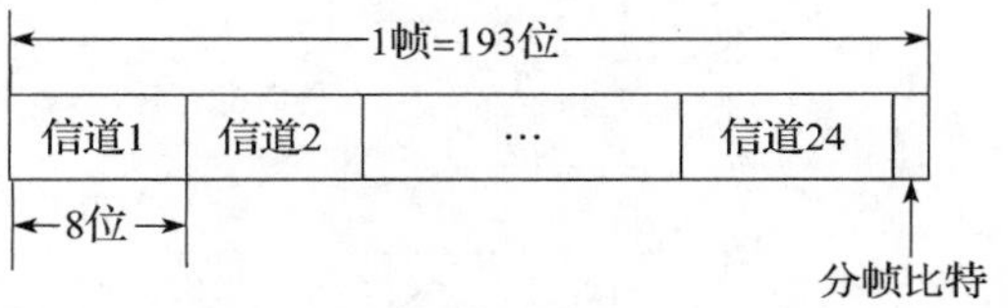

图 6-11　PCM24 路帧结构

PCM24 路的一个帧长也是 PCM 单路信号采样周期 125μs，即每秒钟传送 8000 个帧。所以，PCM24 路基群速码率 $= 8000 \times 193 =$ 1.544Mb/s。该速率称为 T1 速率。

6.3.2　准同步数字复用（PDH）系列帧结构

根据不同需要和不同传输介质的传输能力，我们将不同的话路数和不同的速率复用形成一个系列，由低向高逐级进行复用，这就是数字复用系列。

1. 准同步数字复用系列

如果被复用的几个支路是在同一高稳定的时钟控制下，它们的数码率是严格相等的，即各支路的码位是同步的，这时可将各支路码元直接在时间压缩、移相后进行复接，这样的复用称为同步复用。如果被复用的几个支路不是在同一时钟控制下，各支路有自己的时钟，它们的数码率由于各自的时钟偏差不同而不严格相等，即各支路的码位是不同步的，那么在复用之前必须调整各支路码速，使之达到严格相等，这样的复用称为异步复用，也称为准同步数字复用。

国际上主要有两大类准同步数字复用系列，经 ITU-T 推荐，两大系列为 PCM 基群 24 路系列和 PCM 基群 30/32 路系列，如表 6-4 所示。

表6-4　两类准同步数字复用系列

	一次群（基群）	二次群	三次群	四次群
北美	24路 1.544Mb/s	96路 (24×4) 6.312Mb/s	672路 (96×7) 44.736Mb/s	4032路 (672×6) 274.176Mb/s
欧洲及中国	30路 2.048Mb/s	120路 (30×4) 8.448Mb/s	480路 (120×4) 34.368Mb/s	1920路 (480×4) 139.264Mb/s

2. 2.048Mb/s速率接口的PDH系列二次群帧结构

由于参与复用的各低次群采用各自的时钟，虽然其标称速率相同，但由于时钟允许偏差$\pm 50\times 10^{-6}$，而各支路偏差不相同，因此各支路的瞬时数码率会不相同。另外，在复用成高次群时还要有同步插入比特、告警信号比特等，因此在复用时首先要进行码率调整，使各支路码率严格同步后才能进行复用，其方法如图6-12所示。

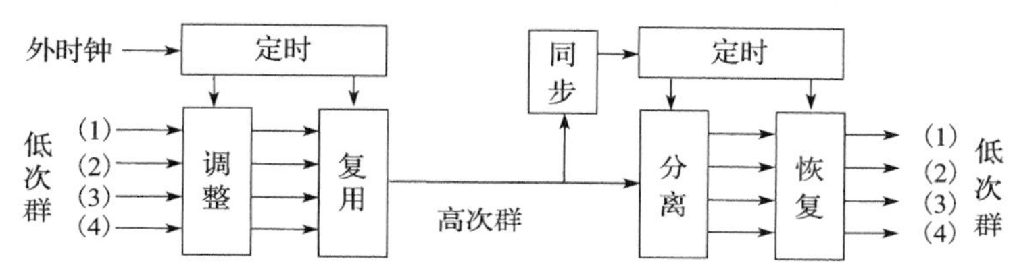

图6-12　准数字复用示意图

ITU-T推荐的速率系列PDH二次群速率为8.448Mb/s，也称为E2速率。ITU-T G.724推荐的正码速调整PDH二次群的帧结构中各支路的比特安排如图6-13a所示，4个支路复用后的帧如图6-13b所示。二次群帧长848位，帧周期100.38μs。如果各支路复用时速率调整一致，则每支路子帧为212位，调整后的速率2.112Mb/s，即每秒各支路插入64kb的码位。

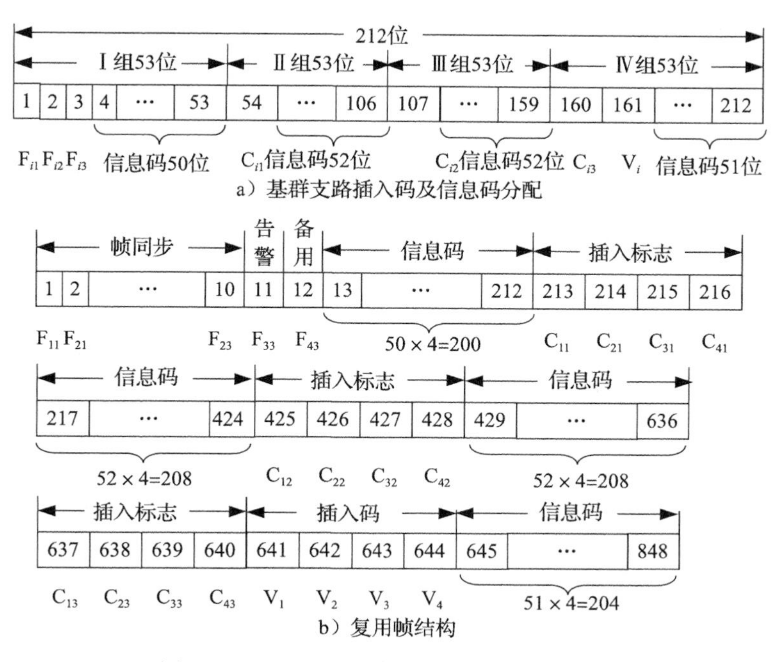

图6-13　2.048Mb/s复用系列二次群帧结构

在复用前，每个支路的子帧中要插入同步码、监测码、告警及速率调整码等。各支路子帧212位分为4组，每组53位。每个子帧所含非信息码包括：

（1）帧同步码、告警码、备用码位 F_{ij}（i 为支路编号，j 为 F 的码位编号）

F_{ij} 安排在每个支路第一组的前3位，4个支路共计12位。在二次群帧中，$F_{11}F_{21}F_{31}F_{41}\cdots F_{13}F_{23}F_{33}F_{43}$ 这12位的前10位作为帧同步码，码型为1111010000，后两位 $F_{33}F_{43}$ 分别作为对端告警和备用。

（2）用于码速调整的塞入标志 C_{ij}（i 为支路编号，j 为 C 的码位编号）

C_{ij} 安排在每个支路Ⅱ组、Ⅲ组和Ⅳ组的第一位。当第 i 个支路需要提高码率时，$C_{i1}C_{i2}C_{i3}$ 为 {111}，V_i 为塞入脉冲；不需要提高码率时，$C_{i1}C_{i2}C_{i3}$ 为 {000}，V_i 为信息码。采用三位标志码便于多数判断以决定分离时“去塞”与否，其正确判断的概率为

$$3P_e(1-P_e)^2+(1-P_e)^3\ (P_e\ \text{表示误码率})$$

当误码率 $P_e=10^{-3}$ 时，正确判读的概率可达到0.999997。

（3）塞入脉冲 V_i（i 为支路编号）

V_i 安排在每个支路第Ⅳ组的第二位，用于调整支路的速率，可能是塞入脉冲，也可能是信息码。所以每个支路的信息码为205位或206位，二次群帧中的信息码为820～824位。

3. PDH 三次群、四次群复用帧结构

PDH 三次群、四次群复用帧结构按 ITU-T 建议标准如表6-5和表6-6所示。

表6-5　PDH 三次群34.368Mb/s 复用帧结构

支路比特率（kb/s）	8448	
支路数	4	
帧结构	位编号	总编号
Ⅰ组		
帧同步码（1111010000）	1～10	1～10
向对端数字复用设备发告警指示	11	11
留作国内使用的位	12	12
从各支路来的比特	13～384	13～384
Ⅱ组		
码速调整塞入标志位 C_{i1}	1～4	385～388
从各支路来的比特	5～384	389～768
Ⅲ组		
码速调整塞入标志位 C_{i2}	1～4	769～772
从各支路来的比特	5～384	773～1152
Ⅳ组		
码速调整塞入标志位 C_{i3}	1～4	1153～1156
塞入脉冲	5～8	1157～1160
从各支路来的比特	9～384	1161～1536
帧长	1536位	
每支路信息码位数	377～378位	
每支路最大码速调整率	22.375kb/s	

表 6-6 PDH 四次群 139.264Mb/s 复用帧结构

支路比特率（kb/s）	34368	
支路数	4	
帧结构	位编号	总编号
Ⅰ组		
帧同步码（111110100000）	1 ~ 12	1 ~ 12
向对端数字复用设备发告警指示	13	13
留作国内使用的位	14 ~ 16	14 ~ 16
从各支路来的比特	17 ~ 488	17 ~ 488
Ⅱ组		
码速调整塞入标志位 C_{i1}	1 ~ 4	489 ~ 392
从各支路来的比特	5 ~ 488	393 ~ 976
Ⅲ组		
码速调整塞入标志位 C_{i2}	1 ~ 4	977 ~ 980
从各支路来的比特	5 ~ 488	981 ~ 1464
Ⅳ组		
码速调整塞入标志位 C_{i3}	1 ~ 4	1465 ~ 1468
从各支路来的比特	5 ~ 488	1469 ~ 1952
Ⅴ组		
码速调整塞入标志位 C_{i4}	1 ~ 4	1953 ~ 1956
从各支路来的比特	5 ~ 488	1957 ~ 2440
Ⅵ组		
码速调整塞入标志位 C_{i5}	1 ~ 4	2441 ~ 2444
塞入脉冲	5 ~ 8	2445 ~ 2448
从各支路来的比特	9 ~ 488	2449 ~ 2928
帧长	2928 位	
每支路信息码位数	722 ~ 723 位	

6.3.3 同步数字复用系列帧结构

随着通信容量越来越大，业务种类越来越多，传输的信号带宽越来越宽，数字信号传输速率越来越高，使得 PDH 复用的层次越来越多。但是在更高速率上的异步复用/分离需要大量的高速电路，这会使设备的成本、体积和功耗加大，使传输的性能恶化。另外，PCM 一次群数字传输速率有两个国际标准，如果不对高次群的数字传输速率进行标准化，国际范围的高速数据传输就很难实现。

为了完成更高速率、更多路的数字信号复用，美国在 1988 年首先推出了一个数字传输标准，称为同步光纤网（synchronous optical network，SONET）。整个同步网络的各级时钟都来自一个非常精确的主时钟。

国际组织 ITU-T 以美国标准 SONET 为基础，制定出国际标准同步数字复用系列（synchronous digital hierarchy，SDH）。

1. SDH 系列帧结构

根据数字信号传输的要求，SDH 是有统一规范的速率，它以同步传输模块（synchronous transfer module，STM）形式传输。155.520Mb/s速率的基本模块为同步传输模块第一级，即STM-1。更高的同步数字系列信号为STM-4(622.080Mb/s)、STM-16(2488.320Mb/s)等，即用STM-1信号以4倍的字节间插同步复用而形成STM-N(N=1，4，16，64…)，这样大大简化了复用和分离过程，使SDH更适合于高速大容量的光纤通信系统。

SDH的数字信号传送帧结构安排尽可能地使支路信号在一帧内均匀地、有规律地分布，以便于实现支路的同步复用、交叉连接、接入/分出，并能方便地直接接入/分出PDH系列信号。因此，ITU-T采纳了以字节作为基础的矩形块状帧结构，或称为页面块状帧结构，如图6-14所示。

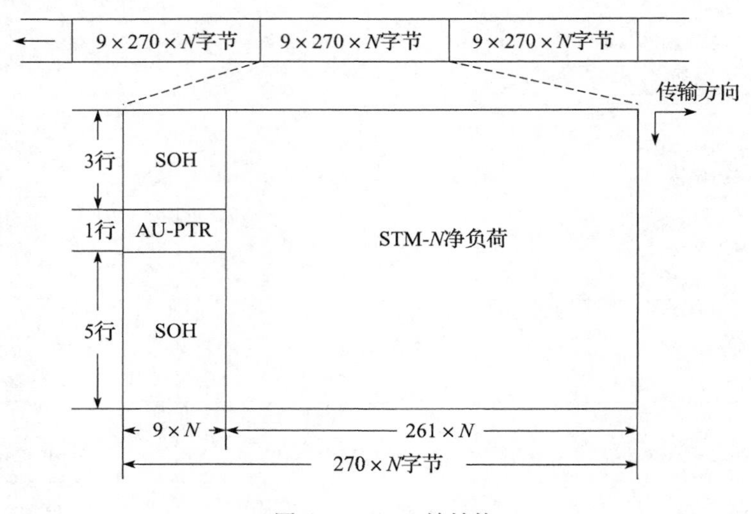

图6-14　SDH帧结构

STM-N的帧是由9(行)270×N(列）字节组成的码块，对于任何等级，其帧长均为125μs。以STM-1为例，每帧容量为$9\times270\times8=19440$位，码率为$19440/(125\times10^{-6})=155.52$Mb/s。

这种页面式帧结构好像书页一样，STM-1只有1页，STM-4有4页……STM-1的发送顺序就像读书一样，从左向右自上而下传送，每秒传送8000页。STM-4的每帧由4个页面组成，其传送方式依次为第一页的第一个字，第二页的第一个字，第三页的第一个字，第四页的第一个字，再传送第一页的第二个字，第二页的第二个字，第三页的第二个字，第四页的第二个字……从左到右自上而下传完一遍就传送完一帧，每秒传送32000页，速率比STM-1高4倍，这种传送方式称字节间插同步复用。

帧结构分为三个区域：信息净负荷区域、段开销（SOH）区域和管理单元指针（AU-PTR）区域。

信息净负荷区域是帧结构中存放各种信息负载的地方，横向$(270-9)\times N$纵向第1行到第9行的2349N个字节都属于此区域。其中，还含有少量的通道开销字节，用于监视、管理和控制通道性能，其余是业务信息。

段开销是STM帧结构中为了保证信息净负荷正常、灵活传送所必需的附加字节，供网络运行、管理和维护使用。帧结构的左边9×N列8行除去第4行分配给段开销。

管理单元指针用来指示信息净负荷的第一个字节在STM帧中的准确位置，以便在接收端能正确分接信息净负荷信号。在帧结构中，第4行左边的 $9 \times N$ 列分配给指针用。

2. SONET 系列帧结构

一般可认为SDH与SONET是同义词，其主要不同点是基本速率不一样。SONET为光纤传输系统定义了同步传输的线路速率等级结构，其传输速率以51.84Mb/s为基础，此速率对电信号称为第1级同步传送信号STS-1，对光信号称为第1级光载波OC-1。STM-1速率相当于STS-3速率。表6-7为SONET和SDH的比较。

表6-7 SONET的OC级/STS级与SDH的STM级的对应关系

线路速率（Mb/s）	SONET 符号	ITU-T 符号
51.84	OC-1/STS-1	—
155.520	OC-3/STS-3	STM-1
466.560	OC-9/STS-9	STM-3
622.080	OC-12/STS-12	STM-4
933.120	OC-18/STS-18	STM-6
1244.160	OC-24/STS-24	STM-8
1866.240	OC-36/STS-36	STM-12
2488.320	OC-48/STS-48	STM-16
4876.640	OC-96/STS-96	STM-32
9953.280	OC-192/STS-192	STM-64

6.4 数字程控交换技术

6.4.1 交换技术的发展

为了有效且经济地进行通信，必须将各类通信系统组成以交换设备为核心的通信网，因此，交换技术的发展直接关系着通信和通信网的发展。交换技术的发展经历了4个重要阶段。

第一个阶段是人工交换阶段。人工电话交换机由许多信号灯、塞孔、搬键、塞绳等设备组成，并由话务员控制，每个塞孔都与一个用户电话相连，借助于塞孔、塞绳构成用户通话的回路，话务员是控制通话线路接通的关键。

第二个阶段是机电式自动交换阶段。1890年，美国人A. B. Strowger发明了步进制电话交换机，从此电话交换步入了自动化阶段。步进制交换机由选择器的上升和旋转来完成两个用户之间的通话连接，每个选择器都有自己的一套控制电路，控制其弧刷上升和旋转。1926年，在瑞典的松兹瓦尔开通了第一个纵横制实验电话局，纵横制交换机采用了纵横接线器，接点采用推压接触方式，优点是接触可靠、杂音小、机键不易磨损、使用寿命长、故障率减小、维护工作量小、通话质量好。

第三个阶段是电子式自动交换阶段。随着电子计算机和大规模集成电路的迅速发展，计算机技术迅速地被应用于交换机的控制系统中，出现了程控交换机，但交换的信号仍然是模拟信号。20世纪60年代初，在传输系统中成功应用了脉冲编码技术，使得数字通信有了迅速发展，推动着交换技术的变革，产生了程控数字交换机，此时交换的信号为数字信号，使数字传输与数字交换实现一体化成为可能。

第四个阶段是分组交换发展阶段。由于各类非电话业务的发展，对交换技术提出了新的要求，不仅要有以程控交换机为代表的电路交换，还需要更适合非电话业务的分组交换。分组交换方式采用了动态统计分配资源复用方式，大大提高了网络资源的利用率、信息传输效率和服务质量。

6.4.2 数字程控交换原理

由于目前在公用通信网中数字语音信号采用 PCM 帧结构方式传输，不同用户的语音信号分别占用不同的时隙，因而在数字程控交换机中实现的数字交换实际上就是对数字语音信号进行时隙交换。时隙交换通过数字交换网络完成，其基本功能有：在一条数字复用线上实现时隙交换功能，在复用线之间实现相同时隙的空间交换功能。

一般而言，同一复用线上的时隙数有限，例如 PCM 基群仅有 30 个用户时隙。为了增大交换机容量，可以通过增加连接到数字交换网络的时分复用线上的时隙数来实现，但这毕竟是有限度的，所以通常是通过增加数字交换网络的时分复用线以增加交换机的交换容量。这样就要求数字交换网络不仅能在一条复用线上进行时隙交换，而且可以在多条时分复用线之间进行时隙交换。即要求多复用线数字交换网络具有如下功能：任何一条输入时分复用线上的任一时隙中的信息，可以交换到任何一条输出时分复用线上的任一时隙中去。图 6-15 为一个有 4 条输入、输出时分复用线的数字交换网络示意图。

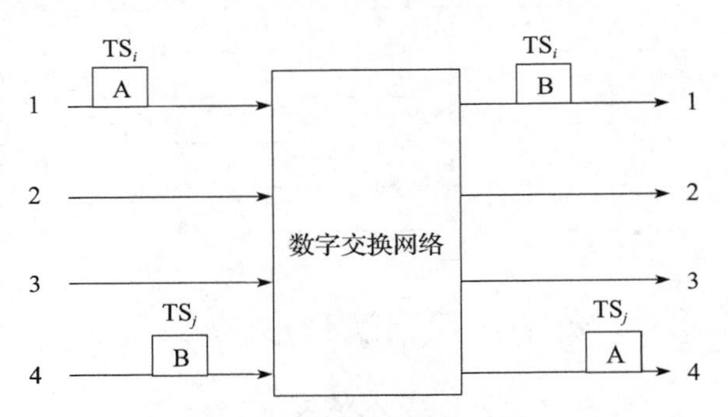

图 6-15 多复用线时隙交换示意图

图中，第 1 条复用线上的 TS_i 与第 4 条复用线上的 TS_j 建立了双向的交换连接：占用第 1 条 TS_i 的用户话音 A 由数字交换网络从第 1 条复用线发端的 TS_i 交换到第 4 条复用线收端的 TS_j；占用第 4 条 TS_j 的用户话音 B 由数字交换网络从第 4 条复用线发端的 TS_j 交换到第 1 条复用线收端的 TS_i。

如前所述，数字交换网络的基本功能可归纳为实现时隙交换和空间交换。实现时隙交换功能的部件称为 T 接线器，实现空间交换功能的部件称为 S 接线器，T 接线器和 S 接线器的适当组合就构成了数字交换网络。

1. T 接线器

T 接线器是利用存储器写入与读出时间的不同来完成时隙交换，其原理如图 6-16 所示。T 接线器主要由话音存储器（SM）和控制存储器（CM）组成。SM 用来暂存话音信息，其容量取决于复用线的复用度，该图例以 32 为例。SM 的存储方式有两种，一种为“顺序写入，控制读出”，另一种为“控制写入，顺序读出”。由此形成输出控制型和输入控制型两类 T 接线器，分别如图 6-16a 和图 6-16b 所示。CM 用于暂存话音时隙的地址，其容量也等于复用线的复用度，其存取方式为“控制写入，顺序读出”。

在图 6-16a 中，输入语音信号在 TS_{30} 上，在定时脉冲控制下将其写入话音存储器的 30 号单元中。控制存储器由定时时钟控制，按照时隙号顺序读出相应单元的内容。控制存储器中的2号单元里已写入了内容“30”，在定时脉冲控制下，在TS_2时刻，从控制存储器的2号单元读出其内容“30”，将其作为话音存储器的读出地址，控制话音存储器立即读出30号单元的内容，因此输出的30号单元内容已经在TS_2时隙了，即完成了把话音信号从TS_{30}交换到TS_2的时隙交换。

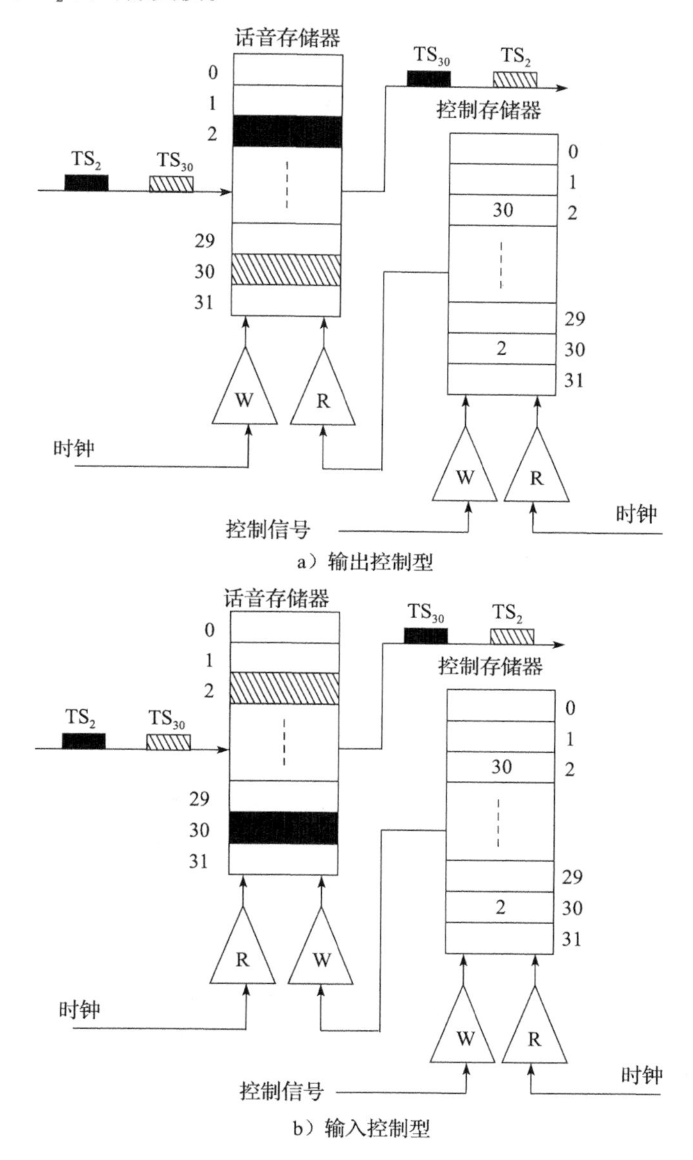

图6-16　T接线器原理示意图

在图6-16b中，控制存储器单元号不是对应于T接线器输出的时隙，而是对应于T接线器输入的时隙，其内容为此时话音存储器输入信号的写入单元地址。本例中，CPU在控制存储器的30号单元写入内容“2”，然后控制存储器按顺序读出，在TS_{30}输入时刻读出30号单元的内容“2”，作为话音存储器输入话音的写入地址，将输入端TS_{30}的话音内容写入 2 号单元中。话音存储器按顺序读出，在 TS_2 时刻读出 2 号单元内容，也就是 TS_{30} 的输入内容，从而完成时隙交换。

2. S 接线器

S 接线器的作用是完成不同复用线间的时隙交换，主要由电子交叉点矩阵和控制存储器组成，其原理如图 6-17 所示。

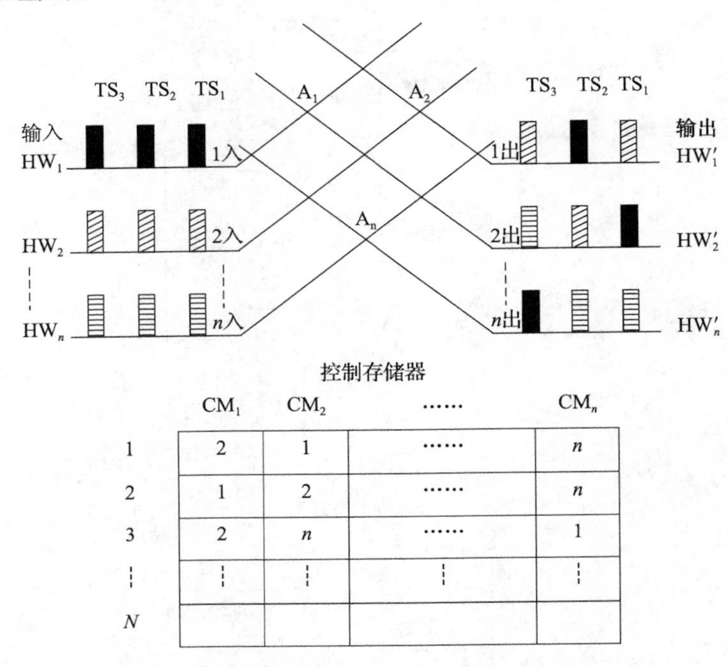

	CM_1	CM_2	……	CM_n
1	2	1	……	n
2	1	2	……	n
3	2	n	……	1
⋮	⋮	⋮	⋮	⋮
N				

图 6-17　S 接线器结构示意图

交叉点矩阵共有 n 个输入端和 n 个输出端，形成 $n \times n$ 矩阵，由 n 个控制存储器控制。控制存储器存取方式为“控制写入，顺序读出”，每一个控制存储器控制同号输出端的所有交叉点，即实现“输出控制”。矩阵的每条输入输出复用线上有 N 个时隙，接线器的交叉接点控制过程如下：

1）CPU 根据交换机路由选择结果在控制存储器中写入相应内容。

2）控制存储器按顺序读出，控制交叉点矩阵动作。如在本例中，TS_1 时隙读出各个控制存储器的 1 号单元内容，即 1 号控制存储器的 1 号单元内容为“2”，则控制 2 号入端与 1 号出端接通，HW_2 的 TS_1 中话音信号通过 A_2 交叉点送至 HW'_1 的 TS_1；2 号控制存储器的 1 号单元内容为“1”，控制 1 号入端与 2 号出端接通，HW_1 的 TS_1 中话音信号通过 A_1 交叉点送至 HW'_2 的 TS_1；……；n 号控制存储器的 1 号单元内容为“n”，控制 n 号入端与 n 号出端接通，HW_n 的 TS_1 中话音信号通过 A_n 交叉点送至 HW'_n 的 TS_1。在 TS_2 时隙按控制存储器 2 号单元读出内容控制交叉点的接通，交换 TS_2 的话音信号。以此类推，在 TS_N 时隙按控制存储器 N 号单元读出内容控制交叉点的接通，交换 TS_N 的话音信号。

从上述工作过程可见，S 接线器的每一个交叉点只接通一个时隙时间，下一个时隙要由其他交叉点接通，因此空间接线器是按时分复用的方式工作。

3. TST 交换网络

在大型程控交换机中，数字交换网络的容量要求较大，只靠 T 接线器或 S 接线器是不能实现的，必须将它们组合起来才能达到要求。目前应用较多的是 TST 网络。TST 是三级交换网络，两侧为 T 接线器，简称 T_A 和 T_B，中间一级为 S 接线器，其出入线数决定于两侧 T 接线器的数量。例如，3 条输入复用线就需要有 3 个 T_A 接线器，3 条输出复用线需要有 3 个 T_B 接线器，而 S 接线器矩阵应为 3×3，也需要 3 个控制存储器。

6.5 多网融合

融合是把两个不同的事物合并成同一个实体。因此，从通信网络来讲，多网融合主要是指固定网络、移动网络、互联网、广电网融合于一体，满足通信业务融合、网络融合、终端融合、产业融合的需求。以多网融合为出发点进行灵活的客户接入，才是未来网络发展的方向。

“多网融合”技术有两个层面的含义：一是基于 IP 协议的控制网与信息网的“接入融合”；二是各个子系统信息间的“内容融合”。基于 IP 协议是实现接入融合的基础，而要实现内容融合还要由高层管理软件进行系统联动和系统融合，才能最大限度地发挥系统效能。目前一些厂家已经看到基于 IP 协议的优势，开发出了可以直接上网的对讲系统、门禁系统和楼宇控制系统，但是协议上仍然各自为战，没有实现开放和统一，所以只能做到“接入融合”。而在系统建设过程中，为了分清责任，还要各自铺设局域网线路，又走到了传统的老路上去了。所以，要实现多网融合，还必须从设计这个源头抓起。

6.5.1 分组交换技术

IP 协议采用的是分组交换技术。分组交换技术是由 RAND 公司的保罗布朗和他的同事于 1961 年在美国空军 RAND 计划的研究报告中首先提出来的，用于电话通信中的保密。后来，美国国防部高级规划研究局（ARPA）在研究计算机资源共享方法时，认识到采用布朗提出的“分组”的方法进行交换和传输，可以有效地利用通信线路的资源，并能解决各类不兼容计算机之间的通信问题，从而实现资源共享，于是开始从事分组交换技术的研究和开发工作。

1. 复用传输方式

分组交换最基本的思想是实现通信资源的共享。一般而言，终端速率与线路传输速率相比低得多，若将线路分配给这样的终端专用，则是对通信资源的很大浪费。将多个低速率的数据流合成起来共用一条高速的线路，提高线路利用率，是充分利用通信资源的有效方法，这种方法就是多路复用。从如何分配传输资源的角度，多路复用可以分为固定分配资源法和动态分配资源法。

在固定分配资源法中，一对用户要求通信时，网络根据申请将传输资源在正式通信前预先固定地分配给该对用户专用，无论该对用户在通信开始后的某个时刻是否使用这些资源，系统都不能再分配给其他用户。同步时分复用就是采用该种方法，每个复用用户有一个固定专用的时隙，它只能通过周期性出现的这个时隙发送或接收信息。另一种典型的固定分配资源的方法是频分复用，它将传输频带的频带资源分成多个子频带，把这些子频带预先固定地分配给用户终端，形成用户的数据传输子通路。

动态分配资源法不再把传输资源固定地分配给某个用户，而是根据需要，当用户有数据传输时才分配给它传输资源，而当用户暂停发送数据时，就将资源收回。统计时分复用就是采用这种方法，使线路的传输能力得到充分利用。统计时分复用在各终端与线路的接口处要增加缓冲存储功能和信息流控制功能，这两个功能主要用于解决各用户争用线路传输资源时可能产生的冲突。分组交换就属于统计时分复用。

2. 分组的形成和传输

采用动态的统计时分复用可以实现比较充分的多路复用，为了提高复用效率，应将整个数据块（或称为报文）按一定长度分组，一个数据组中包含一个分组头，用来填写地址信息和其他控制信息，这样的数据组称为分组，如图 6-18 所示。为了保证在接收端能够将分组还原成完整的报文，在分组头中还要包含分组的顺序号等信息。

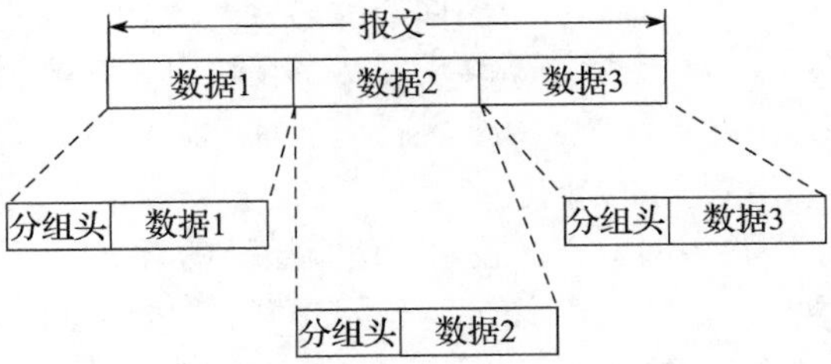

图 6-18　分组的形成

数据在分组交换网中以分组为单位流动，穿越网络的节点和中继线，到达目的地，这个过程就是分组交换传输的过程。交换传输方式分为虚电路方式和数据报方式两种。所谓虚电路，是指两个用户终端在开始互相发送和接收数据之前，需要通过网络建立起逻辑上的连接，一旦这种连接建立以后，通信终端间就在网络中保持一个已建立的数据通路，用户发送的分组将按顺序由这个逻辑上的数据通路到达终点。而数据报方式是将每一个分组当作一份独立的报文一样看待，每一个分组都包含终点地址的信息，分组交换机为每一个分组独立地寻找路径，因此一份报文包含的多个分组可能沿不同的路径到达终点，在网络的终点需要进行重新排序。

6.5.2　三网融合

三网融合是指原先独立设计运营的传统电信网、有线电视网和计算机网络趋于融合，这种网络体系具有的特征是：

- 网络在物理层上是互通的，也就是说，网络之间要互相透明；
- 用户只需一个物理网络连接，就可以享用其他网络的资源或者与其他网络的用户通信；
- 在应用层上，网络之间的业务是互相渗透和交叉的，但又可以互相独立，互不妨碍，并且在各自的网络上可以像以往那样独立发展自己的新业务；
- 网络之间的协议兼容，可以进行转换。

三网融合是为了实现网络资源的共享，避免低水平的重复建设，形成适应性广、容易维护、费用低的高速宽带的多媒体基础平台。其表现为技术上趋向一致，网络层使用统一的 IP 技术实现互联互通，形成无缝覆盖，业务层上互相渗透和交叉，在经营上互相竞争、互相合作，朝着向用户提供多样化、多媒体化、个性化服务的统一目标逐渐交汇在一起，行业管制和政策方面也逐渐趋向统一。电信网、计算机网和有线电视网三大网络通过技术改造，能够提供语音、数据、图像等综合多媒体的通信业务。因此，三网融合的内涵包括：

- 采用基于IP的分组交换技术；
- 可以提供语音、数据、视频等多种业务服务；
- 具有多种宽带和服务质量保证的能力；
- 实现传输业务与底层传输技术的分离等。

在我国，三网融合让广电单位可以运营电信的部分增值业务、让电信运营商得到IPTV的传输资质，而要使双方真正融合，需做到三个层次的“合”：

（1）网络融合

目前，我国的网络资源分布不均匀，各有优势。有线网络骨干网资源匮乏，数字化和双向化程度低，并且区域分割互不连通；电信网部分地区接入带宽不足，且运营商之间网络资源分布不均匀。三网融合通过推进下一代宽带通信网、广播电视网和互联网等国家基础网络的建设，有线运营商和电信两张物理网将逐步走向同质化，即架构相似、技术趋同、标准统一，最终实现互联互通。

（2）业务融合

目前，广电以视频业务为主，电信以语音和数据业务为主，三网融合简单地说就是允许广电经营宽带接入业务，允许电信提供IPTV传输通道。

（3）监管融合

目前，有线网络归广电总局监管，电信网归工信部监管，互联网归工信部、广电总局和文化部共同监管。从国外三网融合的运营经验看，美国、英国、日本等国家的监管都是归属一个部门。随着未来网络技术和业务经营融合，广电总局和工信部有望按功能监管重新划分，一个侧重内容监管，一个侧重网络监管，逐步实现监管融合。

6.5.3 IP多媒体子系统（IMS）

随着用户需求的不断变化，单纯的语音通信和Internet访问业务已经不能满足要求，3GPP从R5版本开始，在原有的PS域基础上提出了IMS概念，全称为IP多媒体子系统（IP multimedia subsystem），以解决如何向移动数据用户提供IP多媒体业务的问题。

R5协议在接入网部分通过引入IP技术实现了端到端的全面IP化，这些技术包括HS-DPA（高速下行分组数据接入）和UE定位增强功能。在核心网部分，R5协议引入了IMS，它负责完成移动终端的所有基于IP的业务，包括语音、数据及语音与数据混合的无线实时业务等。IMS的系统结构如图6-19所示。

全IP核心网体系结构基于分组技术和IP电话，用于同时支持实时和非实时的业务。此核心网体系结构可以灵活地支持全球漫游和与其他网络的互操作，例如PLMN、2G网络、PDN和其他多媒体VoIP网络。

3GPP IMS叠加在分组域网络之上，主要的功能实体包括：呼叫会话控制功能（CSCF）、归属用户服务器（HSS）、媒体资源功能（MRF）、多媒体资源功能控制器（MRFC）、多媒体资源功能处理器（MRFP）、签约定位器功能（SLF）、策略决策功能（PDF）、计费相关的功能实体。

IMS还需要与其他网络互通，例如PSTN/ISDN/PLMN，与互通相关的辅助设备包括：信令网关（SGW）、媒体网关控制功能（MGCF）、IP多媒体－媒体网关功能（IM-

MGW)、中断网关控制功能（BGCF)、应用层网关（ALG)、翻译网关（TrGW)。

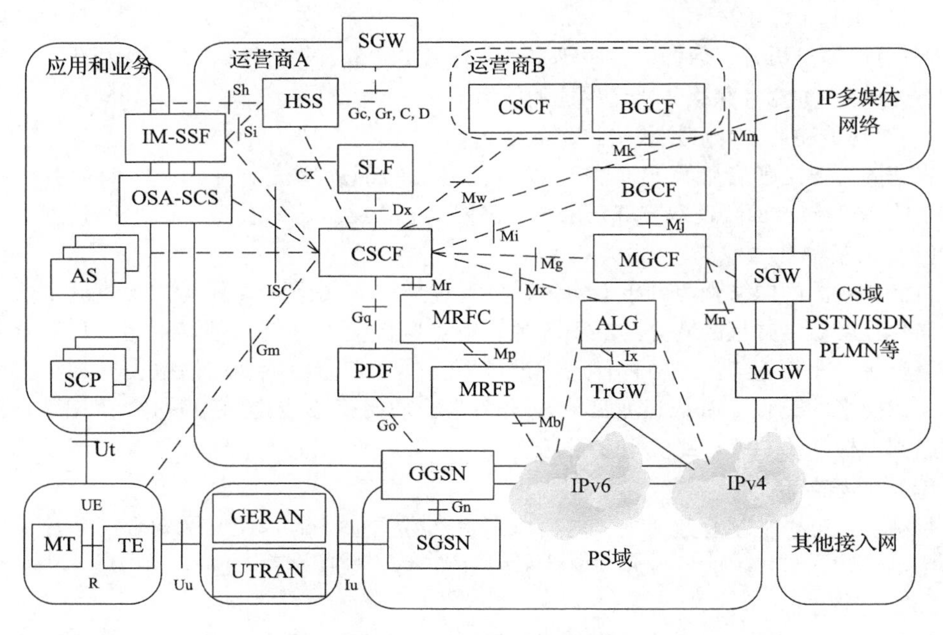

图 6-19 IMS 的系统结构

应用网络的功能实体包括：应用服务器（AS)、多媒体域业务交换功能（IM-SSF)、业务能力服务器（OSA-SCS)。

网络结构中呼叫控制部分是最重要的功能。CSCF、MGCF、R-SGW（漫游信令网关)、T-SGW（传输信令网关)、MGW（媒体网关）和 MRF 组成了呼叫控制和信令功能。

6.5.4 固定移动融合技术

FMC(fixed mobile convergence）指固定网络与移动网络融合，基于固定和无线技术相结合的方式提供通信业务。FMC 意味着网络的业务提供与接入技术和终端设备相独立。从用户角度看，FMC 的目的是使用户通过不同接入网络享受相同的服务、获得相同的业务。其主要特征是用户订阅的业务与接入点和终端无关，也就是允许用户从固定或移动终端通过任何合适的接入点使用同一业务。FMC 可以使得用户在一个终端、一个账单的前提下，在办公室或家里使用固定网络进行通信，而在户外，则可以通过无线/移动网络进行通信。FMC 同时也表示在固定网络和移动网络之间，终端能够无缝漫游。

FMC 从本质上体现了这样一种理念：通过整合电信网络资源，以及对终端、网络、运营支撑系统等多种资源的融合，为用户提供与接入技术无关、跨网络、无缝、融合的业务体验和统一的服务体验，并降低网络建设和运营技术。为了能够达到固网移动融合的业务体验效果，可以通过任意技术实现。

通常情况下，FMC 的融合涵盖以下几个方面。

(1) 核心控制的融合

从网络控制层面上看，支持固定/移动融合，无论是固定还是移动接入方式，都采用统一的业务实现模式、统一的用户管理、统一的鉴权认证、统一的计费以及统一的业务平台接口。

IMS是控制层面最主要的融合技术，是实时多媒体会话等业务的下一代控制核心。IMS定义了在IP网络中，以SIP为核心控制协议的IP多媒体业务会话控制体系，具备固定和移动及话音/视频/呈现/即时消息业务的统一控制能力，可以真正实现固定移动核心控制网络的合二为一，为用户提供固网移动融合业务。

（2）营支撑系统的融合

运营支撑系统的融合主要包括计费账务系统的融合、结算系统的融合和充值平台的融合。运营支撑系统融合的关键是要实现高度的系统集成化，把各式各样的分离业务系统融合起来、串联起来，形成统一的整体，实现内部业务流程和外部业务流程的顺畅通达和统一协调，从而实现企业管理水平、运营效率、服务能力等方面的整体提升，实现用户层面的统一计费、统一账单和业务捆绑。

（3）务网络的融合

与目前垂直体系架构的业务提供系统不同，融合的业务提供系统将具备统一的业务执行环境和业务开发环境，从而能够同时访问和控制多种网络，实现跨网络、语音/视频/数据相结合的融合业务的开发、部署和提供。目前实现业务提供系统融合的技术主要包括4类：综合智能网技术、SIP业务提供技术、Parlay/OSA/OMA开发业务接口技术、面向服务的体系结构（service oriented architecture，SOA）技术。

（4）接入层面融合

接入层是指为用户提供接入的网络层面。对于固定接入方式和移动接入方式的融合，在网络侧主要体现在WLAN/Bluetooth和GSM的融合、WLAN和WCDMA的融合等。

目前可选用技术有无线电话规范（cordless telephony profile，CTP）技术和无授权移动接入（unlicensed mobile access，UMA）技术。CTP是语音在蓝牙协议上进行承载传输和控制的技术框架，用户可以通过支持蓝牙和GSM的双模手机，在从室外移动到室内时，从GSM公网切换到蓝牙无线网络，通过蓝牙享用语音业务。UMA定义了通过多种无线接入技术接入GSM网络的框架规范，使得用户可通过双模手机享用跨公共GSM网和室内/热点无线网络的语音和数据业务。

6.5.5 IP业务

服务提供商正处于从电路交换向基于IP的分组交换的转换当中。IP具有吸引力的原因主要有两个：一是节约成本，二是可获得丰厚的利润。服务提供商希望通过开发新的IP业务来节约运行成本和建设成本，因为他们相信在IP网络中开发各种应用业务肯定要比在电路交换网中便宜得多。另外，各个公司都在寻找新的方法以增加服务种类，这些服务将迅速出现在我们的日常生活中。

IP体制的进展过程意味着网络的共享性增强，由于IP侧重物理上的逻辑连接，这样就易于使多个服务商共存于一个网络中，大大激励了互联网络的合作共享，同时由于降低了进入的门槛，因而加剧了竞争。增值IP业务使服务商与其竞争者有着很大的不同。下一代IP业务的演变包括IP虚拟专用网络（VPN）、IP电话（IPT）和IP语音传输（VoIP）、IP呼叫中心、应用委托、机动管理/跟踪业务、统一信息、即时信息（IM）、存在管理、IP 视频、IP 电视（IPTV）以及不同种类的会议（包括声频会议、视频会议和 Web/数据会议）。

1. IP 电话

近几年来，IP 电话引起了很多关注，这个领域的术语有些混乱，实际上 IPT、VoIP 和互联网电话之间是有一些技术差异的。根据国际电信联盟的定义，IPT 是在分组交换的 IP 网中传输语音、传真以及相关业务，互联网电话和 VoIP 是其子集；互联网电话是主要传输网络为公共互联网的电话，通常指网络话音、网络电话以及广义的互联网电话，包括互联网传真；VoIP 是主要传输网络为专用网络，即可管理的 IP 网络。

到目前为止，IPT 主要经过了三个发展阶段：

- 在 IP 网络中进行点到点的通信——这种通信方式主要基于 ITU H. 323 标准。
- 主/从结构——这种结构依赖于 Megaco 和介质网关控制协议（MGCP），该方法可以有效地设置哑端点中丰富的特性。
- 通信介质和互联网的集成——这个策略包括智能端点和一个哑网络，相关的标准包括会话发起协议 SIP 以及基于 SIP 协议的即时消息通信协议族（SIMPLE）

如图 6-20 所示，IPT 网络主要有三个层次：

- 介质层——在承载平台上进行介质处理，包括介质传送、QoS 以及其他项目，两个承载平台通过介质传送进行相互通信，这也是 TDM、帧中继、ATM 以及 MPLS 应用的地方。
- 信令层——在信令平台上进行信号处理、信令转换、资源管理以及承载控制，这是 H. 323、SIP 以及其他呼叫控制协议应用的地方。
- 应用层——这一层指的就是应用平台，是智能呼叫中心，除了提供管理以外，还生成和实现业务，应用平台通过专用交互应用程序协议相互通信。

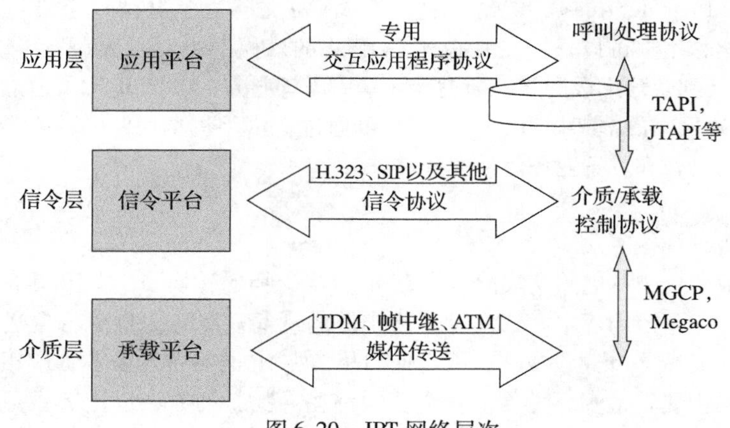

图 6-20 IPT 网络层次

在承载平台和信令平台之间是介质/承载控制协议，这是 MGCP 和 Megaco 的领域。在信令层和应用层之间是呼叫处理协议，比如电话应用程序接口（TAPI）以及 Java TAPI（JTAPI）IPT 网络的第一需求是 IP 本地交换或者称为媒体网关。网关位于业务提供网络中，它们向多种商业和电信客户提供类似 PBX 的电话业务，同时也为普通用户提供电话业务。另一需求是软交换，也称为呼叫服务或呼叫请求，具有呼叫处理功能和管理软件。

端用户业务通过 IP 电话或其他器件进行传送。最后，基于 IP 的话音企业系统包括 IP PBX、开发源 PBX、业务提供解决方案。图 6-21 是一个 IPT 网络结构的示意图。

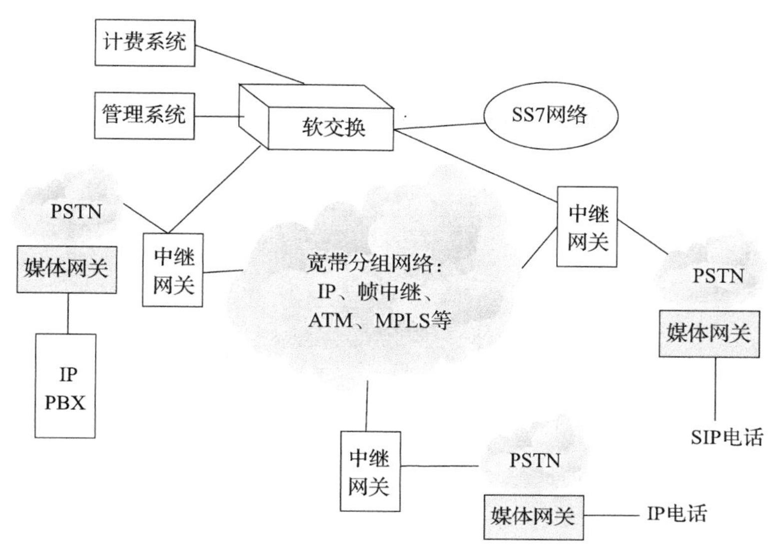

图 6-21　IPT 网络结构

2. IPTV

IPTV 通常被描述成通过 IP 宽带连接向用户传送数字电视业务的系统，作为三重播放业务的一部分，它经常与视频点播（VOD）、互联网业务以及 VoIP 一起提供。用最简单的定义，IPTV 就是利用 WWW 技术而非传统的格式传送电视节目，是一种利用宽带网，集互联网、多媒体、通信等技术于一体，向家庭用户提供包括数字电视在内的多种交互式服务的新技术。

IPTV 需要机顶盒，可同时支持 TV 和 VOD。视频内容的格式通常是 MPEG，通过 IP 广播传送。IPTV 具有双向能力，这是传统的 TV 分配技术所没有的，而且它是点对点分配，这使得每个观众能看到单独的广播节目，这个功能可以进行数据流控制（暂停、前进、回放等），以及节目的自由选择。

IPTV 不仅仅是老式电缆电视的替代，还可以提供其他多种业务，包括交互式游戏、内容丰富的视频点播、电子商务以及未来可能发展起来的能源管理和安全服务等。

使用 IPTV 需要一台 PC 或者一个连接到 TV 上的机顶盒，如图 6-22 所示。IPTV 使用的主要协议是互联网群管理协议 IGMP 第 2 版，它是为实况转播 TV 的信道变化信令和存储视频的 RTSP 所设计的协议。

目前针对 IPTV 的标准化研究正处于关键时期，ITU-T 和 ETSI TISPAN 都在重点研究。2006 年 4 月成立的 ITU-T FG IPTV 经过 7 次会议之后于 2007 年 12 月结束工作。由于 IPTV 所涉及的技术的广泛性，ITU-T 又成立了 IPTV GSI 对 IPTV 在多个 SG 之间进行总体协调和推进，目前 IPTV 需求和架构已获通过。TISPAN 的研究热点是 IPTV 的需求和架构，已发布了相关标准的第一版本，正在进行第二版本的相关标准化工作。对于 IPTV 架构，这两个标准组织从两方面进行了研究，一种是非基于 NGN 的 IPTV 架构（non-NGN-based

IPTV)，另一种是基于 NGN 的 IPTV 架构（NGN-based IPTV）。对于基于 NGN 的 IPTV 架构，又根据是否重用 IMS 相关功能部件而分成基于 IMS 的 IPTV 架构（IMS-based IPTV）和非基于 IMS 的 IPTV 架构（non-IMS-based IPTV）。

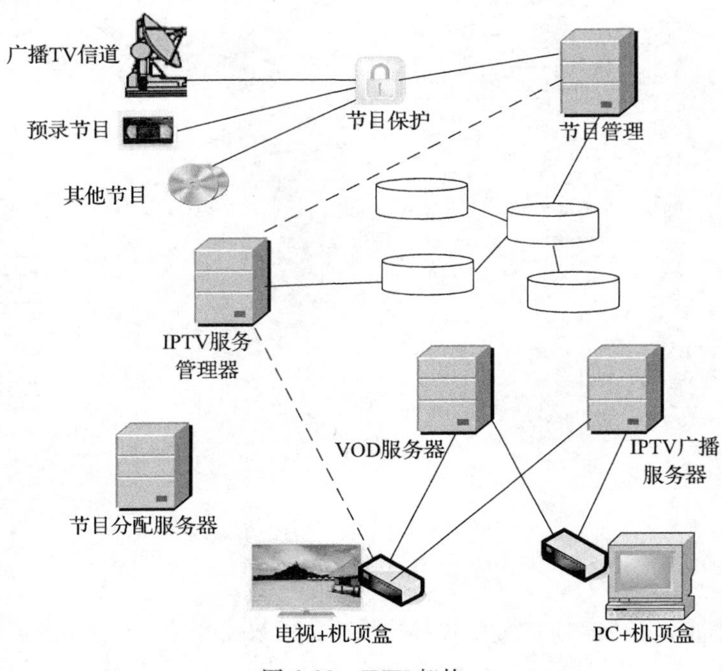

图 6-22　IPTV 架构

ITU-T 提出 IPTV 架构支持四大类业务（Y. 1901），包括交互业务、娱乐类业务、通信类业务、信息类业务，所提出的 NGN IPTV 功能体系架构高层功能包括终端用户功能(EUF)、应用功能（AF)、内容传送功能（CDF)、业务控制功能（SCF)、管理功能(MF)、内容提供商功能（CPF）和网络功能（NF)。非基于 IMS 的 IPTV 架构在网络控制部分利用了 NGN 中定义的 NACF(网络附着控制功能）和 RACF(资源接纳控制功能）两个子系统。基于 IMS 的 IPTV 架构除了在网络控制部分利用了 NGN 中定义的 NACF 和 RACF 两个子系统外，还利用了 IMS 核心网及相关功能实体（如 UPSF 等）来提供 IPTV 的业务控制功能。

小结

本章以通信网的基本结构和组成为基础，介绍了电话网络的等级结构，详细描述了准同步数字系列的帧结构和同步数字系列的帧结构。准同步数字 PDH 系列包括两种最基本的数字基群系列，一种是我国及欧洲采用的 PCM30/32 路一次群，一种是日本、美国等采用的 PCM24 路一次群，在这两种基群上复用又构成了二次群、三次群和四次群。同步数字系列也有两个标准，一个是美国推出的 SONET，一个是国际组织 ITU-T 以 SONET 为基础制定出的国际标准 SDH，这两种标准都采用字节间叉复用的方式构成更高速度的帧。

电话网目前以发展为支持多种业务的电信网，并朝着三网融合发展，其实现的基础就是采用统一的分组交换技术。随着技术的进步，光纤通信用于网络，光波分复用技术提供了大容量的传输，而全光节点可以彻底消除光/电/光设备产生的带宽瓶颈，保证网络容量的持续扩展性，未来将朝着全光通信网发展。

习题

1. 什么是通信网？它由哪些要素组成？
2. 通信网有哪些基本结构？
3. 什么是支撑网？有何作用？
4. 有一线形编码系统，采用13位码，求输入为正弦信号时的最大信噪比。
5. 若得到的采样值为+447△，请按A律13折线编码方法编出相应的8位PCM码，并求出其量化误差。
6. 若语音信号取样率为8kHz，设一帧语音共有200个样值信号，则帧长为多少毫秒？每秒传送多少帧？
7. PCM/32路系统中复帧频率为多少？
8. PDH二次群每秒传送多少帧？STM-16每秒传送多少净负荷？
9. 接收方收到PDH三次群的一个帧，该帧的 $C_{11}=C_{12}=C_{13}=C_{21}=C_{33}=C_{42}=1$，$C_{22}=C_{23}=C_{31}=C_{32}=C_{41}=C_{43}=0$，该帧中信息码有多少位？
10. 画出STS-N的帧结构图。
11. 分组交换的特点是什么？它和电路交换相比较，优点是什么？
12. 什么是IMS？它提供哪些功能？

参考文献

[1] 张金菊，孙学康. 现代通信技术 [M]. 北京：人民邮电出版社，2002.
[2] 鲜继清，张德民. 现代通信系统 [M]. 西安：西安电子科技大学出版社，2003.
[3] 李维民，赵巧霞. 全光通信网技术 [M]. 北京：北京邮电大学出版社，2009.
[4] 张传福，彭灿. 全业务运营下网络融合实现 [M]. 北京：电子工业出版社，2010.
[5] 周晴，戴源. 面向全业务运营的网络演进 [M]. 北京：人民邮电出版社，2009.
[6] Lillian Goleniewski，Kitty Wilson Jarrett. 通信概论 [M]. 田华，方涛，等译. 北京：电子工业出版社，2010.

第7章 自组织网络

Ad Hoc 网络通常称为“无固定设施网”或“自组织网”，由于组网快速、灵活、方便，已经得到了国际学术界和工业界的广泛关注，并正在得到越来越广泛的应用，在未来的通信技术中占据重要地位。本章将介绍自组织网络的概念、体系结构、关键技术、链路自适应技术、无线抗干扰技术以及 MAC 层和网络层的协议。

7.1 自组织网络概述

无线通信网络按照其组网控制方式一般分为两类。一类是集中控制的，即有中心的，无线网络的运行要依赖预先部署的网络基础设施。例如，蜂窝移动通信系统要依靠基站和移动交换中心等基础设施的支持，无线局域网需要接入点和有线骨干网等基础设施的支持。但对于某些特殊场合，不可能有这种预先部署的固定设施可以利用，所以需要一种能够临时快速自动组网的移动通信技术，这就形成了另一类无线通信网络技术，即 Ad Hoc 网络通信技术。

7.1.1 自组织网络的定义

因特网工程任务组（IETF）对自组织网络的定义是：一个移动 Ad Hoc 网络可以看作是一个独立的自治系统或者是一个对因特网的多跳无线扩展。作为一个自治系统，它有自己的路由协议和网络治理机制；作为多跳无线扩展，它应该对因特网提供一种灵活、无缝的接入。

自组织网络是由许多带有无线收发装置的通信终端（也称为节点、站点）构成的一种多跳的临时性自组织的自治系统。每个移动终端兼具路由器和主机两种功能。作为主机，终端需要运行面向用户的应用程序。作为路由器，终端需要运行相应的路由协议，可以通过无线连接构成任意的网络拓扑，这种网络可以独立工作，也可以与 Internet 或蜂窝无线网络连接。在后一种情况中，自组织网络通常是以末端子网的形式接入现有网

络。考虑到带宽和功率的限制，自组织网络一般不适合作为中间承载网络，它只允许产生于目的地是网络内部节点的信息进出，而不让其他信息穿越本网络，从而大大减少了与现有 Internet 互操作的路由开销。

在自组织网络中，节点间的路由通常由多个网段组成，由于终端的无线传输范围有限，两个无法直接通信的终端节点往往通过多个中间节点的转发来实现通信。所以，它又被称为多跳无线网、自组织网络、无固定设施的网络。自组织网络同时具备移动通信和计算机网络的特点，可以看作是一种特殊的移动计算机通信网络。

7.1.2 自组织网络的特点

与其他通信网络相比，Ad Hoc 网络有很多显著特点：

1）无中心节点。Ad Hoc 是一种完全意义的分布式网络，网络中没有严格的控制中心节点，所有节点的地位平等，是一个对等式网络。节点可以随时加入和离开网络。任何节点的故障不会影响整个网络的运行，因此具有很强的抗毁性。

2）自组织。自组网相对常规通信网络而言，最大的区别就是可以在任何时刻、任何地点不需依靠基础设施的支持，快速构建起一个移动通信网络。

3）多跳路由。自组织网络中任何两个节点之间的无线传播条件受制于这两个节点的发射功率。当节点要与其覆盖范围之外的节点进行通信时，需要中间节点的多跳转发。与固定网络的多跳不同，Ad Hoc 网络中的多跳路由是由普通的网络节点完成的，而不是由专用的路由设备完成。网络中的每一个网络节点扮演着多个角色，它们可以是服务器、终端，也可以是路由器。更重要的是，由于网络拓扑结构的变化，网络路由是随时变化的。网络拓扑结构变化的不可预知性增加了路由的难度。

4）动态变化的网络拓扑结构。自组织网络中，网络节点可以以任意速度和任意方式在网中移动，加上无线发送装置发送功率的变化、无线信道间的互相干扰因素、地形等综合因素的影响，节点间通过无线信道形成的网络拓扑结构随时可能发生变化，而且变化的方式和速度都是不可猜测的，网络拓扑结构会出现分割和合并。

以上特点是传统固定网络或移动网络等需要基础设备的网络所不具备的，灵活性是 Ad Hoc 网络区别于其他网络的最显著的优点，但是灵活性也带来一定的缺点：

1）单向无线信道。自组织网络采用无线信道通信，由于地形环境或发射功率等因素影响可能产生单向无线信道。在常规网络中，节点间通常基于双向的有线或无线信道进行通信。这些单向信道为常规路由协议带来 3 个严重的影响：感知的单向性、路由单向性和汇点不可达性。

2）传输带宽。由于自组织网络采用无线传输技术作为底层通信手段，而由于无线信道本身的物理特性，它所能提供的网络带宽相对有线信道要低得多。除此之外，考虑到竞争共享无线信道产生的碰撞、信号衰减、噪音干扰、信道间干扰等多种因素，网络节点可得到的实际带宽远远小于理论上的最大带宽值。随着网络节点的增加，治理开销呈指数增加，真正用于业务数据的有效传输带宽急剧下降。

3）移动终端的限制。移动终端具有携带方便、轻便灵活等优点，但也存在固有缺陷，如能源受限、内存较小、CPU 处理能力较低和成本较高等，从而给应有的设计开发和推广带来一定难度，同时显示屏等外设的功能和尺寸受限，不利于开展功能较复杂的业务。考虑到成本和易于携带，移动节点不能配备太多数量的发送接收器，并且节点一般依靠电池供电。因此，如何高效地使用节点的电池和延长节点的工作时间是一个十分突出的问题。

4）安全性差。自组织网络是一种非凡的无线移动网络，由于采用无线信道、有限电源、分布式控制等技术和方式，所以会更加轻易地受到被动窃听、主动入侵、拒绝服务、剥夺“睡眠”、伪造等各种网络攻击。

7.1.3 自组织网络的应用

自组织网络的应用范围很广，总体上来说，它可以用于以下场合：

- 没有有线通信设施的地方，如没有建立硬件通信设施或有线通信设施遭受破坏。
- 需要分布式特性的网络通信环境。
- 现有有线通信设施不足，需要临时快速建立一个通信网络的环境。
- 作为生存性较强的后备网络。

Ad Hoc 网络技术的研究最初是为了满足军事应用的需要，军队通信系统需要具有抗毁性、自组性和机动性。在战争中，通信系统很容易受到敌方的攻击，因此，需要通信系统能够抵御一定程度的攻击。若采用集中式的通信系统，一旦通信中心受到破坏，将导致整个系统的瘫痪。分布式的系统可以保证部分通信节点或链路断开时，其余部分还能继续工作。在战争中，战场很难保证有可靠的有线通信设施，因此，通过通信节点自己组合，组成一个通信系统是非常有必要的。此外，机动性是部队战斗力的重要部分，这要求通信系统能够根据战事需求快速组建和拆除。

Ad Hoc 网络满足了军事通信系统的这些需求。Ad Hoc 网络采用分布式技术，没有中心控制节点的管理。当网络中某些节点或链路发生故障，其他节点还可以通过相关技术继续通信。Ad Hoc 网络由移动节点自己自由组合，不依赖于有线设备，因此，具有较强的自组性，很适合战场的恶劣通信环境。Ad Hoc 网络建立简单、具有很高的机动性。目前，一些发达国家为作战人员配备了尖端的个人通信系统，在恶劣的战场环境中，很难通过有线通信机制或移动 IP 机制来完成通信任务，但可以通过 Ad Hoc 网络来实现。因此，研究 Ad Hoc 网络对军队通信系统的发展具有重要的应用价值和长远意义。

近年来，Ad Hoc 网络的研究在民用和商业领域也受到了重视。在民用领域，Ad Hoc 网络可以用于灾难救助。在发生洪水、地震后，有线通信设施很可能因遭受破坏而无法正常通信，通过 Ad Hoc 网络可以快速地建立应急通信网络，保证救援工作的顺利进行，完成紧急通信需求任务。Ad Hoc 网络可以用于偏远或不发达地区通信。在这些地区，由于造价、地理环境等原因往往没有有线通信设施，Ad Hoc 网络可以解决这些环境中的通信问题。Ad Hoc 网络还可以用于临时的通信需求，如商务会议中需要参会人员之间互相通信交流，在现有的有线通信系统不能满足通信需求的情况下，可以通过 Ad Hoc 网络来完成通信任务。

Ad Hoc 网络在研究领域也很受关注，近几年的网络国际会议基本都有 Ad Hoc 网络专题，随着移动技术的不断发展和人们日益增长的自由通信需求，Ad Hoc 网络会受到更多的关注，得到更快速的发展和普及。

7.2 自组织网络的体系结构

网络的各层及其协议的集合称为网络的体系结构，即网络的体系结构就是网络及其部件所应完成的功能的精确定义。由于自组织网络的独特性，传统的体系结构和现存的大量协议在自组织网络中不再适用，自组织网络的体系结构和设计方法必须充分考虑网络的动态自组织特性和特殊的应用环境。

7.2.1 节点结构

自组织网络的节点同时具有移动终端和路由器的功能，因此节点通常包括主机、路由器和电台三部分，其中主机部分完成移动终端的功能，包括人机接口、数据处理等；路由器部分主要负责维护网络的拓扑结构和路由信息，完成报文的转发功能；电台部分提供无线传输功能。

从物理结构上分，节点可以分为单主机单电台、单主机多电台、多主机单电台和多主机多电台四类，如图7-1所示。手持机一般采用单主机单电台结构，复杂的车载台可能包括通信车内的多个主机，可以采用多主机单/多电台结构，以实现多个主机共享一个或多个电台。

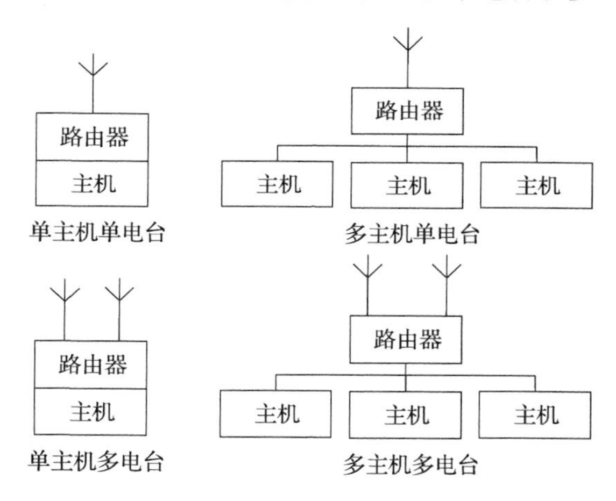

图7-1 自组织网络节点的物理结构

7.2.2 自组织网络的网络拓扑

在自组织网络中，由于节点的能力通常相同并可以移动，特别是在战场环境下，中心控制节点易被发现和易遭摧毁，使得自组织网络不适合采用集中式控制结构，因此，自组织网络一般有平面结构和分级结构两种。

1. 平面结构

平面结构如图7-2所示，其中所有节点的地位平等，所以又称为对等式结构。

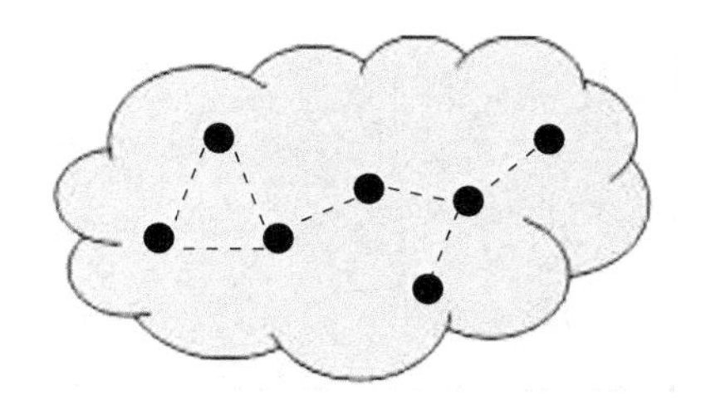
图7-2 平面结构

平面结构的网络比较简单，网络中所有节点是完全对等的，原则上不存在瓶颈，所以比较健壮。它的缺点是可扩充性差，每一个节点都需要知道到达其他所有节点的路由，维护这些动态变化的路由信息需要大量的控制消息。

2. 分级结构

在分级结构中，网络被划分为簇，每个簇由一个簇头和多个簇成员组成。这些簇头形成了高一级的网络，在高一级网络中，又可以分簇，再次形成更高一级的网络，直至最高级。在分级网络中，簇头节点负责簇间数据的转发，它可以预先指定，也可以由节点使用算法选举产生。

根据不同的硬件配置，分级结构的网络又可以被分为单频率分级和多频率分级两种。这里的频率应理解为信道。单频率分级网络如图7-3所示，所有节点使用同一个频率通信，为了实现簇头之间的通信，要有网关节点支持，簇头和网关形成了高一级的网络，称为虚拟骨干。

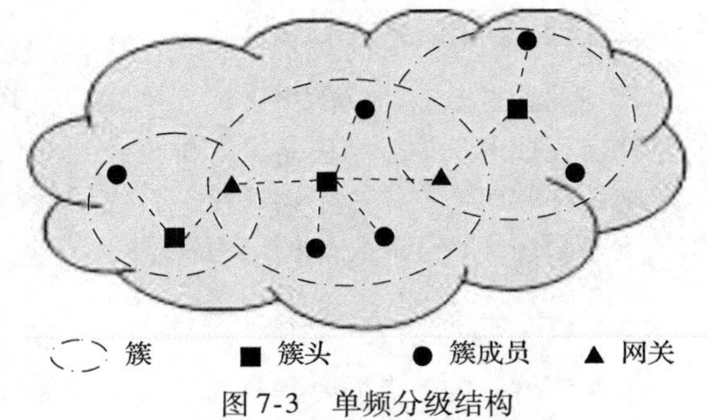

图7-3 单频分级结构

多频率分级网络如图7-4所示，不同级采用不同的通信频率，低级节点的通信范围较小，而高级节点要覆盖较大的范围。高级节点同时处于多个级中，有多个频率，用不同的频率实现不同级的通信。在图7-4所示的两级网络中，簇头节点有两个频率，一个用于簇头与簇成员的通信，另一个用于簇头之间的通信。

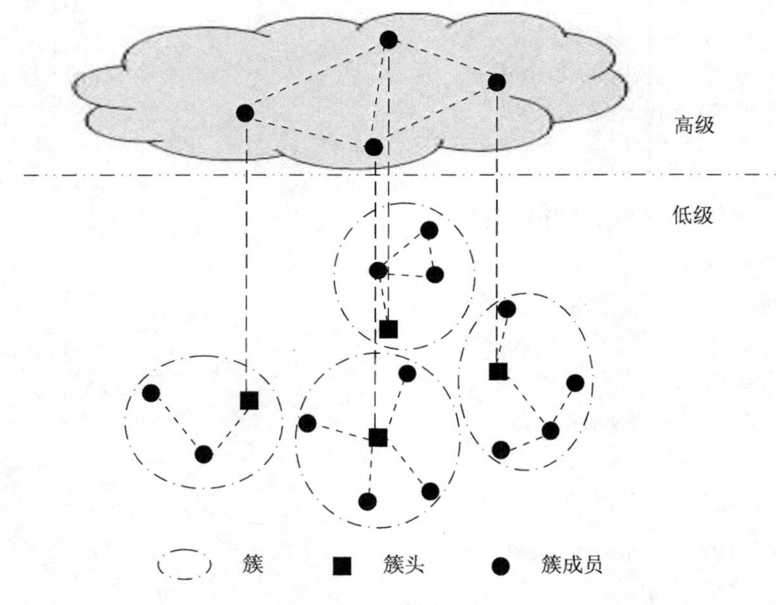

图7-4 多频分级结构

分级结构的网络中，簇成员的功能比较简单，不需要维护复杂的路由信息，大大减少了网络中路由控制信息的数量；网络具有很好的可扩展性，可以通过增加簇的个数和网络的级数来增加网络的规模；簇头节点可以随时选举产生，网络也具有很强的生存性。

7.2.3 自组织网络协议栈

由于Ad Hoc网络与传统的固定网络的巨大区别，其网络协议栈比传统协议栈有更高的要求，物理层要能实现分布式多点发起的同步；媒体访问控制（MAC）层要能治理多个分布站点随机的收发行为；网络层要能高效地治理分布式的路由协议；传输层要针对各种不同的业务进行优化等。本小节分别从网络协议栈中的物理层、数据链路层、网络层、传输层和应用层进行网络协议栈的通用要求分析。

根据自组织网络的特征，参照 OSI 经典的 7 层协议栈模型和 TCP/IP 体系结构，可以将自组织网络的协议栈划分为 5 层，如图 7-5 所示。

应用层
传输层
网络层
数据链路层
物理层

图 7-5　自组织网络协议栈

1. 物理层

Ad Hoc 网络的物理层要解决的问题主要包括：物理信道成型、物理层同步、高吞吐量技术的采用与改造、安全性的提高等。

物理信道成型负责频率选择、载波产生和监听、信号监测、调制、数据的发送接收等。Ad Hoc 网络物理层可以选择和参考的标准包括 IEEE 802.11、IEEE 802.16、蓝牙和高性能无线局域网（HiperLAN）等标准所定义的物理层。IEEE 802.11 物理层标准明确地定义了无线节点的 Ad Hoc 工作模式；IEEE 802.16 中的网格网（Mesh）工作模式与 Ad Hoc 类似，只是减少了移动性。

物理层的同步是网络工作的前提。由于组网的随意性、终端的移动性，处于平等地位的 Ad Hoc 分布式网络中的终端的物理层同步就变得非常难以解决。以 IEEE 802.11 的 Ad Hoc 网络为例，虽然物理层是以基于预约的载波侦听/冲突避免机制实现，不像 WiMax 或者 GSM 等同步时分系统，需要对时间进行严格等同单位的划分。但是，预约的基本单位还是时间，分布式系统的正常工作还是建立在物理层时间基准之上的，否则，时间基准差异造成的碰撞的概率就会增加。另外，具有分布式特点的 Ad Hoc 网络中的终端的移动性是随意的，且没有处于中心位置的固定的基础设备，每一时刻的同步基准都会更改，所以网络传输的时延就必须随时更新，为了达到物理层的同步，每个终端都要计算它与当前时刻的处于网络治理者之间的时间提前量，并持续地维持该值。物理层之上的其他各层才能在一个较为精准的基础上开展各自所负责的任务。能完成上述功能的环境是非常复杂的，由于无线信道的时变特性、Ad Hoc 网络的灵活移动性，要设计出一个准确地计算各个节点的物理层同步基准的模型还需要考虑到信道的特征。

无线网络中，为了提高传输效率和频谱利用率，物理层一般采取高阶调制、多输入多输出（MIMO）、正交频分复用（OFDM）、空时编码等方法。高阶调制对信道的质量要求比较高，要求信道的一致性要好，不太适合于 Ad Hoc 网络的多变环境。MIMO 技术通过多入多出技术实现传输数据量的增加，现在正在制订的 IEEE 802.11n 就是基于这种技术的。OFDM 利用相互正交的子载波实现数据加倍。空时编码利用空间信息和时间信息，进一步提高物理层正交的维数。但是这种技术更适合于固定宽带无线接入系统，或者有一端固定的传统基础模式网络，且由于复杂度过高，实现起来会增加设备的成本。

网络吞吐量的提高仅仅通过物理层技术是不够的，需要协议栈的各个层面整体配合。试验数据表明，随着全连通网络内的节点的增加和业务服务质量（QoS）要求的提高，网络治理开销增加，有效业务带宽会有明显的下降。

物理层还需要考虑通信安全性，如设备认证、通信数据加密等。

2. 数据链路层

数据链路层主要实现网络节点的寻址、流量控制、差错控制、业务汇聚、QoS 保障机制等。一般把数据链路层分成媒体访问控制（MAC）子层和逻辑链路子层。

（1）媒体访问控制子层

MAC 子层治理和协调多个用户共享可用频谱资源，需要解决 MAC 层同步、网络组织与治理、多路复用与竞争解决、路由维护与邻居发现、安全性等问题。

多路复用与竞争解决主要表现在信道划分机制和信道分配机制上。信道划分机制包括频分、时分、码分、空分以及以上方法的组合。时分将时间分割成时隙，按照周期重复的方式将时隙分配给用户。时分的困难是多个节点之间的同步。时分在动态信道分配上具有较好的灵活性，可以实现单用户多时隙，区分用户分配带宽。另外，时分还因为每个节点间歇式地发送数据和接收数据，很轻易实现非发送数据周期休眠，降低节点的能耗。频分将系统带宽划分为互不交叠的信道，实现简单。缺点是不够灵活，很难将多个信道按需分配给一个用户。在频分机制下，节点始终处于工作状态，能量损耗是频分系统的难题。在码分机制中，用户使用不同的扩频码，接收者基于扩频码特性来区分不同的用户。码分的一个好处是几乎不需要在时间或频率上对用户进行动态协调，缺点是实现起来较复杂。在突发业务模式下，最有效的信道分配机制是随机接入法；在连续业务流模式下，需要采用某种调度机制来防止冲突，确保连续的连接。MAC 协议的困难通常是在获得较好公平性和吞吐量的情况下如何有效减少能量损耗。随机接入代表着竞争，通过竞争的方式来共享和使用有限的信道资源。一般随机接入法都通过载波侦听多路访问（CSMA）机制来监听和退避，以减少冲突。CSMA 在单跳环境下可以很好地工作，但是多跳环境下，由于隐藏终端（hidden station）的存在，CSMA 检测和避免冲突的能力急剧下降。暴露终端（EXPosed station）问题也会降低信道的利用率。随机接入协议适合于网络中具有大量的突发业务的用户，即用户数大于可用信道数且每个用户的传输要求是随机和突发的。但当用户具有较连续或较长的业务分组需要发送时，因为冲突的增加，随机接入的性能变差。在这种情况下，需要借助于调度机制以一种更加系统的方式为用户分配信道。

调度机制应保证每个节点在相应的信道上发送/接收分组而不与邻居节点发生冲突，同时尽可能高效地使用可用的时间、频率或码字资源。即使采用调度接入协议，在网络的初始化阶段也需要竞争方式的随机接入协议的支持，如 IEEE 802.16。随机接入协议提供初始化竞争，并为连续的数据传输建立合适的调度表。

网络的组织与治理要求 MAC 层通过一系列的治理帧和控制帧实现节点的发送顺序控制、子网形成、接入网络动作、退出网络动作。

Ad Hoc 没有核心控制点，网络的信息分布在网络中的各个节点上。如何以较小的治理代价对这些信息进行有效的组织和使用是 MAC 层面临的难题。

MAC 子层也有一个 MAC 层同步的问题。以 IEEE 802.11 为例，传统基础模式下的 MAC 子层的同步是通过处于网络核心位置的固定的无线接入点（AP）以每 100ms 发送的信标（Beacon）帧实现的。每个终端在接收到 Beacon 帧后更新自己的 MAC 层时间基准，该基准是终端阶段用于预约信道时发送请求发送/预备接收（RTS/CTS）的基础。在 Ad Hoc 网络下，由于没有固定位置的 AP，所有节点都是终端节点，每个节点都可以发送 Beacon 帧。

IEEE 802.11 中 Ad Hoc 下 MAC 同步的设计是：第一个开机的节点首先发 Beacon 帧，

并认为是网络中的AP角色；随后进入网络的节点首先扫描，接收到Beacon帧之后，更新自己的时刻，和接收到的Beacon帧保持同步，并设置RTS/CTS以及Beacon帧退避所需要的计时计数区；在新的Beacon帧发送时刻到来时，每个节点都从Beacon帧退避区中取随机等待值（仅在第一次时这样），等待值结束后就发出Beacon帧；假如在退避等待期间接收到了Beacon帧，则停止等待值的更新，等待下一次发送时刻；假如有两个节点同时等待到，则Beacon帧会碰撞，两个节点同时以二进制指数退避法退避，本次Beacon帧的发送会由其他节点完成。

对于全连通网络，这样的方法既可以满足Ad Hoc的灵活性，又可以以较低的网络开销实现MAC同步。但是当网络规模不断扩大后，节点之间已经不能实现全连通，就必须对网络进行划分，在更小的范围内实现同步，而整个网络的同步问题就变得非常复杂，效率也就急剧下降，如何有效地对多跳范围内的节点治理和组织是MAC层设计的技术难点之一。

在Ad Hoc网络中还要考虑的是路由协议的辅助实现功能。由于路由协议必须及时更新，路由发现过程需要MAC层的配合。以IEEE 802.11为例，节点的地址的变化最早就体现在MAC层上。MAC层在控制帧和治理帧的发送过程中随路实现路由发现阶段的网络地址广播是非常方便的。

MAC层同样面临着通信安全性的要求，需要考虑节点认证和数据加密。

（2）逻辑链路子层

逻辑链路子层（LLC）实现流量控制、差错控制和业务汇聚。在流量控制和业务汇聚过程中还要体现出业务的区别，为实现QoS创造条件。

无线Ad Hoc网络中的链路层设计存在很多困难，无线信道特性较差，容量低，多径衰落会引起信号幅度和相位的随机抖动，时延传播引发符号间干扰，广播特性造成节点间干扰。

链路层设计的目标是获得接近信道容量限制的数据率，并使用相对少的能量来减少信道损伤。衰落信道下的研究结果表明，在信道状况较好时应增加发送功率和速率以提高信道的利用率。

链路层协议通过使用差错控制机制来保护数据比特，以减少信道错误的影响，如自动重发请求（ARQ）和前向纠错码（FEC）。ARQ虽然可以增加分组投递的可靠性，但重传将耗费过多的能量和更多地占用带宽，并且增加分组投递时延，在有实时传输要求的网络下是不可用的。FEC虽然可以克服ARQ的缺点，但是较复杂的编解码机制会带来额外的分组开销。对于Ad Hoc网络，逻辑链路子层要求在网络开销和信道容量方面进行必要的平衡。

业务汇聚要根据业务属性对业务数据进行区分，对于相同QoS要求的业务进行打包；对于不同QoS要求的业务，要根据优先级和节点的发送能力确定每次发送的数据；流量控制同时要控制数据的发送和接收，避免拥塞，滑动窗口协议是最常见的方法。虽然逻辑链路子层的功能比较单一，但是这些功能都是环环相扣的，如何让这些功能协调统一以达到高效运作是逻辑链路子层面临的主要问题。

3. 网络层

网络层是Ad Hoc网络中最重要的一层，大量具有Ad Hoc特点的功能都要在网络层实现。网络层面临的主要问题是多跳路由协议、邻居节点维护等。

(1) 邻居发现

邻居发现是网络初始化的一个基本过程，从节点的角度看，该过程是节点在最大发送功率约束和最小链路性能限制下，确定可以与其直接建立通信链路的邻居节点的数量和身份的过程。

节点使用的发送功率越高，邻居节点数量越大，网络全连通能力越强。邻居发现通过发送一定功率的探测信号来检测邻居节点数是否满足最小连接度要求，假如不满足，可以逐渐增加发送功率重复探测。每个节点需要的邻居节点的数量依靠于网络配置和节点分布。随节点移动性的增加，网络全连通的能力也不断下降。

Ad Hoc 网络的节点密度是指单位面积内的节点数，节点密度是时变的。对于给定的传输范围，当节点密度增加时，每个节点获得的信道带宽将降低，但业务数据经过的平均跳数会减少。通常路径长度随传输范围的增加而线性减少，而参与竞争的节点数量随传输范围的增加而呈平方关系增长。在能够维持网络连通的前提下，较小的节点度可以提供较高的网络吞吐量，但是路径长度较大。较大的节点度会减小系统的有效容量，但是路径长度小。节点密度过低并不可取，会减小网络的连接度，增加网络分区的概率。Ad Hoc 网络下需要某种机制以适应节点密度的变化，具体可以通过两种方法：一是功率控制，通过调节节点发送功率来获得合适的节点度；二是波束天线，用较窄的波束宽度提供较高的空间重用率，从而适应节点密度的增高。

(2) 路由协议

现存的用于有线和无线网络中的路由协议无法满足无中心、自组织网络的 Ad Hoc 的组网要求。由于 Ad Hoc 中子网的不确定性，网络节点的移动性和网络拓扑结构的变化性，对网络地址的分配、路由信息的发现、路由信息的更新以及最佳路径的判定提出了要求。一方面，每个节点都存在担当路由网关的可能，每个节点都要参与路由信息的传递与更新，以确保在任何时刻，每两个节点之间都是可达的；另一方面，每个节点都参与的上述过程会带来大量的治理开销，降低网络效率，同时还可能出现环形路径。如何对这两个方面实行折中，需要根据 Ad Hoc 网络的规模和应用进行非凡的设计来解决。

1) 单播路由。单播路由是最基本的路由功能。Ad Hoc 网络中单向信道的存在，无线信道的广播特性所产生的链路冗余，动态变化的网络拓扑结构等原因使得有线网络的路由协议并不适合于 Ad Hoc 网络环境下使用。常规路由协议使用到 Ad Hoc 网络下，长期处于非收敛状态，产生路由回环的几率也很高。Ad Hoc 网络的单播路由协议可以分成平面路由协议、分级路由协议（混合路由）和地理位置辅助路由协议。

平面路由协议分成先验式路由、反应式路由和洪泛路由。先验式路由周期性地发送路由信息来计算到所有可能目的节点的路径，尽管可以在静态的拓扑下获得较高的路由质量，但在大的动态网络中可扩展性很差；反应式路由的策略是按照需要使用查询响应机制来寻找和维护路径，从而降低了维护路由信息所需的网络开销，缺点是建立路由的时延大，查询得到的路由质量较低；洪泛路由不需要了解网络拓扑，向所有目的节点广播，在负载较轻时相当健壮，但会消耗大量带宽和能量，只适应拓扑变化较快的小型网络。

分级路由中，网络的逻辑结构是层次性的，网络动态地组织成簇或区，骨干部分由较为稳定、综合性能较好的骨干节点组成。一般在簇内使用先验式路由协议，而在簇间使用反应式路由来屏蔽簇内的拓扑信息的细节。分级路由的优点是扩展性强，适合大规模整体移动环境。

地理位置辅助路由中，节点可以借助于全球定位系统（GPS）或其他手段获得准确的位置信息，从而可以在较低网络开销下获得较好的寻址性能；缺点是成本会有增加，实现复杂。

当节点移动性较高时，除了洪泛路由，其他路由的性能严重下降，此时为了克服洪泛的缺点，可以采用多路径路由，分组在几条路径上同时传输，从而提高分组投递率。

2）多播（广播）路由。多播（广播）路由是实现 Ad Hoc 网络基本应用的基础。多播路由协议的要害是确定分组的发送方到接收群组各成员的分发树。

在 Ad Hoc 网络环境下，对多播通信的支持有着重要的意义。Ad Hoc 网络的使用者通常是具有协同工作关系的用户群体，根据协同关系可以形成不同的群组，而群组通信必须有多播路由协议提供支持。另外，使用多播路由，分组只需一次发送，就可以到达多个或全部其他节点，可以提高网络带宽的利用率。目前在有线网络环境下，对多播路由协议的研究主要分为两类：源分发树算法和共享分发树算法。

在源分发树算法中，对每一对节点要单独构造分发树，一个群组会有多个分发树存在。共享分发树算法针对一个群组只构造一棵分发树。源分发树的优点是单独构造的分发树可以降低数据分组的网络延时，优化传输性能；缺点是由于有多个分发树的存在，所有发送节点消耗的网络带宽总和要高于共享分发树，路由维护的复杂度和网络开销都会增加。因此，从网络带宽的使用效率和消耗上看，共享分发树算法更适合在 Ad Hoc 网络环境下使用。

由于目前在有线网络环境下使用的共享分发树算法大多是根据底层单播路由协议提供的距离－矢量信息，采用逆向路径转发机制建立和更新多播分发树，所以在 Ad Hoc 网络环境下使用依然存在问题。Ad Hoc 网络环境下，拓扑结构的变化速度要比单播路由协议计算路由的速度快，也比多播路由协议的反应速度快，分发树的构造往往赶不上网络的变化，这是共享分发树所面临的最大的问题。假如采用链路状态法的多播路由协议，如多波开放式最短路径优先协议（MOSPF），这个问题将更严重。在一个中等大小的 Ad Hoc 网络环境中，要做到路由信息的变化与拓扑结构的变化迅速保持一致是非常困难的。

总之，在 Ad Hoc 网络环境中，对于多播路由协议的设计的要害在于如何有效迅速地对网络拓扑结构发生的变化作出反应。

4. 传输层

传输层负责排序接收的数据并将其送交相应的应用程序，检测分组的错误和重传分组。最常用的传输层协议包括数据报协议（UDP）和传输控制协议（TCP）。TCP 面向连接、保证分组的可靠按需到达，具有流量控制和拥塞控制机制，实现复杂，开销大。当前的 TCP 是为有线网络环境设计的，不能区分拥塞、传输错误以及路由失效引起的分组丢失，不适于无线环境，因此需要修改和加强。

语音业务是 Ad Hoc 网络中的常见业务。这就要使用到实时传送协议/实时传输控制协议（RTP/RTCP）和信令控制传输协议（SCTP）。RTP 建立在 UDP 的基础之上，SCTP 替代 TCP 传输呼叫信令方面的数据。

在不同的网络规模和结构下，不同长度的业务数据对网络会造成不同的影响。一方面，长度大的数据的传输会占据较长的网络传输时间，因网络环境变化造成的重传会增加网络的负担；另一方面，太短的数据的传输会因为治理开销的比例增加而降低网络的效率。可以针对不同的网络环境适配最佳的数据长度。

5. 应用层

应用层的关注重点是网络效率问题。目前 Ad Hoc 网络要确保能够应用的 QoS，几乎是不可能的。尽管链路层和网络层的自适应机制能够为应用提供一定的 QoS 保障，但是这种 QoS 会随着信道条件、网络拓扑和用户要求的变化而变化，因此应用需要根据网络提供的 QoS 进行变化。此外，还可以采用 QoS 协商机制通过降低低等级用户的 QoS 来提高高等级用户的 QoS。由于不同的应用具有不同的 QoS 要求，它们可以互相协调以获得可以接受的服务性能。节点的有限能量要求网络性能和网络寿命的折中，这些折中也是随网络的变化而动态变化的。

7.3 自组织网络的关键技术

7.3.1 路由协议

路由协议是 Ad Hoc 网络的重要组成部分，开发良好的路由协议是建立 Ad Hoc 网络的首要问题。与传统网络的协议相比，Ad Hoc 网络路由协议的开发更具挑战性，这是因为传统网络的路由方案都假设网络的拓扑结构是相对稳定的，而 Ad Hoc 网络的网络拓扑结构是不断变化的。另外，传统网络的路由方案主要依靠大量的分布式数据库，这些数据库保存在某些网络节点和特定的管理节点中，而 Ad Hoc 网络中的节点不会长期存储路由信息，并且这些存储的路由信息也不总是可靠的。大量的研究表明，理想的 Ad Hoc 网络路由协议必须具备以下功能：维护网络拓扑的连接；及时感知网络拓扑结构的变化；高度的自适应性。

根据路由表的维护特点，Ad Hoc 网络的路由协议大致可分为：表驱动路由协议；按需驱动路由协议；混合路由协议。表驱动路由协议又称先应式路由协议，是指网络中的节点通过周期性地广播交换路由信息，获取其他节点的路由。由于这种方式需要不断在节点之间进行路由信息的交换和更新，占用了大量的网络资源，而事实上有很多的路由信息并不是必须的，这就造成了网络资源的浪费，所以这种路由方式一般只用在传统网络中，不大适用于 Ad Hoc 网络。按需路由协议又称反应式路由协议，是指节点只对自己需要使用的路由进行维护和查找，也就是说，节点之间不必周期性地交互路由信息，解决了因交互无用的路由信息引起的网络资源浪费。混合路由协议是对表驱动路由协议和按需驱动路由协议的综合，它先在局部范围内使用表驱动路由协议，缩小路由控制消息传播的范围，当目标节点较远时，再通过按需驱动路由协议查找发现路由，这样就均衡了路由协议的控制开销和时延两个性能指标。

目前，大多数 Ad Hoc 网络路由协议采用的是按需驱动路由方式，其中，具有代表性的有动态资源路由协议（DSR）、Ad Hoc 请求距离向量协议（AODV）和定位辅助路由协议（LAR）等，而目的序列距离矢量路由协议（DSDV）则是表驱动路由协议的代表。

7.3.2 服务质量

服务质量（QoS）指网络在传输数据流时必须满足的一系列性能指标，主要包括时延、可用带宽、丢包率和抖动等。目前，很多业务（如实时多媒体业务、交互式业务等）都要求网络提供QoS保障，虽然人们对QoS保障问题的研究取得了许多进展，但大多数方案都是针对固定网络特性而设计的，无法直接用到Ad Hoc网络中。Ad Hoc网络链路质量差、网络拓扑动态变化、信道访问存在竞争的特点使得QoS保障问题变得更加复杂。Ad Hoc网络的QoS支持主要面临以下问题：无线信道的时变性；无线信道的带宽受限；路由机制；有限的电池能量。

为了更加合理地利用Ad Hoc网络资源，获取更好的数据传输性能，为多媒体业务的QoS提供保障，研究人员提出了3种QoS模型，所提出的模型不但要求能适应Ad Hoc网络拓扑的动态变化和无线信道的时变性，同时还要能保证与其他网络互连。

1. 集成服务模型

集成服务模型是从Internet网络环境中发展起来的，借鉴了电话网络和ATM中的虚连接机制。该模型的特点是在路由器中不能高速处理大量的数据流，否则会导致主干路由器成为网络瓶颈，但可采用资源预留协议为每个流预留端到端的网络资源，网络中的路由器也采用相应的资源管理机制，从而提供定量的QoS。

2. 区分服务模型

区分服务模型将网络分为边缘和核心两部分，它们的分工各有不同，前者主要负责业务的分类、标记等，后者主要利用IP数据包头中的服务类型字段（ToS），把服务模型对资源预留协议的使用限制在用户网络侧。主干路由器只需检查数据包中的ToS字段来判断其业务类型，然后为不同的业务提供不同的QoS保障策略。

3. 集成区分服务模型

虽然集成服务和区分服务有着各自不同的特点，但同时也存在相应的缺陷，特别是将它们应用到Ad Hoc网络中时，问题就越发明显。集成区分服务模型是对集成服务和区分服务的综合，融合了两者的特点，它既可以控制每流服务的细粒度，又可以根据不同的业务类型提供相应的服务，是一种更优化的服务模型。FQMM模型就是一种典型的集成区分模型，该模型是专门针对Ad Hoc网络设计的，可以很好地优化Ad Hoc网络的性能。

7.3.3 功率控制

功率控制是指通过调整信号的发射功率，在保证一定通信质量的前提下尽量降低信号发射功率。由于Ad Hoc网络的特殊性，如果对它进行功率控制，不但可以降低网络的能量消耗，还可以减少对邻近节点的干扰，提高信道的空间复用度，从而提高整个网络的容量。目前，功率控制已成为提高Ad Hoc网络性能的常用机制，并逐渐成为Ad Hoc网络应用中不可缺少的重要手段。

由于Ad Hoc网络是一个无任何基础设施和集中管理机构的无线多跳网络，各个节点的功率控制必须根据局部的信息做出决定。通常，一种理想的Ad Hoc网络功率控制方法需满足以下要求：1）简单、高效、灵活、扩展性强；2）拓扑结构中节点的度要尽量小，从而减小节点间的相互干扰，增加网络吞吐量；3）能实现功率路径的最优化，从而节约能量，延长网络寿命；4）网络中的每个节点只需使用局部的信息就可以决定自己的传输半径和传输功率。

实际上，功率控制问题与 Ad Hoc 网络中的物理层、链路层、网络层以及传输层都密切相关，它们都可以采取相应措施进行功率控制。目前，对 Ad Hoc 网络功率控制机制的研究主要集中在链路层功率控制、网络层功率控制和混合功率控制三个方面。

（1）链路层功率控制

主要通过介质控制（MAC）层上的协议来完成，发送节点根据每个报文的目的节点距离、信道状况等动态调整发射功率，以便提高网络容量和降低节点的能量消耗。一般来讲，链路层功率控制要经常调整，有可能每发送一个数据报文都得进行功率控制。

（2）网络层功率控制

主要通过改变发射功率动态调整网络的拓扑结构和选路，最终使全网性能达到最优化。与链路层功率控制相比，网络层功率控制调整频率较低，较长时间才进行一次调整。

（3）混合功率控制

随着研究的深入，研究人员发现了一种更优的功率控制，即混合功率控制，它可以进一步提高网络性能。混合功率控制是对链路层功率控制和网络层功率控制的综合，用网络层的功率控制调整网络拓扑结构和选路，而在发送报文时，链路层功率控制根据目的节点的远近调整发送功率。

7.3.4 安全问题

由于在 Ad Hoc 网络中没有可信任的中心节点和通信基础设施，并且所有的节点都是移动的，节点本身要充当主机和路由器，节点间的通信完全通过无线信道来完成，它的这些固有特性使网络安全面临巨大的挑战。与传统网络相比，Ad Hoc 网络更容易遭受各种安全威胁，如窃听、篡改数据、拒绝服务和伪造身份等。

在安全目标上，Ad Hoc 网络与传统网络是一致的，主要包括机密性、完整性、认证性、不可否认性、可用性和访问控制等方面，但要实现这些目标相当困难。传统公钥密码体制中的数字签名、加密、报文鉴别码等技术本来可以实现信息的机密性、完整性、不可抵赖性等安全服务，但是它需要一个可信任的密钥管理中心进行密钥分配，而在 Ad Hoc 网络中不允许存在这样的认证中心节点。因为单一的认证中心节点极易成为网络的瓶颈，一旦崩溃将造成整个网络瘫痪，更为严重的是，单个认证中心节点是攻击者的首选攻击目标，一旦被攻破将使整个网络完全失去安全性。虽然可以通过备份认证中心来提高抗毁性，但同时也增加了被攻击的目标，任何一个认证中心被攻破，整个网络就会失去安全性。因此，Ad Hoc 网络的密钥管理非常关键。

目前，Ad Hoc 网络密钥管理的研究主要集中在 4 个方面：1）局部分布式 CA 证书；2）基于多项式的秘密共享；3）基于 PGP 的自组织公钥管理；4）基于身份的密钥管理方案。前三者都是建立在传统公钥系统的基础上，尽管可以考虑使用对资源占用较小的公钥加密算法（如椭圆曲线加密算法），但无论采用什么方法来实现分布性，Ad Hoc 网络中的通信量和节点存储量都比较大。因此，在 Ad Hoc 网络中，使用对资源占用较小的基于身份的加密系统来进行密钥管理，应该是提高网络性能的有效途径。

纵观网络安全的发展历史，可以得知任何一个方案都不可能是完全安全的，总是存在这样和那样的漏洞，因而入侵检测就顺理成章地成为安全方案之后的第二道防线。目前，Ad Hoc 网络的入侵检测系统主要有 4 种：1）分布式入侵检测系统；2）基于 AODV 协议的入侵检测系统；3）基于移动代理的分布式入侵检测系统；4）本地入侵检测系统。前 3 种入侵检测系统在节点开销、互操作性和检测新入侵模式方面存在一定缺陷，只有本地入侵检测系统比较理想，基本上符合 Ad Hoc 网络入侵检测系统的要求，但仍需要改进和加强。

7.3.5 互联问题

通常，Ad Hoc 网络是以独立的通信网络形式存在，它不与其他任何网络连接，所有节点之间通信都在网络内部进行。但是在实际应用中，Ad Hoc 网络不可避免地要与其他网络互连，特别是与 Internet 互连。由于 Ad Hoc 网络与 Internet 的路由方式不一样，如果要在它们之间实现无缝互连，就必须存在一种特殊的网关，它既能适应 Internet 网络的层次性路由机制，也能适应 Ad Hoc 网络中的特定路由机制，并且能实现不同网络中节点间的通信。国内外众多学者正在研究 Ad Hoc 网络与 Internet 的互联，提出了几种最具代表性的方案：1）基于移动子网的 Ad Hoc 接入方法；2）基于中心代理的 Ad Hoc 接入方法；3）基于移动 IP 的 Ad Hoc 接入方法。由于研究还处于初级阶段，所以无论采用何种接入方案都存在问题，这些问题也只有随着研究的深入才能解决。

7.4 自组织网络中的链路自适应技术

由于多径衰减引起的幅度与相位的扰动、延迟扩展引起的码间串扰、来自其他节点信号的干扰等因素，使得无线信道的单位带宽容量相对很小，因此自组织网络的链路层设计面临许多新的挑战，其目标是在相对小的能量条件下，使得数据速率接近最基本的信道容量。如何充分利用有限的带宽、能量资源，基于应用的特点和对 QoS 的要求，最大化网络的吞吐量，最小化能量的消耗，延长能量受限网络的寿命，将是链路自适应技术要解决的问题。

7.4.1 自适应编码调制

实际的无线信道具有时变特性和衰落特性。时变特性是由终端、反射体、散射体之间的相对运动或者仅仅是由于传输媒介的细微变化引起的，因此无线信道的信道容量也是一个时变的随机变量，要最大限度地利用信道容量，只有使发送速率也是一个随信道容量变化的量，也就是使编码调制方式具有自适应特性。所以，自适应编码和调制根据信道的情况确定当前信道的容量，根据容量确定合适的编码调制方式等，以便最大限度地发送信息，实现比较高的速率。

在自组织网络中不仅要传输不同速率和不同质量要求的多种业务，同时无线信道的传播特性经常会随着时间和传播地点的变化而变化，所以自组织网络必须具有自适应改变其传输速率的能力，以便能灵活地为多种业务提供合适的传输速率，同时能在保证传输质量的前提下，根据传播条件实时地调整其传输速率。实现可变速率调制的方法主要有以下三种：

- 可变速率正交振幅调制（VR-QAM）：根据信道质量的好坏，自适应地增加或减少 QAM 的电平数，从而在保持一定传输质量的情况下，可以尽量提高通信系统的信息传输速率。
- 可变扩频增益码分多址（VSG-CDMA）：在传输高速业务时降低扩频增益，为保证传输质量，可相应提高其发射功率；在传输低速业务时增大扩频增益，在保证业务质量的条件下，可适当降低其发射功率，以减少多址干扰。
- 多码码分多址（MC-CDMA）：待传输的业务数据流经串/并变化后，分成（1，2，…，M）多个支路，支路的数目随业务数据流的不同速率而变，当业务数据速率小于等于基本速率时，串/并变换器只输出一个支路；当业务数据速率大于基本速率而小于二倍基本速率时，串/并变换器输出两个支路；依次类推，最多可达 M 个支路，即最大业务速率可达基本速率的 M 倍。

信道编码能够有效地减小功率来获得给定的误码率，这在能量受限的自组织网络的链路设计中尤为重要。许多无线系统采用差错控制编码来降低功率的消耗，分组码或卷积码的纠错是通过增加信号带宽或减小信息速率来取得的，网格编码使用信道编码与调制联合设计来获得更好的误码率性能，而不需要增加信号带宽或减小信息速率。自适应编码的目的就是最小化能量，获得高的频谱效率。一般而言，自适应编码都是与调制相结合的，很少单独使用。

可变速率自适应格状编码调制（ATCQAM）通过改变码率与调制的星座图来动态地与信道匹配。接收端将估计的信道信息通过反馈链路发送到发送端，在信道条件好的时候，提高 QAM 的电平数，相反则降低 QAM 的电平数并增强差错保护能力，当然系统的吞吐量也随之下降。ATCQAM 方案如图 7-6 所示。

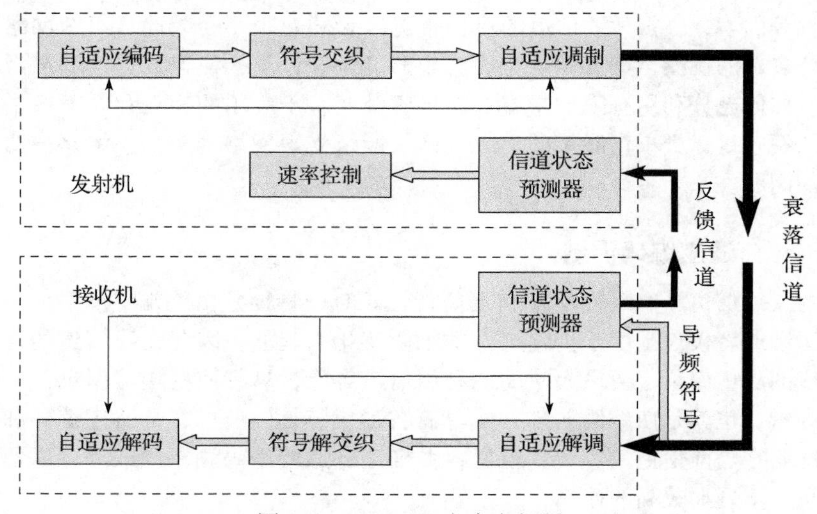

图 7-6　ATCQAM 方案方框图

发送端是由可变速率卷积编码器、自适应调制器、符号交织器与信道预测器组成。信息比特经过卷积编码得到，被编码的比特映射到合适的 M 进制 QAM 信号。周期性地发送导频信号用于接收端进行信道估计。接收端是由自适应解调器、解交织器、维特比译码器与插值器组成。导频之间的信道状态通过插值来完成。在导频期间得到的信道信息通过反馈信道传回发送端，在发送端通过信道预测来决定合适的传输模式。ATCQAM 的帧结构如图 7-7 所示，交织方案如图 7-8 所示。

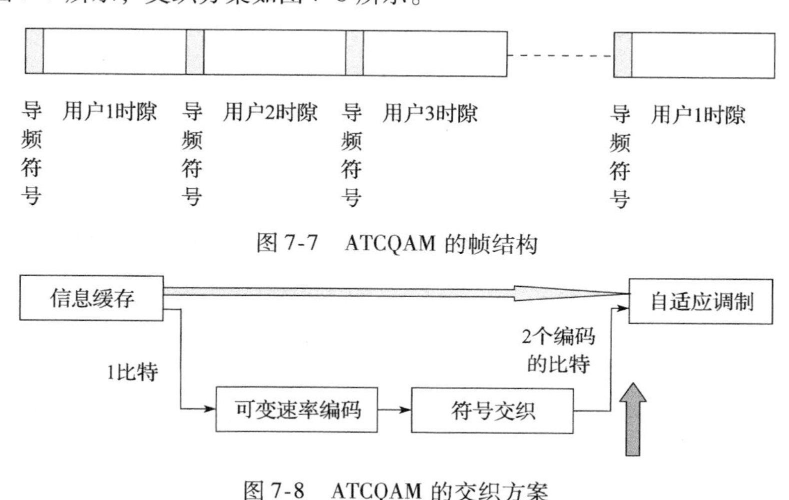

图 7-7 ATCQAM 的帧结构

图 7-8 ATCQAM 的交织方案

可变速率的编码调制解调器是基于高效的 TCM 编码，采用 1/2 码率的编码器，通过网格变换，将许多未编码的数据与编码的数据合成在一起映射到合适的 QAM 符号上。ATCQAM 的几种操作模式如表 7-1 所示。

表 7-1 ATCQAM 的操作模式

吞吐量	编码映射
1/3	6 编码比特 映射为 3 QPSK 符号
1/2	4 编码比特 映射为 2 QPSK 符号
1	2 编码比特 映射为 1 QPSK 符号
2	1 未编码比特 +2 编码比特 映射为 1 8PSK 符号
3	2 未编码比特 +2 编码比特 映射为 1 16PSK 符号
4	3 未编码比特 +2 编码比特 映射为 1 32PSK 符号
5	4 未编码比特 +2 编码比特 映射为 1 64PSK 符号

自适应调整的策略有两种：保持 BER 恒定与保证平均吞吐量的恒定。在恒定的 BER 操作模式中，若信噪比高，则增加吞吐量，反之，则减小吞吐量，这种模式对于分组数据的传输是一种比较理想的模式。在恒定吞吐量的操作模式中，可以通过改变功率来保证 BER 基本不变，反馈信道是用来传输衰落信道状态信息的，由于衰落是一个窄带随机过程，因此占用的系统资源是很小的。

7.4.2 自适应帧长控制与自适应重传机制

大多数网络中，分组在链路层被分成帧长为 L 的多帧数据。在静态系统中，当链路建立后，帧长 L 就固定了。然而，在无线网络中，当信道发生变化时，自适应地调整帧长是非常有益的。首先，当干扰增加时，误码率将增加，减小帧长将减小误帧率，从而增加应用层的吞吐量。其次，当移动节点运动速度加快而导致多普勒频移增加时，减小帧长可以减少衰落帧的概率，这也能增加应用层的吞吐量。这样的自适应方法虽然增加了应用层吞吐量，但并不需要增加传输速率，从而最小化无线设备的能量。

1. 帧长自适应

随机噪声和干扰导致了误码率与误帧率的改变，从而影响了系统的吞吐量。无论发送多少数据，随着帧长的增加，若每一帧都产生了错误，则应用层吞吐量为零，此时无线设备还在发射信号，从而损失了电池的能量。减小帧长可以降低误码率，提高吞吐量，提高能量的有效性，但当帧长减小时，帧首部等额外负载也会增加，从而降低了系统的吞吐量。由此看出，在给定误码率的情况下，为了获得最大的系统吞吐量，存在最佳帧长。通过选择合适的帧长，可以减小发射功率，从而减小系统能量损耗，减小多少与调制方式有关。

2. 自适应冗余重传

数据通信要求对出错的报文进行重传，现有的大部分协议都是直接将出错的报文丢弃，实际上是对资源的一种浪费。如何改进简单丢弃的机制，充分利用出错的报文所携带的信息，从而进一步提高对频谱和能力资源的利用率？方法就是将出错报文与重传的报文分集合并。

增量冗余的基本思想是通过增加冗余信息直到解码完全正确。当接收端解码失败后，发送端发送额外的校验比特，接收端将这些比特与已接收到的数据块合并，使得纠错的能力更强，从而使解码正确。与自适应调制不同，增量冗余采用固定的调制，增量冗余编码器如图 7-9 所示。

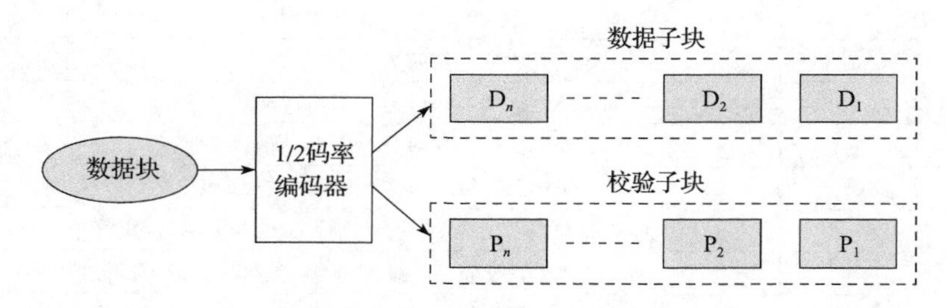

图 7-9 增量冗余编码器

编码器将数据块通过一个码率为 1/2 的对称编码器形成了 $2n$ 个子块，这些子块被分成数据子块（D_1，D_2，…，D_n）和校验子块（P_1，P_2，…，P_n）。数据子块没有冗余信息，与原始输入数据是一一对应的，校验子块是从数据子块中导出的校验信息。发送方通过使用多校验码来获得码率的改变，首先发送数据子块，然后等待应答。若解码失败则会收到 NACK 信号，发送端将发送第一个校验子块 P_1 去辅助解码。这个过程反复进行，直到解码正确或校验块全部被发送完，在后一种情况下将重发数据块。

增量冗余仅在解码失败时才重传，且更能跟踪信道的变化，获得更高的码率，码率的提高能够转化为系统吞吐量的提高。然而，由于反馈延迟长，需要发送端与接收端有大的存储容量。

7.4.3 多天线技术

在接收端或发送端采用多天线会大大提高系统的性能，减小发送的功率。多天线系统采用分集、波束形成或多入多出（MIMO）技术。分集合并通过减轻平坦衰落的影响，有效地节省系统功耗。波束形成会产生有效的方向图，使得在所需的信号方向上有很高的增益，而在其他方向上增益很低。MIMO 系统能够有效地提高数据传输速率。

1. 动态天线分集

天线分集接收技术可以增强接收信号，提高系统性能。通过天线分集，接收端可以获得发射端发出的同一信号的多个样本，由此可以在接收端以更高的精确度恢复发送的信号。然而，天线分集也有缺点，它需要更多的信号处理，导致更大的功耗，同时还会增加硬件额外开销。动态天线分集技术是通过对接收信号强度测量来对无线链路进行评估，并根据其结果动态地调整接收天线的连接，达到降低功耗和提高性能的目的，使得功耗和性能得到有效的折中和优化。

系统在采用动态分集技术条件下，根据接收端质量评估认为链路足够可靠时，就采用一种形式相对简单的接收天线分集，可以是选择分集或无分集模式。链路状况变差时，接收机将采用一种鲁棒但功耗更大的最大比例分集合并模式，它在多个接收天线路径上进行信号处理，在检测到链路质量改善后，接收机就会将其配置重新恢复到较简单的分集模式。接收端链路质量评估技术在实现动态分集中扮演了关键角色，动态模式的选择可以由能够指示通信链路质量变化的各种物理层及 MAC 层参数决定。

动态分集具有多种优点，它可以提供高吞吐率而无需过高的整体功耗，并且不影响发送器功率控制和数据包重传等传统的发送器端链路增强技术；它保持了与当前使用的无线通信设备的后向兼容能力和互操作能力，因为它是一种只影响接收端的增强技术。

2. 智能天线

从方向图来区分，天线主要有全向天线和定向天线两种。全向天线在各个方向的发射和接收均相同，应用于360 度覆盖小区。当采用小区分裂技术后，应采用仅覆盖部分小区的定向天线，可提高信道复用率。

上述两种方式的覆盖区域形状是固定的。而智能天线可以产生多个空间定向波束，动态改变覆盖区域形状，使天线主波束对准用户信息到达方向，自动跟踪用户和应用环境的变化，从而有效抑制干扰，提取用户信号，提高链路性能和系统性能。因此，在自组织网络中，可以利用智能天线技术提高频谱资源、降低系统功耗。同时，智能天线技术利用阵列天线替代常规天线，能够降低系统干扰，提高系统容量和频谱效率。

波束形成是智能天线的关键技术，是提高信噪比、增加用户容量的保证。波束形成对阵列天线的波束幅度、波束指向和波束零点位置进行控制，在期望方向保证高增益波束指向的同时，在干扰方向形成波束零点，并通过调节各阵元的加权幅度和加权相位来改变方向图形状。智能天线可以分为预多波束和自适应波束两大类。

（1）预多波束形成

预多波束天线预先生成多个固定波束覆盖某个小区，根据接收到的用户信号，确定用户所在的波束，用户在小区内移动时，实现用户和波束的切换。下行波束采用与上行波束相对应的权值。

预多波束对于非主瓣区域内的干扰可以通过控制旁瓣来抑制，对于主瓣区域内的干扰，系统将无法抑制。应用于 CDMA 系统的预多波束智能天线原理图如图 7-10 所示。

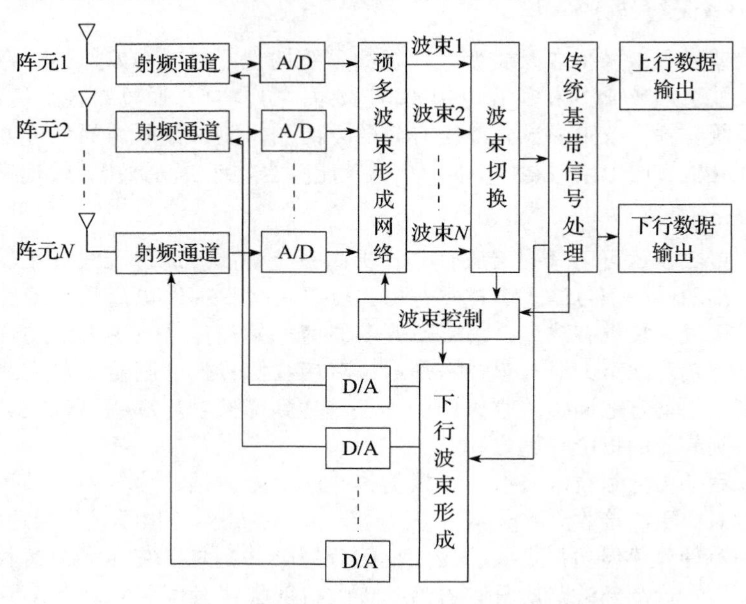

图 7-10 预多波束原理框图

（2）自适应波束形成

自适应波束形成通过调节各阵元的加权幅度和加权相位，来改变阵列的方向图，使阵列天线的主瓣对准期望用户，同时阵列天线的零点和副瓣对准其他用户，从而提高接收信噪比，满足某一准则下的最佳接收。它同预多波束的区别在于：某一用户的波束要随着用户移动而移动。图 7-11 所示为一种典型的基于 CDMA 的自适应波束形成原理框图。

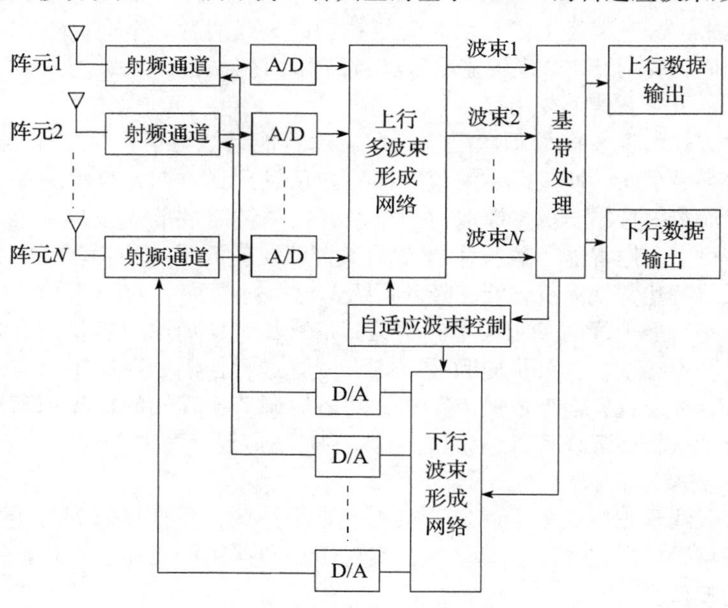

图 7-11 自适应波束原理框图

主要的自适应算法有如下几种：

- 基于波达方向估计（DOA）：经典 DOA 估计方法有 MUSIC、ESPRIT 及其改进算法，还有最大似然估计、基于高阶累计量、基于特征值分量的次最优估计等方法；
- 非盲自适应处理：在 CDMA 系统中，由于提供了导频信道，因此完全有条件进行非盲自适应处理；
- 盲自适应波束形成：当无法提供自适应算法中要求的期望信号时，只能利用传输信号的特性进行波束形成，这种方法不是最优估计，典型的代表有恒模算法（CMA）。

3. 多入多出

多入多出（MIMO）或多发多收天线（MTMRA）技术是无线移动通信领域智能天线技术的重大突破。多入多出技术能在不增加带宽的情况下成倍地提高通信系统的容量和频谱利用率。普遍认为，多入多处将是新一代移动通信系统必须采用的关键技术，而 Ad Hoc 网络也将成为新一代移动通信系统的一种网络组织形式，因此这两者的结合是必然的。

通常，多径要引起衰落，因而被视为有害因素。然而研究结果表明，对于多入多出系统来说，多径可以作为一个有利因素加以利用。因此，多入多出是针对多径无线信道来说的，多入多出系统在发射端和接收端均采用多天线（或阵列天线）和多通道，其原理如图 7-12 所示。传输信息流 $S(k)$ 经过空时编码形成 N 个信息子流 $C_i(k)(i=1, 2, \cdots, N)$，这 N 个子流由 N 个天线发射出去，经空间信道后由 M 个接收天线接收。多天线接收机利用先进的空时编码处理能够分开并解码这些数据子流，从而实现最佳的处理。特别是，这 N 个子流同时发送到信道，各发射信号占用同一频带，因而并未增加带宽。若各发射接收天线间的通道响应独立，则多入多出系统可以创造多个并行空间信道，通过这些并行空间信道独立地传输信息，数据率必然可以提高。

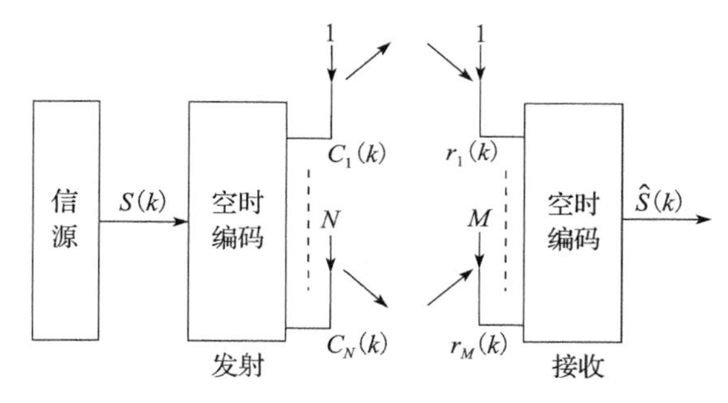

图 7-12 多入多出系统原理

多入多出将多径无线信道与发射、接收视为一个整体进行优化，从而可实现高的通信容量和频谱利用率。这是一种近于最优的空域、时域联合的分集和干扰对消处理。

系统容量是表征通信系统的最重要标志之一，表示了通信系统最大传输率。对于发射天线数为 N，接收天线数为 M 的多入多出系统，假定信道为独立的瑞利衰落信道，并设 N、M 很大，则信道容量 C 近似为

$$C = [\min(M,N)]W\log_2(\rho/2) \tag{7-1}$$

式中，W 为信道带宽；ρ 为接收端平均信噪比；$\min(M, N)$ 为 M 和 N 的较小者。该式表明，功率和带宽固定时，多入多出系统的最大容量或容量上限随最小天线数的增加而线性增加。而在同等条件下，在接收端或发射端采用多天线或天线阵列的普通智能天线系统，其容量仅随着天线数的对数增加而增加。相对而言，多入多出对于提高无线通信系统的容量具有极大的潜力。

多入多出通过多天线发射多数据流并由多天线接收实现最佳处理，可实现很高的容量。这种最佳处理是通过空时编码和解码实现的。目前已经提出了不少多入多出空时码，包括空时网格码、空时分组码、空时分层码。现以空时分组码为例来说明空时码是如何实现最佳处理的。

为了实现分集，接收机首先应将各独立信道分开，然后再实现最优组合。同样，为了实现多入多出处理，各接收机也必须先将收到的各发射机发来的子流分开再进行处理。如图 7-13 所示，是一个采用空时分组码 2 天线发射机和 2 天线接收机的原理图，对这个 2×2天线可以采用一种特殊的发射编码方法使接收机能实现子流的分开。输入信息首先分成两个符号一组 $[c_1, c_2]$，在两个符号周期内，两天线同时发射两个符号。第 1 周期，天线 1 发射 c_1，天线 2 发射 c_2；第 2 个周期，天线 1 发射 $-c_2^*$，天线 2 发射 c_1^*。设由发射天线 j 到接收天线 i 的信道响应为 $h_{ij}(i=1, 2; j=1, 2)$，且设两个相邻符号周期内 h_{ij}是恒定的，对于接收天线 1，相邻两周期的接收信号分别为

$$\begin{aligned} r_1^1 &= h_{11}c_1 + h_{12}c_2 + \eta_1^1 \\ r_1^2 &= -h_{11}c_2^* + h_{12}c_1^* + \eta_1^2 \end{aligned} \tag{7-2}$$

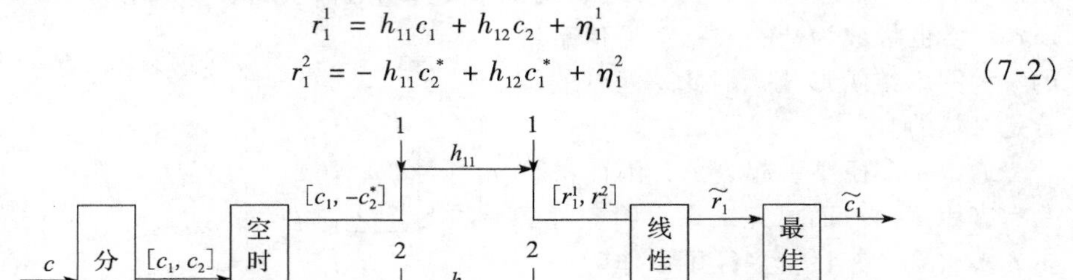

图 7-13　2×2 空时分组码

式中，η_1^1 和 η_1^2 为均值为零、方差为 N_0 的相互独立的复高斯变量。令

$$\boldsymbol{r}_1 = [r_1^1, (r_1^2)^*], \boldsymbol{c} = [c_1, c_2], \boldsymbol{\eta}_1 = [\eta_1^1, \eta_1^2]$$

则式 7-2 可表示为

$$\boldsymbol{r}_1 = \boldsymbol{H}_1\boldsymbol{c} + \boldsymbol{\eta}_1 \tag{7-3}$$

并且 $\boldsymbol{H}_1^*\boldsymbol{H}_1=\rho_1$，$\boldsymbol{H}_1^*$ 为 $\boldsymbol{H}_1$ 的共轭转置矩阵，$\rho_1=|h_{11}|^2+|h_{12}|^2$。若对接收矢量 $\boldsymbol{r}_1$ 用 $\boldsymbol{H}_1^*$ 进行线性变换，设变换后矢量为 $\boldsymbol{r}_1$，则有

$$\boldsymbol{r}_1 = \boldsymbol{H}_1^*\boldsymbol{r}_1 = \rho_1 c + \boldsymbol{\eta}_1 \tag{7-4}$$

式 7-4 归结为两个纯量方程

$$\begin{aligned} r_1^1 &= \rho c_1 + \eta_1^1 \\ r_1^2 &= \rho c_2 + \eta_1^2 \end{aligned} \tag{7-5}$$

即采用 $\boldsymbol{H}_1^*$ 就可以将子流 c_1 和 c_2 分开，从而分别实现最优处理。对于接收天线 2，$\boldsymbol{H}_2$、$\boldsymbol{r}_2$ 与 $\boldsymbol{H}_1$、$\boldsymbol{r}_1$ 同样定义。综上所述，采用线性变换 $[\boldsymbol{H}_1^* \quad \boldsymbol{H}_2^*]$ 即可实现需要的区分，进而用纯量方程进行最优检测处理。

7.5　无线抗衰落和抗干扰技术

由于无线信道中各种反射物和散射体的存在，导致信号幅度、相位以及时间的变化，

这些因素使发射波到达接收机时，形成在时间、空间上互相区别的多个无线波，形成多径传播效应。这些多径成分具有随机分布的幅度、相位和入射角度，它们被接收机天线按向量合并，从而使接收信号产生衰老失真。同时，由于移动台的运动以及无线信道所处环境中其他物体的运动，当移动台穿过多径区域时，空间的瞬时变化转换为信号的瞬时变化，这就是无线信道的时变现象。在空间不同点的多径波影响下，高速运动的接收机可以在很短时间内经过若干次衰落，接收机甚至可能在一段时间内停留在某个衰落很大的位置上。当一个小区或扇区中多个用户共用一个信道时，由于无线信道的不理想性，会造成用户间的相关性，引起多址干扰。

为克服无线信道引起的衰落和干扰，在无线通信系统中除了采用分集、编码、扩频、调频和多天线技术外，还可以采用交织、信道均衡和多用户检测技术。

7.5.1 无线交织技术

在移动通信这种变参信道上，比特差错经常成串发生，这是由于持续较长的深衰落谷点会影响到相继一串的比特。但是信道编码仅在检测和校正单个比特差错以及不太长的比特差错串时才有效。为了解决这一问题，希望找到把一条信息中的连续比特分开的方法，即一条信息中的比特以非连续的方式被传送，使得突发差错信道变为离散信道。这样，即使出现差错，也仅是单个或者只有很短的比特出现错误，不会导致整个突发脉冲甚至消息块都无法被解码，这时可再用信道编码的纠错功能纠正差错，恢复原来的消息。这种方法就是交织编码技术。

从某种意义上说，交织是一种信道改造技术，它通过信号设计将一个原来属于突发差错的有记忆信道改造为基本上是独立差错的随机无记忆信道。交织原理方框图如图7-14所示。

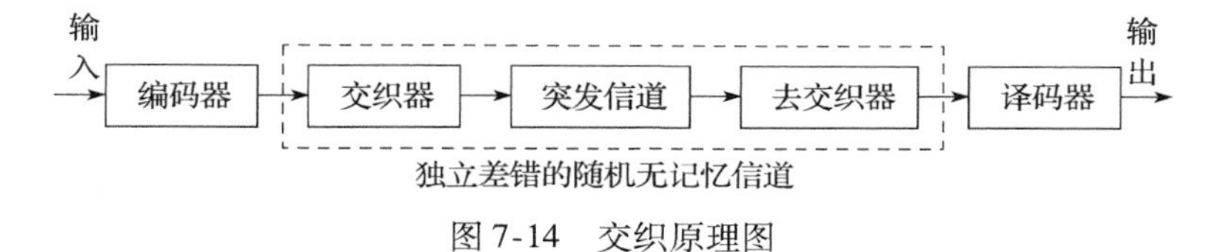

图7-14 交织原理图

由图中可见，交织、去交织由6步构成，以5×5矩阵存储交织器为例：

1）若输入数据块U经过信道编码后为 $X_1=(x_1, x_2, \cdots, x_{25})$。

2）发送端交织存储器为一个行列交织矩阵存储器 A_1，它按列写入，按行读出，即

写入顺序↓

$$\begin{pmatrix} x_1 & x_6 & x_{11} & x_{16} & x_{21} \\ x_2 & x_7 & x_{12} & x_{17} & x_{22} \\ x_3 & x_8 & x_{13} & x_{18} & x_{23} \\ x_4 & x_9 & x_{14} & x_{19} & x_{24} \\ x_5 & x_{10} & x_{15} & x_{20} & x_{25} \end{pmatrix}$$

读出顺序→

3）交织器输出后，送入突发信道的信号为

$$X_2 = (x_1x_6x_{11}x_{16}x_{21}, x_2\cdots x_{22}, \cdots, x_5\cdots x_{25})$$

4）假设在突发信道中收到两个突发干扰，第一个突发干扰影响 5 位，产生于 $x_1x_6x_{11}x_{16}x_{21}$，第二个突发干扰影响 4 位，产生于 $x_{13}x_{18}x_{23}x_4$，则突发信道输出端的输出信号表示为

$$X_3 = (\dot{x}_1\dot{x}_6\dot{x}_{11}\dot{x}_{16}\dot{x}_{21}, x_2\cdots x_{22}, x_3x_8\dot{x}_{13}\dot{x}_{18}\dot{x}_{23}, \dot{x}_4x_9\cdots x_{24}, x_5\cdots x_{25})$$

5）在接收端，将收到突发干扰的信号送入去交织器，去交织器也是一个行列交织矩阵的存储器 A_2，它是按行写入，按列读出，即

$$\begin{pmatrix} \dot{x}_1 & \dot{x}_6 & \dot{x}_{11} & \dot{x}_{16} & \dot{x}_{21} \\ x_2 & x_7 & x_{12} & x_{17} & x_{22} \\ x_3 & x_8 & \dot{x}_{13} & \dot{x}_{18} & \dot{x}_{23} \\ \dot{x}_4 & x_9 & x_{14} & x_{19} & x_{24} \\ x_5 & x_{10} & x_{15} & x_{20} & x_{25} \end{pmatrix}$$

6）经过去交织存储器去交织以后的输出信号为

$$X_4 = (\dot{x}_1x_2x_3\dot{x}_4x_5, \dot{x}_6x_7x_8x_9x_{10}, \dot{x}_{11}x_{12}\dot{x}_{13}x_{14}x_{15}, \dot{x}_{16}x_{17}\dot{x}_{18}x_{19}x_{20}, \dot{x}_{21}x_{22}\dot{x}_{23}x_{24}x_{25})$$

由上述分析，经过交织矩阵和去交织矩阵变换后，原来信道中的突发性连错变成了 X_4 输出中的随机独立差错。

可以将上述简单的 5×5 矩阵存储交织器的例子推广至一般情况。若分组长度为 $l = M \times N$，即由 M 列 N 行的矩阵构成，则称之为（M，N）分组交织器。其中交织矩阵存储器是按列写入、按行读出，而去交织矩阵存储器是按相反的顺序按行写入、按列读出。正是利用这种行列顺序的倒换，可以将实际的突发信道变换成等效的随机独立差错信道。这种分组周期交织方法的特性可归纳如下：

1）任何长度 $l \leqslant M$ 的突发差错，经交织变换后，变成至少被 $N-1$ 位隔开后的一些单个独立差错。

2）任何长度 $l > M$ 的突发差错，经去交织后，可将长突发变成短突发，其突发长度为 $l_1 = \left[\frac{l}{M}\right]$。

3）完成交织与去交织变换在不计信道时延的条件下，两端间的时延为 $2MN$ 个符号，而交织与去交织各时延 MN 个符号，即要求各存储 MN 个符号。

4）在很特殊的情况下，周期为 M 个符号单个独立差错序列经去交织后，会产生相应序列长度的突发错误。

由上述性质 1）、2）可见，交织是克服衰落信道中突发性干扰的有效方法，目前已经在移动通信中得到广泛的实际应用。但是交织的主要缺点如性质 3）所指出，它会带来较大的符号时延。为了更有效地改造突发差错为独立差错，MN 应取足够大，但是大的附加时延会给实时话音通信带来不利的影响，同时也增加了设备的复杂性。为了在不降低性能的条件下减少时延和复杂性，人们又提出不少改造方法，其中最典型的方法是采用卷积交织器，其原理如图 7-15 所示，它可将时延减少一半。

卷积交织器可采用 $L = M \cdot N$ 定义的参数来描述，它被称为（M，N）交织器。卷积交织器将来自编码器的信息符号序列，经同步序列模二加后送至一组级数逐渐增加的 M 个并行寄存器群，每当移入一个新的信息符号，旋转开关旋转一步与下一个新的寄存器相连，移入一个新的信息符号，并使最早存在该组并行寄存器的信息符号移出，再送入

突发信道，同时从突发信道输出信息序列通过旋转开关同步输入去交织器，去交织器通过相反的操作，再通过旋转开关同步输出，并与同步序列模二加，最后再送至译码器。

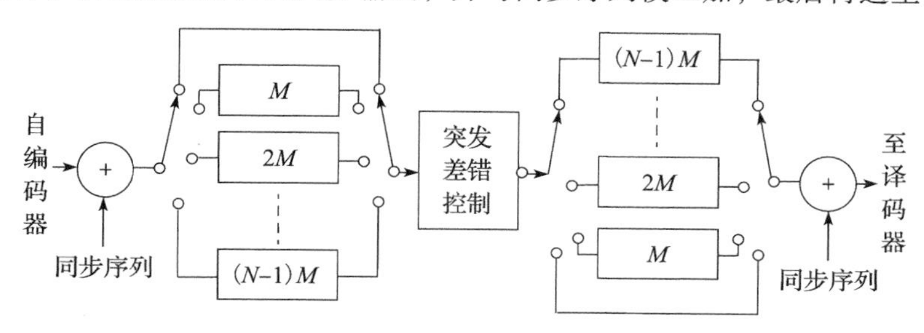

图7-15　卷积交织器原理

7.5.2 信道均衡技术

信道均衡是指接收端滤波器产生与信道相反的特性用来抵消信道时变多径传播特性引起的码间干扰，即通过均衡器消除信道的频率和时间的选择性，如图7-16所示。

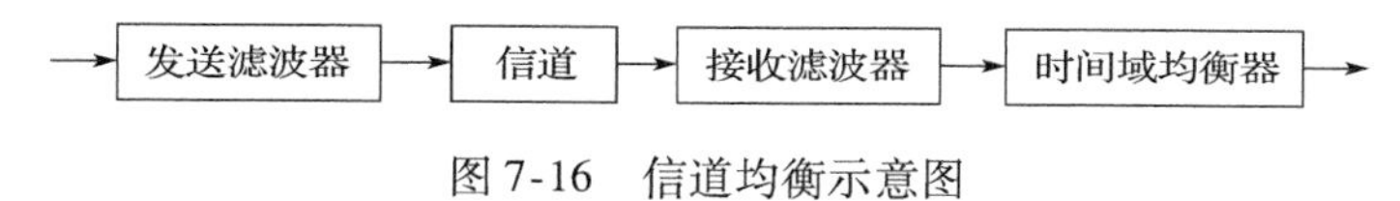

图7-16　信道均衡示意图

码间干扰的发生示意图如图7-17所示。设有基站发射一数字信号，其码元序列为1，2，3，……，接收机收到的则有从不同路径来的信号，由于路径长短不同，到达接收机就有先后的不同。为简单计算，图中只给出两条路径的信号，若它的路径相对于时延为τ，则当$\tau \geqslant \frac{T_s}{2}$时，前后码元将在大部分的码元周期中发生重叠，假设两个信号的强度相差不多，则接收时将会发生误判而错码，这就是码间干扰。

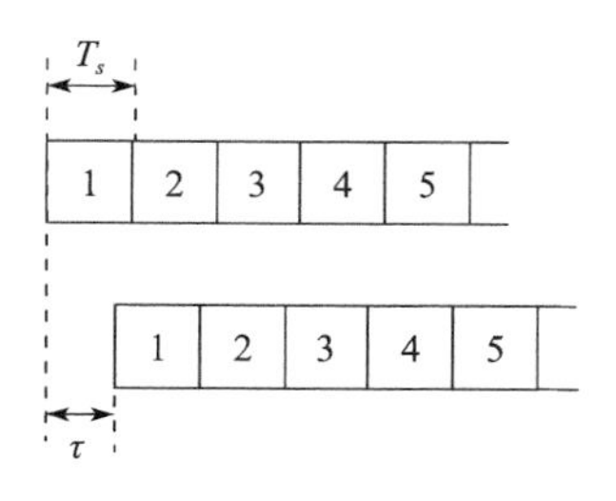

图7-17　码间干扰示意图

定义系统信号持续时间为T_s，衰落信道的最大多径时延为τ_{max}，最大多普勒频偏为f_d，或者信道相干时间$T_d = 1/f_d$。均衡器用于解决符号间的干扰问题，适合于信号不可分离的多径情况下，且时延扩展远小于符号宽度的情况，即

$$T_s << \frac{1}{f_d} \quad 或 \quad f_d >> \frac{1}{T_s}$$

一般的，若信号持续时间小于时延扩展，即$T_s < \tau_{max}$，接收信号中出现符号间干扰，此时就需要均衡器来消除或减轻符号间干扰。

目前，实现均衡有时域均衡和频域均衡两种途径。

1. 时域均衡

时域均衡主要从时域响应考虑，使包含均衡器在内的整个系统冲激响应满足理想的无码间干扰条件。时域均衡从原理上可以划分为线性和非线性两大类型。

(1) 线性均衡器

线性均衡器的结构相对比较简单，主要实现方式为横向滤波器。横向滤波器是一种

线性滤波器，其传递函数为 $G_E(f)$，冲激响应表示为

$$g_E(t) = \sum_{n=-N}^{N} \omega_n \delta(t - nT_s)$$

原发送信号、信道、接收与线性均衡器级联的合成系统如图 7-18 所示。

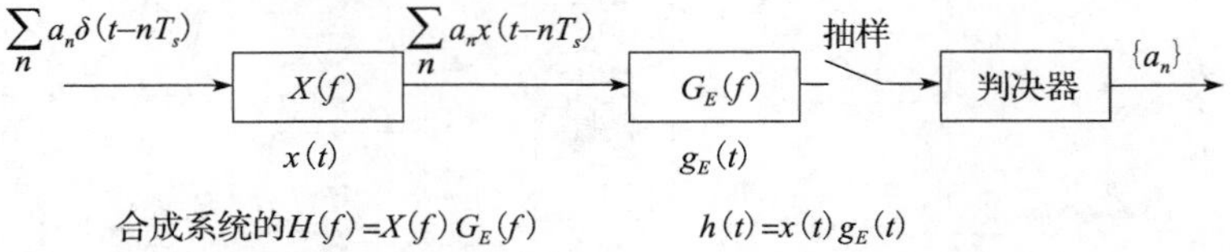

$\sum_n a_n\delta(t-nT_s)$ → $X(f)$ → $\sum_n a_n x(t-nT_s)$ → $G_E(f)$ → 抽样 → 判决器 → $\{a_n\}$

$x(t)$　　$g_E(t)$

合成系统的 $H(f)=X(f)G_E(f)$　　$h(t)=x(t)g_E(t)$

图 7-18　原基带传输系统与线性均衡器相级联

原基带传输系统的传递函数为 $X(f)$，其相应的冲激响应为 $x(t)$，它与线性均衡器级联后的合成冲激响应 $h(t)$ 表示为

$$h(t) = x(t)g_E(t) = \sum_{n=-N}^{N} \omega_n x(t - nT_s)$$

在 $t = t_0 + kT_s$ 时刻抽样，得到在离散抽样时刻的 $h(t)$，即

$$h(t_0 + kT_s) = x(t)g_E(t) = \sum_{n=-N}^{N} \omega_n x(t_0 + kT_s - nT_s) = \sum_{n=-N}^{N} \omega_n x[t_0 + (k - n)T_s]$$

设 $t_0 = 0$，则有

$$h(kT_s) = \sum_{n=-N}^{N} \omega_n x(kT_s - nT_s)$$

简写为

$$h_k = \sum_{n=-N}^{N} \omega_n x_{k-n}$$

式中，x_{k-n}表示以 n 为中心的前后 k 个符号（$k = \pm 1, \pm 2, \cdots, \pm N$）在取样时刻 $t = nT_s$ 时对第 n 个符号所造成的符号间干扰。这样，横向滤波器的作用就是要调节抽头系数增益 ω_n（不含 ω_0），使得以 n 为中心的前后 $\pm N$ 个符号在取样时刻 $t = nT_s$ 的样值趋于 0，即消除它们对第 n 个符号的干扰。所以横向滤波器可以控制并消除 $\pm N$ 个符号间干扰，并将横向滤波器达到这一状态的特性称为收敛特性。

调节均衡器加权系数 ω_n 的原则称为均衡准则。常用两种准则来计算滤波器的抽头系数，一种是以最小峰值畸变为准则的迫零算法，另一种是以最小均方误差为准则的均方误差算法。

1）迫零算法。首先考虑在横向滤波器的时延单元 N 为无穷多个时的理想线性均衡，此时

$$h_k = \sum_{n=-\infty}^{\infty} \omega_n x_{k-n}$$

h_k 可看成 ω_n 与 x_n 的离散卷积。

为消除收端抽样时刻的码间干扰，希望

$$h_k = \sum_{n=-\infty}^{\infty} \omega_n x_{k-n} = \begin{cases} 0 & k = 0 \\ 1 & k \neq 0 \end{cases} \tag{7-6}$$

以 $G_E(z)$ 表示横向滤波器冲激响应抽样序列的 z 变换，即

$$G_E(z) = \sum_{n=-\infty}^{\infty} \omega_n z^{-n}$$

以 $X(z)$ 表示原系统冲激响应抽样序列的 z 变换，即

$$X(z) = \sum_{n=-\infty}^{\infty} x_n z^{-n}$$

对式7-6进行 z 变换，得到合成系统冲激响应抽样序列的 z 变换表示式

$$H(z) = X(z)G_E(z) = 1$$

从上式可看出，在理想均衡情况下，横向滤波器的 z 域表示式 $G_E(z)$ 与原系统的 z 域表示式 $X(z)$ 相逆，即

$$G_E(z) = \frac{1}{X(z)}$$

因此，在横向滤波器抽头系数为无穷多个的情况下，可以理想地补偿信道特性的不完善性，从而完全消除抽样点的码间干扰，故此算法被称为迫零算法。

用迫零算法的均衡器可以通过峰值畸变准则来描述其均衡效果。峰值畸变的定义为

$$D = \frac{1}{h_0} \sum_{\substack{k=-\infty \\ k\neq 0}}^{\infty} \left| \sum_{n=-\infty}^{\infty} \omega_n x_{k-n} \right|$$

D 表示在 $k\neq 0$ 的所有抽样时刻系统冲激响应的绝对值之和与 $k=0$ 抽样时刻系统冲激响应值之比，也表示系统在某抽样时刻受到前后码元干扰的最大可能值，即峰值。适当选择无穷长横向滤波器各抽头系数，可迫使 $D=0$，所以也称迫零算法为最小峰值畸变准则。在实际应用中，常用截断的横向滤波器，因而不可能完全消除收端抽样时刻的码间干扰，只能适当地调整抽头系数，尽量减小码间干扰。此时调整 ω_n，可使

$$h_k = \sum_{n=-\infty}^{\infty} \omega_n x_{k-n} = \begin{cases} 0 & k = 0 \\ 1 & k = \pm 1, \pm 2, \cdots, \pm N \end{cases}$$

在 k 为其他值时，可能为非零值，构成均衡器输出端的残留码间干扰。

迫零算法的关键是先要估计出原系统冲激响应 x_n，然后解联立方程，求出有限长度横向滤波器的各抽头系数。迫零算法的主要缺点是忽略了加性噪声，而在实际通信中是存在加性噪声的，这就引起一个问题：在实际通信中，当信道传递函数的幅频特性在某频率有很大的衰减时，由于均衡器的滤波特性与信道特性相逆，所以迫零均衡器在此频点有很大的幅度增益，在实际信道存在加性噪声时，系统的输出噪声会增大，导致系统的输出信噪比下降。

2）均方误差准则。该算法是在综合考虑均衡器输出端既存在残留码间干扰，又有加性噪声的情况下，以最小均方误差准则来计算横向滤波器的抽头系数。

若系统发送的二进制序列 $\{a_m\}$ 通过非理想特性的信道传输，并受到加性噪声的干扰，在接收端均衡器的输出序列为 $\{y(mT_s)\}$，均衡器输出响应为 $\{\hat{a}=(mT_s)\}$。设

$$y_m = y(mT_s)$$
$$\hat{a}_m = \hat{a}(mT_s)$$

此 $\hat{a}_m$ 是均衡器对输入序列 $\{y_m\}$ 的响应，则

$$\hat{a}_m = \sum_{k=-N}^{N} \omega_k y_{m-k}$$

式中，ω_k 是横向滤波器第 k 个抽头系数。此横向滤波器共有 $2N+1$ 个抽头系数。

以 a_m 表示在第 m 个符号间隔内所发送的二进制符号，用 e_m 表示均衡输出的误差信

号，定义所希望的均衡输出响应 a_m 与实际均衡输出响应 $\hat{a}_m$ 之差为 e_m，即

$$e_m = a_m - \hat{a}_m$$

其均方为

$$J = E[e_m^2]$$

该均方误差对第 k 个加权系数 ω_k 的梯度为

$$\frac{\partial J}{\partial \omega_k} = 2E\left[e_m \frac{\partial e_m}{\partial \omega_k}\right] = -2E\left[e_m \frac{\partial \hat{a}_m}{\partial \omega_k}\right] = -2E[e_m y_{m-k}] \quad (7\text{-}7)$$

用 $R_{ey}(k)$ 表示误差信号 e_m 与均衡输入序列 y_{m-k} 之间的互相关函数，写为

$$R_{ey} = E[e_m y_{m-k}] \quad (7\text{-}8)$$

将式 7-8 代入式 7-7 得到

$$\frac{\partial J}{\partial \omega_k} = -2R_{ey}(k) \quad (7\text{-}9)$$

根据式 7-9，使均方误差 J 最小，求出最佳抽头系数 ω_k。

$$\frac{\partial J}{\partial \omega_k} = 0 \quad k = \pm 1, \pm 2, \cdots, \pm N$$

等效于

$$R_{ey}(k) = 0 \quad k = \pm 1, \pm 2, \cdots, \pm N \quad (7\text{-}10)$$

由式 7-10 得出一个重要的结论，选择（$2N+1$）个最佳抽头系数，使得输出误差 $\{e_m\}$ 与输入序列 $\{y_m\}$ 之间的互相关函数为 0，即误差 e_m 与 y_m 正交，则此均衡器输出的均方误差最小，称此结果为正交原理。

将式 $e_m = a_m - \hat{a}_m$ 进一步展开，得到

$$E[(a_m - \hat{a}_m)y_{m-k}] = E\left[\left(a_m - \sum_{n=-N}^{N} \omega_n y_{m-n}\right) y_{m-k}\right] = 0 \quad (7\text{-}11)$$

由式 7-11 得到

$$E[a_m y_{m-k}] = E\left[\left(\sum_{n=-N}^{N} \omega_n y_{m-n}\right) y_{m-k}\right]$$

a_m 与 y_m 之间的互相关函数为

$$R_{ey}(k) = \sum_{n=-N}^{N} \omega_n R_y(n-k) \quad k = \pm 1, \pm 2, \cdots, \pm N \quad (7\text{-}12)$$

根据式 7-12，利用此（$2N+1$）个线性方程组可求出横向滤波器的抽头系数。在实际中，为了求出自相关 $R_y(k)$ 和互相关 $R_{ey}(k)$，在发送端发送一已知的训练序列 $\{a_m\}$，从而在接收端可以估计出自相关

$$\hat{R}_y(k) = \frac{1}{M}\sum_{m=1}^{M} y(m-k)y(m)$$

$$\hat{R}_{ey}(k) = \frac{1}{M}\sum_{m=1}^{M} y(m-k)a(m)$$

利用上述两时间平均的估计值来代替集平均，然后根据式 7-12 即可求出线性均衡器的抽头系数。

线性均衡器只能用于信道畸变不是十分严重的情况。在移动通信的多径衰落信道中，信道的频率响应往往会出现凹点，这时线性均衡器无法很好地工作。为了补偿信道畸变，凹点区域必须有较大的增益，显然，这将显著提高信号的加性噪声。

（2）非线性均衡器

非线性均衡器包括判决反馈均衡器（DFE）和最大似然估计均衡器（MLSE）。

1）判决反馈均衡器。判决反馈均衡器由前馈滤波器（feed forward filter，FFF）和反馈滤波器（feed back filter，FBF）两部分组成，如图7-19所示。

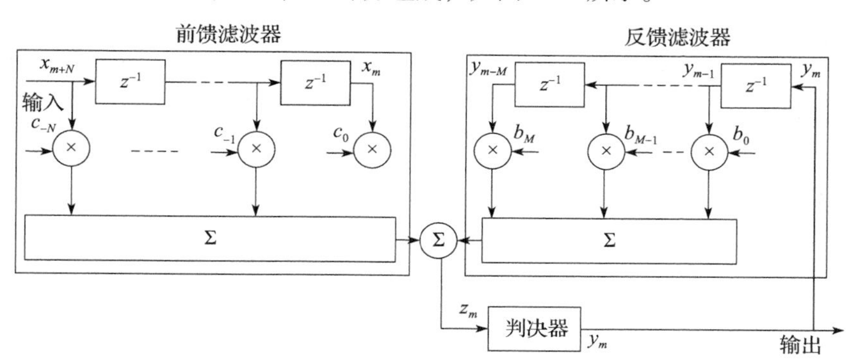

图7-19　判决反馈均衡器

判决反馈均衡器的输入序列是前馈滤波器的输入序列 $\{x_m\}$，反馈滤波器的输入则是均衡器已检测到并经过判决输出的序列 $\{y_m\}$。这些经过判决输出的数据，若正确，在经反馈滤波器的不同时延和适当的系数相乘后，就可以正确计算对其后面待判决的码元的干扰。从前馈滤波器的输出减去拖尾的干扰，就是判决器的输入。

$$z_m = \sum_{n=-N}^{0} c_n x_{m-n} - \sum_{i=1}^{M} b_n y_{m-1}$$

上式中，c_n 是前馈滤波器的 $N+1$ 个支路的加权系数，b_i 是后向滤波器的 M 个支路的加权系数，z_m 是当前判决器的输入，y_m 是输出。y_{m-1}，y_{m-2}，…，y_{m-M}则是均衡器前 M 个判决输出。第一项是前馈滤波器的输出，是对当前码元的估值；第二项则表示 y_{m-1}，y_{m-2}，…，y_{m-M}对该值的拖尾干扰。

由于均衡器的反馈环路包含了判决器，因此均衡器的输入输出也不是简单的线性关系，而是非线性关系，因此对它的分析要比线性均衡器复杂得多。和横向均衡器比较，判决反馈均衡器的优点是在相同的抽头数情况下，残留的码间干扰比较小，误码也比较低。特别是在信道特性失真十分严重的信道，其优点更为突出。

2）最大似然估计均衡器。最大似然估计均衡器的基本思想就是把多径信道等效为一个FIR滤波器，利用维特比算法在路径网格图上搜索最可能发送的序列，而不是对接收到的符号逐个判决。MLSE可以看作是对一个离散有限状态机状态的估计。实际符号间干扰的响应只发生在有限的几个码元，因此在接收滤波器输出端观察到的符号间干扰可以看作是数据序列 $\{a_n\}$ 通过系数 $\{f_n\}$ 的FIR滤波器的结果，如图7-20所示。

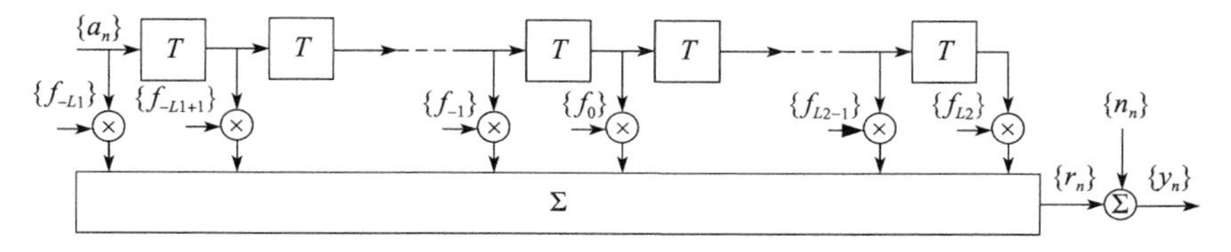

图7-20　最大似然估计均衡器

T 表示等于一个码元长度的时延，时延的单元可以看作是一个寄存器，共有 L 个。由于它的输入 $\{a_n\}$ 是一个离散信息序列，滤波器的输出可以表示为叠加上高斯噪声的有限状态机的输出 y_n。在没有噪声的情况下，滤波器的输出 $\{r_n\}$ 可以由 $M^L(L = L_1 + L_2)$ 个状态的网格图来描述。滤波器各系数应当是已知的，或者通过某种算法预先测量得到。

在最小序列误差概率准则下，最大似然序列判决（MLSD）是最优的，但其实现的计算复杂度是随着多径干扰符号长度 L 呈指数增长的，即若消息的符号数为 M，符号间干扰的符号长度为 L，则其实现复杂度正比于 M_{L+1}，因此它仅适用于符号间长度 L 很小的情况。

2. 频域均衡

宽带移动通信的数据速率往往高达 100Mb/s ~ 1Gb/s，如果采用时域均衡器，则抽头数目 M 可达几百个，算法复杂度很高。为了提高系统性能，可以采用 OFDM 与 SC-FDE 两种方案，它们都采用 FFT/IFFT 变换，降低了算法复杂度。

多载波正交频分复用（OFDM）是一种并行传输技术，它在指定频带上设置 K 个等间隔的子载波，每个子载波被单独调制，符号周期是同速率单载波系统的 K 倍，对符号间串扰的敏感性较单载波系统大大降低，从而能够更有效地对抗多径干扰。同时，OFDM 系统可在各个符号间插入保护间隔来消除符号间干扰。OFDM 信号的调制和解调可采用 IFFT 和 FFT 实现。在多径信道下，接收信号在时域上是发送信号和信道脉冲响应的卷积，而在频域上则是发送信号和信道频域响应的乘积。信道的频域响应可通过在各个符号中插入的基准电平信号直接获得，从而使多载波信号的均衡可通过简单的单点均衡器来完成，这也是 OFDM 系统的一大优点。

为了提高系统性能，OFDM 系统必须采用信道编码，即 COFDM。理论上，频域补偿与信道编码组合，OFDM 性能可以达到最优。而 SC-FDE 系统只进行频域均衡，即使与信道编码组合，也只是次优方案。因此在有信道编码的前提下，SC-FDE 性能往往要差于 COFDM，为了提高单载波性能，需要采用更复杂的算法，如 FDE 均衡器，如图 7-21 所示。

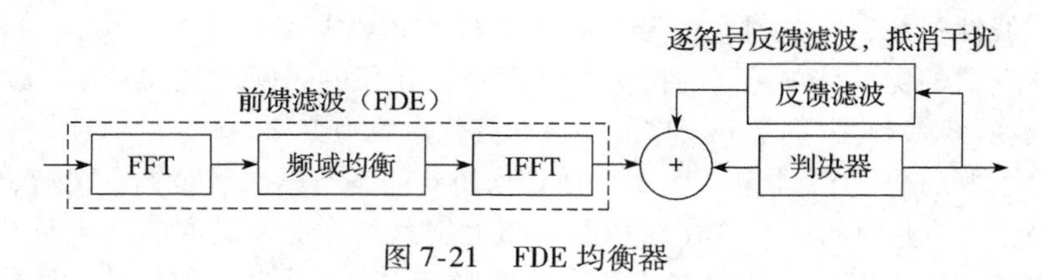

图 7-21　FDE 均衡器

7.5.3　多用户检测技术

CDMA 以其容量大、抗干扰性强等诸多优点成为移动通信中最具前景的多址方式。在 CDMA 中的主要干扰类型包括加性高斯白噪声、多址衰落干扰和多径干扰。当小区/扇区中同时通信的用户数较多时，在这三类干扰中，多址干扰是最主要的干扰，其次是多径衰落干扰，而加性高斯白噪声的干扰影响最小。

多址干扰产生的原因是由于多个用户公用一个信道，各用户相互之间会产生干扰，具体表现为两个方面：一个是不同用户之间的扩频序列不正交；另一个是扩频序列即使正交，实际中信道的异步传输引入了相关性。多址干扰会使系统容量受限，性能降低。处理多址干扰的传统方法是设计理想码型、功率控制、空间滤波技术、智能天线技术等，然而这些技术都不能从根本上解决多径干扰。用户检测技术是抗多址干扰的根本方法之一。

在实际系统中，不论是多径衰落干扰还是多址干扰，其本质上并不是纯粹无用的白噪声，而是有强烈结构性的伪随机序列信号，而且各用户间与各条路径间的相关函数都是已知的，因此从理论上看，完全有可能利用这些伪随机序列的已知接口信息和统计信息来进一步消除这些干扰所带来的负面影响，以达到提高系统性能的目的。多用户检测技术就是基于这一原理发展而来的，图7-22是用户检测器的基本结构图。

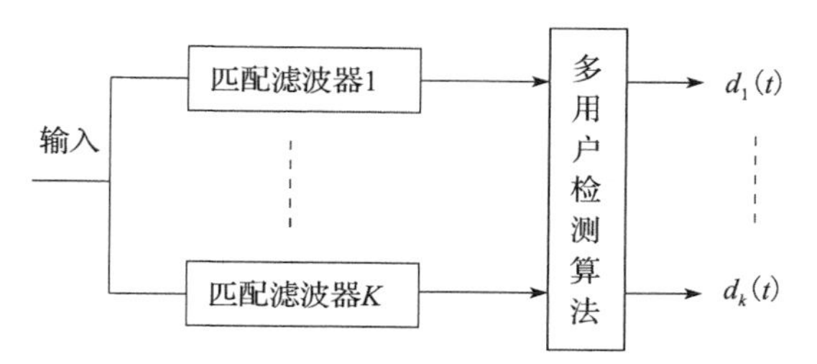

图7-22　多用户检测器基本结构

用用户检测接收机就是充分利用扩频码的结构信息与统计信息联合检测多个用户的信号，从接收信号 $\{r(t): -\infty < t < +\infty\}$ 中估计出 $d_k(t)$。

多用户检测技术的优点有：

- 能够有效地消除或减弱CDMA中的多址干扰；
- 消除CDMA中多径衰落的有效手段；
- 可以消除或减轻CDMA中的远近效应；
- 简化CDMA系统中的功率控制，降低功率控制的精度要求；
- 弥补扩频码互相关性不理想造成的消极影响；
- 改善了CDMA系统性能，提高了系统容量，扩大了小区覆盖范围。

多用户检测的主要缺点有：

- 大大增加了CDMA系统的设备复杂度；
- 增加了CDMA系统的处理时延；
- 多用户检测一般需要知道很多附加信息，如所有用户的扩频码和衰落信道的幅度、相位、时延等主要统计参量，这对于时变信道，需要不停地对每个用户信道进行实时估计才能实现，一般而言是非常困难的，而且参量估计的精确度将直接影响多用户检测性能的好坏。

7.6　自组织网络的MAC层

由于自组织网络没有预先确定的基站来协调信道访问，因此许多集中式媒介访问控制设计思想在此无效。自组织网络的媒介访问控制协议大致分为竞争协议、分配协议和混合协议三类。

7.6.1　竞争协议

竞争协议使用直接竞争来决定信道访问权，并且通过随机重传来解决碰撞问题，因而在低传输载荷条件下运行良好。随着传输载荷的增大，协议性能下降，碰撞次数增多。

1. ALOHA 协议

20 世纪 70 年代，夏威夷大学的 Norman Abramson 及其同事设计了一种巧妙地解决信道分配问题的新算法。从那以后，他们的工作又得到了许多研究人员的进一步拓展，这项成果被称为 ALOHA 系统，尽管当时该系统是用于基于地面的无线广播通信，但其基本思想适用于任何无协调关系的多用户竞争单信道使用权的系统。ALOHA 有两种版本，即纯 ALOHA 和时隙 ALOHA，前者无需全局时间同步，后者则必须时间同步。

（1）纯 ALOHA

ALOHA 协议企图以强制性的争夺方式共享信道带宽，其主要特性是缺乏信道访问控制。当一个节点有帧需要发送的时候，允许该节点立即发送，发送完帧就等待接收节点的应答。由于所有节点按这种方式工作，这样会产生冲突而使冲突帧受到破坏。当一个节点发现其帧无法成功交付时，该节点等待一段随机时间后，只是简单地重传该帧。等待时间必须随机，否则会有接二连三的冲突而导致死锁。

任何时候，只要两帧试图同时使用信道就会产生冲突，并破坏冲突帧的内容，即使新帧的第一位与前面即将发送完的帧的最后一位相重叠，两帧也会受到破坏，都必须事后重发。因为帧的校验和不能区分信息是全部丢失还是部分丢失，所以主要帧的信息遭到一点儿破坏就应当作坏帧处理。

这里用帧时表示发送一个标准长度的帧所需的时间，假定无限多个用户产生的新帧服从泊松分布，平均每帧时产生 S 个新帧，如果 $S>1$，那么用户产生新帧的速率将会超出信道所能处理的能力，也就是说，几乎每帧都会受到冲突。所以，合理的吞吐率要求 $0<S<1$。除了产生新帧外，各站还要产生受到冲突的重传帧。假设每帧时内新旧帧传送的次数总共为 k，它也服从泊松分布，其平均值为 G 每帧时。显然 $G\geqslant S$。在低载荷情况下，即 $S\approx 0$，几乎没有冲突产生，也用不着重传，所以 $G\approx S$。在高载荷情况下，冲突频繁，所以 $G>S$。在各种载荷情况下，吞吐率应该是载荷 G 与传送成功的概率的乘积，即 $S=GP_0$（P_0 是发送的帧不会产生冲突的概率）。

如图 7-23 所示，假设发送一帧所需时间为 t，如果在 t_0 到 t_0+t 时间内，其他任一用户产生了一帧，该帧的尾部就会和阴影帧的头部冲突。实际上，阴影帧在发送前其命运已经注定，但是由于纯 ALOHA 网中站点在传送前并不侦听信道，所以它不知道已有其他帧在传送中。同样，t_0+t 和 t_0+2t 之间产生的任何帧都将和阴影帧的尾部冲突。

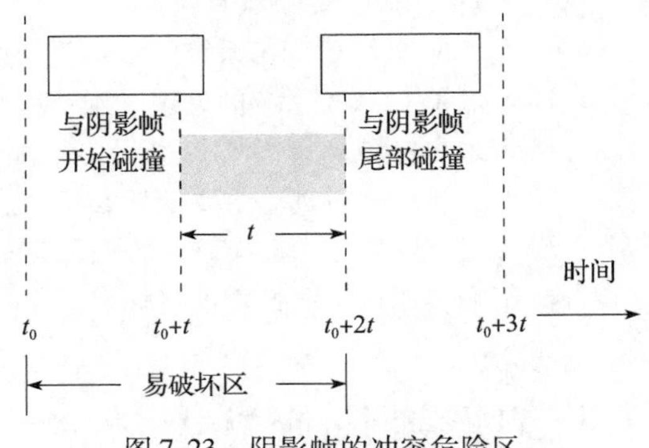

图 7-23 阴影帧的冲突危险区

在任一帧时内生成 K 帧的概率服从泊松分布：

$$P_r[k]=\frac{G^k\mathrm{e}^{-G}}{K!}$$

于是生成 0 帧的概率为 e^{-G}，两个帧时内产生的帧数平均为 $2G$，在整个冲突危险区内无任何其他帧产生的概率为 $P_0=\mathrm{e}^{-2G}$，代入 $S=GP_0$ 得：

$$S = Ge^{-2G}$$

吞吐率 S 与帧产生率 G 之间的关系如图7-24所示。从图中可看出，当 $G=0.5$ 时，吞吐率最大，其值为 $S=\frac{1}{2e}\approx 0.184$。也就是说，纯ALOHA信道的利用率最好为18%。

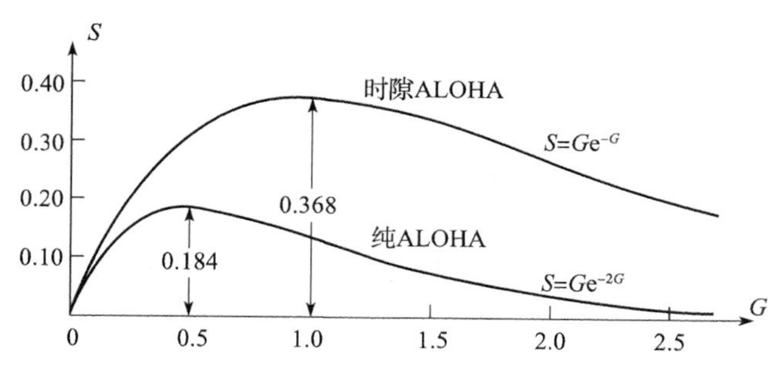

图7-24 ALOHA系统中吞吐率和帧产生率之间的关系

（2）时隙ALOHA

纯ALOHA协议的信道利用率非常低，随机发送的分组极易被碰撞而受损伤，使用同步通信模式能大幅提高性能。时隙ALOHA协议把时间分为离散的时间段，每段时间对应一帧，强迫每个节点一直等到一个时隙开始才发送其分组，缩短了分组易受碰撞的时间周期，从而使得ALOHA协议的信道利用率提高一倍。这种方法要求用户时间的同步，方法之一是设置一个特殊的站点，在每段时间的开始像时钟一样发送一个信号。

由于时隙ALOHA冲突危险区减少为原来的一半，所以在任一帧的时隙内无其他帧发送的概率为 e^{-G}，从而得出：

$$S = Ge^{-G}$$

从图7-24中可以看出，当 $G=1$ 时，吞吐量 S 为最大值1/e，约为0.368，是纯ALOHA最大吞吐率的两倍。所以，使用时隙ALOHA得到的最好结果就是37%的时隙为空，37%的时隙传送成功，26%的时隙产生冲突。随着 G 的增大，空时隙数会减少，但产生冲突的时隙将按指数规律递增。

2. 载波侦听多路访问协议

载波侦听多路访问（carrier sense multiple access，CSMA）协议是一种允许多个设备在同一信道发送信号的协议，其中的设备监听其他设备是否忙碌，只有在线路空闲时才发送。在此种访问方式下，网络中的所有用户共享传输介质，信息通过广播传送到所有端口，网络中的节点对接收到的信息进行确认，若是发给自己的便接收，否则不理。从发送端情况看，又具体分为以下几种。

（1）1-持续CSMA

当一个节点有数据要发送时，它首先监听信道，检测网络上是否有其他的节点正在发送数据，若发现信道空闲，则开始发送数据；如果检测到信道忙，节点将继续监听直到信道空闲时，便将数据送出。若发生冲突，节点就等待一个随机长的时间，然后重新开始。此协议被称为1-持续CSMA，正是因为节点一旦发现信道空闲，其发送数据的概率为1。

传输延迟对协议的性能有重要影响，它导致CSMA协议不能避免冲突。有可能在一个节点刚开始发送后，另一个节点已准备发送并监听信道，如果第一个节点的信号还未到达第二个节点，后者便会监听到信道处于空闲状态，也开始发送而导致冲突。传输延迟越长，这种影响就越大，系统的性能也就越差。

（2）非持续 CSMA

在该协议中，节点比较“理智”，在发送数据之前，节点会监听信道的状态，如果没有其他节点在发送，就立刻开始发送数据。但如果信道正在使用之中，该节点将不再继续监听信道，而是等待一个随机时间后，再重复上述过程。这种协议会比 1-持续 CSMA 协议的新到利用率高，但时延可能会长些。

（3）p 持续 CSMA

该协议用于时隙信道，一个节点在发送之前，首先监听信道，如果信道空闲，便以概率 p 传送，而以概率 $q=1-p$ 把该次发送推迟到下一个时隙。如果下一时隙仍然空闲，便再次以概率 p 传送而以概率 q 把该次发送推迟到下一个时隙。此过程一直重复，直到发送成功或者另外一节点开始发送为止。

显然，CSMA 协议是对 ALOHA 协议的改进，它保证在监听到信道忙时无新节点开始发送，另一个改进是，节点检测到冲突就取消传送，不再继续传完它们的帧，迅速结束冲突帧的传送既节省了时间又节省了频带。但是，在 CSMA 中，隐含终端问题会提高碰撞次数，从而降低网络的容量。在网络密度较高的情况下，隐含终端问题造成的碰撞次数会大大增加，从而造成常常建立不起通信链路，网络通信会趋于瘫痪。

3. 多路访问与碰撞回避协议

多路访问与碰撞回避（multiple access with collision avoidance，MACA）协议采用两种固定长度的短分组，即请求发送 RTS 和允许发送 CTS，从而减轻隐含终端干扰并使显式终端个数最少。节点 A 需要对节点 B 发送的时候，首先给节点 B 发送一个 RTS 分组，RTS 分组包含发送数据的长度。节点 B 若接收到 RTS 分组，并且当前不再退避之中，则立即应答 CTS 分组，CTS 分组也包含发送数据的长度。节点 A 接收到 CTS 分组后，立即发送其数据。旁听到 RTS 分组的任何节点推迟其全部发送，直到有关 CTS 分组完成为止。旁听到 CTS 分组的任何节点推迟其发送，推迟时间等于预定数据发送所需的时间。

4. 忙音多址访问协议

忙音多址访问协议（busy-tone multiple access，BTMA）把整个带宽划分为两个独立的信道。数据信道用于传输数据分组，占据大半带宽。控制信道用于传输特殊的忙音信号，表示在数据信道上有数据发送。忙音信号对带宽需求不是很强烈，所以控制信道带宽相对较小。

按照 BTMA 协议通信时，一个源节点发送数据分组前，先收听控制信道上的忙音信号，如果控制信道空闲则开始发送其数据分组，否则推迟发送。任何节点检测到数据信道上的发送动作时就立即开始往控制信道上发送忙音信号，一次继续进行，直到数据信道上的发送动作停止为止。

BTMA 协议可以防止发送节点两跳远以外的所有节点访问数据信道，在较大程度上减轻了隐含节点干扰，降低了碰撞概率。但是，显式节点的增加却是很明显的，造成数据信道利用率严重不足。

7.6.2 分配协议

分配协议分为静态分配协议和动态分配协议，其区别在于计算传输时间安排的方法不同。给节点分配发送时隙的问题称作传输时间安排。静态分配协议事先为每个节点静态地分配一个固定的传输时间，如传统的 TDMA 就是静态分配协议。动态分配协议使用分布式传输时间安排算法，按需分配传输时间，如统计 TDMA 就是动态分配协议。

1. *五步预留协议*

五步预留协议（the five-phase reservation protocol，FPRP）是一个单信道、基于 TDMA 的广播传输时间安排协议。FPRP 协议使用竞争机制，网络节点使用竞争机制与其他节点互相竞争以获取 TDMA 广播时隙，它通过很小的控制分组的 5 次广播式的握手过程完成两跳范围内的节点间低冲突概率的 TDMA 时隙的分配。信道被分为预约信道和数据信道，节点有业务要传送时，在预约信道通过控制分组的竞争预约数据信道的信息时隙进行业务传送。节点 5 次握手基本过程如下：

1）预约请求阶段：需要预约资源的节点以概率 p 发送预约请求分组（RR），该节点称为 RN，不需要进行资源预约的节点进行监听。

2）冲突报告阶段：节点如果在阶段 1 收到多个 RR，则发送一个冲突报告（CR），否则保持沉默。如果未接收到 CR，RN 认为所发送的 RR 没有和别的节点发送的 RR 冲突，RN 节点就变成一个传递节点 TN。

3）预约证实阶段：TN 发送预约证实 RC，每一个一跳邻节点都能正确地接收到这个 RC，都知道该时隙已被预约，不再竞争该时隙。

4）预约确认阶段：TN 的一跳邻节点把当前的预约信息通知给 TN 的两跳邻节点。如果 TN 没有一跳邻节点，它将接收不到预约确认 RA，因此可以明确地知道本节点是孤立的。TN 就没必要进行信息的发送。

5）填充/消除阶段：TN 的两跳邻节点发送填充分组 PP，收到 PP 分组的节点知道距本节点三跳的某个节点预约了资源，其作用是提高节点预约成功率。TN 还按照 0.5 的概率发送消除分组 EP。由于节点发送的同时不能进行接收，当两个节点同时发送 RR 时会造成非孤立死锁，如果 TN 在该阶段没有发送 EP 反而收到一个 EP，那么节点状态由发送改为接收，消除非孤立死锁。

2. *跳频预留多址访问协议*

跳频预留多址访问（hop-reservation multiple access，HRMA）协议利用极慢速跳频扩频 FHSS 的时隙化属性，采用请求发送分组 RTS 和允许发送分组 CTS 的相互交互，通过竞争实现跳频频率。

HRMA 协议使用一个公共跳频序列，允许一个发送节点和一个接收节点之间交换 RTS 分组/CTS 分组的竞争方式预留一个跳频频率，以便该节点对能够在该预留频率上无干扰地进行通信。RTS 分组/CTS 分组的成功交换导致完成一个跳频频率的保留，并且通过从接收节点发送给发送节点的预留分组可以将一个已被预留的跳频频率保持为预留，预留分组可以防止那些能够产生干扰的节点试图使用该预留跳频频率。一个跳频频率被预留之后，发送节点就能够在该预留跳频频率上发送数据，发送数据的持续时间可以大于通常的一个跳频频率的驻留时间。使用一个公共跳频频率，以便允许节点之间的相互同步。HRMA 协议保证在出现隐含终端干扰的情况下，不会在源节点或者接收节点上发生数据分组或者应答分组与任何其他分组的碰撞。

7.6.3 混合协议

混合协议将竞争协议要素和分配协议要素综合在一起，保持所组合的各个访问协议的优点，同时又避免所组合的各个协议的缺陷。因此，一个混合协议的性能在轻载荷的时候近似表现为竞争协议的性能，而在重载荷的时候近似表现为分配协议的性能。

1. 混合时分多址访问协议

混合时分多址访问（hybrid TDMA，HTDMA）协议是 CSMA/CA、虚拟载波侦听 RTS/CTS 和 TDMA 的混合协议。

HTDMA 协议允许节点在网络结构和带宽需求发生变化的时候为这些节点分配 TDMA 传输时隙。该协议同时做出两个 TDMA 时间安排，每个时间安排用于不同的目的和同一个信道的不同部分。第一个时间安排是竞争时间安排，由一个相对较长的时隙组成，分成 4 个时间片：第一个时间片是随机等待时间，用于避免许多节点在同一时刻同时进行发送；第二个时间片是时隙请求时间，用于发送 RTS 分组；第三个时间片是时隙应答时间，用于传输 CTS 分组；第四个时间片用于广播传输时间安排更新，本时间片不是必需的。第二个时间安排用于用户信息的传输，由多个等长的时隙组成，一个节点能够按需地向其相邻节点中的单个、多个、所有目标发送信息而预留不等的时隙个数。

2. ADAPT 协议

ADAPT 协议将每个时隙划分成优先级时段、竞争时段和发送时段。在优先级时段，节点初始化一个与预定目的节点的碰撞回避握手，达到向外公布自己将要使用其分得时隙的目的，保证了所有隐含节点都意识到即将来临的分组发送。竞争时段用于节点需要在一个未分配时隙内访问信道时竞争该时隙，一个节点当且仅当在其优先级时段内信道保持为空闲的条件下才能够进行竞争。一个节点在一个未分配时隙的竞争时段成功完成了 RTS/CTS 控制分组握手过程之后就可以访问发送时段，所有在竞争时段握手失败的竞争则按照指数退避算法来加以处理。发送时段用于发送分组，所有节点在其分得时隙的发送时段都可以访问信道。

7.7 自组织网络的网络层

根据网络节点获取路由信息的方法，自组织网络的单播路由算法可分为表格驱动和源节点初始化按需驱动两大类。

7.7.1 主动式路由协议

表格驱动类路由协议又称为主动式路由协议。主动式路由协议尽力维护网络中每个节点至所有其他节点的一致最新路由信息，要求网络中的每个节点都建立和维护一个或多个存储路由信息的表格，网络拓扑一旦变化，则向整个网络传播路由更新信息。各个主动式路由协议的差异主要表现在两个方面：一是跟路由选择有关的、所必需的路由表格数量的差异；二是有关由网络拓扑变化所引起的路由变化信息在整个网络中的传播方式的差异。

1. 目的节点序列号距离矢量路由协议

目的节点序列号距离矢量路由（destination-sequenced distance-vector routing，DSDV）协议是一种适用于Ad Hoc网络的表驱动式路由协议。此协议以Bellman-Ford算法为基础，在RIP的基础上设计完成。DSDV协议通过给每个路由设定序列号避免了路由环路的产生，每个节点保存一份路由表，表中的记录有每一条记录一个序列号，偶数序列号表示此链路存在，由目的地址对应的节点生成，奇数序列号表示链路已经破损，由发现链路破损的节点生成。

节点之间会相互发送路由信息，这种路由信息可以分为两种：一种包含所有可用的路由信息，称为“全阻尼”；另外一种只包含路由表更新后的信息，称为“增量”。当移动主机接到一条路由信息，移动主机将此信息与以前接受的信息比较，带有最新序列号的路由被保留，拥有相同序列号的两条路由，根据路由代价决定取舍。路由表中的记录过期后将会被删除。

DSDV要求路由表频繁更新，在网络空闲时仍会耗费能量和网络带宽，一旦网络拓扑结构发生变化，新的序列号就会生成。因此DSDV适用于节点数量少的Ad Hoc网络，不适用于快速变化的网络。

2. 最优化链路状态路由协议

最优化链路状态路由（optimized link state routing，OLSR）协议是在传统的链路状态协议的基础上优化的。

OLSR中的关键概念是多点转播（MPR）。MPR是在广播洪泛的过程中挑选的转发广播的节点。传统的链路状态协议每个节点都转发它收到信息的第一份副本，同它相比，OLSR很大程度上减少了转发的信息。在OLSR协议中，链路状态信息都是由被挑选为MPR的节点产生的，这样减少了在网络中洪泛的控制信息，实现了第二步优化。第三步优化是MPR节点只选择在MPR或者MPR选择者之间传递链接状态信息。因此，同传统LS协议相比，在网络中分布着部分链路状态信息，这些信息将用于路由计算。

OLSR以路由跳数提供最优路径，尤其适合大而密集型的网络。

7.7.2 按需路由协议

源节点初始化按需驱动类路由协议又称为按需路由协议。按需路由协议只有在源节点需要的时候，才创建路由。当网络中的一个节点需要一条路由到达某个目的节点的时候，该节点就初始化网络内的路由寻找过程，一旦找到一条路由，或者所有可能的路由重新排列都已检测完毕，则结束寻找过程。一旦创建了一条路由，就立即维护该条路由，直到路由异常中断或不再需要才停止该路由的维护。

1. Ad Hoc按需距离矢量路由协议

Ad Hoc按需距离矢量路由（Ad hoc on-demand distance vector routing，AODV）协议是一种源驱动路由协议。当一个节点需要给网络中的其他节点传送信息时，如果没有到达目标节点的路由，则必须先以广播的形式发出 RREQ（路由请求）报文。RREQ 报文中记录着发起节点和目标节点的网络层地址，邻近节点收到 RREQ，首先判断目标节点是否为自己。如果是，则向发起节点发送 RREP（路由回应）；如果不是，则首先在路由表中查找是否有到达目标节点的路由，如果有，则向源节点单播 RREP，否则继续转发 RREQ 进行查找。

在网络资源充分的情况下，AODV 协议可以通过定期广播 hello 报文来维护路由，一旦发现某一个链路断开，节点就发送 ERROR 报文通知那些因链路断开而不可达的节点删除相应的记录或者对已存在的路由进行修复。

在 AODV 中，整个网络都是静止的，除非有连接建立的需求。这就是说，一个网络节点要建立连接时才广播一个连接建立的请求。其他的 AODV 节点转发这个请求消息，并记录源节点和回到源节点的临时路由。当接收连接请求的节点知道到达目的节点的路由时，就把这个路由信息按照先前记录的回到源节点的临时路由发回源节点。于是源节点就开始使用这个经由其他节点并且有最短跳数的路由。当链路断掉，路由错误就被回送给源节点，于是源节点就重新发起路由查找的过程。

2. *源动态路由协议*

源动态路由（dynamic source routing protocol，DSR）协议是一个简单且高效的路由协议。当一个节点欲发送数据到目的节点时，它首先查询路由缓冲器是否有到目的节点的路由。如果有，则按此路由发送数据；如果没有，源节点就开始启动路由发现程序。

路由发现过程中，源节点 S 洪泛 RREQ 报文，每个请求分组通过序列号和源节点 S 标识唯一确定。中间节点接收到 RREQ 后，如果检测到重复，则丢弃该 RREQ，否则将自己的地址附在路由记录中继续洪泛。目的节点收到 RREQ 后，给源节点返回路由应答 RREP 报文，该报文包括 RREQ 消息中的路由记录。源节点收到 RREP 后在本地路由缓存中缓存路由信息。

源节点在分组中携带到达目的节点的完整路由信息（转发分组的完整的节点序列），路由器按照该路由记录来转发分组，不需要中间节点维护路由信息。而且节点缓存到目的节点的多条路由，避免了在每次路由中断时都需要进行路由发现，因此能够对拓扑变化作出更快的反应。

小结

本章以自组织网络的定义和优缺点为基础，介绍了自组织网络的平面结构和分级结构、5 层协议栈以及关键技术。MAC 层协议分为竞争协议、分配协议和混合协议三类，除了文中介绍的 ALOHA、CSMA、MACA、BTMA、FPRP、HRMA、HTDMA、ADAPT 外，还有 MACAW、FAMA、RIMA、DCA、MMCA 等。网络层协议可分为主动式路由协议和按需路由协议，除了文中介绍的 DSDV、OLSR、AODV、DSR 等基础协议外，还有 WRP、CGCR、TORA、ABR 等。这些 MAC 层和网络层的协议各有优缺点，适合于不同的网络环境。

习题

1. 什么是自组织网络？它有何特点？
2. 自组织网络的拓扑结构是怎样的？
3. 在自组织网络协议栈中，各层的功能是什么？
4. 自适应编码和调制的原理是什么？
5. 什么是 MIMO？
6. 一数据块经过信道编码后为 1001001110010101000101101，求此数据块经过一个 5 × 5 交织器后的输出。
7. 试对比时域均衡和频域均衡的原理和差别。
8. 多用户检测主要用于哪些场合？有何优缺点？
9. 为什么 CSMA 不适用于无线通信系统？
10. 自组织网络 MAC 层协议分为哪几类？各有何特点？
11. 纯 ALOHA 用户的延迟和时隙 ALOHA 的延迟相比较，哪一个更小？为什么？
12. 试比较 1-持续 CSMA、非持续 CSMA 和 p 持续 CSMA 的区别。
13. 自组织网络单播路由协议分为哪几类？各有何特点？

参考文献

[1] 陈林星，曾曦，曹毅．移动 Ad Hoc 网络：自组织分组无线网络技术［M］．2 版．北京：电子工业出版社，2012.
[2] 汪涛．无线网络技术导论［M］．北京：清华大学出版社，2008.
[3] 王金龙，王呈贵．Ad Hoc 移动无线网络［M］．北京：国防工业出版社，2004.
[4] 彭木根，游思晴．无线通信导论［M］．北京：北京邮电大学出版社，2011.
[5] Andrew S Tanenbaum. 计算机网络［M］．熊桂喜，王小虎，等译．北京：清华大学出版社，2000.

第 8 章 无线传感器网络

无线传感器网络是一种综合信息采集、信息处理和信息传输功能于一体的智能网络信息系统。这种网络信息系统能实时感知和采集各种环境数据和目标信息，实现人与物理世界之间的通信与信息交互，在军事和民用领域有着十分广阔的应用前景。本章将介绍无线传感器网络的结构、协议和关键技术。

8.1 无线传感器网络结构

无线传感器网络通常由大量密集部署在指定地理区域的传感器节点以及一个或多个位于区域内或区域附近的数据汇聚节点构成。汇聚节点负责向监测区域内的传感器节点发送查询消息或命令，传感器节点负责完成监测任务，并将监测数据发送给汇聚节点。同时，汇聚节点还作为连接外部传输网络的网关，收集来自传感器节点的数据，对收集到的数据进行简单的处理，然后将处理后的数据通过互联网或其他传输网络，传送给监控中心和需要使用这些数据的终端用户。

无线传感器网络具有自组织、分布式控制、动态拓扑、以数据为中心以及节点能力受限等特征，特别是传感器节点在能量、计算、存储和通信能力方面受到限制，所以网络体系结构对网络协议和各功能模块的设计起着至关重要的作用。根据传感器节点与数据汇聚节点之间传送数据所需的路径跳数，网络结构主要可以划分为单跳网络和多跳网络两大类。

8.1.1 单跳网络结构

为了向汇聚节点传送数据，各传感器节点可以采用单跳的方式将各自的数据直接发送给汇聚节点，采用这种方式所形成的网络结构为单跳网络结构，如图 8-1 所示。

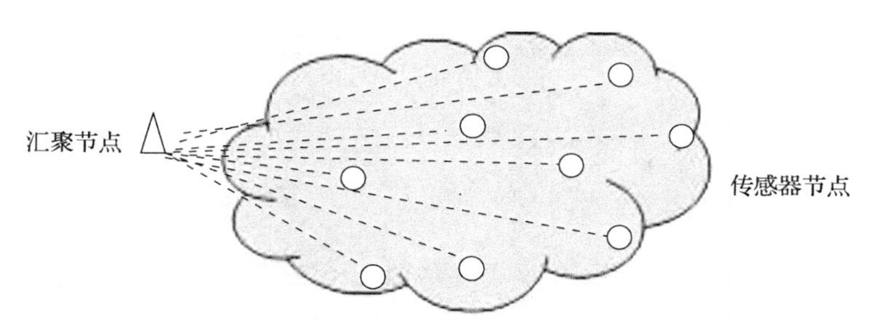

图8-1 单跳网络结构

单跳网络结构较为简单，易于控制。然而，在无线传感器网络中，节点用于通信所消耗的能量比感知和处理所消耗的能量大得多，而且用于无线发射的能量占通信所需能量的主要部分，随着发射距离的增加，所需的发射功率呈指数型增长。因此，为了节省能量和延长网络生存时间，必须尽可能减少所传送的数据量，并缩短发射距离。所以，单跳网络结构只适合在一些小的区域内部署少量传感器节点的应用场合。

8.1.2 多跳网络结构

在多跳网络结构中，传感器节点通过一个或多个网络中间节点将所采集到的数据传送给汇聚节点，从而有效地降低通信所需的能耗。在大多数无线传感器网络应用中，传感器节点密集分布在指定区域，相邻节点间距离非常近，因此可以采用多跳网络结构和短距离通信实现数据传输。

多跳网络结构又可以分为平面结构和分层结构两种类型。

1. 平面结构

平面结构如图8-2所示。各传感器节点在组网过程中所起的作用是相同的，所有传感器节点的地位是同等的，具有完全一致的功能特性。

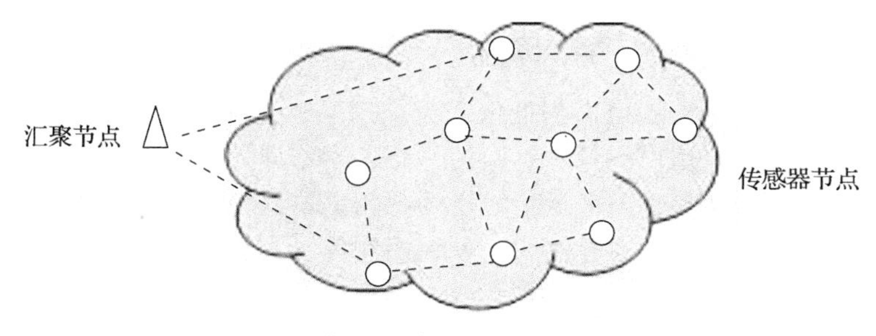

图8-2 多跳平面结构

由于一个传感网中所部署的传感器节点数量通常很大，不可能为每个传感器节点分配一个标识符，因此，无线传感器网络中数据采集是以数据为中心的。汇聚节点通常采用洪泛的方式向指定区域内的所有节点发送查询消息，只有那些具有所查询数据的传感器节点才响应汇聚节点，每个节点通过多跳路径与汇聚节点进行通信，并使用网络中的其他节点进行中继。

2. 分层结构

在分层结构中，传感器节点被组织成一系列的簇，每个簇由多个成员节点和一个簇头节点组成，如图 8-3 所示。簇成员需要首先把其数据发送给簇头，再由簇头将数据发送给汇聚节点。

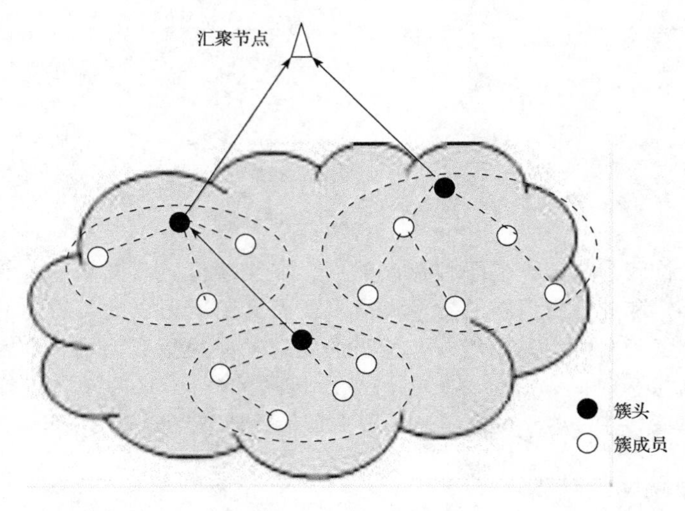

图 8-3　分层结构

在这种结构中，具有较低能量的节点可以负责采集或监测任务，并将数据发送给距离较近的簇头，而具有较高能量的节点可以作为簇头处理从簇成员传送来的数据，并将处理后的数据发送到汇聚节点。因此，这种网络结构不仅能降低通信的功耗，而且能够平衡节点间的业务负载，并提高网络的可扩展性，更好地适应网络规模的变化。由于所有传感器节点具有相同的传输能力，所以必须周期性地进行分簇，才能有效平衡各节点间的业务负载。

8.2　无线传感器网络 MAC 协议

无线传感器网络的协议栈由高到低依次为应用层、传输层、网络层、数据链路层和物理层。应用层提供面向用户的各种不同的传感器网络应用；传输层负责应用层所要求的可靠数据传输；网络层负责为来自传输层的数据提供路由；数据链路层负责数据流的复用、数据帧的发送与接收、媒体接入、差错控制等；物理层负责信号在物理媒体上的传送，包括频率选择、产生、信号调制解调、检测、发送与接收等。本节主要介绍数据链路层的协议。

媒体访问控制（medium access control，MAC）是无线传感器网络设计中的关键问题之一。无线传感器网络使用无线信道作为通信媒体，其频谱资源十分有限，节点能量有限，必须采用有效 MAC 协议来协调多个节点对共享信道的访问，公平、高效地利用有限信道频谱资源，提高网络的传输性能，同时考虑网络的能量效率和可扩展性。

由于无线传感器网络具有与应用相关的特征，所以无线传感器网络不可能采用通用统一的 MAC 协议。适用于不同应用场合的无线传感器网络 MAC 协议可以分为竞争型、非竞争型和混合型三类。

8.2.1 竞争型MAC协议

竞争型MAC协议采用按需使用信道的方式，其基本思想是当节点需要发送数据时，通过竞争方式使用信道，如果发生冲突，节点按照事先设定的某种策略重传数据，直到数据发送成功或放弃。该类型协议信道利用率高，可扩展性好，典型的协议包括S-MAC、T-MAC、Sift协议和WiseMAC等。

1. S-MAC协议

S-MAC协议在IEEE802.11标准的基础上，采用多种有效控制机制，以降低媒体访问控制中所消耗的能量，并允许在一定程度上降低传输延迟和公平性方面的性能，以提高网络的能量效率。

（1）周期性侦听和休眠机制

每个节点周期性进入休眠状态。在该状态下，节点关闭其收发器等电路，以节省能量，并设置一个定时器，在一段时间后将其唤醒进入侦听状态。在侦听阶段下，节点根据发送和接收的需求判断是否需要与其他节点通信，如果没有数据发送或接收，则进入休眠状态。

一个完整的侦听和休眠周期称为一帧。侦听阶段又划分为两个部分：一部分用于同步消息的发送或接收，另一部分用于数据分组的发送或接收。

（2）消息冲突与串音避免机制

为了避免冲突，S-MAC协议同时采用物理载波检测和虚拟载波检测，并采用RTS/CTS机制解决隐终端问题。在虚拟载波检测中，每个发送的数据包都包含一个时间域，指示其发送将持续的时间。当某个节点接收到发往其他节点的数据包时，将这个时间值记录在一个称为网络分配向量的变量中，并通过倒计时更新其值。当节点有数据需要发送时，如果网络分配向量非零则保持休眠状态，否则进行物理载波检测。当虚拟载波检测和物理载波检测均指示信道空闲时，节点开始发送数据。在发送单播数据包时，使用RTS/CTS消息，并以RTS-CTS-Data-ACK的顺序进行数据传送。

为了避免串音，S-MAC协议使节点在接收到发往其他节点的RTS和CTS消息后进入休眠状态，从而达到避免串音的目的。

（3）长消息传递机制

S-MAC协议采用了一种称为“消息传递”的机制来高效地传送长数据信息。与IEEE802.11所采用的处理方法类似，S-MAC协议将长数据消息分割成多个短数据包进行发送。与IEEE802.11不同的是，S-MAC协议只使用一个RTS消息和一个CTS消息为所有短数据包预约信道，每个短数据包分开确认。每个数据包或ACK消息都包含一个时间域，用来指示发送所有剩余数据包或ACK消息所需的时间，并允许在发送期间被唤醒的节点返回休眠状态。

2. T-MAC协议

S-MAC协议中，节点的侦听和休眠周期是固定的，负载越大，允许休眠的时间越短，否则会造成过大的消息延迟，因此休眠时间的选择应该满足网络最大负载情况下的需要，但是这将导致在网络负载较低时，因空闲侦听过长而浪费大量能量。T-MAC协议就是针对这个问题提出的。T-MAC 协议在保持休眠周期长度不变的基础上，根据网络的负载情况动态调整活动期的长度，并采用突发方式发送数据信息，以减少空闲侦听。

在 T-MAC 协议中，各节点周期性地被唤醒，进入活动期，并在活动期与相邻节点通信，然后进入休眠状态，直到下一帧到来。在活动期，节点保持侦听，并尽可能地发送所需传送的数据，如果没有节点需要处理的“激活事件”，则进入休眠状态。激活事件有 5 种类型：

- 周期帧定时器溢出；
- 信道上收到数据包；
- 检测到信道上有通信在进行；
- 节点数据包或确认消息发送完毕；
- 相邻节点数据包发送完毕。

3. Sift 协议

Sift 协议是提出的基于事件驱动的无线传感器网络 MAC 协议，不同于 IEEE802.11 和其他基于竞争的 MAC 协议，它充分考虑了无线传感器网络的三个特点：大多数传感器网络是事件驱动的网络，因而存在事件检测的空间相关性和事件传递的时间相关性；由于汇聚节点的存在，不是所有节点都需要报告事件；感知事件的节点密度随时间动态变化。

Sift 协议设计的目的是当共享信道的 N 个传感器节点同时监测到同一事件时，希望 R 个节点（$R \leqslant N$）能够在最小时间内无冲突地成功地发送事件检测消息，抑制剩余（$N-R$）个节点的消息发送。Sift 协议不但保留了 S-MAC 和 T-MAC 协议都具有的尽可能让节点处于睡眠阶段以节省能量的功能。而且，由于无线传感器网络的流量具有突发性和局部相关性，Sift 协议很好地利用了这些特点，通过在不同时隙采用不同的发送概率，使得在短时间内部分节点能够无冲突地广播事件，从而在节省能量的同时也减少了消息传输的延迟，这是和以往的 MAC 协议的最大不同之处。

通常一般的基于窗口的竞争性 MAC 协议中，当有数据需要发送时，节点首先在发送窗口 $[1, CW]$ 内的概率随机选择一个发送时隙；然后节点监听直到选择的发送时隙到来。如监听期间没有其他节点使用信道，则节点立即发送数据，否则需在信道空闲时重新选择发送时隙。当多个节点选择同一个时隙时就会发生冲突。多数协议都是规定冲突节点倍增 CW 值，并在新窗口内重新选择发送时隙，以增大无冲突发送的概率。但是，这种方法使无线传感器网络存在新的问题：当多个节点同时监测到同一事件，并同时发送数据时，导致事件区域内节点同时闲忙，忙时竞争加剧，需要经过很长时间来调整 CW 值，以适应发送节点的数目；如果 CW 值很大，而同时监测同一事件的节点数目很少，就会造成报告事件的延迟较大；此外，CW 取值是为了保证所有活动节点都有机会发送数据，而无线传感器网络只需 N 个活动节点中有 R 个节点能够无冲突地报告事件。Sift 协议采用的是 CW 值固定的窗口，节点不是从发送窗口选择发送时隙，而是在不同时隙中选择不同发送数据的概率。因此，关键在于如何在不同时隙为节点选择合适的发送概率分布，使得监测到同一事件的多个节点能够在竞争窗口前面各个时隙内无冲突地发送数据消息。

Sift 协议工作过程如下：当节点有消息发送时，首先假定当前有 N 个节点与其竞争发送。如果在第一个时隙内节点不发送消息，也无其他节点发送消息，则节点就减少假想的竞争发送节点的数目，并相应地增加选择在第二个时隙发送数据的概率；如果节点没有选择第二个时隙，且无其他节点在该时隙发送消息，则节点继续减少假想的竞争发送节点数目，并进一步增加选择第三个时隙发送数据的概率，依次类推。如果选择时隙过程中有其他节点发送消息，节点就进入重新开始竞争过程。Sift 协议就是通过非均匀概率分布将优胜节点从整个竞争节点中筛选出来的。

Sift 协议和 S-MAC 以及 T-MAC 协议一样只是从发送数据的节点考虑问题，对接收节点的空闲状态考虑较少，需要节点间保持时钟同步，特别适合于传感器网络内局部区域使用，如分簇结构网络。簇头可以一直处于监听状态，这样节点发送消息给一直处于活动状态的簇头节点，通过簇头节点的能量消耗换来消息传输延迟的缩短。

4. WiseMAC 协议

由于 T-MAC 协议在帧前加入了唤醒前导，这样就引入了控制开销。为了将控制开销压缩到最小，WiseMAC 协议在数据确认分组中携带了下一次信道监听时间，节点获得所有邻居节点的信道监听时间。在发送数据时可以将唤醒前导压缩到最短。

考虑节点时钟的漂移，唤醒前导长度 $TP = \min(4\theta L, TW)$。其中，θ 是节点的时钟漂移速度，L 是从上次确认分组到现在的时间，TW 是所有节点监听信道的时间间隔。尽管 WiseMAC 协议能够很好地适应网络流量的变化，但是节点需要存储邻居节点的信道监听时间，会占用大量存储空间，并增加协议实现的复杂度，对于高密度的无线传感器网络，该问题较为突出。

8.2.2 非竞争型 MAC 协议

非竞争型 MAC 协议采用固定使用信道的方式，将共享信道根据时间、频率或伪噪声码划分成一组子信道，并分配给各节点，使得每个节点拥有一个专用的子信道用于发送数据。因此，不同的节点就可以在相互不干扰的情况下访问共享信道，从而有效地避免不同节点之间的数据冲突。典型的无线传感器网络非竞争型 MAC 协议包括 DEANA、SMACS、DE-MAC 和 TRAMA 协议等。

1. DEANA 协议

分布式能量感知节点激活（distributed energy-aware node activation，DEANA）协议将时间帧分为周期性的调度访问阶段和随机访问阶段。调度访问阶段由多个连续的数据传输时槽组成，某个时槽分配给特定节点用来发送数据。除相应的接收节点外，其他节点在此时槽处于睡眠状态。随机访问阶段由多个连续的信令交换时槽组成，用于处理节点的添加、删除以及时间同步等。

为了进一步节省能量，在调度访问部分中，每个时槽又细分为控制时槽和数据传输时槽。控制时槽相对数据传输时槽而言长度很短。如果节点在其分配的时槽内有数据需要发送，则在控制时槽发出控制消息，指出接收数据的节点，然后在数据传输时槽发送数据。在控制时槽内，所有节点都处于接收状态。如果发现自己不是数据的接受者，节点就进入睡眠状态，只有数据的接受者才在整个时槽内保持在接收状态。这样就能有效减少节点接收不必要的数据。

与传统的 TDMA 协议相比，DEANA 协议在数据传输时槽前加入了一个控制时槽，使节点在得知不需要接收数据时进入睡眠状态，从而能够部分解决串音问题。但是该协议对节点的时间同步精度要求较高。

2. SMACS 协议

SMACS(self-organizing medium access control for sensor network) 协议是分布式的协议，无需任何全局或局部主节点，就能发现邻节点并建立传输/接收调度表。链路由随机选择的时隙和固定的频率组成。虽然各子网内邻节点通信需要时间同步，但全网并不需要同步。在链接阶段使用一个随机唤醒机制，在空闲时关掉无线收发装置，来达到节能的目的。EAR(eavesdrop-and-register) 算法用来为静止和移动的节点提供不间断的服务。SMACS 的缺点是从属于不同子网的节点可能永远得不到通信的机会。EAR 算法作为 SMACS 协议的补充，但 EAR 算法只适用于那些整体上保持静止，且个别移动节点周围有多个静止节点的网络。

3. DE-MAC

DE-MAC(distributed energy-aware MAC) 的中心内容是让节点交换能级信息。它执行一个本地选举程序来选择能量最低的节点为“赢者”，使得这个“赢者”比其邻节点具有更多的睡眠时间，以此在节点间平衡能量，延长网络的生命周期。且这个选举程序与 TDMA 时隙分配集成到一起，从而不影响系统的吞吐量。DE-MAC 用选举包和无线收发装置的能量状态包来交换能量信息，节点由能量信息来决定占有传输时隙的数量。各节点为每个邻节点维持一个表明其无线收发装置能量状态的变量，此信息用来设定其接收器接收邻居的包。当一个节点比原来的“赢者”能量值低时，它进入选举阶段。处于选举阶段的节点向所有邻节点发送它的当前能量值，并收集它们的投票。如果邻节点的能值都比此节点高，它将收到所有邻节点的正选票。此节点占有当前时隙，或者发送数据，或者进入睡眠。协议的缺点是传感器节点只在自己占有时隙且无传输时，才能进入睡眠。而在其邻节点占有的时隙里，就算没有数据传输，它也必须醒着。

4. TRAMA

TRAMA(traffic-adaptive medium access) 用两种技术来节能：用基于流量的传输调度表来避免可能在接收者发生的数据包冲突；使节点在无接收要求时进入低能耗模式。TRAMA 将时间分成时隙，用基于各节点流量信息的分布式选举算法来决定哪个节点可以在某个特定的时隙传输，以此来达到一定的吞吐量和公平性。仿真显示，由于节点最多可以睡眠 87%，所以 TRAMA 节能效果明显。在与基于竞争类的协议比较时，TRAMA 也达到了更高的吞吐量（比 S-MAC 和 CSMA 高 40% 左右，比 802.11 高 20% 左右)，因为它有效地避免了隐藏终端引起的竞争。但 TRAMA 的延迟较长，更适用于对延迟要求不高的应用。

8.2.3 混合型 MAC 协议

混合型 MAC 协议通常针对无线传感器网络的特征以及一些应用的具体要求，将竞争型和非竞争型 MAC 协议有效地进行结合，以减少节点间的数据冲突，同时改善网络的传输性能。典型的混合型 MAC 协议有 Z-MAC 协议和 Funneling-MAC 协议。

1. Z-MAC 协议

Z-MAC 协议综合了 CSMA 和 TDMA 各自的优点。Z-MAC 将信道划分为时间帧的同时，使用CSMA作为基本机制，时隙的占有者只是有数据发送的优先权，其他节点也可以在该时隙发送信息帧，当节点之间产生碰撞之后，时隙占有者的回退时间短，从而真正获得时隙的信道使用权。Z-MAC使用竞争状态标示来转换MAC机制，节点在ACK重复丢失和碰撞回退频繁的情况下，将由低竞争状态转为高竞争状态，由CSMA机制转为TDMA机制。因而可以说，Z-MAC在较低网络负载下，类似CSMA，在网络进入高竞争的信道状态之后，类似TDMA。

Z-MAC并不需要精确的时间同步，有着较好的信道利用率和网络扩展性。协议达到即时的适应网络负载的变化的同时，TDMA和CSMA机制的同步和互换会产生较大的能量耗损和网络延迟问题。

2. Funneling-MAC协议

Funneling-MAC协议结合了TDMA协议和CSMA/CA协议的特点，解决无线传感器网络中特有的漏斗现象。

漏斗现象是指无线传感器网络观测区域中所产生的观测数据以多对一的模式逐跳向汇聚节点传输时所造成的现象。当所传送的观测数据逐渐接近汇聚节点时，各中间节点所需转发的数据量会急剧增加，从而造成分组的拥塞、冲突、丢失、延迟和节点能量消耗的增加。汇聚节点附近几跳范围内的区域被称为漏斗区域，在该区域的节点消耗能量多，将大大缩短整个网络的生存时间。因此，为了延长网络的生存期，需要尽可能减少漏斗区域的数据量。

Funneling-MAC协议是一种用于漏斗区域面向汇聚节点的局部化MAC协议，它在漏斗区域内采用一种局部的TDMA调度机制，漏斗区域内节点数据发送的TDMA调度由汇聚节点完成。通过局部采用TDMA协议且将更多的控制功能交给汇聚节点，能较好地解决无线传感器网络中的可扩展性问题。

8.3 无线传感器网络的技术

无线传感器网络研究的主要问题有时间同步技术、定位技术等。

1. 时间同步技术

无线传感器网络是一个分布式系统，不同节点都有自己的本地时钟。由于节点的晶体振荡器频率存在偏差以及温度变化和电磁波干扰等，即使在某个时刻所有节点都达到时间同步，它们的时间也会逐渐出现偏差，而分布式网络系统的协同工作需要节点之间的时间同步。因此，无线传感器网络应用中需要时间同步机制。

由于无线传感器网络的特点，以及在能量、价格和体积等方面的约束，使得复杂的时间同步机制不适用于它，需要修改或重新设计时间同步机制来满足传感器网络的要求。典型的无线传感器网络时间同步协议包括基本同步协议、多跳同步协议和长期同步协议。

基本同步协议是在相邻节点本地时钟之间建立瞬时同步的方法，可作为其他时间同步协议的基本构造模块。

当无线传感器网络覆盖范围很大时，网络汇聚节点所采集的数据可能由多个相距若干跳距离的传感器节点产生，要实现这些节点间的时间同步，需要采用多跳的时间同步协议。

许多时间同步协议能提供不同节点时钟之间的瞬时时间同步，但是这种瞬时同步可能由于时钟的漂移会很快中断。为了能够获得长期的时间同步，最直接的方法就是周期性地运行瞬时时间同步协议

2. 定位技术

在传感器网络中，位置信息对传感器网络的监测活动至关重要，它是事件位置报告、目标跟踪、地理路由、网络管理等系统功能的前提。事件发生的位置或获取信息的节点位置，是传感器节点监测报告中所包含的重要信息，没有位置信息的监测报告往往毫无意义。位置信息可以用于目标跟踪，实时监视目标的行动路线，预测目标的前进轨迹；可以直接利用节点位置信息，实现数据传递按地理的路由；根据节点位置信息构建网络拓扑图，实时统计网络覆盖情况，对节点密度低的区域及时采取必要措施，进行网络管理。

无线传感器网络中的节点定位是指传感器节点根据网络中少数已知节点的位置信息，通过一定的定位技术确定自身或网络中其他节点的绝对位置或相对位置的过程。目前定位技术主要分为基于测距的定位算法和无需测距的定位算法。基于测距的定位通过测量节点间点到点的距离或角度信息，使用三边测量、三角测量或极大似然估计定位法计算节点位置。无需测距的定位无须距离和角度信息，也不需要增加额外的硬件，仅根据网络连通性等信息即可实现，具有实现代价低和实现简单的优势。

8.4 无线传感器网络的应用

无线传感器网络具有可快速部署、可自组织、隐蔽性强和高容错性的特点，应用领域非常广阔。随着传感器网络的深入研究和广泛应用，传感器网络将会逐渐深入人类生活的各个领域。

1. 军事领域

无线传感器网络能实现对敌军兵力和装备的监控、战场的实时监视、目标的定位、战场评估、核攻击和生物化学攻击的监测和搜索等功能。通过飞机或炮弹直接将传感器节点播撒到敌方阵地内部，或在公共隔离带部署传感器网络，能非常隐蔽和近距离地准确收集战场信息，迅速地获取有利于作战的信息。传感器网络由大量的、随机分布的节点组成，即使一部分传感器节点被敌方破坏，剩下的节点依然能自组织地形成网络。利用生物和化学传感器，可以准确探测生化武器的成分并及时提供信息，有利于正确防范和实施有效的反击。传感器网络已成为军事系统必不可少的部分，并且受到各国军方的普遍重视。

2. 环境科学

随着人们对于环境的日益关注，环境科学所涉及的范围越来越广泛。通过传统方式采集原始数据是一件困难的工作。在环境监测和预报方面，无线传感器网络可用于监视农作物灌溉情况、土壤空气情况、家畜和家禽的环境和迁移状况、无线土壤生态学、大面积的地表监测等，可用于行星探测、气象和地理研究、洪水监测等。还可以通过跟踪鸟类、小型动物和昆虫进行种群复杂度的研究等。基于无线传感器网络，可以通过数种

传感器来监测降雨量、河水水位和土壤水分，并依此预测山洪爆发，描述生态多样性，从而进行动物栖息地生态监测。

3. 农业领域

无线传感器网络有着卓越的技术优势。它可用于监视农作物灌溉情况、土壤空气变更、牲畜和家禽的环境状况以及大面积的地表检测。在精细农业中，监测农作物中的害虫、土壤的酸碱度和施肥状况等。

无线传感器网络通常由环境监测节点、基站、通信系统、互联网以及监控软硬件系统构成。根据需要，人们可以在待测区域安放不同功能的传感器并组成网络，长期大面积地监测微小的气候变化，包括温度、湿度、风力、大气、降雨量，收集有关土地的湿度、氮浓缩量和土壤 PH 值等，从而进行科学预测，帮助农民抗灾、减灾，科学种植，获得较高的农作物产量。

无线传感器网络的通信便利、部署方便的优点，使其在节水灌溉的控制中得以应用。同时，节点还具有土壤参数、气象参数的测量能力，再与互联网、GPS 技术结合，可以比较方便地实现灌区动态管理、作物需水信息采集与精量控制专家系统的构建，并可进而实现高效、低能耗、低投入、多功能的农业节水灌溉平台。可在温室、庭院花园绿地、高速路隔离带、农田井用灌溉区等区域，实现农业与生态节水技术的定量化、规范化、模式化、集成化，促进节水工业的快速和健康发展。

4. 工业领域及其他领域

工业方面，煤矿、石化、冶金行业对工作人员安全、易燃、易爆、有毒物质的监测的成本一直居高不下，无线传感器网络把部分操作人员从高危环境中解脱出来的同时，提高了险情的反应精度和速度。

在建筑领域，采用无线传感器网络可以让大楼、桥梁和其他建筑物能够自身感觉并意识到它们的状况，并告诉管理部门它们的状态信息，从而可以让管理部门按照优先级进行定期维修工作。

家居方面，智能家居系统的设计目标是将住宅内各种设备连起来，使它们能够自动运行、相互协作，为居住者提供尽可多的便利和舒适。在家电和家具中嵌入传感器节点，通过无线网络与互联网连接在一起，将为人们提供更加舒适、方便和更人性化的智能家居环境。利用远程监控系统可实现对家电的远程遥控，也可以通过图像传感设备随时监控家庭安全情况。利用传感器网络可以建立智能幼儿园，监测儿童的早期教育环境，以及跟踪儿童的活动轨迹。

医疗方面，无线传感器网络在检测人体生理数据、老年健康状况、医院药品管理以及远程医疗等方面可发挥出色的作用。在病人身上安置体温采集、呼吸、血压等测量传感器，医生可以远程了解病人的情况。利用网络长时间地收集人的生理数据，这些在研制新药品的过程中非常有用。

小结

本章从无线传感器网络单跳结构和多跳结构开始，介绍了无线传感器网络的协议、技术和应用。MAC 协议可以分为竞争型、非竞争型和混合型三类，本文介绍了 S-MAC、T-MAC、Sift、WiseMAC、DEANA、SMACS、DE-MAC、TRAMA、Z-MAC、Funneling-MAC 等协议。时间同步协议包括基本同步协议、多跳同步协议和长期同步协议，具体的协议有双向消息交换同步协议、参考广播同步协议、多跳 RBS 协议、TPSN、LTS、Post-Facto、时间传播协议等。定位技术主要分为基于测距的定位算法和无需测距的定位算法，具体的算法有 AHLos、RADAR、DV-Hop、APIT。

习题

1. 无线传感器网络和自组织网络有何区别?
2. 无线传感器网络的结构分为哪两类？各有何特点?
3. 无线传感器网络数据链路层协议分为哪几类？各有何特点?
4. 无线传感器网络的应用领域有哪些?

参考文献

[1] 汪涛. 无线网络技术导论 [M]. 北京：清华大学出版社，2008.
[2] 郑军，张宝贤. 无线传感器网络技术 [M]. 北京：机械工业出版社，2012.

第9章 异构网络协同通信技术

本章主要介绍物联网中的异构网络通信相关技术的基本概念、特点等知识，主要包括：物联网中异构网络模型及体系结构、异构网络资源管理以及异构网络协同通信技术。

9.1 异构网络模型

物联网中无线终端逐步向着多模式、多接口、多信道方向发展，由多种不同制式的无线接入网络相互覆盖、相互融合而成的异构网络成为物联网无线通信的发展趋势。一方面，用户对数据业务和移动业务的需求日渐增加，使用户需求呈现个性化、多样化等特点；另一方面，在异构多模式网络系统中，移动用户可以通过多模式多接口特性连接任一种网络，如通用移动通信系统（UMTS）、无线局域网（WLAN）、无线城域网（WMAN）、无线传感器网络（WSN）等，用户能够享有更多的特权和服务。异构网络系统是由不同制造商生产的终端设备、网络设备和系统组成的，大部分情况下运行在不同的协议上，支持不同的功能或应用。所谓异构网络，是指两个或以上的无线通信系统采用了不同的接入技术，或者是采用相同的无线接入技术但网络设备在网络带宽、存储/计算/处理等资源上有明显差别。由于现有的各种无线接入系统在很多区域内都是重叠覆盖的，所以可以将这些相互重叠的不同类型的无线接入系统智能地结合在一起，利用多模终端智能化的接入手段，使多种不同类型的网络共同为用户提供随时随地的无线接入，从而构成了异构网络。异构分为两个层次，异构终端以协同自组的方式密集部署而形成异构网络，同时多种异构网络也以协同自组的方式进行互联。利用已有物联网应用系统，通过系统间融合的方式，使多系统之间取长补短是满足未来物联网通信业务需求的一种有效手段，能够综合发挥各自的优势。实现异构网络的互联互通、资源挖掘，提高频谱效率，并向多种应用用户呈现全方位的泛在的网络服务环境，成为异构网络协同通信的主要任务。协同通信机制利用异构网络中终端设备并行的多模接口信道及周围多节点组成的协同传输优势，不仅能够优化无线

资源配置，还能增强网络节点间的可达性和连接度。

图 9-1 给出了一种物联网异构网络模型。不同物联网应用系统通过网关连接到核心网，最后连接到 Internet 网络上，最终融合成为一个整体。异构网络融合的一个重要问题是这些网络以何种方式来进行互连，为异构无线网络资源提供统一的管理平台。为了说明异构网络的融合结构，这里给出一种特定的异构网络场景，它是由无线广域网（wireless wide area network，WWAN）、无线传感器网络、无线局域网（例如 IEEE802.11）、无线个域网（wireless personal area network，WPAN）组成的异构网络系统，如图 9-2 所示。物联网可以分成无线接入网和核心网络两部分。无线接入网环境中存在着各种各样的异构无线终端实体：如无线传感器节点、无线射频标签、执行/控制器、数据收集设备等基于 ZigBee、BlueTooth、RFID 等技术的非 IP 可达终端设备，这类设备需经由各种无线网关、基站接入设备与互联网上各 IP 终端进行互联互通操作；例如 WLAN 终端、可穿戴智能终端、个人计算机、移动手机等属于 IP 可达终端设备，这类设备可以直接经由接入网关连接核心网络，进而从互联网直接访问。CN 通常包括移动交换中心（mobile switching center，MSC）来实现电路交换方式、分组数据服务节点（packet data serving node，PDSN）来实现包交换方式和网络交互功能，来为包交换和电路交换提供连接。CN 负责呼叫管理和建立连接。在 WLAN 中，移动终端（mobile terminal，MT）和接入点（access point，AP）之间进行通信。AP 在 WLAN 中实现物理和数据链路层的功能，也充当无线路由器来执行网络层的功能，为 WLAN 与其他网络提供连接。

图 9-1　物联网异构网络模型

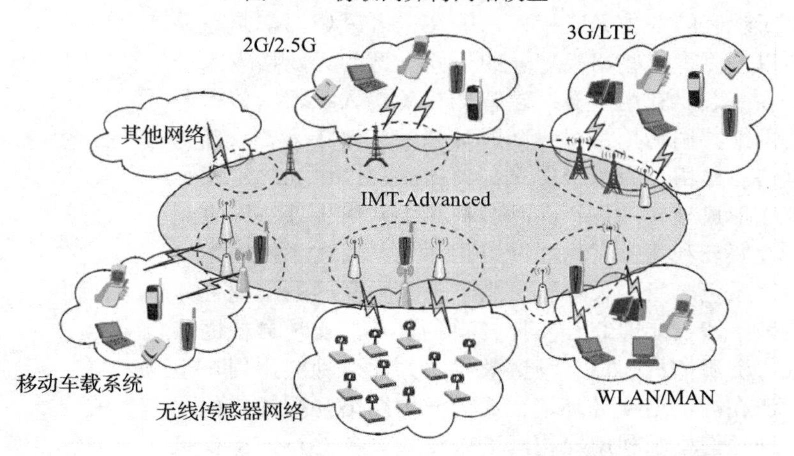

图 9-2　物联网异构网络系统实例

9.2 异构网络资源管理

传统意义的无线资源管理包括接入控制、负载均衡、功率控制、信道分配等，而在异构物联网系统网络中，无线资源管理的目标还包括为用户提供无处不在的服务和进行无缝切换，并提高无线资源的利用率。异构网络中无线资源管理是传统无线资源管理的一种扩充。

9.2.1 接入控制

在物联网异构通信系统中，接入控制机制就是合理控制是否允许新的用户的接入请求，以保障整个网络系统资源有效利用。异构网络融合中，接纳控制与接入选择是密切相关的。

接纳控制需要在网络容量和通信质量之间寻求折中：一方面为了满足链路通信质量，维护整个网络的稳定性，防止系统超载，从而限制同时通话的用户的数量；另一方面，为了提高整个系统无线资源的利用率，又要尽可能地增加系统的容纳量。通常衡量接入控制算法的指标包括以下三方面：呼叫阻塞率（CBP)、呼叫掉线率（CDP)、带宽利用率（BU)。以上三个指标是彼此制约的关系，满足一个指标通常需要在一定程度上牺牲另一个指标。保证整个系统的较高带宽利用率的情况下，又能保证较低呼叫阻塞率和较低呼叫掉线率，这就是接入控制的目的，也是接入控制算法需要解决的关键问题。在异构网络中，不仅仅要考虑各个网络的接入机制，更需要全局考虑，当一个网络不满足用户接入情况的时候，需要考虑另一网络是否满足，因此联合接入控制机制是十分重要的。

在分析接入控制的时候，用户的接入网络是潜在多个的，因此如何选择合适的网络进行接入，以能更好地满足当前用户业务的QoS，是十分重要的。另一方面，随着网络环境的变化，以及用户的随机移动性，垂直切换时常发生，当用户从一个网络离开的时候，如何确定其他备选网络以及选择哪个网络进行接入也是当前待解决的问题。

9.2.2 网络选择

无线资源管理的一个重要研究方向就是网络选择算法，这里给出了几个典型的无线网络选择算法的类别。

1. 基于接收信号强度的网络选择算法

预切换可以有效地减少不必要的切换，并为是否需要执行切换做好准备。通常情况下，可以通过当前接收信号强度来预测将来接收信号强度的变化趋势，来判断是否需要执行切换。在进行网络选择时，网络设备中利用多项式回归算法对接收信号的强度进行预测，这种方法的计算复杂度较大。网络设备也可以利用模糊神经网络来对接收信号强度进行预测，模糊神经网络算法最大的问题是收敛较慢，而且计算的复杂度高。此外，网络设备还利用最小二乘算法（LMS）来预测接收的信号强度，通过迭代的方法，能够达到快收敛，得到较好的预测。

2. 基于历史信息的网络选择算法

在垂直切换的过程中，对于相同的切换场景，通常会出现已出现过的切换条件，对于其垂直切换的结果，可以应用到当前条件下，这样可以有效避免重新执行切换决策所带来的时延。网络设备利用用户连接信息（user connection profile，UCP）数据库用来存储以前的网络选择事件。在终端需要执行垂直切换时，首先检查数据库中是否存在相同的网络选择记录，如果存在，可以直接接入最合适的网络。网络设备也可以将切换到该网络的持续服务时间和距离该网络的最后一次阻塞时间间隔作为历史信息记录下来，根据这些信息，选择是否有必要进行切换。

3. 基于模糊逻辑和神经网络的网络选择算法

由于用户对网络参数的判断往往是模糊的，而不是确切的概念，所以通常采用模糊逻辑对参数进行定量分析，将其应用到网络选择中显得更加合理。模糊系统组成通常由3个部分组成，分别是模糊化、模糊推理和去模糊化。对于去模糊化的方法，通常采用中心平均去模糊化，最后得到网络性能的评价值，根据模糊系统所输出的结果，选择最适合的网络。通常情况下，模糊逻辑与神经网络是相互结合起来应用的，通过模糊逻辑系统的推理规则，对神经网络进行训练，得到训练好的神经网络。在垂直切换判决的时候，利用训练好的神经网络，输入相应网络的属性参数，选择最适合的网络接入。

基于模糊逻辑和神经网络的策略，可以对多种因素（尤其动态因素）进行动态控制，并做出自适应的决策，可以有效提高网络选择的合理性，但该策略最大的缺点是，算法的实现较为复杂，在电池容量和处理能力均受限的移动设备上是不合适的。

4. 基于博弈论的网络选择算法

在异构网络选择中，博弈论是一个重要的研究方向。在博弈论的模型中，博弈中的参与者在追求自身利益最大化的同时，保证自身付出的代价尽量小。参与者的这两种策略可以通过效用函数和代价函数来衡量。因此通过最大化效用函数和最小化代价函数，来追求利益的最大化。

在基于博弈论的定价策略和网络选择方案中，服务提供商（service provider，SP）为了提高自己的利润需要面临竞争，它是通过用户间的合作或者非合作博弈来获得，在实际的异构网络场景下，用户和服务提供商之间可以利用博弈模型来表示。物联网系统可以通过竞价机制来进行异构网络资源的管理，这里将业务分成两种类型，一种是基本业务，另一种类似高质量业务，基本业务的价格是固定的，而高质量业务的价格是动态变化的，它是随着服务提供商的竞争和合作而变化的。因此这里从合作博弈和非合作博弈两方面来讨论定价机制。

5. 基于优化理论的网络选择算法

网络选择的目标通常是通过合理分配无线资源来最大化系统的吞吐量，或者最小化接入阻塞概率等，这样就会涉及网络优化问题。

网络选择算法往往是一种多目标决策，用户希望得到好的服务质量、价格便宜的网络、低的电池功率消耗等。对于多目标决策算法，不可能使得每个目标同时达到最优，通常有三种做法：其一，把一些目标函数转化为限制条件，从而减少目标函数的数目；其二，将不同的目标函数规范化后相加，得到一个目标函数，这样就可以利用最优化的方法，得到最优问题的解；其三，将两者结合起来使用。例如，可以通过限制系统的带宽，最大化网络内的所有用户的手机使用时间，即将部分目标函数转化为限制条件。

6. 基于策略的网络选择算法

基于策略的网络选择指的是按照预先规定好的策略进行相应的网络操作。在网络选择中，通常需要考虑网络负荷、终端的移动性和业务特性等因素。如对于车载用户，通常选择覆盖范围大的无线网络，如 WCDMA、WiMax 等；对于实时性要求不高的业务，并且非车载用户，通常选择 WLAN 接入。这些均是通过策略来进行网络选择。

9.2.3 垂直切换

切换是指移动终端之间的连接从一个信道转移到另一个信道的过程。在由多种无线接入技术构成的异构无线网络中，存在着不同结构的网络之间的切换（蜂窝网基站和 WLAN 接入点间的切换）——垂直切换。垂直切换非常复杂，它要求较低的切换时延、能量消耗不能过大、网络资源的占用不能过大，对无线资源管理等方面提出了更高的要求。同时，切换也有了一些新的变化。比如，用户可以基于对某个网络的喜好或者业务需求发起主动切换。垂直切换又根据切换前后网络覆盖面积的大小，分为上行垂直切换（up vertical handoff，UVH）和下行垂直切换（down vertical handoff，DVH）。UVH 是指从覆盖面积小的网络到覆盖面积较大的网络的切换，比如从 WLAN 到 WMAN 的切换，DVH 则是指从覆盖面积大的网络到覆盖面积较小的网络的切换，比如从 WMAN 切换到 WLAN。

无线异构网络环境下，垂直切换分为三个阶段：切换发起、切换判决和切换执行。切换的发起阶段主要的工作是移动终端检测有新的可以接入的备选网络；切换的判决阶段用于依据切换触发原因，结合切换判决因素和切换算法选择接入网络和切换时间；切换执行阶段的任务是进行切换实施过程。

1. 切换发起

切换的发起原因多种多样，在同一种类型的网络下，无线电信号强度下降是切换发起的主要因素。在异构网络情况下切换的发起除了要考虑信号强度下降外同时还需考虑很多其他方面的因素，如各个网络的负载均衡、QoS、接入的安全性、网络使用的费用、用户偏好、移动终端的电量等。从切换的触发对象来说，可以分为由终端主动发起的切换，比如 QoS、使用费用、用户喜好、信号强度值减弱等因素，也可以由网络端发起切换，比如负载均衡等因素。

发现终端所处环境下可接入的网络是切换发起阶段的主要任务。为了减少网络发现过程中的能量消耗，通常采用的方法是周期性地扫描获取周围网络的信号强度值等信息。

2. 切换判决

切换的判决是垂直切换判决过程中最重要的阶段，决定了是否能够切换到最合适的目标网络，准确且高效的切换判决是保障 QoS 和实现无缝的优质切换的前提条件。切换的判决阶段要完成的任务是让用户在合适的时间选择最合适的网络进行接入。

在垂直切换判决过程中，需要综合权衡各个备选接入网络的状况、用户所使用的业务的 QoS 需求以及 MT 的状态和用户的喜好等因素，进行判决。为了能够快速准确地进行网络切换判决，通常需考虑以下因素：网络层面因素（网络类型、覆盖范围、带宽和时延、信号强度、链路质量、流量负载）；应用层面因素（应用特性、业务类型、服务费用、安全因素、资源分配、带宽分配、拥塞状况和优先级）；用户层面因素（用户属性、用户偏好、终端特性、电池能量、用户移动速度、位置)。

3. 切换执行

切换的执行过程中涉及了多种不同的接入网络技术，执行一个特定的换向开关控制协议，将当前的通信在从切换前的网络接入点转移到目标网络上的访问点。

从层次化的网络协议栈来看，同一种类的网络在各个层次上均能够实现移动性。因为不同的协议工作在各种不同的网络层次上，并且各种移动性的实现具有其各自不同的优缺点。例如，有的是需要特定的无线射频技术，有些是决定于传输技术等，所以，在复杂的异构网络下，需要在已有的移动性管理协议的基础上，基于不同的业务的需求和备选网络的特点进行网络的切换选择。

9.2.4 协同频谱感知

物联网各个智能节点需要感知频谱环境，根据环境的变化动态调整中心频率、带宽、传输功率等参数进行通信，达到优化频谱利用的目的。频谱感知技术是异构物联网协同通信最关键的支撑技术。

频谱检测算法中，最常用的单用户检测算法有匹配滤波器检测、能量检测、循环平稳特征检测、协方差盲检测和延时相关性检测等。在这些频谱检测算法中，能量检测算法是一种次优的检测算法，但是能量检测算法不需要授权用户的先验信息，不会产生额外的检测开销，而且实现简单、运算复杂度低、灵活性好，比较适合检测宽频内的频谱空穴。能量检测算法能够很好地应用于协同通信。

但是，由于协同通信中无线传播环境中的多径效应和阴影效应等不利因素，使得单用户的检测性能明显下降；同时由于环境中障碍物的遮挡，单个认知用户的检测不可避免地产生隐藏终端的问题，造成对授权用户的干扰，检测性能不能满足系统要求。在协同通信中为了解决上述问题，需要采取协作的频谱感知方法。

协同通信中包含有不同的物联网应用，每个应用都包含一个或者多个接入网关。不同的接入网关之间可能使用不同的通信方式，为了避免相互之间的干扰和提高频谱资源的有效利用率，需要每个接入网关对自身的频谱环境变化具有认知能力。

在物联网协同通信过程中，每类应用系统都只能和自己应用的终端用户直接通信或者与自己的接入网关通信，不同应用的终端用户不能直接通信。各个接入网关之间可以相互通信。在频谱感知的过程中，每个应用分别对自己所处的无线电环境进行感知，然后把自己的感知结果发送给各自的接入网关，通过交换各自频谱信息来最终判断环境中频谱的使用情况。

9.2.5 负载均衡

物联网异构网络的协同负载均衡是针对异构无线网络资源的优化控制技术，该机制的引入能够提高系统整体的无线资源利用率、在保证各用户 QoS 要求的同时增加网络容量以及避免网络超载。当用户处于多个无线接入网络的重叠覆盖范围内时，需要基于一定的标准或策略（如价格、网络业务能力和服务质量等）选择使用其中一种接入网络或使用多种网络组合；同时，在用户业务请求密集的地区很容易形成通信热点，造成网络的新呼阻塞率和切换掉话率明显增加，这时就需要引入负载均衡机制，将重负载网络的部分业务转移到轻负载网络中去，使得系统整体负载均衡分布。异构无线网络的协同负载均衡机制有助于提高网络系统整体的无线资源利用效率，扩展网络覆盖范围，增加网络容量，避免业务量过于集中导致的网络超载，为用户提供质量更好，更加多样化的服务。

传统的同构网络的负载均衡通过小区间的信道资源变换实现，通常采用两种方法：信道借用和负载转移。信道借用主要指重负载小区向轻负载小区借用信道，或优先占用共享信道。负载转移是指重负载小区切换一部分用户到邻近的轻负载小区，以实现整个网络内负载的均衡分布。而异构网络的负载均衡需要考虑到各个不同无线接入网之间的网络架构、资源类型、接入方式等方面的不同，不能仅仅采用传统同构网络的负载均衡方法，而需要利用协同无线资源管理的思想，在接入控制和垂直切换的基础上，宏观地进行网络负载调度。异构无线网络的负载均衡一般分为两个阶段，即接入控制阶段和垂直切换阶段。

接入控制机制主要负责对用户的接入请求进行准许判决，网络系统通过接入控制机制决定是否允许系统为用户的业务请求提供相应的服务。为得到合理、可靠的判决结果，在进行接纳判决时，接入控制机制需要考虑无线网络中资源状态的总体情况、系统的 QoS 要求、正在进行中的会话的 QoS 情况、该请求业务的优先级及其 QoS 需求。接入控制机制会根据系统目前的负载状况和新进的呼叫接入请求，预测接纳新的呼叫接入请求后系统的负载变化情况，通过综合分析当前的网络状态，判定网络剩余的可用资源能否满足新进接入请求的 QoS 需求，以保证可接纳用户的服务质量。接入控制的重要目标是在保证无线资源的高利用率的同时，确保新接纳用户满足所需的 QoS 要求。为此，在无线资源许可的情况下，要尽可能地接纳新用户。准入控制机制所考虑的指标主要为新呼阻塞率、切换掉话率、时延、吞吐量、网络收益等。

垂直切换是指业务在不同接入技术之间的切换。在异构无线网络环境下，同一区域可能由多种接入技术共同覆盖，切换的起因相比同构网络更加多种多样，除了信号强度低于阈值这一较为常见的原因外，还有降低网络资费、系统负载均衡和提升业务 QoS 等多种因素。基于垂直切换的负载均衡就是在满足一定触发条件时，如系统的负载不均衡程度达到了门限值，应用一定的策略对申请接入的特定业务进行控制，选择合适的接入网接纳新业务请求；或者将重负载网络中某些正在进行的业务垂直切换到重叠覆盖的轻负载网络中去，能够有效降低系统整体的新业务请求阻塞率和切换掉话率，提高异构网络总体的资源利用效率，使得系统为用户提供优质无缝的接入服务。对于基于垂直切换的负载均衡算法，门限值设置得合适与否对于负载均衡算法的性能有很大影响。如果门限值设置得太高，那么可能导致在系统已经出现拥塞的情况下仍然没有触发负载均衡操作；如果门限值设置得太低，可能导致不必要的切换，增加系统开销。负载均衡算法包括在负载分配的模型建立、分配算法目标函数优化、负载分配方式优化等方面。

9.3 协同通信技术

协同通信的基本思想是在系统中基站或者移动台会有一个或者多个协作伙伴，通过基站之间、移动台之间或者基站与低功率节点之间所执行的不同程度的合作，可以获取一定的空间分集增益、更高的系统覆盖、更大的系统容量以及更好的抗干扰能力。按照参与协同通信的实体的种类，协同通信系统可以分为用户协同通信系统、中继协同通信系统、基站协同通信系统三种类型。

9.3.1 用户协同通信系统

用户协同通信系统是指允许用户与用户之间通过复用小区的物理资源直接进行通信的方式。它允许用户间存在一定程度的协作，提高了系统的频谱利用率。作为当前研究热点的 D2D(device to device) 技术就是用户协同通信的一种。

9.3.2 中继协同通信系统

中继协同通信系统的工作模式是基站与中继之间通过协同的方式为目的节点服务，其中中继节点起到了对来自基站的信号进行接力或者放大的作用。在无线中继系统中，待发送信息的节点被称为源节点（source）。源节点发出的信息，通过中继节点（relay）的信号处理后，通过无线信道到达目的节点（destination）。

根据中继节点的处理方式不同，中继系统可以分为放大转发（amplify-and-forward，AF）、压缩转发（compress-and-forward，CF）和译码转发（decode-and-forward，DF）3 种。在放大转发模式中，中继节点所起的作用类似于一个简单的线性转发器，它将接收到的来自于源节点的信道加以放大，并于下个时序资源中传输至目的节点。很显然，这会带来噪声的放大效应，但是即便如此，AF 中继依然有较好的性能并在理论研究和标准化工作中被广泛使用。压缩转发中继模式是指中继将其接收到的源节点发出的信号进行压缩（或量化）以后转发给目的节点。在这种处理方式中，源节点和中继节点直接可以进行信号处理层面的协同处理，比如相干合并等。这三种中继模式对中继节点的处理能力要求逐渐增大。

按照源节点与目的节点交互信息的方式，中继系统可以分为单向中继系统和双向中继系统。传统的单向中继系统（one way relay system，OWRS）包括一个源节点、一个中继节点和一个目的节点。源节点发出的信息通过中继放大后被目的节点所接收。而当目的节点需要跟源节点通信时，它发出信息，源节点在中继协同下完成该次通信。在传统的单向中继系统中，为了避免中继节点处的干扰，源节点和目的节点是不能在相同频段上同时发送消息的。因此需要使用 4 个时隙才能完成源节点和目的节点的一次信息交互。为了解决这个问题，模拟网络编码（analogue network coding，ANC）被引入中继节点的处理过程，这就是双向中继系统（two way relay syetem，TWRS）。双向中继系统中，源节点和目的节点在两个时间资源之间即可完成一次信息交互，使得信道资源的利用率得以成倍提高。目前双向中继系统是无线通信领域的研究热点。

9.3.3 基站协同通信系统

在基站协同通信系统中，协同的信号处理方式存在于基站和基站之间。按照基站间协同的程度来划分，将用户数据信息存在于所有协同基站的场景称为“多基站联合发送”，并将用户信息只存在于该用户的当前基站、协同基站之间不进行用户数据的交互，只进行必要的信道信息交互的场景称为“多基站协同传输”。

多基站联合发送技术的提出是基于蜂窝系统中对小区间干扰的研究。在当前的移动通信系统中，频谱资源越来越紧张，为了提高吞吐量，OFDM 技术中一般采用复用系数为

1的普通频率复用（universal frequency reuse，UFR）技术，也称作同频复用技术。此时系统的频谱效率很高，但是由此产生的小区间干扰问题却非常严重。因此解决小区间干扰的问题对于无线通信系统整体性能至关重要。多基站联合发送技术通过采用多个分散的传输节点进行动态协同，使得用户接收到的来自其他相邻基站的信号为本次通信有用的信号，而不是当作小区间干扰来处理。这种技术以资源复用为代价，实现了有效降低或消除小区间干扰，提高吞吐量与覆盖范围的目标。具体地，它是指通过基站之间共享用户的待发送数据，使得位于不同地理位置的多个基站协同地给同一个用户或用户组传输信息，通过多个站点同时服务于一个移动台的方式来实现基站间的协同处理，从而提高用户端的接收信干噪比，这种方式尤其适用于小区边缘用户，它能够显著改善该部分的通信服务质量，提高小区边缘用户的吞吐量。

在多基站协同传输的场景中，参与协同的基站与基站之间不需要交互用户的发送数据，但是需要一定程度上交互基站至用户的信道信息，并据此实现协同的信号处理。干扰广播信道（interfering broadcast channel，IBC）中的协同信号处理是多基站协同传输的典型实例，这是由于它需要基站间通过协同来共享用户的信道信息。干扰广播信道是传统单基站多用户系统在基站维度上的扩展，它体现了当前无线蜂窝网络的特点。在干扰广播信道中，网络包含多个基站，每个基站服务多个用户，每个用户收到来自本小区的有用信号、来自本小区的多用户干扰以及来自其他小区的小区间干扰。在干扰广播信道的协同信号处理技术中，协同的思想主要体现在两个方面：一是多个基站统筹考虑预编码的设计问题，例如在用户的预编码矩阵的时候，需要用到该基站和其他基站的用户之间的信道信息，而这是用户首先将需要的信道信息反馈至它所在的基站，然后通过协同基站之间的回路链路（backhaul）来实现信道状态信息的共享；二是在存在有限反馈的情况下，用户可以根据来自各个基站信号的强度或者时延大小来进行自适应的反馈比分配，从而提升自己乃至整个系统的性能。

总体来讲，协同通信的本质是通过协作的方式引入一个新的信号处理维度并以此为代价提升待定用户的通信质量。在中继协同系统中，这里提到的新增信道处理维度就是引入一个中继传输节点；在多基站联合发送技术中，协同通信中新增信道处理维度就是增加了服务于一个移动台的基站的数目，多个协同基站在相同的时频资源上为相同的用户组服务；而对于多基站协同传输技术，新增的信号处理维度是为了进行协同信号处理系统进行的较大量的上行反馈操作以及协同基站之间通过回路链接对信道状态信息的交换。协同通信能够在特定场景下大幅提升用户的通信质量，比如中继技术能大幅提升阴影区域用户的信号强度，多基站联合发送能提升小区边缘用户的通信质量和整个系统的吞吐量，而对于多基站协同传输来讲，干扰广播信道中的协同信号处理能够统筹管理整个系统的干扰，并提升系统整体的通信性能。

9.4 异构网络中的协同数据传输

9.4.1 队列调度

在物联网的复杂应用环境中，各类应用的多种通信业务在网络中的不同信息、传输需求必然要求异构网络环境也要能够满足不同等级的服务。队列调度算法运行在网络节点中发生拥塞现象，需要采用调度策略之处，它的任务是按照一定的服务规则对交换节点的不同输入业务流分别进行调度和服务，从多个队列中选择出下一个需要传输的分组，使所有的输入业务流能按预定的方式共享交换节点的链路带宽。

队列调度算法性能的好坏主要涉及资源利用率、延迟特性、公平性、复杂性等。而公平队列调度协议可以根据不同的公平指数分为5种类型。这些类型依据公平性从最大公平到最小公平依次是：硬公平调度、最大最小公平调度、比例公平调度、混合公平调度和最大吞吐量调度。

针对物联网应用服务过程中数据的突发性和局部性，分期协同调度的分布式公平队列机制能够有效保证数据传输的实时性和公平性。首先通过建立分期协同调度模型，引入数据发送的补偿机制，将节点数据传输过程分解为发送、补偿、休眠三个时期，根据调度模型参数设计时限约束函数，限定各时期的执行时间长度，各节点根据调度模型制定协同调度规则，按照时限约束函数设定时隙比例“补偿”较大时延的发送节点，从而保证数据传输的实时性要求并实现整个物联网应用服务提供过程中数据包的公平传输。

9.4.2 自适应功率调整

正常情况下，网络设备通过逐跳方式上传/转发数据。为减少对邻居节点的干扰同时也节省能耗，网络设备使用较低的传输功率，使得至少有一个邻居节点（网络设备），且链路质量较稳定。由于网络设备分布由用户/监测目标位置决定，不是均匀分布，因此会出现有多个邻居节点的情况。这时选择距离最远且链路质量较稳定的节点作为转发节点，这样就能减少到达接入网关的跳数，提高端端吞吐率。当某网络设备失效而导致某些数据传输失败时，受到影响的该失效网络设备相邻设备可以通过增大传输功率，跨过失效节点，找到前面的节点作为邻居节点。功率增加量以找到链路质量稳定的邻居节点为宜，如果调整到最大发送功率，依然找不到前面的节点，就改为周期性探测，重新建立新的数据传输路径。当失效节点恢复工作后，相邻的节点就降低发送功率。

9.4.3 接入子网网内协同通信

物联网各接入子网需要子网内部各个网络设备之间能够进行协同通信，因为协同能够提供数据路径建立功能，以支持事件信息从用户终端设备传输到感知/响应设备直至网络接入设备，协同也有助于感知/响应设备的优化部署与配置，协同还可以应用于动态任务分配，选择最佳感知/响应设备来响应事件，实现感知/响应设备最优分布、边界覆盖、容错响应等。有效的协同通信机制可以提高物联网接入子网的能量利用效率，延长网络的生命周期，增强接入子网的鲁棒性和可靠性，降低事件信息传输和处理的延迟，实现对事件的实时响应。

根据网络设备在网内数据传输过程中是否有层次结构、作用是否有差异，物联网路由协议可以分为平面路由协议和分层路由协议。在平面路由协议中，所有网络设备具有相同的地位和功能，网络设备间协同完成感知任务。网络设备会根据需要与网络中任意可达网络设备进行通信，发布或接受路由信息。平面路由协议简单，健壮性好，但建立、维护路由的开销大，适合小规模接入子网。在分层路由协议中，网络通常被划分成多个簇或层次，每个簇由一个簇首节点和多个簇成员节点构成。分层路由协议通常会根据网络中异构网络设备在能力上的差异，对不同类型的节点分配不同的角色，进行局部范围内的数据融合以降低报告数据的冗余性，从而可以最大限度地延长网络生存周期。簇首节点不仅负责其所在簇内信息的收集和融合处理，还负责簇间数据的转发，它的可靠和稳定对全网性能影响较大，其失效将导致所在簇内所有节点路由失败。对于中小规模的接入子网而言，簇的维护开销过大，并不适合采用分层路由协议。分层路由协议扩展性好，适应大规模接入子网。

事实上，我们还可以根据协议操作、网络流、能量、QoS 感知等不同标准对现有的路由协议进行分类。接下来，主要对以下 4 类典型的传感器网络路由协议进行详细介绍：以数据为中心的路由协议、分层路由协议、基于位置信息的路由协议和多径路由协议。

1. 以数据为中心的路由协议

为获取尽可能精确、完整的信息，物联网接入子网通常密集部署在很多的地理区域内，网内感知/执行设备节点的数量可能达到成千上万，甚至更多。一般情况下，网内设备在检测到特定事件发生或者接收到来自系统应用用户的查询命令后会产生感知信息并把该信息向接入网关报告。由于密集部署区域内节点监测范围互相交叠，邻近节点报告的信息存在着一定程度的冗余，各个节点单独传送数据会造成网络能量和通信带宽资源的浪费。如果网内感知/执行设备节点像 IP 路由器一样可靠并且被全网统一编址，那么这种冗余性问题很容易解决。但是，由于网内设备随机部署，构成的接入子网与节点编号之间的关系是完全动态的，相应地，节点编号与节点位置没有必然联系。因此，对节点进行全网统一编址并像 IP 路由协议一样通过地址来访问每个节点的路由机制对于物联网接入子网是不可行的。针对这种情况，研究人员提出了以数据为中心的路由协议（data-centric routing protocol）：汇聚节点进行事件查询时，直接将对关心事件的查询命令发送到某个区域，而不是发送到该区域内的某个确定编号的节点。这种以数据本身作为查询或传输线索的思想更接近于自然语言交流的习惯。查询命令可以通过高层的具有说明性的查询语言来表达，相应地，作为查询命令重要参数的关心事件需要用基于属性的命名规律进行详细描述。

2. 分层路由协议

分簇是异构无线网络中最常用的划分节点的方法，因此把分簇方法应用到异构物联网协同通信中也是水到渠成。分簇路由协议目标是形成多个以簇为单位的较小区域，簇首节点在汇聚区域内感知数据，进行感知任务协调以及感知数据的集中处理。分层路由协议可以看成是多个工作在不同粒度层次上的平面路由协议。例如，对于一个两层的分层路由协议而言，簇间模块实际上就是一个计算簇与簇之间的簇级路径的平面路由协议；而簇内模块则是一个计算簇内节点之间的节点级路径的平面路由协议。分层路由协议能够为全网范围内的节点通信提供一个簇级路径，相对于平面路由协议的节点级路径，它的路径长度更短、路径稳定性更强。分层路由协议的簇级路径能够大大缓解上述平面路由协议在大规模网络中面临的问题，相应地，也就更适用于大规模物联网接入子网。另外，数据融合可以在簇内完成，这将大幅度地减少发送到接入网关的通信量，从而可以进一步节省能量消耗。

3. 基于位置信息的路由协议

随着传感技术、定位技术、嵌入计算技术的不断发展，许多物联网系统中的感知/执行设备都通过使用GPS(global positioning system，全球定位系统）模块或者测距模块对自身进行定位，以满足环境监测、目标追踪应用对于设备位置信息的要求。除了利用GPS定位，物联网接入子网还可以利用粗粒度连通性、三边测量、四边测距、声源多模感知等技术对网络中设备进行定位。路由协议可以根据源节点和目的节点的位置信息计算出两节点间的距离，从而可以根据通信距离调节适当的发射功率并估算出数据传输的能量消耗。另外，接入网关根据网内设备位置信息向特定区域内的感知/执行设备发布兴趣消息。相应地，研究人员提出了许多基于位置信息的路由协议。利用节点的地理位置信息，这些路由协议能够向特定的区域或者方向传送数据，而不像以往的路由协议需要进行全网广播。这样能够大幅度减少网络的不必要通信量，显著地提高网络性能。

4. 多路径路由协议

在物联网接入子网中，引入多径路由是为了提高数据传输的可靠性、网络吞吐量和实现网络负载均衡。由于物联网接入子网中节点通信能力有限，单一路径所能够提供的有限带宽不能够满足多媒体物联网应用的通信要求。而多径路由通过利用多条路径同时参与数据传输，可以获得更大的联合带宽以及更小的端到端延时，从而满足视频监控等有高带宽低延时要求的物联网应用。同样，通过将流量分散到多跳路径，可以减少网络拥塞现象的发生，从而在一定程度上实现网络负载均衡。

在多径路由中，源节点和目的节点之间存在多条路径，分为链路不相交多路径(link-disjoint multipath)、节点不相交多路径（node-disjoint multipath）和缠绕多路径(braided multipath）三类。如果源节点和目的节点之间的任意两条路径都没有共同的链路，则称为链路不相交多路径。如果源节点和目的节点之间的任意两条路径都没有共同的中间节点，则称为节点不相交多路径。如果源节点和目的节点之间有两条以上路径存在共同的中间节点或链路，则称为缠绕多路径。目前，研究人员提出的多径路由对于网络性能的改善主要体现在三个方面：

第一，提高数据传输可靠性（reliable data delivery)。由于多径路由可以同时沿多条路径发送多个数据副本，即使部分路径失效，仍然会有数据副本从其他路径传送至目的节点，从而获得比单路径路由更高的数据传输成功率。但是，多数据副本的重复性传输会增加网络通信量和能量开销。

第二，增加网络吞吐量（throughput)。在多径路由中，源节点可以把数据分别沿多个路径发送，每个路径形成一个数据流。这样虽然单个路径带宽有限，但是多个数据流的同时传输大大增加了源节点至目的节点的网络吞吐量。如果多个数据流在传输过程中能够考虑到相邻节点间的无线干扰因素，那么通过MAC协议进行各数据流间的协同工作，多径路由能够取得最大程度的网络吞吐量。

第三，实现网络负载平衡（load balancing)。在多径路由中，源节点可以从建立到达目的节点的多条路径中选出一条路径作为主路径（primary path)，其他路径则作为备用路径（alternate path)。数据通过主路径进行传输，同时利用备用路径低速传送数据来维护路径的有效性。为了保证网络中节点网络负载/能量消耗均衡性，多条路径轮流担任主路径进行数据传输，这样能有效地避免部分路径上的节点由于一直参与数据传输而能量过早耗尽的情况。另外，一旦主路径上节点失效，多径路由会立即从备用路径中选出新的主路径，从而保证连续的数据传输。

小结

本章针对物联网异构网络协同通信相关技术，从异构网络体系结构开始，介绍了物联网异构网络系统的网络模型；然后介绍物联网异构网络的资源管理技术；最后介绍了异构网络中的协同数据传输技术。

习题

1. 简述物联网中异构网络网络模型的特点。
2. 物联网中异构网络的资源管理主要包括哪些方面？
3. 什么是网络选择？介绍几种典型的网络选择方案。
4. 简述物联网中协同频谱感知的基本工作原理。
5. 针对地震发生后野外救援现场的异构网络系统（现场搜救、环境监测、应急指挥、人员定位、视频监控、资源调度等网络）设计一套协同数据传输系统，简述其基本工作过程。

参考文献

[1] Mischa Dohler, YonghuiLi. Cooperative Communications: Hardware, Channel & PHY [M]. JohnWiley & Sons, 2010.
[2] 黄晓燕. 下一代无线网络跨层资源管理 [M]. 北京：国防工业出版社，2011.
[3] 张天魁. B3G/4G 移动通信系统中的无线资源管理 [M]. 北京：电子工业出版社，2011.
[4] 彭晓川. 异构协同无线网络中若干关键技术的研究 [D]. 北京：北京邮电大学出版社，2011.
[5] 刘庆. 异构无线网络中基于多网协同优化的资源管理技术研究 [D]. 北京：北京邮电大学出版社，2012.